JN237630

1冊でマスター

大学の微分積分

ISHII TOSHIAKI
石井俊全 著

技術評論社

はじめに

　この本の目標は，大学で履修する「微積分」の講義の単位を取ることです．この本を手に取られている人の中には，大学の講義の初っ端に，「$\varepsilon-\delta$論法」の洗礼を受けて，怖気づいてしまった人がいるかも知れません．しかし，心配には及びません．具体的な関数についての微分積分の計算ができるようになっていれば単位はもらえます．
　微積分の計算は，ある程度の量の練習さえ積めば，だれでもできるようになります．この本の講義編を読んでその原理を知り，演習編で訓練を積めば，必ずや講義で要求される実力を身につけることができます．

　日本語の「微分」や「積分」という単語は数学的概念を表しています．ですから，「微分積分」の講義と言えば，「微分」や「積分」の概念とその応用を学ぶ講義ということになります．
　一方，英語では，「微分積分」のことを「*calculus*」と言います．もしもこの本を英語圏で出版するとなれば，タイトルに「*calculus*」という単語が入るわけです．「*calculus*」とは，ラテン語で「計算するときの小石」を表しています．英語で「*calculate*」といえば，「計算する，算定する」と意味ですから，英語圏ではこの本で書かれたような「微分積分」のことを単なる計算技術に過ぎないと捉えているのです．日本語では「微分積分」の概念に敬意を表した名称となっていますが，英語では「微分積分」は電卓と同じ道具であると考えているわけです．いやあ，さすがプラグマティックなお国柄ですな．身もふたもない．
　この本では，その身もふたもない計算技術をこれから学ぼうというわけです．そう思うと楽に越えられそうな気がしますね．実際，計算技術を身につけるだけであればなんてことはありません．
　この本はこうした計算技術を中心に学ぼうという趣旨ですから，定義，定理，証明などの順番に話を進めるのではなく，いきなり公式を紹介したり，計算問題の実例から話を進めていたりします．章立ても，極限からではなく，微分，積分と進みます．章の中の節の構成も同様です．例えば，微分の章の中では，微分可能性につ

いての解説が一番最後に置かれています．分かりにくいところは後回しにして，手っ取り早く分かりやすいところから片付けていこうという主義を取りました．
　単位を取ろうと考えている大学生にとって，効率的な本であると思います．これがこの本の売りの1つです．

　しかし，これだけではもの足りないので，この本ではもう少し踏み込んで，定理の証明や計算が意味しているものについて解説を加えてあります．特に，大学になって初めて出てくる「2変数関数の微分」，「2変数関数の積分」については，計算の意味を図入りで解説しました．**計算の対象となるモデルを頭の中に持っておくことは，微積分を応用する諸分野での概念を学ぶときに役に立つ**ことでしょう．
「偏微分」「全微分」「ラグランジュの未定乗数法」「重積分」
などは，類書より詳しく書いてあります．
　それと，「$\varepsilon-\delta$ 論法」についても丁寧に導入し，なぜ「$\varepsilon-\delta$ 論法」が必要であるのかまで突っ込んで解説しました．「$\varepsilon-\delta$ 論法」に苦手意識を持っている人は，ぜひとも読んでみてください．「$\varepsilon-\delta$ 論法」が好きになるはずです．
これがこの本の売りの2つ目です．

　なお，この本は，高校の数学で微分積分を習った人を対象にしています．
　これは，大学の初年度に微積分を学ぶ人の中に，高校の微積分（多項式関数の微積分）を全く知らない人は，ほとんどいないと考えたからです．大学で数学の授業を受ける人は，理系もしくは文系の一部の学科（経済学部など）の学生であると考えられます．これらの学科では，最低限，入学試験に数学（多項式関数の微積を含む数Ⅱまで）を課していることがほとんどでしょう．入学後の学習に支障を来たさないためです．
　ですから，この本では多項式関数の微積は1通り理解しているものとして話を進めます．もしも大学生であるけれど，微分や積分の概念を全く知らないという人は高校の参考書を当たって，多項式関数の微積分を固めてからこの本に取り掛かるのがよいでしょう．遠回りのように見えますが，その方が早道です．多項式関数の微積分を学習して，微積分の要領を掴んだ方が，この本を何倍かのスピードで読むことができます．

技術評論社の佐藤丈樹氏より，大学生が微積の単位が取れるような本を依頼されました．微積の計算法を分かりやすく伝えることができればいいと書き始めたのですが，ついつい数学の概念を説明してしまいました．みなさんの数学の理解の助けになれば幸いです．

　$\varepsilon-\delta$論法まではいらないだろうと考えていたのですが，佐藤氏の要望で加えることになりました．いつかは書いてみたいと思っていたことだったので，この機会に書くことができうれしい誤算でした．微分方程式もと言われていたのですが，これを加えていたら何ページになったことか．

　脱稿後は，技術評論社の成田恭実氏に細かくフォローしていただきました．多くの数学書を出版された経験を，この本の制作時にも余すところなく生かしていただきました．おかげで著者が集中すべきことに注力することができ，本のクオリティが格段に上がったと思います．編集者として勉強させてもらいました．お二人には，ほんと感謝の念に堪えません．

　初学者が使う学習参考書なので，誤記・誤植があってはいけないと3人の方に校閲・校正をお願いしました．特に，池田和正氏には定理の表現で，小山拓輝氏には計算チェックで，佐々木和美氏には最終チェックで，数学力を発揮していただきました．ほんとうにお世話になりました．1人では到底拾いきれなかった誤植を極限にまで少なくしていただいたと考えます．それでも誤りがあれば，私の不徳の致すところです（極限だからゼロに近づいているだけなんです．p.9参照）．

　また，技術評論社と結び付けてくださった大人のための数学教室「和」代表・堀口智之氏，また，社外での執筆を心から応援してくださる東京出版社主・黒木美左雄氏に深く感謝いたします．

　この本が，大学生の数学力向上に大きく寄与して，技術評論社，数学教室「和(なごみ)」の発展に少しでも役立てば幸いです．

2014年6月

石井　俊全

目次

『1冊でマスター　大学の微分積分』
石井俊全　著

はじめに……………………………………………………………………………… 2

第1章　まずは高校の復習から

1. 極限の記号 …………………………………………………………………… 8
2. 自然対数の底 e ……………………………………………………………… 10
3. 三角関数の極限 ……………………………………………………………… 15
4. 逆関数 ………………………………………………………………………… 18
5. 双曲線関数 …………………………………………………………………… 25

第2章　1変数の微分

1. 微分の計算法則 ……………………………………………………………… 32
2. 具体的な関数の微分の公式 ………………………………………………… 38
3. 微分の計算法則（応用編） ………………………………………………… 44
4. 関数のグラフの描き方 ……………………………………………………… 59

第3章　1変数の積分

1. 積分の計算法則 ……………………………………………………………… 72
2. 有理関数・三角関数・無理関数の積分 …………………………………… 86
3. 定積分 ………………………………………………………………………… 99
4. 面積・体積・曲線の長さ …………………………………………………… 115

第4章 極限

1. 数列の極限 ……………………………………………………………………… 134
2. 無限級数 ………………………………………………………………………… 144
3. 関数の極限の求め方 …………………………………………………………… 158
4. 平均値の定理からテイラーの定理まで ……………………………………… 165

第5章 2変数関数の微分

1. 偏微分 …………………………………………………………………………… 186
2. 全微分 …………………………………………………………………………… 191
3. 2変数関数の極値 ……………………………………………………………… 205
4. ラグランジュの未定乗数法 …………………………………………………… 214

第6章 2変数関数の積分

1. 重積分 …………………………………………………………………………… 224
2. 重積分の変数変換 ……………………………………………………………… 241
3. 重積分の応用 …………………………………………………………………… 258

第7章 $\varepsilon-\delta$論法に挑戦

1. $\varepsilon-\delta$論法 …………………………………………………………………………… 276
2. $\varepsilon-\delta$論法の応用問題 ………………………………………………………… 295

索引 ………………………………………………………………………………… 303

ホップ が付いている問題には、別冊に対応する問題があります。
「別 p ○○」は別冊の対応する問題を表しています。

第1章

まずは高校の復習から

1 極限の記号

高校で履修した数Ⅱの微分の単元で出てきた lim（**極限**という英語 limit からとった）の記号から復習しましょう。例えば、

$$\lim_{t \to 1}(2t+1)$$

は、$2t+1$ という関数で、t の値を 1 に近づけていったときの極限の値（$2t+1$ が近づく値）を表しています。この場合は、$2t+1$ の t に 1 を代入して $2 \cdot 1 + 1 = 3$ となります。

グラフで表すと下図のようになります。$A(1, 3)$、$P(t, 2t+1)$ のとき、t が 1 に近づいていくと、P は A に近づいていきます。

このように単に代入すれば解けるという問題は、あまり取り上げられません。問題になるのは次のような場合です。

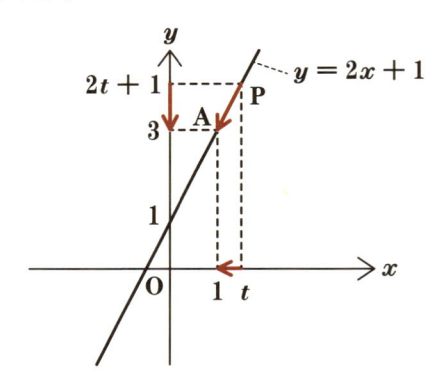

問題 次の極限を求めよ。

$$\lim_{t \to 1} \frac{2t^2 - t - 1}{t - 1}$$

初めの極限のように $t=1$ をそのまま代入すると、分母も 0、分子も 0 になって、極限が求まりません。これは分子を因数分解して、次のように解きます。

$$\lim_{t \to 1} \frac{2t^2 - t - 1}{t - 1} = \lim_{t \to 1} \frac{(2t+1)(t-1)}{t-1} = \lim_{t \to 1}(2t+1)$$

つまり、問題の関数 $\dfrac{2x^2-x-1}{x-1}$ は、x が1以外のところでは分子・分母にある因数 $(x-1)$ がキャンセルされて $2x+1$ に等しく、$x=1$ では値が定まっていない関数なんです。$x=1$ で値を持たない関数であっても、x が1以外のところでは値を持ちますから、x が1に近づいたところでの極限を考えられるのですね。

図で表すと次のようになります。A(1，3)のところは白丸になっていて抜けていますが、P(t，$2t+1$) は A に向かって近づいていきます。

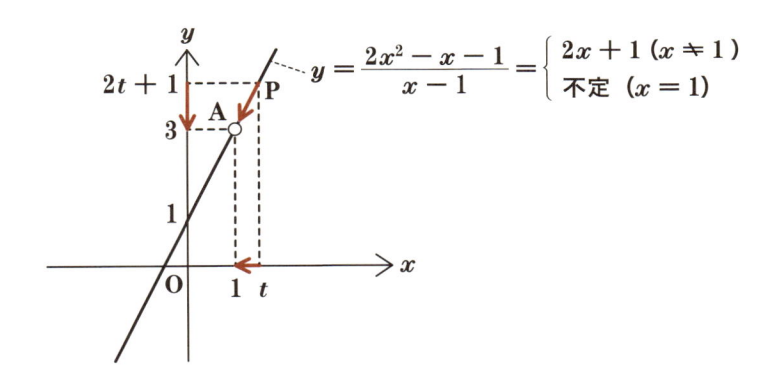

$$y=\dfrac{2x^2-x-1}{x-1}=\begin{cases} 2x+1\ (x\neq 1) \\ 不定\ (x=1) \end{cases}$$

数Ⅲ・大学の微積分では、この記号「lim」を用いて、「極限を求めよ」という設問が多くあります。慣れるようにしましょう。

2 自然対数の底 e

高校で習った**指数・対数**の復習から始めましょう。

指数の計算法則

(ア) $a^p \cdot a^q = a^{p+q}$ (イ) $(a^p)^q = a^{pq}$

(ウ) $(ab)^p = a^p b^p$ (エ) $\left(\dfrac{a}{b}\right)^p = \dfrac{a^p}{b^p}$

(オ) $a^{-p} = \dfrac{1}{a^p}$ (カ) $a^{\frac{1}{m}} = \sqrt[m]{a}$

(キ) $a^0 = 1$

(a、b は正の実数、p、q は実数、m は正の整数)

中学の1年生で習った指数法則は、べき乗のところに正の整数しか入りませんでしたが、高校で指数関数を習うようになると、正の整数以外のべき乗も扱うようになります。上の式で、p、q は実数です。

指数関数 $y = a^x$ に対して、y の値を決めたときそれに対応する x を定めるような関数を対数関数といいます。

例えば、指数関数 $y = 2^x$ で、y の値を 8 と定めます。8 は 2 の 3 乗なので x は 3 になります。これを $\log_2 8 = 3$ と書きます。

「$\log_2 8$」は、「8 は 2 の何乗ですか」という問いを出されていると思ったらよいのです。3 乗なので、$\log_2 8 = 3$ となります。抽象的に書くと次のようになります。

対数の定義

$a > 0$, $a \neq 1$, $M > 0$ に対して、

$\log_a M = p \iff a^p = M$

こうして定義された対数に関しては、次のような計算法則が成り立ちます。

対数の計算法則

(ア) $\log_a MN = \log_a M + \log_a N$

(イ) $\log_a \dfrac{M}{N} = \log_a M - \log_a N$

(ウ) $\log_a M^r = r\log_a M$

(エ) $\log_a M = \dfrac{\log_b M}{\log_b a}$ （底の変換公式）

(オ) $\log_a 1 = 0$

(a、b は 1 でない正の実数、M、N は正の実数、r は実数)

数Ⅲ・大学の微積分では、底が書かれていない対数記号（例えば $\log 3$、$\log x$ など）が出てきます。このような対数を自然対数といいます。これは底がないのではなく、底を省略しているのです。省略されている底は e という定数です。e の値は、およそ 2.718 ぐらいの数です。e は、「自然対数の底」あるいはこれを初めに発見した人の名を冠して「**ネイピア数**」と呼ばれています。

また、数Ⅲ・大学の微積分で e^x とあれば、このときの e はただの文字ではなく、この定数を表しています。

自然対数の底 e は、次のように定義される実数です。定義は難しいですが、要は定数です。そう思いながら定義を読むと少し気分が楽でしょう。

e の定義

$y = a^x (a>0)$ 上の点 $(0, 1)$ での微分係数が 1 となるような実数 a を e と定める。

微分係数の定義から確認しましょう。微分可能な関数 $f(x)$ の $x=b$ での微分係数 $f'(b)$ は、

$$f'(b) = \lim_{h \to 0} \frac{f(b+h) - f(b)}{h}$$

と表されました。これにしたがって、$y=a^x$ 上の点$(0, 1)$での微分係数を書くと、$f(x)=a^x$、$b=0$ として、

$$f'(0) = \lim_{h \to 0} \frac{f(0+h) - f(0)}{h} = \lim_{h \to 0} \frac{a^{0+h} - a^0}{h} = \lim_{h \to 0} \frac{a^h - 1}{h}$$

となります。これが1となるときの a の値が e なのですから、e は、

$$\lim_{h \to 0} \frac{e^h - 1}{h} = 1 \quad (e \text{ の定義式})$$

を満たします。これが e の定義式です。今、微分係数と結びつけて定義しましたが、単にこの式だけで定めてもかまいません。こうして定められた e を、実際に計算してみると、$e = 2.718\cdots$ であるというのです。

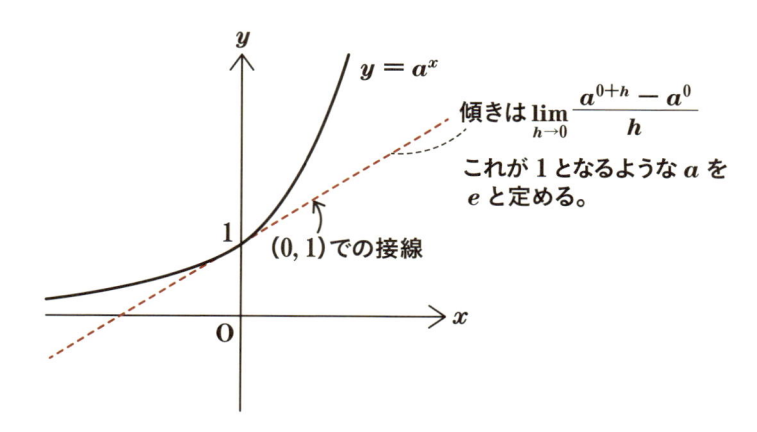

傾きは $\lim_{h \to 0} \dfrac{a^{0+h} - a^0}{h}$

これが1となるような a を e と定める。

$(0, 1)$での接線

e を直接的に極限の形で表すと、

$$e = \lim_{x \to \infty} \left(1 + \frac{1}{x}\right)^x \quad \text{あるいは} \quad e = \lim_{x \to -\infty} \left(1 + \frac{1}{x}\right)^x$$

となります。これを定義式から変形してみましょう。

定義式で $\dfrac{1}{x} = e^h - 1 \left(x = \dfrac{1}{e^h - 1}\right)$ とおくと、

$$1+\frac{1}{x}=e^h \quad \text{これの自然対数をとって、} \quad h=\log\left(1+\frac{1}{x}\right)$$

↑ e が省略されている

ここで x が限りなく大きくなっていく（正の無限大になる）ときのことを考えてみましょう。$\frac{1}{x}$ は値で 0 に近づきますから、$1+\frac{1}{x}$ は 1 より大きい方から 1 に近づきます。

$Y=\log X$ のグラフで、$1+\frac{1}{x}$ は 1 より大きい方から 1 に近づくと、h が正の数で 0 に近づきます。

ここで h が正の値をとりながら 0 に近づいていくことを「$h \to +0$」と表します。

つまり、$h \to +0$ のとき、$x \to +\infty$ となるわけです。

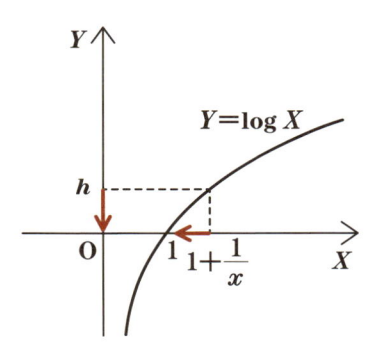

$$\lim_{h \to +0}\frac{e^h-1}{h} = \lim_{x \to +\infty}\frac{\frac{1}{x}}{\log\left(1+\frac{1}{x}\right)} = \lim_{x \to +\infty}\frac{1}{x\log\left(1+\frac{1}{x}\right)}$$

$$= \lim_{x \to +\infty}\frac{1}{\log\left(1+\frac{1}{x}\right)^x}$$

と書き直されます。定義式の極限から、これが 1 なのですから、

$\lim_{x \to +\infty}\log\left(1+\frac{1}{x}\right)^x=1$ つまり、対数をはらって、$e=\lim_{x \to +\infty}\left(1+\frac{1}{x}\right)^x$。

また、同様にして、$h \to -0$（h が負の数で 0 に近づく）のとき、$x \to -\infty$ ですから、

$\lim_{h \to -0}\frac{e^h-1}{h}=1$ から、$e=\lim_{x \to -\infty}\left(1+\frac{1}{x}\right)^x$ を導けます。

> **e についての極限**
>
> $$\lim_{h \to 0} \frac{e^h - 1}{h} = 1 \quad (e \text{ の定義式}) \qquad \lim_{x \to \pm\infty} \left(1 + \frac{1}{x}\right)^x = e$$

　では、なぜこのような e という数を導入するのでしょうか。これは数学を深く勉強していくと実感できることなので、今の段階では詳しく説明することができないのですが、この本の範囲でいくつか理由を挙げておきましょう。分からない用語があっても、飛ばしてください。

> ① $y = e^x$ の導関数は $y' = e^x$ である。つまり、$y = e^x$ は $y = y'$ を満たす。
>
> ② e を底とする対数の導関数が $\dfrac{1}{x}$ になる。つまり、$(\log x)' = \dfrac{1}{x}$
>
> ③ $i = \sqrt{-1}$ とおくと、$e^{ix} = \cos x + i \sin x$ を満たす。

となります。
　この①、②は p.39、43 で証明をします。

3 三角関数の極限

極限でもうひとつ、三角関数の極限についての基本となる次の式を説明しておきましょう。

> **sin の極限**
>
> $$\lim_{x \to 0} \frac{\sin x}{x} = 1$$

$x \to 0$ のとき、分子の $\sin x$ はやはり 0 に近づきます。x が 0 に十分近いところでは、x と $\sin x$ の比が 1 になるという式です。このときの x の単位は**弧度法**（ラジアン単位）で取っていることに注意してください。1 周 360° ではなくて、1 周は 2π です。

この式を証明してみましょう。

x が正のほうから 0 に近づくときのことを考えます。x が十分小さいときのことを考えるので、特に $0 < x < \dfrac{\pi}{2}$ とします。

下図のように、単位円（中心 O、半径 1）上の定点 T で接線を引き、この接線上に P をとり $\angle \text{TOP} = x$ となるように直角三角形 OTP を作ります。

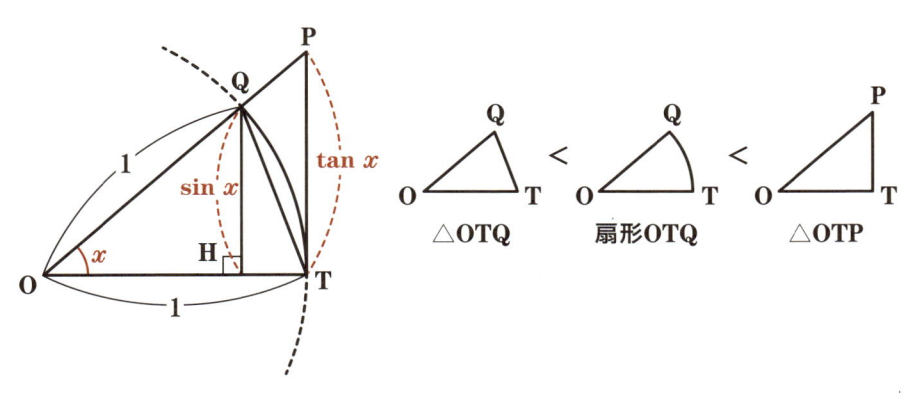

△OTQ < 扇形OTQ < △OTP

OPと円の交点をQとします。QからOTに下ろした垂線の足をHとします。三角関数の定義より、PT=$\tan x$、QH=$\sin x$です。

すると、

$$(\triangle\text{OTQ の面積})=\frac{1}{2}\sin x、(\triangle\text{OTP の面積})=\frac{1}{2}\tan x$$

$$(\text{扇形 OTQ の面積})=\pi\cdot 1^2\cdot\frac{x}{2\pi}=\frac{1}{2}\cdot 1^2\cdot x=\frac{1}{2}x$$

半径 r, 中心角 θ の扇形の面積 S は, $S=\frac{1}{2}r^2\theta$

となります。図の包含関係から、

$$(\triangle\text{OTQ の面積})<(\text{扇形 OTQ の面積})<(\triangle\text{OTP の面積})$$

が成り立ちますから、

$$\frac{1}{2}\sin x<\frac{1}{2}x<\frac{1}{2}\tan x \quad \therefore \quad \sin x<x<\tan x\left(=\frac{\sin x}{\cos x}\right)$$

逆数をとって、$\dfrac{1}{\sin x}>\dfrac{1}{x}>\dfrac{\cos x}{\sin x}$

$\sin x$ を掛けて、$1>\dfrac{\sin x}{x}>\cos x$

ここで、$\displaystyle\lim_{x\to +0}\cos x=1$ です。$\dfrac{\sin x}{x}$ の値はつねに 1 と $\cos x$ の間にあるので、$\cos x$ が 1 に近づいていくということは、$\dfrac{\sin x}{x}$ の値も 1 に近づいていきます。

x が負から近づくときはどうでしょうか。$t=-x>0$ とおきます。

すると、$\dfrac{\sin x}{x}=\dfrac{\sin(-t)}{(-t)}=\dfrac{\sin t}{t}$ となりますから、x が正の場合の議論に帰着できます。したがって、

$$\lim_{x\to 0}\frac{\sin x}{x}=1$$

となります。

このように関数の極限を考える問題で、求める関数を 2 つの関数（上の場合は、1 と $\cos x$）の不等式ではさんでおき、2 つの関数の極限が一致するとき、求め

る関数の極限もそれに一致するという原理を、**はさみうちの原理**といいます。極限を考えるときにしばしば使われる重要な原理の1つです。

sin の極限を用いた簡単な問題を解いてみましょう。

> **問題** 次の極限を求めよ。
> (1) $\displaystyle\lim_{x \to 0} \frac{\sin 2x}{\sin 3x}$　　　(2) $\displaystyle\lim_{x \to 0} \frac{1-\cos x}{x^2}$

(1) も (2) も式変形によって、$\displaystyle\lim_{x \to 0} \frac{\sin x}{x} = 1$ あるいはこれの逆数バージョン $\displaystyle\lim_{x \to 0} \frac{x}{\sin x} = 1$ が使える形にもっていきましょう。

(1) sin の中にある数と同じものを作り出すところが式変形のポイントです。$\dfrac{\sin 2x}{\sin 3x}$ から $\dfrac{\sin 2x}{2x} \cdot \dfrac{3x}{\sin 3x}$ としたいのですが、これではもとの式とイコールにならないので定数を掛けて調節します。

$$\lim_{x \to 0} \frac{\sin 2x}{\sin 3x} = \lim_{x \to 0} \frac{\sin 2x}{2x} \cdot \frac{3x}{\sin 3x} \cdot \frac{2}{3} = 1 \cdot 1 \cdot \frac{2}{3} = \frac{2}{3}$$

(2) 分母分子に $1+\cos x$ をかけて変形します。

$$\lim_{x \to 0} \frac{1-\cos x}{x^2} = \lim_{x \to 0} \frac{(1-\cos x)(1+\cos x)}{x^2(1+\cos x)} = \lim_{x \to 0} \frac{1-\cos^2 x}{x^2(1+\cos x)}$$

$$= \lim_{x \to 0} \frac{\sin^2 x}{x^2(1+\cos x)} = \lim_{x \to 0} \underbrace{\left(\frac{\sin x}{x}\right)^2}_{1} \underbrace{\frac{1}{1+\cos x}}_{2} = \frac{1}{2}$$

(2) は、あとあと暗記しなければならない重要な公式です。

4 逆関数

関数 $f(x)$ がある条件を満たすとき、$y=f(x)$ という関数に対して**逆関数**と呼ばれる関数が存在します。

> **逆関数の求め方**
> $y=f(x)$ の逆関数は、x と y を入れ替えた式 $x=f(y)$ を y について解く。

大学の微積になって初めて出てくる関数には、三角関数の逆関数があります。これについて説明しておきましょう。

初めに逆関数の一般論から。

x から y への関数 $y=f(x)$ とは、各 x に対して y を1つずつ決めていく決め方のことでした。例えば、$y=f(x)$ の対応関係は、$f(2)=9$、$f(3)=7$、$f(4)=8$ と定めることにします。集合の図でその対応関係を描けば、下左図のようになります。この図から、関数 $y=f(x)$ があるとき、y に対して x を決める決まりを逆関数と呼び、f^{-1} という記号で表します。$y=f(x)$ を表す図の矢印を逆向きにするわけです。この例でいえば、$y=f(x)$ の逆関数 f^{-1} には、$f^{-1}(9)=2$、$f^{-1}(7)=3$、$f^{-1}(8)=4$ という対応関係があります。

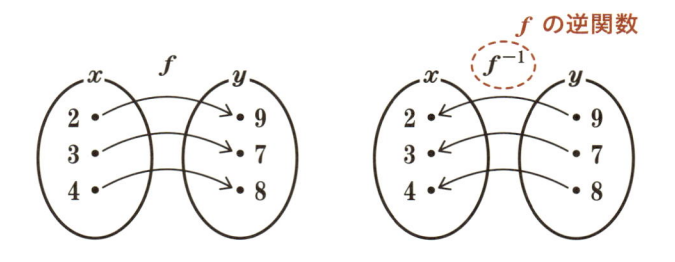

次の問題で逆関数の具体的な求め方を紹介しましょう。

> **問題**
> $f(x) = 2x+1$ で表される関数 $y = f(x)$ の逆関数を求めよ。

x と y の関係は、

$$y = 2x + 1$$

と表されます。逆関数を求めるということは、この式で y の値を決めたときに対応する x を求めることです。ですから、この式を x について解いて、

$$y = 2x + 1 \quad \therefore \quad 2x = y - 1 \quad \therefore \quad x = \frac{1}{2}y - \frac{1}{2}$$

となります。y の値に対応する x の値を求めるには、この式で y に具体的な値を代入すればよいのです。大学 1 年の数学ではこれでもよいのですが、高校では x に対して y を対応させるという関数の流儀なので、x と y を入れ替えて、

$$y = \frac{1}{2}x - \frac{1}{2}$$

とします。これが $y = 2x + 1$ の逆関数です。

最後に x と y を入れ替えましたが、初めに入れ替えて y について解いてもかまいません。逆関数を求める手順としては、その方が飲み込み易いかもしれません。x と y の役割を入れ替えて、

$$x = 2y + 1$$

これを y について解けば、

$$x = 2y + 1 \quad \therefore \quad 2y = x - 1 \quad \therefore \quad y = \frac{1}{2}x - \frac{1}{2}$$

よって、$f(x) = 2x + 1$ の逆関数は、$f^{-1}(x) = \frac{1}{2}x - \frac{1}{2}$

と求まります。

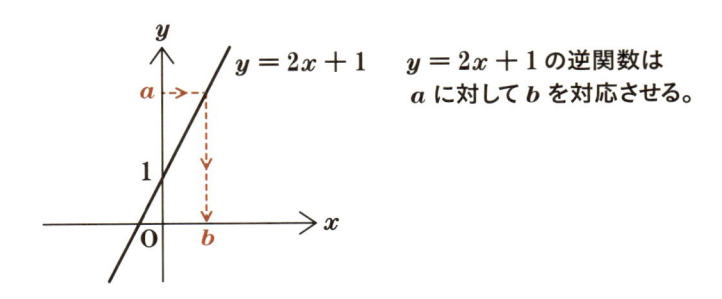

$y=2x+1$ の逆関数は a に対して b を対応させる。

　どんな関数でも逆関数があるわけではありません。例えば実数全体を定義域としたときの $y=x^2$ には逆関数が定義できません。
　$y=4$ に対応する x が $x=-2, 2$ と 2 つあります。x を y の関数としたいのであれば、1 つの y の値に対して、それに対応する x の値は 1 つでなければいけません。ですから、この場合は逆関数がないのです。
　$y=x^2$ から逆関数を作るには、x を正の値や 0 しか取らないようにします。
　$y=4$ に対応する x は正の方だけをとり $x=2$ であるとするのです。すると、y に対応する x の値がただ 1 つに定まり、逆関数が存在することになります。
　x と y を入れ替えて、$x=y^2$、これを $y(\geqq 0)$ について解いて、$y=\sqrt{x}$。
　$y=x^2$ の逆関数は、$x \geqq 0$ のとき、$y=\sqrt{x}$ となります。

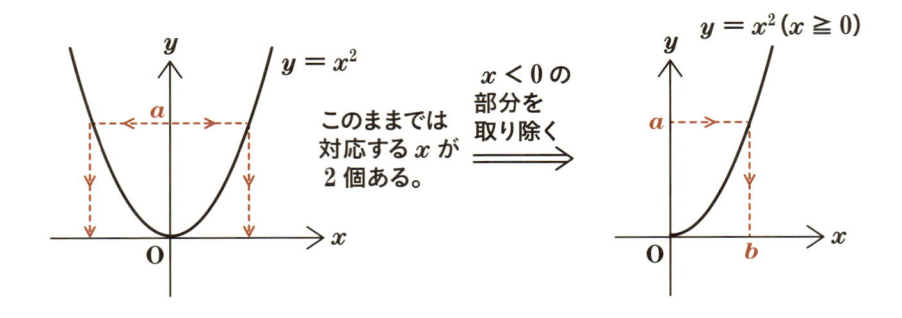

　元の関数のグラフ $y=f(x)$ とその逆関数のグラフ $y=f^{-1}(x)$ の間には面白い関係があります。

> **逆関数のグラフ**
> $y=f(x)$ のグラフと逆関数 $y=f^{-1}(x)$ のグラフは直線 $y=x$（原点を通り x 軸の正の方向と $45°$ の角をなす直線）に関して対称

これまでに挙げた例 $f(x)=2x+1$ と $f(x)=x^2$ の場合で示してみると下図のようになります。

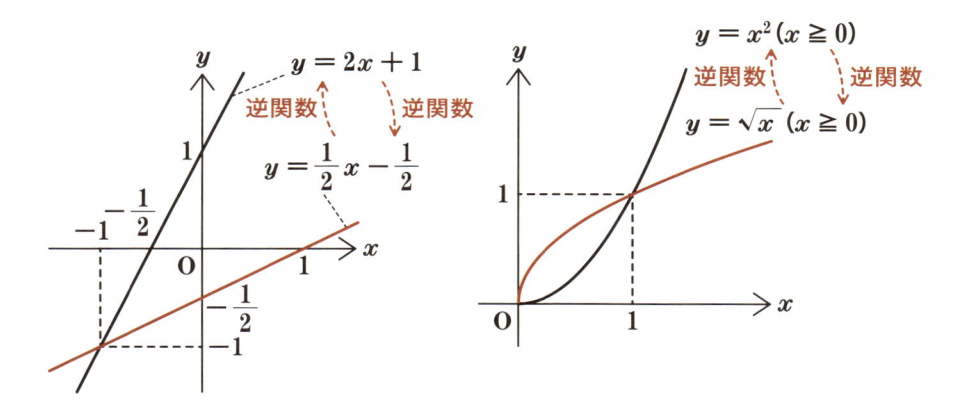

逆関数は、もとの関数の x と y の関係を入れ替えた関数ですから、そのグラフも x 座標と y 座標の役割を入れ替えて描いたものになります。x 座標と y 座標を入れ替えるので、直線 $y=x$ に関して対称になるわけです。

詳しく説明すると次のようになります。

a, b が $f(a)=b$ を満たすとき、逆関数の定義より $f^{-1}(b)=a$ を満たします。つまり、$A(a, b)$ が $y=f(x)$ 上の点であると、これの x 座標と y 座標を入れ替えた $B(b, a)$ が $y=f^{-1}(x)$ 上の点になるわけです。$A(a, b)$ と $B(b, a)$ は直線 $y=x$ に関して対称な位置になります。というのは、$C(a, a)$ は直線 $y=x$ 上にあり、△ABC は等辺が座標軸に平行な直角二等辺三角形になるからです。直線 $y=x$ は AB の垂直二等分線になります。よって、$y=f(x)$ のグラフと $y=f^{-1}(x)$ のグラフは直線 $y=x$ に関して対称になります。

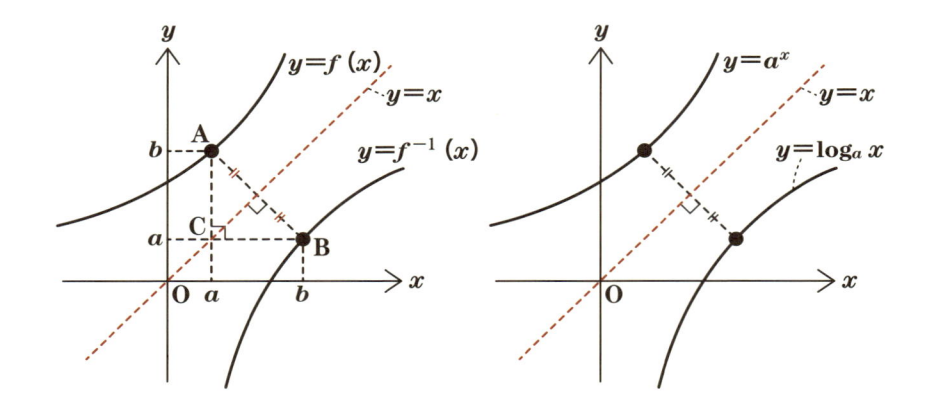

指数関数 $y=a^x$ の逆関数は、x, y を入れ替えた式 $x=a^y$ より、y について解くと、対数関数 $y=\log_a x$ です。対数関数は指数関数の逆関数になっていますから、$y=a^x$ のグラフと $y=\log_a x$ のグラフは $y=x$ の直線に関して対称になります。指数関数と対数関数のグラフは直線 $y=x$ に関して対称です。

さて、三角関数の逆関数 $\cos^{-1}$、$\sin^{-1}$、$\tan^{-1}$ を定義してみましょう。

三角関数の逆関数は、上以外にも Cos^{-1}、Sin^{-1}、Tan^{-1} と最初の文字を大文字にしたり、arccos、arcsin、arctan と手前に arc を付けて表す記法があります。この本では、$\cos^{-1}$、$\sin^{-1}$、$\tan^{-1}$ を用います。

定義の前に弧度法を確認しておきます。弧度法は、半径1の扇形の弧の長さで角の大きさを表す角度の単位のことです。360°を 2π と換算します。これから出てくる三角関数は弧度法で考えています。

$y=\cos x$、$y=\sin x$、$y=\tan x$ のグラフを $y=x$ に関して対称移動させてみます。すると、次ページの図のようになります。

関数の値域は、

　　$y=\cos x$ の場合 $-1 \leqq y \leqq 1$、$y=\sin x$ の場合 $-1 \leqq y \leqq 1$、

　　$y=\tan x$ の場合、実数全体

となりますから、逆関数の定義域は、

　　$y=\cos^{-1} x$ の場合 $-1 \leqq x \leqq 1$、$y=\sin^{-1} x$ の場合 $-1 \leqq x \leqq 1$

　　$y=\tan^{-1} x$ の場合、実数全体

となります。

元の関数と逆関数では x と y の役割が入れ替わるわけですから、元の関数の

第1章●まずは高校の復習から

この部分で逆関数を定義

この部分で逆関数を定義

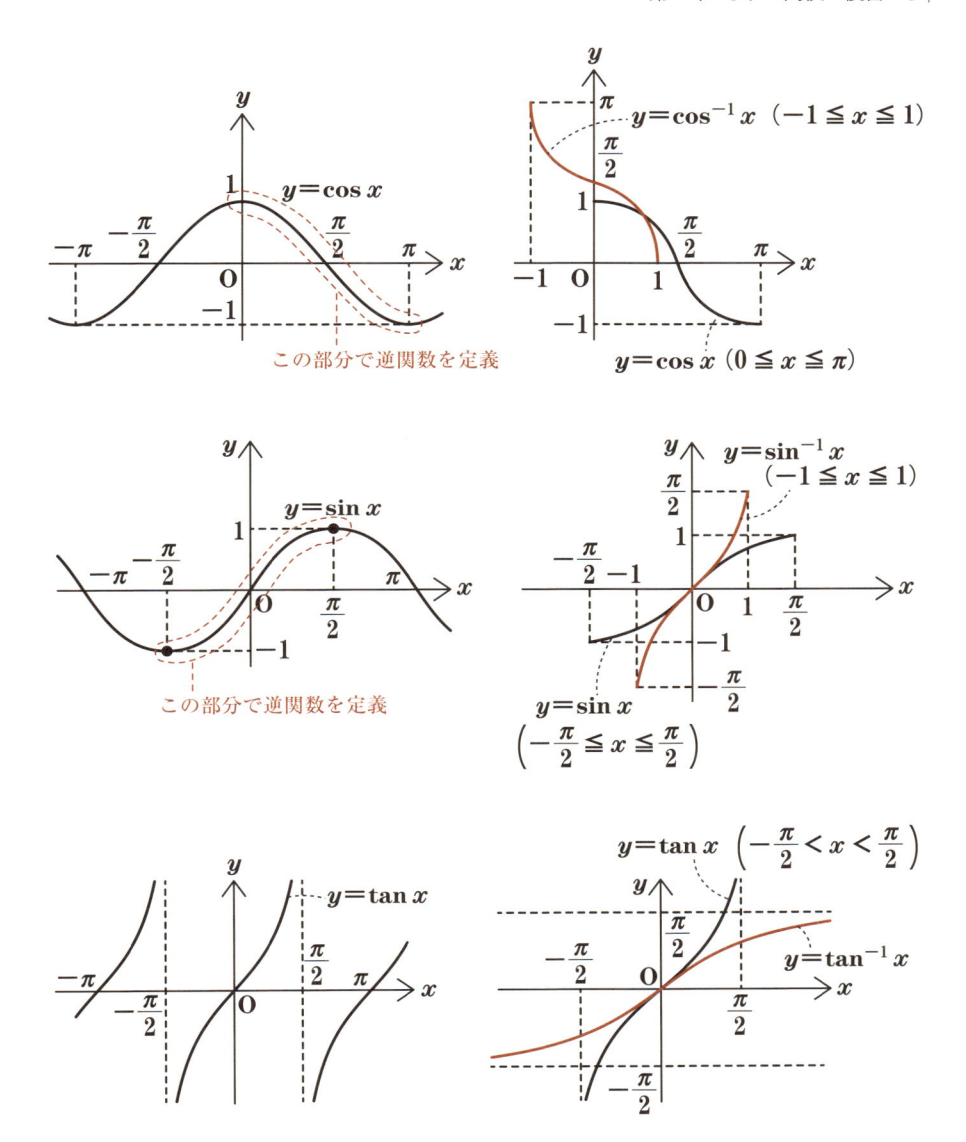

値域が、逆関数の定義域になるわけです。

関数は x の値に対して y の値を1つしか取れませんから、左のグラフから、右のグラフのように一部分を抜き出して逆関数を定義します。

$y = \cos^{-1} x$ の値域は、$0 \leq y \leq \pi$、$y = \sin^{-1} x$ の値域は、$-\dfrac{\pi}{2} \leq y \leq \dfrac{\pi}{2}$

$y = \tan^{-1} x$ の値域は、$-\dfrac{\pi}{2} < y < \dfrac{\pi}{2}$

です。

問題　逆三角関数の計算　（別 p.2）

次の値を求めよ。

(1)　$\cos^{-1}\left(-\dfrac{1}{2}\right)$　　(2)　$\sin^{-1}\left(\dfrac{1}{2}\right)$　　(3)　$\tan^{-1}(\sqrt{3})$

$\cos^{-1} x$、$\sin^{-1} x$、$\tan^{-1} x$ はそれぞれ $\cos$、$\sin$、$\tan$ の逆関数であると認識している人でも、$\cos^{-1}\left(-\dfrac{1}{2}\right)$、$\sin^{-1}\left(\dfrac{1}{2}\right)$、$\tan^{-1}(\sqrt{3})$ と具体的に書かれると、$\cos\left(-\dfrac{1}{2}\right)$、$\sin\left(\dfrac{1}{2}\right)$、$\tan(\sqrt{3})$ の逆数であると勘違いする人が後を絶ちません。気を付けましょう。

(1)　$y = \cos^{-1}\left(-\dfrac{1}{2}\right)$。$0 \leq y \leq \pi$ の範囲で、$\cos y = -\dfrac{1}{2}$ となるのは、$y = \dfrac{2\pi}{3}$

(2)　$y = \sin^{-1}\left(\dfrac{1}{2}\right)$。$-\dfrac{\pi}{2} \leq y \leq \dfrac{\pi}{2}$ の範囲で、$\sin y = \dfrac{1}{2}$ となるのは、$y = \dfrac{\pi}{6}$

(3)　$y = \tan^{-1}(\sqrt{3})$。$-\dfrac{\pi}{2} < y < \dfrac{\pi}{2}$ の範囲で、$\tan y = \sqrt{3}$ となるのは、$y = \dfrac{\pi}{3}$

5 双曲線関数

大学の微積で初めて出てくる関数に**双曲線関数**があります。双曲線関数は、次のように自然対数の底 e を用いて定義されます。

> **双曲線関数**
> $$\cosh x = \frac{e^x + e^{-x}}{2} \quad \sinh x = \frac{e^x - e^{-x}}{2} \quad \tanh x = \frac{e^x - e^{-x}}{e^x + e^{-x}}$$

上が定義です。グラフは次のようになります。

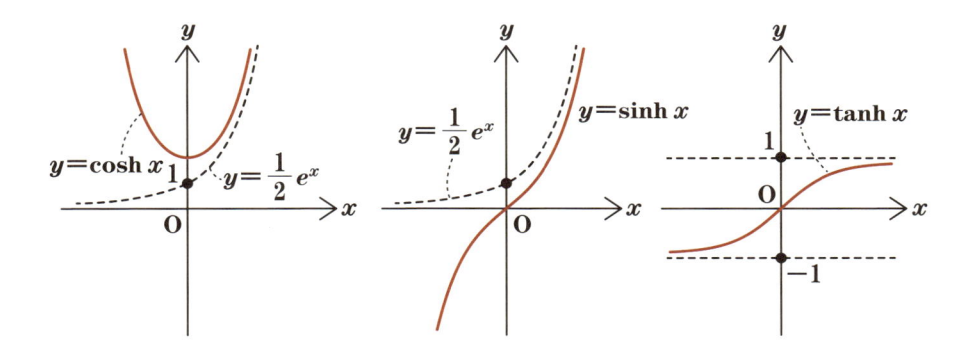

$y = \cosh x$、$y = \sinh x$、$y = \tanh x$ の定義域は、実数全体です。

$y = \cosh x$ の値域は $y \geq 1$、$y = \sinh x$ の値域は実数全体、

$y = \tanh x$ の値域は $-1 < y < 1$ です。

$y = \cosh x$ のグラフは、懸垂曲線と呼ばれていて、ロープを両手で持ったときにロープが描く曲線のもとになっている曲線であることが知られています。

なぜ、双曲線関数と呼ばれているのでしょうか。それは、媒介変数 t を用いて表された曲線 $(x, y) = (\cosh t, \sinh t)$ が $x^2 - y^2 = 1$（双曲線を表す式）を満たすからです。実際、定義を用いると、

$$x^2 - y^2 = \cosh^2 t - \sinh^2 t$$
$$= \left(\frac{e^t + e^{-t}}{2}\right)^2 - \left(\frac{e^t - e^{-t}}{2}\right)^2$$
$$= \frac{(e^{2t} + 2 + e^{-2t}) - (e^{2t} - 2 + e^{-2t})}{4} = 1$$

となります。なぜcosh、sinh、tanhという記号が使われているかといえば、それは三角関数と同様の公式が成り立つからです。cos、sin、tanの後についているhは、双曲線(hyperbola)の頭文字です。

双曲線関数のあいだには、三角関数の公式と類似の公式が成り立ちます。覚える必要はありません。三角関数の公式を覚えていれば、双曲線関数の定義と合わせてすぐに作り出すことができるでしょう。

三角関数と双曲線関数の類似

$$\frac{\sin x}{\cos x} = \tan x \quad \Leftrightarrow \quad \frac{\sinh x}{\cosh x} = \tanh x$$

$$\cos^2 x + \sin^2 x = 1 \quad \Leftrightarrow \quad \cosh^2 x - \sinh^2 x = 1$$

$$1 + \tan^2 x = \frac{1}{\cos^2 x} \quad \Leftrightarrow \quad 1 - \tanh^2 x = \frac{1}{\cosh^2 x}$$

$$\cos(x+y) = \cos x \cos y - \sin x \sin y$$
$$\Leftrightarrow \quad \cosh(x+y) = \cosh x \cosh y + \sinh x \sinh y$$

$$\sin(x+y) = \sin x \cos y + \cos x \sin y$$
$$\Leftrightarrow \quad \sinh(x+y) = \sinh x \cosh y + \cosh x \sinh y$$

$$(\cos x)' = -\sin x \quad \Leftrightarrow \quad (\cosh x)' = \sinh x$$

$$(\sin x)' = \cos x \quad \Leftrightarrow \quad (\sinh x)' = \cosh x$$

$$(\tan x)' = \frac{1}{\cos^2 x} \quad \Leftrightarrow \quad (\tanh x)' = \frac{1}{\cosh^2 x}$$

このような類似の公式が成り立つ背景には、
$$e^{i\theta} = \cos \theta + i \sin \theta$$

という恒等式があります。この式でiは虚数単位を表します。iは2乗すると-1になる数です。これは、**オイラーの公式**と呼ばれている奥深い背景のある式です。この式は指数関数の定義域を複素数に拡張し、あとで述べるマクローリン展開を用いることで導くことができます。

この式を用いると、三角関数は

$$\cos x = \frac{e^{ix}+e^{-ix}}{2} \qquad \sin x = \frac{e^{ix}-e^{-ix}}{2i}$$

と書くことができます。$\cosh x$、$\sinh x$は、$\cos x$、$\sin x$のiを落としたものになっていますね。それで類似の公式が成り立つのです。

> **問題** 次の式を証明せよ。
> $$\cosh(x+y) = \cosh x \cosh y + \sinh x \sinh y$$

$\cosh x \cosh y + \sinh x \sinh y$

$$= \left(\frac{e^x+e^{-x}}{2}\right)\left(\frac{e^y+e^{-y}}{2}\right) + \left(\frac{e^x-e^{-x}}{2}\right)\left(\frac{e^y-e^{-y}}{2}\right)$$

$$= \frac{e^{x+y}+e^{-x+y}+e^{x-y}+e^{-x-y}}{4} + \frac{e^{x+y}-e^{-x+y}-e^{x-y}+e^{-x-y}}{4}$$

$$= \frac{2e^{x+y}+2e^{-x-y}}{4} = \frac{e^{x+y}+e^{-x-y}}{2} = \cosh(x+y)$$

他の式も確かめてみてください。

> **双曲線関数の逆関数**
>
> $$\cosh^{-1} x = \log(x+\sqrt{x^2-1}) \qquad \sinh^{-1} x = \log(x+\sqrt{x^2+1})$$
>
> $$\tanh^{-1} x = \frac{1}{2}\log\frac{1+x}{1-x}$$

逆関数を導出してみましょう。

[$y=\cosh x$ の逆関数]

$y=\cosh x$ のグラフの $x\geq 0$ の部分を用います。

定義域は $x\geq 0$、値域は $y\geq 1$ です。

ですから、逆関数 $y=\cosh^{-1} x$ の定義域・値域は元の関数の定義域・値域を入れ替えて、<u>定義域は $x\geq 1$</u>、<u>値域は $y\geq 0$</u> となります。

$$x=\cosh y=\frac{e^y+e^{-y}}{2} \quad \therefore \quad e^y-2x+e^{-y}=0$$

$$\text{両辺に } e^y \text{ をかけて} \quad \therefore \quad (e^y)^2-2x(e^y)+1=0$$

e^y についての2次方程式を解くと、$e^y=x\pm\sqrt{x^2-1}$

$x\geq 1$ のとき、$x+\sqrt{x^2-1}\geq 1$、$x-\sqrt{x^2-1}\leq 1$

$$\left[\begin{array}{l}(x+\sqrt{x^2-1})(x-\sqrt{x^2-1})=x^2-(x^2-1)=1 \text{ と2式の積が1なので、}\\ \text{一方が1より大きいともう一方は1より小さい}\end{array}\right]$$

ですから、$y\geq 0$（$e^y\geq 1$）となるように、1以上になる $x+\sqrt{x^2-1}$ を選び、

$$e^y=x+\sqrt{x^2-1} \quad \therefore \quad y=\log(x+\sqrt{x^2-1})$$

$$\cosh^{-1} x=\log(x+\sqrt{x^2-1}) \quad (x\geq 1)$$

[$y=\sinh x$ の逆関数]

$y=\sinh x$ の定義域は実数全体、値域は実数全体です。

逆関数 $y=\sinh^{-1} x$ の<u>定義域・値域も、実数全体</u>になります。

$$x=\sinh y=\frac{e^y-e^{-y}}{2} \quad \therefore \quad e^y-2x-e^{-y}=0$$

$$\therefore \quad (e^y)^2-2x(e^y)-1=0 \quad \therefore \quad e^y=x\pm\sqrt{x^2+1}$$

ここで、$x+\sqrt{x^2+1}>\boxed{x+|x|}\geq 0$、$x-\sqrt{x^2+1}<x-|x|\leq 0$ なので、

$$[x\geq 0 \text{ のとき } 2x、x<0 \text{ のとき } 0]$$

$e^y>0$ より $x+\sqrt{x^2+1}$ の方を選び、$y=\log(x+\sqrt{x^2+1})$

$$\sinh^{-1} x = \log(x + \sqrt{x^2+1}) \quad (x \text{ は実数全体})$$

[$y = \tanh x$ の逆関数]

　$y = \tanh x$ の定義域は実数全体、値域は $-1 < y < 1$

　逆関数 $y = \tanh^{-1} x$ の定義域は $-1 < x < 1$、値域は実数全体

$$x = \tanh y = \frac{e^y - e^{-y}}{e^y + e^{-y}} \qquad \therefore \quad x(e^y + e^{-y}) = e^y - e^{-y}$$

$$\therefore \quad (1-x)e^y = (1+x)e^{-y} \qquad \therefore \quad e^{2y} = \frac{1+x}{1-x}$$

$$\therefore \quad 2y = \log \frac{1+x}{1-x}$$

$$\therefore \quad y = \frac{1}{2} \log \frac{1+x}{1-x}$$

$$\tanh^{-1} x = \frac{1}{2} \log \frac{1+x}{1-x}$$

第2章

1変数の微分

1 微分の計算法則

この本は、高校で数ⅡBまでを学習した人を対象としています。

数ⅡBで学習した"微分"から復習してみましょう。微分の計算は覚えていますか。微分係数、導関数の定義はいえなくとも、微分の計算は体にしみついているという人も多いでしょう。

> **問題** 次の関数を微分せよ。
> $$f(x) = 2x^3 - 5x^2 - 4x + 7$$

関数 $f(x)$ を微分した式は、

$$\begin{aligned}
f'(x) &= (2x^3 - 5x^2 - 4x + 7)' \\
&= (2x^3)' - (5x^2)' - (4x)' + (7)' \quad \text{次の (イ) を用いる} \\
&= 2(x^3)' - 5(x^2)' - 4(x)' + 7(1)' \quad \text{(ウ)} \\
&= 2 \cdot 3x^2 - 5 \cdot 2x - 4 \cdot 1 + 0 \quad \text{(ア)} \\
&= 6x^2 - 10x - 4
\end{aligned}$$

関数 $f(x)$ の導関数は、$f'(x) = 6x^2 - 10x - 4$ と求まりました。

微分の計算に慣れている人にとっては、まどろこしかったかもしれませんね。こんなにていねいに計算過程を書いたのは、ここで使っている微分の法則をもう一度確認してほしかったからです。ここで用いた微分の計算法則は以下の通りです。これらは、数Ⅲ・大学でも変わりません。

> **微分の計算法則 I**
> (ア)　$(x^n)' = nx^{n-1}$　特に、$(1)' = 0$　　（多項式関数の微分）
> (イ)　$(f(x) + g(x))' = f'(x) + g'(x)$
> 　　　$(f(x) - g(x))' = f'(x) - g'(x)$　　（関数の和・差の微分）
> (ウ)　$(kf(x))' = kf'(x)$　（k は定数）　（関数の定数倍の微分）

数Ⅲ・大学で学ぶ微分では、扱う関数の範囲が広がって、用いる微分の計算法則がいくつか加わるだけです。数ⅡBの微分では、多項式関数しか扱いませんでしたが、数Ⅲ・大学の微分では、分数関数、無理関数、指数関数、対数関数、三角関数、逆三角関数、双曲線関数、逆双曲線関数などを扱います。対象となる関数の範囲がグンと広がります。

　また、数ⅡBの微分では、（イ）の関数の和、関数の差の微分、（ウ）の関数の定数倍の微分の公式しか与えられませんでしたが、数Ⅲ・大学の微分では、関数の積の微分、関数の商の微分、合成関数の微分まで扱うことができるようになります。

　数Ⅲ・大学の微分では、（ア）～（ウ）以外に次の３つの微分の計算法則を用います。

微分の計算法則Ⅱ

（エ）　$(f(x)g(x))' = f'(x)g(x) + f(x)g'(x)$

　　　　　　　　　　　　　　　　　　　（関数の積の微分）

（オ）　$\left(\dfrac{f(x)}{g(x)}\right)' = \dfrac{f'(x)g(x) - f(x)g'(x)}{\{g(x)\}^2}$ 　（関数の商の微分）

（カ）　$\{f(g(x))\}' = f'(g(x))g'(x)$ 　　　（合成関数の微分）

　さっそく、（エ）～（カ）の計算法則を使って問題を解いてみましょう。安心してください。扱う関数の範囲はまだ広げてありません。

ホップ

問題　関数の積・商の微分 （別 p.4）

次の式を微分せよ。

(1) $(x^2+3)(2x-1)$

(2) $\dfrac{x}{x^2+1}$

(3) $(x^2+2)^3$

---

　(1)、(3) は展開すれば、数Ⅱまでの知識で解くことができますが、ここでは上の公式を使って解いてみます。

(1) $f(x)=x^2+3$、$g(x)=2x-1$ とおいて公式を適用します。

$$((x^2+3)(2x-1))' = (x^2+3)'(2x-1) + (x^2+3)(2x-1)'$$
$$= 2x \cdot (2x-1) + (x^2+3) \cdot 2$$
$$= 6x^2 - 2x + 6$$

(下線注記: 左辺の (x^2+3) が f、$(2x-1)$ が g；右辺第1項の $(x^2+3)'$ が f'、$(2x-1)$ が g；第2項の (x^2+3) が f、$(2x-1)'$ が g')

(2) $f(x)=x$、$g(x)=x^2+1$ として公式を適用します。

$$\left(\frac{x}{x^2+1}\right)' = \frac{(x)'(x^2+1) - x(x^2+1)'}{(x^2+1)^2}$$
$$= \frac{(x^2+1) - x \cdot 2x}{(x^2+1)^2} = \frac{-x^2+1}{(x^2+1)^2}$$

(3) x に g を施して $g(x)$ にし、この $g(x)$ に f を施して $f(g(x))$ にした関数を f と g の合成関数といいます。図を用いるとこんな感じです。

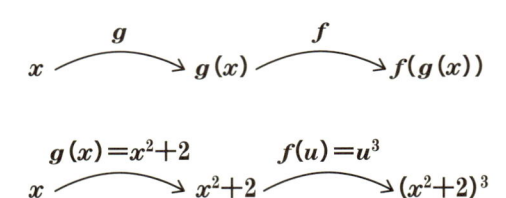

$$x \xrightarrow{g} g(x) \xrightarrow{f} f(g(x))$$

$$x \xrightarrow{g(x)=x^2+2} x^2+2 \xrightarrow{f(u)=u^3} (x^2+2)^3$$

$(x^2+2)^3$ は、x^2+2 という関数を3乗した関数ですから、$f(x)=x^3$、$g(x)=x^2+2$ とおくと、$(x^2+2)^3$ は f と g の合成関数になっています。実際、

$$f(g(x)) = f(x^2+2) = (x^2+2)^3$$
$$[f(u)=u^3 \text{ の } u \text{ を } x^2+2 \text{ で置き換えた}]$$

となります。$f(x)=x^3$ を微分して $f'(x)=3x^2$、$g(x)=x^2+2$ を微分して、$g'(x)=2x$ ですから、合成関数の微分の公式を用いると、

$$((x^2+2)^3)' = 3(x^2+2)^2 \cdot 2x = 6x(x^2+2)^2$$

(注記: $\{f(g(x))\}'$ ＝ $f'(g(x)) \cdot g'(x)$)

$$\left[\begin{array}{l} f'(g(x)) \text{ は、} f'(a)=3a^2 \text{ の } a \text{ を } g(x)=x^2+2 \text{ で置き換えたもの。} \\ f'(g(x)) = f'(x^2+2) = 3(x^2+2)^2 \end{array}\right]$$

$f'(g(x))$ の計算についてもう一度手順を確認しておきます。

$f'(g(x))$ の求め方

① $f(x)$ を微分して $f'(x)$ を求める。
② $f'(x)$ の x を $g(x)$ に置き換える。

---

①、②は逆の順ではいけません。先に $f(g(x))$ を計算してこれを微分しても、$f'(g(x))$ を計算したことにはなりません。

$f(g(x))$ の微分に関しては、$(f(g(x)))'=f'(g(x))g'(x)$ ですから、こうして計算した $f'(g(x))$ に $g'(x)$ をかけます。

解答中では、次のような書き方をすることもありますので慣れてください。

$(x^2+2)^3$ の微分を求めるときであれば、$u=x^2+2$ とおく。

$$((x^2+2)^3)'=(u^3)'=3u^2 \cdot u'=3(x^2+2)^2 \cdot 2x$$

u は x の関数ですから、$u(x)$、$u'(x)$ と書くところですが、「(x)」を省略して u、u' と書いています。

u^3 を u で微分すると、単に $3u^2$ ですが、u が x の関数のとき、u^3 を x で微分すると、$3u^2$ に「u を x で微分した u'」をかけなくてはいけませんよ、ということなのです。

なぜ（エ）～（カ）の微分の計算法則が成り立つのか、証明しておきましょう。

その前に関数 $f(x)$ に対して導関数 $f'(x)$（微分した式）を求めるときの定義の式を確認しておきます。

導関数の定義

$$f'(x)=\lim_{h \to 0} \frac{f(x+h)-f(x)}{h}$$

(エ)の証明　定義の式の $f(x)$ を $f(x)g(x)$ で置き換えて式変形していきます。

$$(f(x)g(x))' = \lim_{h \to 0} \frac{f(x+h)g(x+h) - f(x)g(x)}{h}$$

$$= \lim_{h \to 0} \frac{f(x+h)g(x+h) - f(x)g(x+h) + f(x)g(x+h) - f(x)g(x)}{h}$$

［分子に $f(x)g(x+h)$ を足し引きしているので、分子の値は変わらない］

$$= \lim_{h \to 0} \frac{\{f(x+h) - f(x)\}g(x+h) + f(x)\{g(x+h) - g(x)\}}{h}$$

$$= f'(x)g(x) + f(x)g'(x)$$

(オ)の証明　定義の式の $f(x)$ を $\dfrac{f(x)}{g(x)}$ で置き換えて式変形していきます。

$$\left(\frac{f(x)}{g(x)}\right)' = \lim_{h \to 0} \frac{\dfrac{f(x+h)}{g(x+h)} - \dfrac{f(x)}{g(x)}}{h}$$

$$= \lim_{h \to 0} \frac{f(x+h)g(x) - f(x)g(x+h)}{hg(x)g(x+h)}$$

$$= \lim_{h \to 0} \frac{f(x+h)g(x) - f(x)g(x) + f(x)g(x) - f(x)g(x+h)}{hg(x)g(x+h)}$$

［分子に $f(x)g(x)$ を足し引きしているので、分子の値は変わらない］

$$= \lim_{h \to 0} \frac{\{f(x+h) - f(x)\}g(x) - f(x)\{g(x+h) - g(x)\}}{hg(x)g(x+h)}$$

$$= \frac{f'(x)g(x) - f(x)g'(x)}{\{g(x)\}^2}$$

(カ)の証明　定義の式の $f(x)$ を $f(g(x))$ で置き換えて式変形していきます。

$$(f(g(x)))' = \lim_{h \to 0} \frac{f(g(x+h)) - f(g(x))}{h}$$

$$= \lim_{h \to 0} \frac{f(g(x+h)) - f(g(x))}{g(x+h) - g(x)} \cdot \frac{g(x+h) - g(x)}{h}$$

［分母・分子に $g(x+h) - g(x)$ をかけているので、式の値は変わらない］

$t=g(x+h)-g(x)$ とおくと、$h\to 0$ のとき、$t=g(x+h)-g(x)\to 0$
これで置き換えて、

$$=\lim_{h\to 0, t\to 0}\frac{f(g(x)+t)-f(g(x))}{t}\cdot\frac{g(x+h)-g(x)}{h}$$
$$=f'(g(x))g'(x)$$

　合成関数の微分に関しては、次の形でよく使われます。準公式として手中のものにしておくと便利です。

　なお、上の証明では、h が 0 が近づく過程で $g(x+h)-g(x)$ が 0 になるところが無数にあるとまずくなります。厳密に証明するには、あとで紹介する平均値の定理によって、分数を回避するテクニックを用います。

> **合成関数の微分でよく使われる形**
> a、b、α が定数のとき、
> (カ′)　$(f(ax+b))'=af'(ax+b)$
> (カ″)　$((g(x))^\alpha)'=\alpha(g(x))^{\alpha-1}g'(x)$

(カ′) 合成関数の微分の公式で、$g(x)=ax+b$ とします。$g'(x)=a$ であり、

$$\underbrace{(f(ax+b))'}_{(f(g(x)))'}=\underbrace{f'(ax+b)}_{f'(g(x))}\underbrace{a}_{g'(x)}$$

(カ″) 合成関数の微分の公式で、$f(x)=x^\alpha$ とします。$f'(x)=\alpha x^{\alpha-1}$ であり、

$$\underbrace{((g(x))^\alpha)'}_{(f(g(x)))'}=\underbrace{\alpha(g(x))^{\alpha-1}}_{f'(g(x))}\underbrace{g'(x)}_{g'(x)}$$

2 具体的な関数の微分の公式

　数Ⅲ・大学の微分では、多項式関数以外の関数も微分できるようになります。以下がそのリストです。

基本的な関数の微分

(キ)　$(x^\alpha)' = \alpha x^{\alpha-1}$　（α は実数）

(ク)　$(e^x)' = e^x$　　　　　　　　(ケ)　$(\log|x|)' = \dfrac{1}{x}$

(コ)　$(a^x)' = a^x(\log a)$　　　　　(サ)　$(\log_a |x|)' = \dfrac{1}{x\log a}$

(シ)　$(\cos x)' = -\sin x$　　　　　(ス)　$(\cos^{-1} x)' = -\dfrac{1}{\sqrt{1-x^2}}$

(セ)　$(\sin x)' = \cos x$　　　　　　(ソ)　$(\sin^{-1} x)' = \dfrac{1}{\sqrt{1-x^2}}$

(タ)　$(\tan x)' = \dfrac{1}{\cos^2 x}$　　　　(チ)　$(\tan^{-1} x)' = \dfrac{1}{1+x^2}$

(ツ)　$(\cosh x)' = \sinh x$　　　　　(テ)　$(\cosh^{-1} x)' = \dfrac{1}{\sqrt{x^2-1}}$

(ト)　$(\sinh x)' = \cosh x$　　　　　(ナ)　$(\sinh^{-1} x)' = \dfrac{1}{\sqrt{1+x^2}}$

(ニ)　$(\tanh x)' = \dfrac{1}{\cosh^2 x}$　　　(ヌ)　$(\tanh^{-1} x)' = \dfrac{1}{1-x^2}$

　まず始めに覚えるのは、（キ）（ク）（ケ）（シ）（セ）（タ）です。ここを押さえておけば、双曲線関数 $\cosh x$、$\sinh x$、$\tanh x$ の微分は、定義と微分の計算法則から求めることができます。

　また、あとで紹介する逆関数の微分の求め方を押さえておけば、逆三角関数、逆双曲線関数の微分も導くことができます。

微分だけならこれでもよいのですが、積分計算のことまで考えると、試験前には（ス）（ソ）（チ）（ナ）ぐらいまで覚えておいた方がよいでしょう。
　（ス）（ソ）（チ）（ナ）を積分公式としてみると、後に紹介する置換積分（p.75）をしなくとも一発で不定積分が求まるからです。

　（キ）から順に解説していきましょう。
　$(x^n)' = nx^{n-1}$ の n が正の整数であったところを、実数 α に拡張したものが（キ）の公式です。これによって、$\dfrac{1}{x}$、$\sqrt{x}$、$\sqrt[3]{x}$、$\dfrac{1}{\sqrt{x}}$ などの関数の微分ができるようになります。これらはすべて x^α（α は実数）の形で書くことができるからです。証明は少しあと（p.44）ですることにして、まずは（キ）を使って問題を解いてみましょう。

> **問題** 次の式を微分せよ。
> (1) $\dfrac{1}{x}$　　　　(2) $\sqrt{x}$　　　　(3) $\dfrac{1}{\sqrt{x}}$

(1) $\dfrac{1}{x} = x^{-1}$ ですから、$\left(\dfrac{1}{x}\right)' = \underset{(x^\alpha)'}{(x^{-1})'} = \underset{\alpha x^{\alpha-1}}{(-1)x^{-1-1}} = -x^{-2} = -\dfrac{1}{x^2}$

(2) $\sqrt{x} = x^{\frac{1}{2}}$ ですから、$(\sqrt{x})' = (x^{\frac{1}{2}})' = \dfrac{1}{2}x^{\frac{1}{2}-1} = \dfrac{1}{2}x^{-\frac{1}{2}} = \dfrac{1}{2\sqrt{x}}$

(3) $\dfrac{1}{\sqrt{x}} = x^{-\frac{1}{2}}$ ですから、$\left(\dfrac{1}{\sqrt{x}}\right)' = (x^{-\frac{1}{2}})' = -\dfrac{1}{2}x^{-\frac{1}{2}-1} = -\dfrac{1}{2}x^{-\frac{3}{2}} = -\dfrac{1}{2x\sqrt{x}}$

　(1)、(2) はよく出てくるので、上のように α がいくつかなどと考えて解くのでなく、自分の中で準公式になるまで計算練習を積んで試験に臨んだ方がよいでしょう。
　なお、$\sqrt{}$ が入った式で表される関数を**無理関数**といいます。これは $\sqrt{2}$、$\sqrt{3}$ が無理数になることに由来します。

　（ク）では、e^x の導関数が e^x であるといっています。e^x は微分しても変わらない関数なんです。これは印象深い結果ですね。導関数の定義にしたがって導い

てみましょう。

$$(e^x)' = \lim_{h \to 0} \frac{e^{x+h} - e^x}{h} = \lim_{h \to 0} \frac{(e^h - 1)e^x}{h} = e^x$$

$$\left[\text{ここで、}e\text{ の定義より、} \lim_{h \to 0} \frac{e^h - 1}{h} = 1 \text{ であることを用いる} \right]$$

（コ）の証明は、$a^x = (e^{\log a})^x = e^{(\log a)x}$ として、（カ）$'$ を用います。

$$(a^x)' = (e^{(\log a)x})' = (\log a)e^{(\log a)x} = a^x(\log a)$$
$$\quad\ (f(ax+b))' \quad\ af'(ax+b)$$

次に三角関数の導関数を求めてみましょう。

$$(\cos x)' = \lim_{h \to 0} \frac{\cos(x+h) - \cos x}{h}$$

加法定理

$$= \lim_{h \to 0} \frac{\cos x \cos h - \sin x \sin h - \cos x}{h}$$

$$= \lim_{h \to 0} \left(\frac{(\cos h - 1)\cos x - \sin h \sin x}{h} \right)$$

$$= \lim_{h \to 0} \left(-h \cdot \frac{1 - \cos h}{h^2} \cos x - \frac{\sin h}{h} \sin x \right)$$
$$\qquad\qquad 0 \quad\ \ \frac{1}{2} \qquad\qquad\ 1$$

$$= -\sin x$$

$\sin x$ の導関数も上と同じようにして求められますが、$\cos x$ の微分に帰着させる手もあります。

$$(\sin x)' = \left(\cos\left(\frac{\pi}{2} - x \right) \right)' = (-1)\left(-\sin\left(\frac{\pi}{2} - x \right) \right) = \cos x$$

$$\left[\begin{array}{l} f(x) = \cos x、a = -1、b = \dfrac{\pi}{2} \text{ とおけば、} f(ax+b) = \cos\left(\dfrac{\pi}{2} - x \right) \text{なので、} \\ \text{（カ}'\text{）}\ \ (f(ax+b))' = af'(ax+b) \text{を用いる。} f'(x) = -\sin x \text{ であり、} \\ \left(\cos\left(\dfrac{\pi}{2} - x \right) \right)' = (f(ax+b))' = af'(ax+b) = (-1)\left(-\sin\left(\dfrac{\pi}{2} - x \right) \right) \end{array} \right]$$

$\tan x$ の導関数を求めるには、$\cos x$、$\sin x$ の微分と商の微分を用います。

$$(\tan x)' = \left(\frac{\overset{f}{\sin x}}{\underset{g}{\cos x}}\right)' = \frac{\overset{f'}{(\sin x)'}\overset{g}{\cos x} - \overset{f}{\sin x}\overset{g'}{(\cos x)'}}{\underset{g^2}{\cos^2 x}}$$

$$= \frac{\cos x \cdot \cos x - \sin x(-\sin x)}{\cos^2 x} = \frac{\cos^2 x + \sin^2 x}{\cos^2 x} = \frac{1}{\cos^2 x}$$

（ツ）（ト）（ニ）に関しては、双曲線関数の定義が分かっていれば、すぐに導けることなので演習問題とします。それにしても普通の三角関数と双曲線関数の類似は面白いですね。

p.38 の表の右側に並んでいる関数は、左側の関数の逆関数になっています。関数 $f(x)$ の導関数 $f'(x)$ が分かっているとき、逆関数 $f^{-1}(x)$ の導関数の求め方を紹介しましょう。これが分かると、左側の結果から右側の結果を求めることができるようになります。

表記の問題で、$f(x)$ の逆関数を $g(x)$ とします。このとき、逆関数の性質から、

$$g(f(x)) = x$$

が成り立ちます。これを x で微分しましょう。

$$g'(f(x))f'(x) = 1 \qquad \therefore \quad g'(f(x)) = \frac{1}{f'(x)} \quad \cdots\cdots \text{①}$$

これが一般論ですが、右辺を x の関数で表すには一工夫必要です。

例えば、$f(x) = \tan x$、$g(x) = \tan^{-1} x$ のときを考えてみましょう。

$f'(x) = \dfrac{1}{\cos^2 x}$ ですから、これを①に代入して、

$$(\tan^{-1})'(\tan x) = \cos^2 x = \frac{1}{1 + \tan^2 x} \quad \left[\because \quad \frac{1}{\cos^2 x} = 1 + \tan^2 x\right]$$

ここで、$X = \tan x$ とおけば、$(\tan^{-1} X)' = \dfrac{1}{1 + X^2}$ となりますから、$\tan$ の逆関数の微分は、$(\tan^{-1} x)' = \dfrac{1}{1 + x^2}$ であると分かります。

つまり、$(\tan^{-1} x)'$ を求めるのであれば、$(\tan x)'$ の逆数を $\tan x$ で表して、

$\tan x$ を x で置き換えればよいのです。

$$\frac{1}{(\tan x)'} = \cos^2 x = \frac{1}{1+(\tan x)^2} \xrightarrow[x \text{でおきかえ}]{\tan x \text{を}} \frac{1}{1+x^2}$$

この手順でいくつか逆関数を求めてみましょう。

$(\cos^{-1} x)'$ であれば、$(\cos x)'$ の逆数を $\cos x$ で表して、$\cos x$ を x で置き換えて、

$$\frac{1}{(\cos x)'} = -\frac{1}{\sin x} = -\frac{1}{\sqrt{1-\cos^2 x}} \xrightarrow[x \text{でおきかえ}]{\cos x \text{を}} -\frac{1}{\sqrt{1-x^2}}$$

$(\sin^{-1} x)'$ であれば、$(\sin x)'$ の逆数を $\sin x$ で表して、$\sin x$ を x で置き換えて、

$$\frac{1}{(\sin x)'} = \frac{1}{\cos x} = \frac{1}{\sqrt{1-\sin^2 x}} \xrightarrow[x \text{でおきかえ}]{\sin x \text{を}} \frac{1}{\sqrt{1-x^2}}$$

$(\cosh^{-1} x)'$ であれば、$(\cosh x)'$ の逆数を $\cosh x$ で表して、$\cosh x$ を x で置き換えて、

$$\frac{1}{(\cosh x)'} = \frac{1}{\sinh x} = \frac{1}{\sqrt{\cosh^2 x - 1}} \xrightarrow[x \text{でおきかえ}]{\cosh x \text{を}} \frac{1}{\sqrt{x^2-1}}$$

$[\cosh^2 x - \sinh^2 x = 1$ より、$\sinh^2 x = \cosh^2 x - 1]$

$(\sinh^{-1} x)'$ であれば、$(\sinh x)'$ の逆数を $\sinh x$ で表して、$\sinh x$ を x で置き換えて、

$$\frac{1}{(\sinh x)'} = \frac{1}{\cosh x} = \frac{1}{\sqrt{1+\sinh^2 x}} \xrightarrow[x \text{でおきかえ}]{\sinh x \text{を}} \frac{1}{\sqrt{1+x^2}}$$

$(\tanh^{-1} x)'$ であれば、$(\tanh x)'$ の逆数を $\tanh x$ で表して、$\tanh x$ を x で置き換えて、

$$\frac{1}{(\tanh x)'} = \cosh^2 x = \frac{1}{1-\tanh^2 x} \xrightarrow[x \text{でおきかえ}]{\tanh x \text{を}} \frac{1}{1-x^2}$$

$$\left[\begin{array}{l} \cosh^2 x - \sinh^2 x = 1 \text{ を } \cosh^2 x \text{ で割ると、} \\ 1 - \frac{\sinh^2 x}{\cosh^2 x} = \frac{1}{\cosh^2 x} \quad \therefore \quad 1-\tanh^2 x = \frac{1}{\cosh^2 x} \end{array} \right]$$

$(\log |x|)'$ のときは、まず $x>0$ のときで考えましょう。$(e^x)'$ の逆数を e^x で表

して、e^x を x で置き換えて、

$$\frac{1}{(e^x)'} = \frac{1}{e^x} \xrightarrow[x \text{でおきかえ}]{e^x \text{を}} \frac{1}{x}$$

$x > 0$ のとき、$(\log x)' = \dfrac{1}{x}$ となります。

実は $(\log |x|)' = \dfrac{1}{x}$ となります。$x > 0$ のときは、$|x| = x$ で OK、$x < 0$ のときは、$|x| = -x$ なので $(\log|x|)' = \underbrace{(\log(-x))'}_{(f(g(x)))'}$
$= \underbrace{\dfrac{1}{-x} \cdot (-x)'}_{f'(g(x))g'(x)} = \dfrac{1}{x}$ となるからです。

これは $y = \log|x|$ のグラフを描くと、y 軸に関して対称で $x = -a\,(a>0)$ のときの微分係数は $x = a$ のときの微分係数の -1 倍ですから、$x < 0$ のときの $y = \log|x|$ の導関数は、

$$\frac{1}{-|x|} = \frac{1}{-(-x)} = \frac{1}{x}$$

とグラフからも導けます。

$(\log_a |x|)'$ であれば、$x > 0$ のとき $(a^x)'$ の逆数を a^x で表して、a^x を x で置き換えて、

$$\frac{1}{(a^x)'} = \frac{1}{(\log a)(a^x)} \quad \rightarrow \quad \frac{1}{(\log a)x}$$

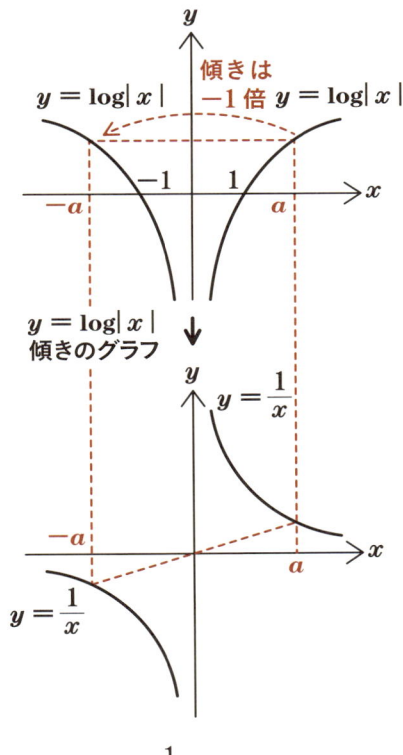

このように逆関数の微分の求め方を技化しておくと、(ス)(ソ)(チ)(テ)(ナ)(ヌ)を覚えなくてすみます。

$(\cosh^{-1} x)'$、$(\sinh^{-1} x)'$、$(\tanh^{-1} x)'$ に関しては、逆関数を明示的に求めて、

$$\cosh^{-1} x = \log(x + \sqrt{x^2 - 1}) \qquad \sinh^{-1} x = \log(x + \sqrt{x^2 + 1})$$

$$\tanh^{-1} x = \frac{1}{2} \log \frac{1+x}{1-x}$$

として、これを微分してもよいです。

$(\log |x|)'$ は上のように計算して見せましたが、暗記必須事項です。

3 微分の計算法則（応用編）

公式 $(\log|x|)' = \dfrac{1}{x}$ を応用する**対数微分法**を見てみましょう。

> **対数微分法**
> $$f'(x) = f(x)\{\log|f(x)|\}'$$

$\{\log|f(x)|\}'$ を計算するには、合成関数の微分 $(g(f(x)))' = g'(f(x))\,f'(x)$ で、$g(x) = \log|x|$ とします。$(\log|x|)' = \dfrac{1}{x}$ ですから、

$$\underbrace{\{\log|f(x)|\}'}_{(g(f(x)))'} = \underbrace{\dfrac{1}{f(x)}}_{g'(f(x))}\underbrace{f'(x)}_{f'(x)} \text{ より、} f'(x) = f(x)\{\log|f(x)|\}'$$

となります。

この手法を用いて、x^α（α は実数）の微分の公式を導きましょう。$y = x^\alpha$ として y' を求めます。

$y = x^\alpha$ の対数を取り、$\log y = \alpha \log x$。これを x で微分すると、

$$\dfrac{y'}{y} = \dfrac{\alpha}{x} \quad \therefore \quad y' = y \cdot \dfrac{\alpha}{x} = x^\alpha \cdot \dfrac{\alpha}{x} = \alpha x^{\alpha-1}$$

指数型の関数は、対数を取ると指数の部分が $\log$ の前に出てきますから、対数微分法がうまく使えます。

> **ホップ**
> **問題　対数微分法**　（別 p.12）
> 次の関数を微分せよ。
> (1) $\dfrac{(x+1)^3}{(x^2+2)^4}$　　　　　(2) x^x

(1) $y=\dfrac{(x+1)^3}{(x^2+2)^4}$ とおいて、絶対値の自然対数を取ると、

$$\log|y|=\log\dfrac{|x+1|^3}{|x^2+2|^4}=\log|x+1|^3-\log|x^2+2|^4 \quad \color{red}{\log\dfrac{b}{a}=\log b-\log a}$$

$$=3\log|x+1|-4\log|x^2+2| \quad \color{red}{\log a^k=k\log a}$$

これを微分して、

$$\dfrac{y'}{y}=\dfrac{3}{x+1}-\dfrac{4}{x^2+2}(2x) \quad \color{red}{(x^2+2)'} \quad \therefore \quad y'=y\left(\dfrac{3}{x+1}-\dfrac{8x}{x^2+2}\right)$$

$$y'=\dfrac{(x+1)^3}{(x^2+2)^4}\left\{\dfrac{3(x^2+2)-8x(x+1)}{(x+1)(x^2+2)}\right\}$$

$$=\dfrac{(x+1)^2(-5x^2-8x+6)}{(x^2+2)^5}$$

なお、これは普通に商の微分の公式を用いても答えを求めることができます。

(2) $y=x^x$ とおいて対数を取ると、$\log y=\log x^x=x\log x$

これを微分して、

$$\dfrac{y'}{y}=(x\log x)'=(x)'\log x+x(\log x)'=1\cdot\log x+x\cdot\dfrac{1}{x}$$

$$=\log x+1$$

$\therefore \quad y'=y(\log x+1)=x^x(\log x+1)$

n 階導関数

n を正の整数とする。

(ア) $\left(\dfrac{1}{x}\right)^{(n)} = \dfrac{(-1)^n n!}{x^{n+1}}$ (イ) $(e^x)^{(n)} = e^x$

(ウ) $(\cos x)^{(n)} = \cos\left(x + \dfrac{n\pi}{2}\right)$

(エ) $(\sin x)^{(n)} = \sin\left(x + \dfrac{n\pi}{2}\right)$

(オ) $(f(ax+b))^{(n)} = a^n f^{(n)}(ax+b)$

関数を n 回微分した関数を **n 階導関数** といいます。$f(x)$ の n 階導関数を $f^{(n)}(x)$ で表します。上の公式は、「n 階導関数を求めよ。」という問題を解くときの基本となります。公式を確認していきましょう。

(ア) $\left(\dfrac{1}{x}\right)' = \underset{x^\alpha}{(x^{-1})'} = \underset{\alpha x^{\alpha-1}}{(-1)x^{-1-1}} = (-1)x^{-2}$

$\left(\dfrac{1}{x}\right)^{(2)} = \left(\left(\dfrac{1}{x}\right)'\right)' = \{(-1)x^{-2}\}' = (-1)(-2)x^{-3}$

$\left(\dfrac{1}{x}\right)^{(3)} = \left(\left(\dfrac{1}{x}\right)^{(2)}\right)' = \{(-1)(-2)x^{-3}\}' = (-1)(-2)(-3)x^{-4}$

……

$\left(\dfrac{1}{x}\right)^{(n)} = \overbrace{(-1)(-2)\cdots(-n)}^{n\ \text{コ}} x^{-(n+1)} = \dfrac{(-1)^n n!}{x^{n+1}}$

暗記しなくてもすぐ復元できるでしょう。$\log x$ の n 階導関数であれば、

$(\log x)' = \dfrac{1}{x}$ ですから、$\dfrac{1}{x}$ の結果の n を 1 回分減らして、

$(\log x)^{(n)} = \dfrac{(-1)^{n-1}(n-1)!}{x^n}$

(イ) e^x は微分しても変わらない関数ですから、n 階導関数も e^x です。

(ウ)(エ) cos、sin の微分に関しては、どちらも、

$$\text{「微分すると、回転角が} \frac{\pi}{2} \text{だけ進む」}$$

と覚えておくのがよいです。cos、sin の導関数をそれぞれ cos、sin を用いて表すと、x を $x+\frac{\pi}{2}$ にしたものになります。え、回転角って何、と思うかもしれません。詳しい話はあとですることにして、事実を確認しておきます。

$$(\cos x)' = -\sin x = \cos\left(x+\frac{\pi}{2}\right) \quad \underbrace{}_{①} \qquad (\sin x)' = \cos x = \sin\left(x+\frac{\pi}{2}\right) \quad \underbrace{}_{②}$$

$$\left[\begin{array}{l} ①、②は、加法定理で確認しましょう。\\[4pt] \cos\left(x+\frac{\pi}{2}\right) = \cos x \cos\frac{\pi}{2} - \sin x \sin\frac{\pi}{2} = \cos x \cdot 0 - \sin x \cdot 1 \\ \qquad\qquad\quad = -\sin x \\ \sin\left(x+\frac{\pi}{2}\right) = \sin x \cos\frac{\pi}{2} + \cos x \sin\frac{\pi}{2} \\ \qquad\qquad\quad = \sin x \cdot 0 + \cos x \cdot 1 = \cos x \end{array}\right]$$

これを用いると、

$$(\cos(x+a))' = (\cos u)' = \cos\left(u+\frac{\pi}{2}\right)\cdot u' = \cos\left(x+a+\frac{\pi}{2}\right)$$

$$(\sin(x+a))' = (\sin u)' = \sin\left(u+\frac{\pi}{2}\right)\cdot u' = \sin\left(x+a+\frac{\pi}{2}\right)$$

[$u=x+a$ とおくと、$u'=1$]

つまり a がどんな数であっても、cos、sin を 1 回微分すると、cos、sin の中身に $+\frac{\pi}{2}$ することになるので、

$$(\cos x)^{(2)} = \left\{\cos\left(x+\frac{\pi}{2}\right)\right\}' = \cos\left(x+\frac{\pi}{2}+\frac{\pi}{2}\right) = \cos\left(x+2\cdot\frac{\pi}{2}\right)$$

$$(\cos x)^{(3)} = \left\{\cos\left(x+2\cdot\frac{\pi}{2}\right)\right\}' = \cos\left(x+2\cdot\frac{\pi}{2}+\frac{\pi}{2}\right)$$

$$= \cos\left(x + 3 \cdot \frac{\pi}{2}\right)$$

……

$$(\cos x)^{(n)} = \cdots\cdots = \cos\left(x + \frac{n\pi}{2}\right)$$

となるわけです。sin の方も同様で、

$$(\sin x)^{(n)} = \sin\left(x + \frac{n\pi}{2}\right)$$

cos、sin の微分に関して、「微分すると、回転角が $\frac{\pi}{2}$ だけ進む」ことは、平面上の点の動きを考えると次のように納得がいきます。

手始めに、速度について説明していきます．

小学校では、『速さ』とは、

$$（速さ）= \frac{（進んだ距離）}{（進むのにかかった時間）}$$

であると習いました。『速さ』とは時間当たりに進む距離のことです。

10km を進むのに 2 時間かかったとすると、『速さ』は時速 5km（＝10÷2）と計算しました。以下、この意味で速さという言葉を用いるときは、『　』をつけて表します。

数学や物理では、一定時間あたりにものが進む度合のことを進む向きも含めて、「速度」といい表します。そこでは「速さ」とは速度の大きさのことを表し、「速度」と「速さ」を区別して用います。日常語ではこの 2 つをあまり区別していませんね。みなさんは、自動車に乗っているときに速度メーターを見たことがあるでしょう。この速度メーターが指し示す数字は、その瞬間、瞬間の『速さ』を表しています。時々刻々に対して速度の値があることを実感していただけるものと思います。

速度を求めるには微分を用います。なぜ微分を用いて表されるかを説明しましょう。

いま、点 P が数直線上を動いているものとします。時刻 t での P の位置が

$x(t)$（t の関数）であるとします。ここで、P が時刻 t から時刻 $t+h$ まで進むときの P の速さを求めましょう。

時刻 t での P の位置は $x(t)$、時刻 $t+h$ での P の位置は $x(t+h)$ ですから、P は $x(t+h)-x(t)$ だけ進んだことになります。かかった時間は h ですから、P の『速さ』は、

$$\frac{x(t+h)-x(t)}{h}$$

と計算できます。ここで、h を限りなく 0 に近づけていったものが瞬間の『速さ』、すなわち速度です。上で h を 0 に近づけると、微分の定義式を用いて、

$$\lim_{h \to 0} \frac{x(t+h)-x(t)}{h} = x'(t)$$

となりますから、P の t での速度は $x'(t)$ となります。

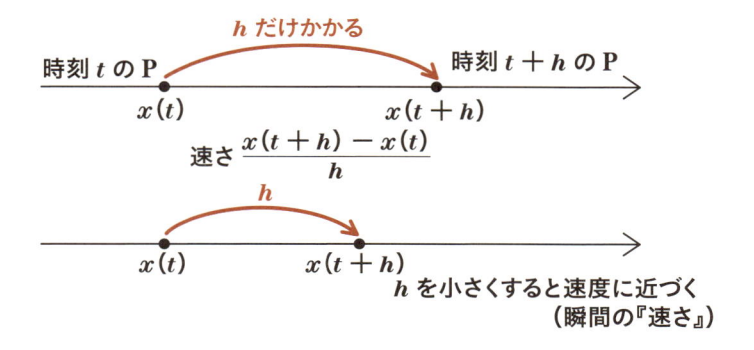

次に、点 P が xy 平面上を動いている場合を考えてみます。時刻 t における点 P の座標を $(x(t),\ y(t))$ とおきます。

P の瞬間の動きを表してみましょう。

P は時刻 t のとき $(x(t),\ y(t))$、時刻 $t+h$ のとき $(x(t+h),\ y(t+h))$ の位置にいるとすると、時刻 t から時刻 $t+h$ までに進んだ様子をベクトルで表すと、

$$\begin{pmatrix} x(t+h)-x(t) \\ y(t+h)-y(t) \end{pmatrix}$$

となります。h の間で時間当たりに進んだ様子をベクトルで表すと、

$$\begin{pmatrix} \dfrac{x(t+h)-x(t)}{h} \\ \dfrac{y(t+h)-y(t)}{h} \end{pmatrix}$$

となり、h を 0 に近づけていくと、これは、

$$\begin{pmatrix} x'(t) \\ y'(t) \end{pmatrix}$$

に近づきます。これを P の速度ベクトルといいます。

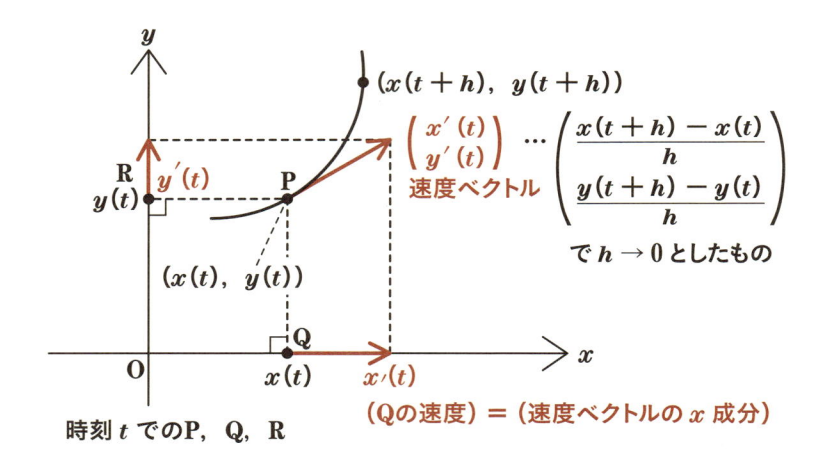

<図：時刻 t でのP，Q，R。速度ベクトル $\begin{pmatrix} x'(t) \\ y'(t) \end{pmatrix}$ … $\begin{pmatrix} \dfrac{x(t+h)-x(t)}{h} \\ \dfrac{y(t+h)-y(t)}{h} \end{pmatrix}$ で $h \to 0$ としたもの。（Qの速度）＝（速度ベクトルの x 成分）>

　P から x 軸に下ろした垂線の足を Q、y 軸に下ろした垂線の足を R とすると、Q の座標は $(x(t),\ 0)$、R の座標は $(0,\ y(t))$ です。$x'(t)$ は Q の速度で、P の速度ベクトルの x 成分、$y'(t)$ は R の速度で、P の速度ベクトルの y 成分です。

　P の軌跡が滑らかであるとします。h が 0 に近づくとき、$(x(t+h)-x(t),\ y(t+h)-y(t))$ の方向は P の軌跡の曲線の t での接線方向に近づきますから、これを h で割って極限をとった速度ベクトルの方向は P の軌跡の曲線の t での接線方向に一致します。これは重要な事実なので強調しておきます。

速度ベクトルの方向は軌跡の接線方向と一致

　さて、この一般論を $\cos$、$\sin$ の微分に適用してみましょう。
　原点を中心とした単位円周上を点 P が速さ 1 で反時計回りに回転するときの

ことを考えます。P は時刻 0 のとき A(1, 0) にあるものとすると、時刻 t のとき弧 AP は $\overset{\frown}{\mathrm{AP}}=t$ となりますから、このときの ∠AOP は弧度法で ∠AOP$=t$ です。三角関数を弧度法で表すと、時刻 t のときの P の座標は $(\cos t, \sin t)$ です。

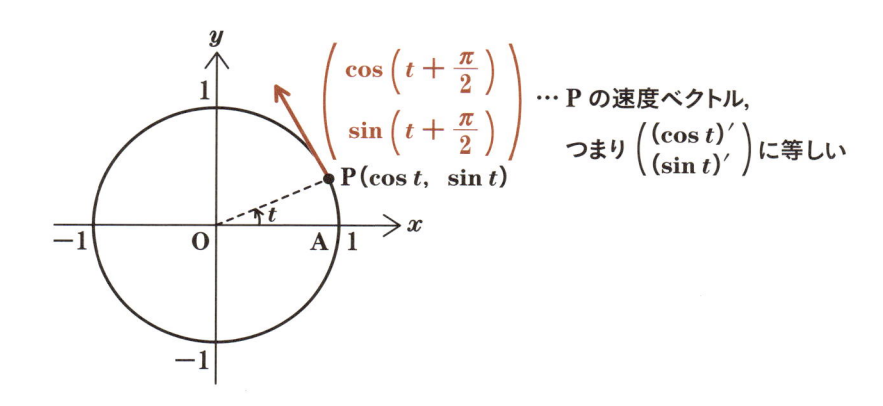

$\begin{pmatrix} \cos\left(t+\dfrac{\pi}{2}\right) \\ \sin\left(t+\dfrac{\pi}{2}\right) \end{pmatrix}$ …P の速度ベクトル,つまり $\begin{pmatrix} (\cos t)' \\ (\sin t)' \end{pmatrix}$ に等しい

一般論から速度ベクトルの方向は軌跡の曲線の接線方向ですから、P の時刻 t での速度ベクトルの方向は円の接線方向に等しくなり、上図のようになります。OP は x 軸の正方向から t だけ回転した方向ですから、速度ベクトルの方向は x 軸の正方向から $t+\dfrac{\pi}{2}$ だけ回転した方向になります。

つまり、$\left(\cos\left(t+\dfrac{\pi}{2}\right),\ \sin\left(t+\dfrac{\pi}{2}\right)\right)$ です。このベクトルの大きさを計算してみると、$\sqrt{\left(\cos\left(t+\dfrac{\pi}{2}\right)\right)^2+\left(\sin\left(t+\dfrac{\pi}{2}\right)\right)^2}=1$ になります。P は速さ 1 で反時計回りに動いている設定ですから、このベクトルがちょうど速度ベクトルであることがいえます。

一方、微分を使うと速度ベクトルの一般論より速度ベクトルは $\begin{pmatrix} x'(t) \\ y'(t) \end{pmatrix}$ だったので、$\begin{pmatrix} x'(t) \\ y'(t) \end{pmatrix} = \begin{pmatrix} \cos\left(t+\dfrac{\pi}{2}\right) \\ \sin\left(t+\dfrac{\pi}{2}\right) \end{pmatrix}$ です。

このように、cos、sin を微分するには $\frac{\pi}{2}$ を足せばよい事実を、単位円周上を速さ 1 で回る点と結びつけて理解しておくと、内容を忘れないでしょう。

（オ）は p.37（カ）′ を繰り返し用いることで求められます。
（ア）〜（オ）を確認する簡単な問題を解いてみましょう。

> **ホップ**
> **問題　n 階導関数**　（別 p.14）
> 次の関数の n 階導関数を求めよ。
> (1) $\dfrac{1}{3x-1}$　　(2) e^{2x+1}　　(3) $\cos(-2x+1)$

$(f(ax+b))^{(n)} = a^n f^{(n)}(ax+b)$ と具体的な関数の n 階導関数を組み合わせて計算します。

(1) $f(x)=\dfrac{1}{x}$ のとき、$f^{(n)}(x)=\dfrac{(-1)^n n!}{x^{n+1}}$ ですから、

$$\left(\frac{1}{3x-1}\right)^{(n)} = 3^n \cdot \frac{(-1)^n n!}{(3x-1)^{n+1}} = \frac{(-3)^n n!}{(3x-1)^{n+1}}$$

$(f(ax+b))^{(n)}$　　$a^n f^{(n)}(ax+b)$　　$a=3$、$b=-1$

(2) $f(x)=e^x$ のとき、$(e^x)^{(n)}=e^x$ ですから、

$$(e^{2x+1})^{(n)} = 2^n(e^{2x+1})$$

$(f(ax+b))^{(n)}$　$a^n f^{(n)}(ax+b)$　　$a=2$、$b=1$

(3) $f(x)=\cos x$ のとき、$(\cos x)^{(n)}=\cos\left(x+\dfrac{n\pi}{2}\right)$ ですから、

$$\{\cos(-2x+1)\}^{(n)} = (-2)^n \cos\left(-2x+1+\frac{n\pi}{2}\right)$$

$(f(ax+b))^{(n)}$　$a^n f^{(n)}(ax+b)$　　$a=-2$、$b=1$

関数の積について n 階導関数を求めるときに、使えるのが次の**ライプニッツの公式**です。

> **ライプニッツの公式**
> $$(f(x)g(x))^{(2)} = f^{(2)}(x)g(x) + 2f'(x)g'(x) + f(x)g^{(2)}(x)$$
> $$(f(x)g(x))^{(3)} = f^{(3)}(x)g(x) + 3f^{(2)}(x)g'(x)$$
> $$+ 3f'(x)g^{(2)}(x) + f(x)g^{(3)}(x)$$
> $$(f(x)g(x))^{(n)}$$
> $$= f^{(n)}(x)g(x) + {}_nC_1 f^{(n-1)}(x)g'(x) + {}_nC_2 f^{(n-2)}(x)g^{(2)}(x)$$
> $$+ \cdots\cdots + {}_nC_{n-1} f^{(1)}(x)g^{(n-1)}(x) + f(x)g^{(n)}(x)$$

　$f(x)g(x)$ の高階微分の係数に現れる数は二項係数です。

　二項定理［$(a+b)^n$ の展開式］を知っている人は、似ているなあと思ったはずです。念のため二項定理を書いておくと、

$$(a+b)^2 = a^2 + 2ab + b^2$$
$$(a+b)^3 = a^3 + 3a^2b + 3ab^2 + b^3$$
……
$$(a+b)^n = a^n + {}_nC_1 a^{n-1}b + {}_nC_2 a^{n-2}b^2 + \cdots + {}_nC_{n-1} ab^{n-1} + b^n$$

　右辺で、$a^i \to f^{(i)}(x)$，$b^j \to g^{(j)}(x)$ と置き換えると、ライプニッツの微分公式になります。

　$(a+b)^n$ の展開式に出てくる係数は、n が小さい場合であれば、「パスカルの三角形」を作ることで簡単に求めることができます。

パスカルの三角形

```
            1 ⇢⇠ 1
              ↓
             1+1
        1 ⇢⇠ 2 ⇢⇠ 1
          ↓     ↓
         1+2   2+1
      1 ⇢⇠ 3 ⇢⇠ 3 ⇢⇠ 1
        ↓    ↓    ↓
       1+3  3+3  3+1
   1 ⇢⇠ 4 ⇢⇠ 6 ⇢⇠ 4 ⇢⇠ 1
     ↓    ↓    ↓    ↓
    1+4  4+6  6+4  4+1
 1    5    10   10   5    1
```

↓

$1a + 1b \qquad\qquad\qquad\qquad = a+b$

$1a^2 \quad +②ab \quad +1b^2 \qquad\qquad = (a+b)^2$

$1a^3 \quad +③a^2b \quad +③ab^2 \quad +1b^3 \qquad = (a+b)^3$

$1a^4 \quad +④a^3b \quad +⑥a^2b^2 \quad +④ab^3 \quad +1b^4 \qquad = (a+b)^4$

$1a^5 \; +⑤a^4b \; +⑩a^3b^2 \; +⑩a^2b^3 \; +⑤ab^4 \; +1b^5 \; = (a+b)^5$

■陰関数の微分

y が x の関数であるとき、

$$x+y-1=0 \quad や \quad x^2+y^2-1=0$$

というように、$f(x, y)=0$ の形で表されている関数を**陰関数**といいます。

　$x+y-1=0$ は、x の値を1つに決めると y の値が1つに決まりますが、$x^2+y^2-1=0$ の方は、例えば $x=0$ のとき、$y=1$、$y=-1$ と 2 つの y の値がありえますから、今まで扱ってきた関数の意味では関数とはいえません。そこで陰関数と呼ぶわけです。翻って、$y=f(x)$ の形で表されている関数を陽関数といいます。

　陰関数であっても、$x^2+y^2=1$ のグラフ(原点を中心とする半径1の円)を考えれば分かるように、点を決めれば、そこでのグラフの傾きを求めることができま

> ライプニッツの公式の正式な証明は煩雑になるのでしませんが、下図を見ることで、高階微分の係数がパスカルの三角形に出てくる数と同じ作り方になっていることが分かると思います。

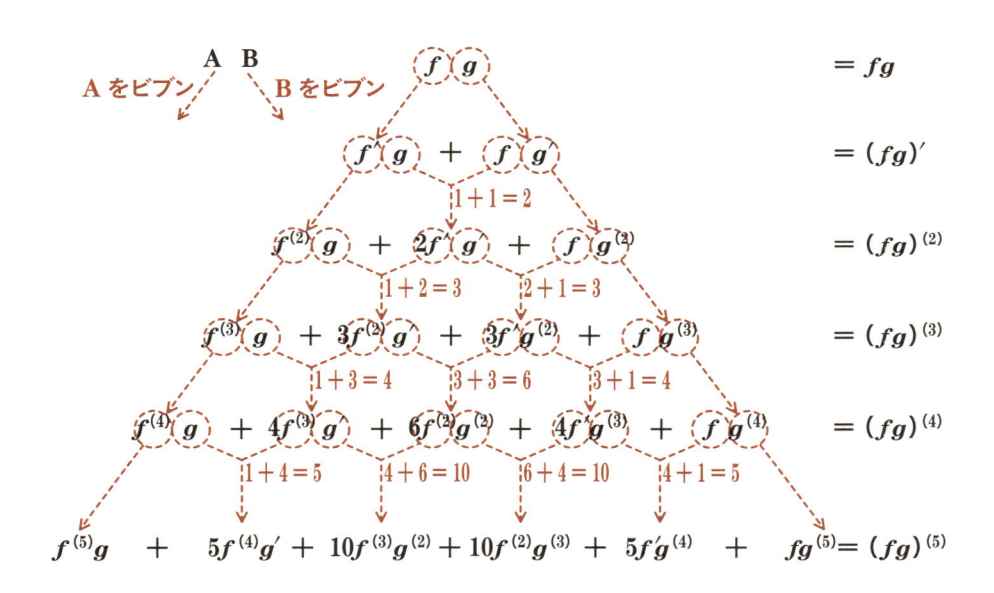

A をビブン **B** をビブン

$$
\begin{aligned}
&fg && = fg \\
&f'g + fg' && = (fg)' \\
&f^{(2)}g + 2f'g' + fg^{(2)} && = (fg)^{(2)} \\
&f^{(3)}g + 3f^{(2)}g' + 3f'g^{(2)} + fg^{(3)} && = (fg)^{(3)} \\
&f^{(4)}g + 4f^{(3)}g' + 6f^{(2)}g^{(2)} + 4f'g^{(3)} + fg^{(4)} && = (fg)^{(4)} \\
&f^{(5)}g + 5f^{(4)}g' + 10f^{(3)}g^{(2)} + 10f^{(2)}g^{(3)} + 5f'g^{(4)} + fg^{(5)} && = (fg)^{(5)}
\end{aligned}
$$

す。これを求めるのが陰関数の微分です。

$x^2+y^2=1$ は、$y \geqq 0$ のとき、$y=\sqrt{1-x^2}$、$y<0$ のとき $y=-\sqrt{1-x^2}$ と 2 つの陽関数を用いて表すことができますから、これを微分してもよいのですが、容易に陽関数で表すことができない場合もあります。このようなときこそ陰関数の微分法の出番となります。

陰関数の微分

y'、y'' を求めるには、y を x の関数であると考えて、陰関数の式 $f(x, y)=0$ を微分し、y' について解く。$f(x, y)=0$ を 2 回微分して、y'' について解く。

具体的な関数で、計算してみましょう。要領がつかめるはずです。関数の積の

微分、合成関数の微分をうまく使います。

> **ホップ 問題 陰関数の微分** （別 p.16）
> $x^2-xy+2y^2-1=0$ で定まる陰関数 $y(x)$ について、y'、y'' を求めよ。

$x^2-xy(x)+2\{y(x)\}^2-1=0$ を x に関して微分すると、

$2x-(1\cdot y(x)+x\cdot y'(x))+4y(x)y'(x)=0$

$2x-y(x)+(-x+4y(x))y'(x)=0$ ……①

$\therefore \quad (x-4y(x))y'(x)=2x-y(x) \qquad \therefore \quad y'(x)=\dfrac{2x-y(x)}{x-4y(x)}$

このように答えには y が入っていてかまいません。陰関数の微分では答えに y が入る方が普通です。x のみの関数として表す必要はありません。

①の式をさらに x で微分して、

$2-y'(x)+(-1+4y'(x))y'(x)+(-x+4y(x))y''(x)=0$

$\therefore \quad (x-4y(x))y''(x)=4\{y'(x)\}^2-2y'(x)+2$

$\therefore \quad y''(x)=\dfrac{4\{y'(x)\}^2-2y'(x)+2}{x-4y(x)}$

$=\dfrac{4\left\{\dfrac{2x-y(x)}{x-4y(x)}\right\}^2-2\cdot\dfrac{2x-y(x)}{x-4y(x)}+2}{x-4y(x)}$

$=\dfrac{4\{2x-y(x)\}^2-2\{2x-y(x)\}\{x-4y(x)\}+2\{x-4y(x)\}^2}{\{x-4y(x)\}^3}$

問題の条件より 1

$=\dfrac{14\{\underline{x^2-xy(x)+2\{y(x)\}^2}\}}{\{x-4y(x)\}^3}=\dfrac{14}{\{x-4y(x)\}^3}$

上の解答では、y が x の関数であることを意識するために $y(x)$ と書きましたが、慣れてきたら (x) を省いて書きましょう。答案の書き方はそれでかまいません。$y''(x)$ は、$f(x,y)$ が多項式のときは、約分しなければ分母が 3 乗の分数式になります。そうでない場合には、計算間違いをしていないかをチェックしましょう。

> **媒介変数表示の微分**
>
> $x = x(t)$, $y = y(t)$ のとき、
>
> $$\dfrac{dy}{dx} = \dfrac{dy}{dt} \Big/ \dfrac{dx}{dt} = \dfrac{y'(t)}{x'(t)}$$
>
> $$\dfrac{d^2y}{dx^2} = \dfrac{d}{dt}\left(\dfrac{dy}{dx}\right) \Big/ \dfrac{dx}{dt} = \dfrac{y''(t)x'(t) - y'(t)x''(t)}{\{x'(t)\}^3}$$

$\dfrac{dy}{dx}$ は、t を小さく変化させたとき (t から $t+h$ へ) の $x(t)$ の変化分 $\varDelta x$ と $y(t)$ の変化分 $\varDelta y$ の比 $\dfrac{\varDelta y}{\varDelta x}$ について、h を 0 に近づけていったときの極限を表しています。

t から $t+h$ に変化したときの $x(t)$ の変化分は $\varDelta x = x(t+h) - x(t)$、$y(t)$ の変化分は $\varDelta y = y(t+h) - y(t)$ ですから、

$$\dfrac{dy}{dx} = \lim_{h \to 0} \dfrac{\varDelta y}{\varDelta x} = \lim_{h \to 0} \dfrac{y(t+h) - y(t)}{x(t+h) - x(t)}$$

$$= \lim_{h \to 0} \dfrac{y(t+h) - y(t)}{h} \cdot \dfrac{h}{x(t+h) - x(t)} = \dfrac{y'(t)}{x'(t)}$$

2 階微分のときの $\dfrac{d}{dt}\left(\dfrac{dy}{dx}\right) \Big/ \dfrac{dx}{dt}$ は、1 階微分のときの y を $\dfrac{dy}{dx}$ に変えた式だと思えばよいでしょう。

2 階微分を 1 階微分のときの類推から、$\dfrac{d^2y}{dx^2} = \dfrac{y''(t)}{x''(t)}$ としてしまう人がいますが、大間違いです。$\dfrac{d^2y}{dx^2}$ は、$\dfrac{dy}{dx}$ を x で微分した式です。t で表されている $\dfrac{dy}{dx}$ を、t で表されている x で微分するのですから、1 階微分の公式で、y を $\dfrac{dy}{dx}$ に取り替えると銘記しておきましょう。

具体的には、$\dfrac{y'(t)}{x'(t)}$ を t で微分したものと、$x(t)$ を t で微分したものとの比を

取ればよいのです。

$$\frac{d^2y}{dx^2} = \frac{d}{dx}\left(\frac{dy}{dx}\right) = \frac{d}{dt}\left(\frac{dy}{dx}\right) \bigg/ \frac{dx}{dt} = \frac{d}{dt}\left(\overset{f}{\boxed{\underset{g}{\frac{y'(t)}{x'(t)}}}}\right) \bigg/ \frac{dx}{dt}$$

$$\underset{\underset{\text{商の微分 p.33 (オ)}}{\uparrow}}{=} \frac{\overset{f'}{\boxed{y''(t)}}\,\overset{g}{\boxed{x'(t)}} - \overset{f}{\boxed{y'(t)}}\,\overset{g'}{\boxed{x''(t)}}}{\underset{g^2}{\boxed{\{x'(t)\}^2}}} \bigg/ x'(t) = \frac{y''(t)x'(t) - y'(t)x''(t)}{\{x'(t)\}^3}$$

試験前にはこの結果の式を覚えておくのが得策でしょう。

この式にしても分母が $x'(t)$ の3乗であるところを、2乗にしてしまう間違いが多くみられます。$\dfrac{dx}{dt} = x'(t)$ で割ることを忘れてしまうのですね。とにもかくにも媒介変数表示の2階導関数は間違いやすいので、注意しておきましょう。

> **ホップ**
> **問題　媒介変数表示の微分**　（別 p.22）
> $x,\ y$ が t の関数であり、$x = a\cos t,\ y = b\sin t$ と表されるとき、$\dfrac{dy}{dx}$、$\dfrac{d^2y}{dx^2}$ を求めよ。

$$\frac{dy}{dx} = \frac{dy}{dt} \bigg/ \frac{dx}{dt} = \frac{y'(t)}{x'(t)} = \frac{(b\sin t)'}{(a\cos t)'} = \frac{b\cos t}{(-a\sin t)} = -\frac{b\cos t}{a\sin t}$$

$$\frac{d^2y}{dx^2} = \frac{d}{dt}\left(\frac{dy}{dx}\right) \bigg/ \frac{dx}{dt} = \frac{d}{dt}\left(-\overset{f}{\boxed{\underset{g}{\frac{b\cos t}{a\sin t}}}}\right) \bigg/ \frac{dx}{dt}$$

$$\underset{\underset{\text{商の微分 p.33 (オ)}}{\uparrow}}{=} \left(-\frac{\overset{f'}{\boxed{(b\cos t)'}}\,\overset{g}{\boxed{(a\sin t)}} - \overset{f}{\boxed{(b\cos t)}}\,\overset{g'}{\boxed{(a\sin t)'}}}{\underset{g^2}{\boxed{(a\sin t)^2}}}\right) \bigg/ (a\cos t)'$$

$$= \left(-\frac{(-b\sin t)(a\sin t) - (b\cos t)(a\cos t)}{(a\sin t)^2}\right) \bigg/ (-a\sin t)$$

$$= -\frac{ab(\sin^2 t + \cos^2 t)}{(a\sin t)^3} = -\frac{b}{a^2\sin^3 t}$$

4 関数のグラフの描き方

　高校の微分では、微分の応用として 3 次関数のグラフを描いたことと思います。数Ⅲ・大学での微積分でも関数のグラフを描く問題があります。数Ⅱまでの問題では、$y=f(x)$ のグラフを描くとき、$f(x)$ の導関数 $f'(x)$ を求め、$f'(x)=0$ となる x の値を探し、この値の前後で $f'(x)$ の値の符号の変化を調べるという手順でグラフの概形を描きました。このときポイントとなるのは以下のことです。

導関数の符号と関数の増減

　関数 $f(x)$ が閉区間 $[a,\ b]$ で連続で、開区間 $(a,\ b)$ で微分
可能であるとする。　　　$a \leq x \leq b$　　　　　　　　　　$a < x < b$

(ア) $(a,\ b)$ でつねに $f'(x)>0$ ならば、$f(x)$ は $[a,\ b]$ で単調
　　 増加する。

(イ) $(a,\ b)$ でつねに $f'(x)<0$ ならば、$f(x)$ は $[a,\ b]$ で単調
　　 減少する。

(ウ) $(a,\ b)$ でつねに $f'(x)=0$ ならば、$f(x)$ は $[a,\ b]$ で定
　　 数。

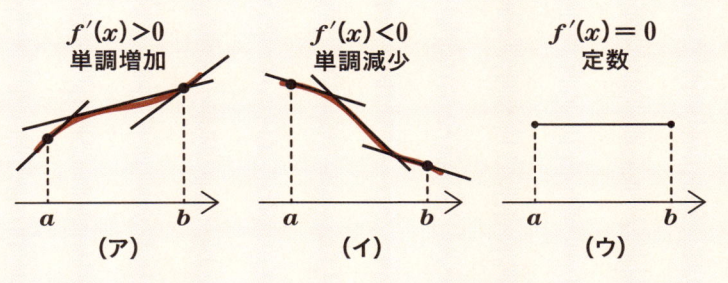

$f'(x)>0$ 単調増加	$f'(x)<0$ 単調減少	$f'(x)=0$ 定数
(ア)	(イ)	(ウ)

　「関数が単調増加する」というのは、グラフで描けば上の(ア)のようになります。グラフを描くときにポイントとなるのは極値です。極値の定義から確認していきましょう。

極値

$x=a$ の付近で連続な関数 $f(x)$ がある。
a の付近の b について、
　$f(a)>f(b)\,(b\neq a)$ が成り立つとき、$f(x)$ は $x=a$ で極大
　$f(a)<f(b)\,(b\neq a)$ が成り立つとき、$f(x)$ は $x=a$ で極小

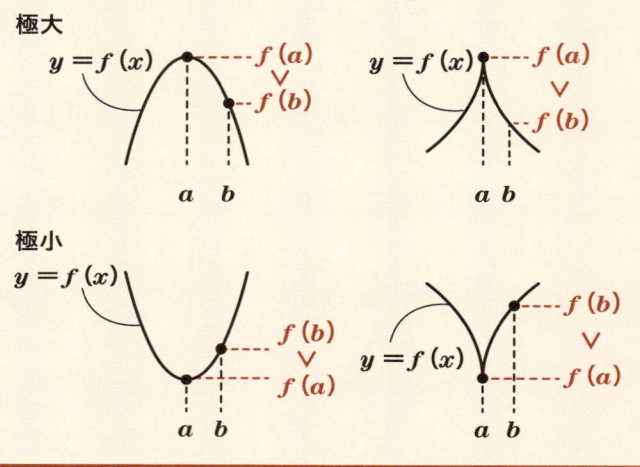

極大

$y=f(x)$ ----$f(a)$
　　　　　　∨
　　　　　　$f(b)$

$a\ \ b$

$y=f(x)$ ----$f(a)$
　　　　　　∨
　　　　　　$f(b)$

$a\ \ b$

極小

$y=f(x)$

　　　　　$f(b)$
　　　　　∨
　　　　　$f(a)$

$a\ \ b$

$y=f(x)$ ----$f(b)$
　　　　　　∨
　　　　　　$f(a)$

$a\ \ b$

　「$f(a)>f(b)\,(b\neq a)$ が成り立つ」とは、「a の付近にある b を取る。このとき b は a と異なるように取る。すると、つねに $f(a)>f(b)$ が成り立つ」ということです。上の図を見ながら確認してほしいと思います。

　極値のことで注意しなければならないのは、極値を取る点でのグラフの傾きが 0 であるとは限らないということです。図のように極値を取る点でグラフがとがっている場合などがそうです。このような点を尖点(せんてん)と言います。この場合は、極致での微分の値が存在しません。

　ただ、数Ⅲ・大学の数学で演習問題として扱われる極値の多くは、グラフの接線が極値で平らになっている場合だと考えられます。極値を求める問題では、微分可能な関数を扱うことがほとんどだからです。ですから、極大値・極小値を見つけるには、次のような方法が重要になってきます。

関数の極大値・極小値の見つけ方

$f'(x)=0$ となるような x を求める。これが極値をとる x の候補。

候補 $x=a$ が極値かどうかは、$f'(x)$ の符号を $x=a$ の前後で調べて、

　　正から負に変わるとき、$f(a)$ は極大値
　　負から正に変わるとき、$f(a)$ は極小値

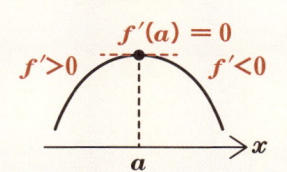

$x=a$ で極大値

$x=a$ で極小値

増減表

x		a	
$f'(x)$	$+$	0	$-$
$f(x)$	↗		↘

増減表

x		a	
$f'(x)$	$-$	0	$+$
$f(x)$	↘		↗

　極値となる点では、導関数 $f'(x)$ の値が 0 になりますから、極値を探すには、$f'(x)=0$ となる x を求めます。ただし、$f'(a)=0$ となるだけでは、$x=a$ のとき極値を取るかどうかは分かりません。導関数が 0 になっても、極値を取らない場合があるからです。

　例えば、$f(x)=x^3$ は、$f'(x)=3x^2$、$f'(0)=0$ ですが、次ページ右図のように $x=0$ で極値はとりません。これは $x=0$ の前後で導関数の値の符号に変化がないことから分かります。$f(x)=x^3$ では、導関数 $f'(x)=3x^2$ の値は x が負でも正でも、正になります。

$f'(a)=0$ であっても極値でない

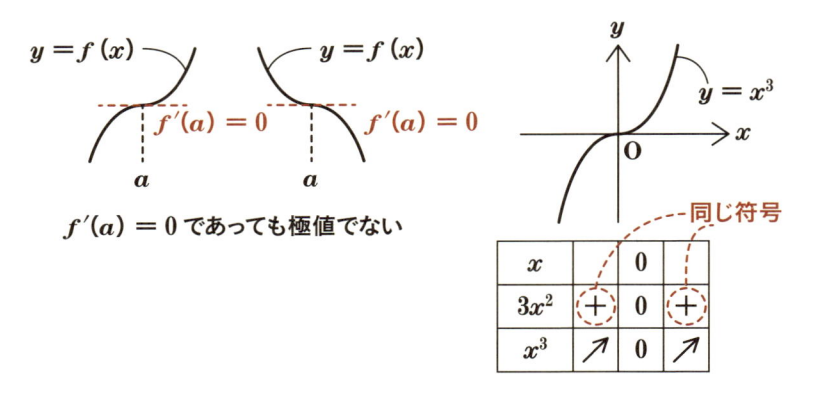

極値になるためには、$f'(x)=0$ となる x の前後で $f'(x)$ の符号が変わることを確かめなければなりません。

グラフを描くには、増減表を書いて、$f'(x)=0$ となる x の値を調べ、その間で $f'(x)$ の値の正負（符号）を調べます。それをもとに $f(x)$ の増減を ↗、↘ で書き込んでおくと、グラフを描くときの参考になります。

数Ⅲ・大学の微積では、これに加えて $f(x)$ の2階導関数 $f''(x)$ の値の正負（符号）を調べ、グラフの凹凸の情報を得て、より詳しいグラフの概形を描きます。

「グラフが凸である」とはどういうことかその定義から述べるのが本筋ですが、今はグラフの凹凸を感覚的に捉えて進んでいきましょう。

「下に凸」とは、$y=x^2$ のグラフのように下向きに出っ張っている感じ、「上に凸」とは、$y=-x^2$ のグラフのように上向きに出っ張っている感じ、ぐらいでよいでしょう。

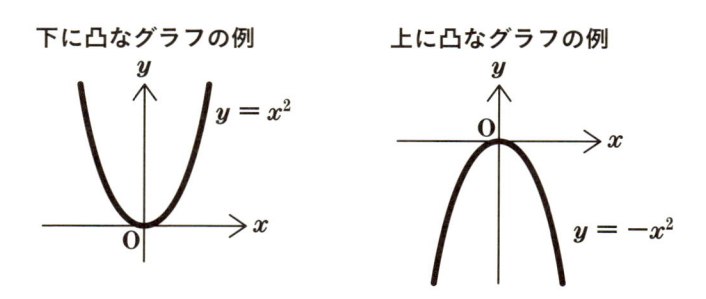

下に凸なグラフの例　　上に凸なグラフの例

$f''(x)$ とグラフの凹凸の関係は以下のようです。

2階導関数の符号とグラフの凹凸

$f(x)$ が2回微分可能なとき、

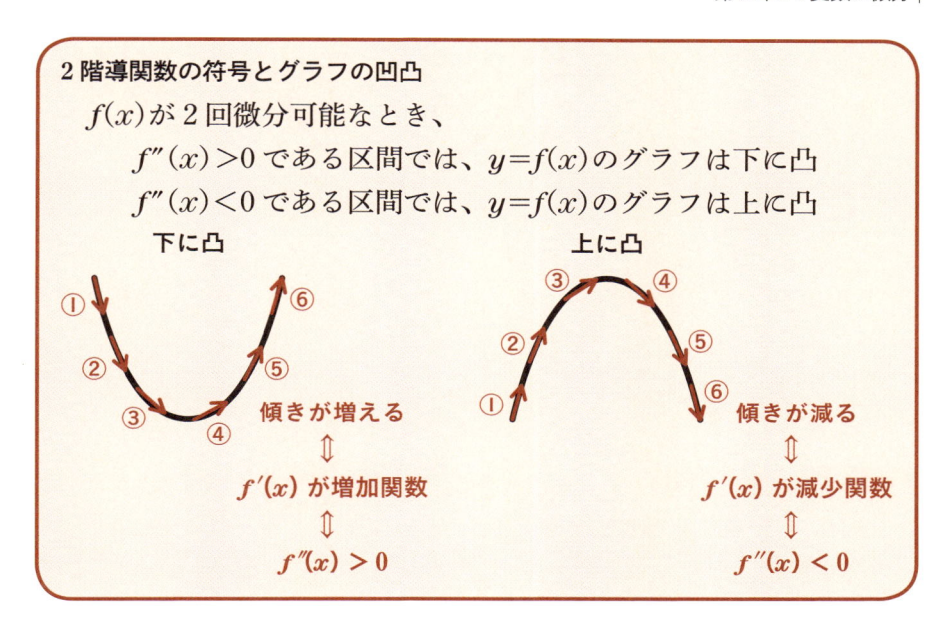

$f''(x) > 0$ である区間では、$y=f(x)$ のグラフは下に凸

$f''(x) < 0$ である区間では、$y=f(x)$ のグラフは上に凸

下に凸　　　　　　　　　　　上に凸

傾きが増える　　　　　　　　傾きが減る
⇕　　　　　　　　　　　　　⇕
$f'(x)$ が増加関数　　　　　　$f'(x)$ が減少関数
⇕　　　　　　　　　　　　　⇕
$f''(x) > 0$　　　　　　　　　$f''(x) < 0$

　2階導関数 $f''(x)$ は、1階導関数 $f'(x)$ を微分したものですから、$f''(x) > 0$ であるということは、導関数 $f'(x)$ が増加関数であるということです。下に凸のグラフで、①、②、③、④、⑤、⑥と傾きが増えていっていることを確認してください。

　逆に、$f''(x) < 0$ であるということは、導関数 $f'(x)$ が減少関数です。上に凸のグラフで、傾きは減っていきます。凸性の定義や上の囲みの証明は、3章で行うことにしましょう。

　多項式関数でさっそくグラフを描いてみましょう。

　導関数 $f'(x)$ までを調べてグラフを描くときは、$f'(x)$ の正負から、$f(x)$ の増減が分かり、増減表に↗、↘ を書き込みました。2階導関数の符号まで調べるときは、区間での $f'(x)$、$f''(x)$ の符号を調べ、増減凹凸表に $f(x)$ のグラフの特徴を書き込んでからグラフを描きましょう。

　$f'(x)$ の正負で2通り、$f''(x)$ の正負で2通りですから、全部で4通りの場合が考えられて、それぞれの場合について、⌢(増加、上に凸)、⌢(減少、上に凸)、⌣(増加、下に凸)、⌣(減少、下に凸) を $f(x)$ の欄に書き込んでおくわけです。

x		a		b		c	
$f'(x)$	+	0	−	−	−	0	+
$f''(x)$	−	−	−	0	+	+	+
$f(x)$	↗		↘		↘		↗

極大　　変曲点　　極小

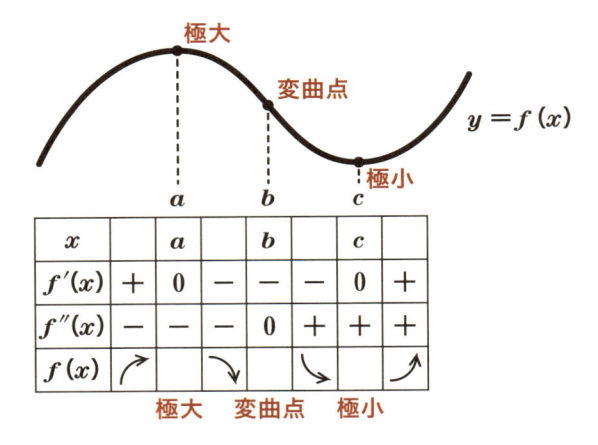

　グラフの凹凸の境目は、**変曲点**と呼ばれています。凹凸を調べてグラフを描くときは、グラフの中に変曲点を明示しましょう。凹凸が変わるということは、$f''(x)$ の符号が変わるということですから、変曲点では $f''(x)=0$ となります。

変曲点

　関数 $f(x)$ は 2 階導関数 $f''(x)$ を持つとする。
　$x=a$ の前後で $f''(x)$ の符号が変わるならば、$(a, f(a))$ は変曲点である。

　変曲点を求めるには、$f''(x)=0$ を満たす x を求めます。これが変曲点となる x の値の候補です。これが a だとします。$f''(a)=0$ を満たすだけでは必ずしも $(a, f(a))$ が変曲点にならないことは、$f'(b)=0$ を満たすだけでは必ずしも $f(b)$ が極値にならないのと同じです。$x=a$、$x=b$ の前後での符号の変化を調べなければなりません。

問題　グラフを描く　（別 p.24、26）

　$y=x^4-18x^2$ の増減・凹凸を調べてグラフの概形を描け。

　$f(x)=x^4-18x^2$ とおくと、

$$f(x)=x^4-18x^2=x^2(x^2-18)=x^2(x-3\sqrt{2})(x+3\sqrt{2})$$
$$f'(x)=4x^3-36x=4x(x^2-9)=4x(x-3)(x+3)$$
$$f''(x)=12x^2-36=12(x^2-3)=12(x-\sqrt{3})(x+\sqrt{3})$$

増減・凹凸表を作るには、$y=f'(x)$、$y=f''(x)$のラフなグラフ（x軸との交点と最高次の係数から描いたグラフ）を描いて、$f'(x)$、$f''(x)$の正負を把握するのがよいでしょう。$y=f'(x)$であれば、$x=0$，± 3でx軸と交わり、3次の係数が正ですから、$x\to\infty$のとき、$f'(x)\to\infty$になります。

x		-3		$-\sqrt{3}$		0		$\sqrt{3}$		3	
$f'(x)$	$-$	0	$+$	$+$	$+$	0	$-$	$-$	$-$	0	$+$
$f''(x)$	$+$	$+$	$+$	0	$-$	$-$	$-$	0	$+$	$+$	$+$
$f(x)$	↘		↗		↗		↘		↘		↗

極小　　変曲点　　極大　　変曲点　　極小

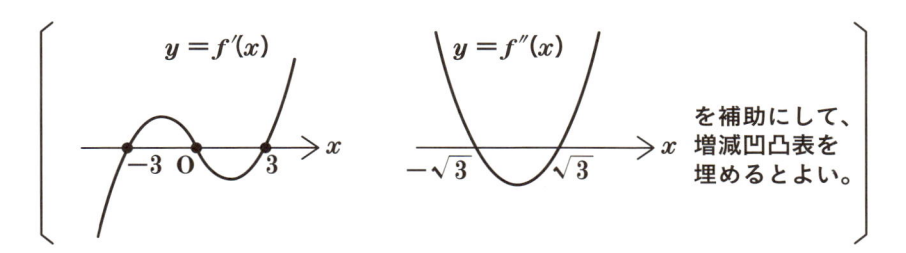

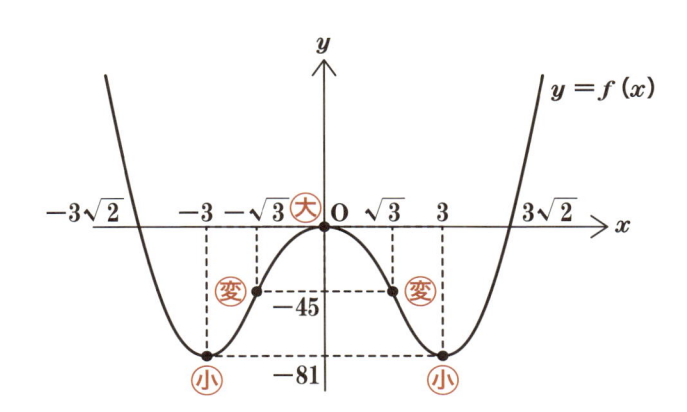

$\left[\begin{array}{c}y=f'(x) \text{ のグラフ と } y=f''(x) \text{ のグラフ}\end{array}\right.$ を補助にして、増減凹凸表を埋めるとよい。

グラフ $y=f(x)$：x軸との交点は $-3\sqrt{2}, 3\sqrt{2}$、極小点は $x=\pm 3$ で $y=-81$、極大点は $x=0$ で $y=0$、変曲点は $x=\pm\sqrt{3}$ で $y=-45$。

数Ⅱまでは、微分を用いて関数の増減を調べてグラフを描く問題では、多項式関数のみを扱いました。多項式関数のグラフの描き方をまとめておきましょう。

$f(x)$ が n 次式で、最高次の係数 a_n が正である場合、
$f(x)=a_n x^n+a_{n-1}x^{n-1}+\cdots$ とおくと、n が奇数のとき、

$$\lim_{x\to\infty}f(x)=\lim_{x\to\infty}x^n\left(a_n+\frac{a_{n-1}}{x}+\cdots\right)=\infty$$

$$\lim_{x\to-\infty}f(x)=\lim_{x\to-\infty}x^n\left(a_n+\frac{a_{n-1}}{x}+\cdots\right)=-\infty$$

なので次の左図のようになります。

また、n が偶数のときは、$\lim_{x\to\infty}f(x)=\infty$、$\lim_{x\to-\infty}f(x)=\infty$ より次の右図のようになります。$f'(x)=0$ は $n-1$ 次式ですから、極値の個数は、どちらでも多くとも $n-1$ 個です。

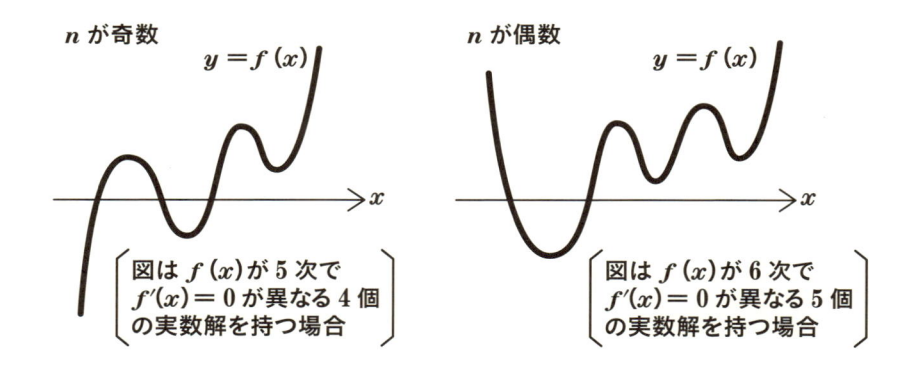

n が奇数　$y=f(x)$

〔図は $f(x)$ が 5 次で $f'(x)=0$ が異なる 4 個の実数解を持つ場合〕

n が偶数　$y=f(x)$

〔図は $f(x)$ が 6 次で $f'(x)=0$ が異なる 5 個の実数解を持つ場合〕

微分可能性

連続な関数 $f(x)$ について、右側微分係数 $f'_+(a)$ と左側微分係数 $f'_-(a)$ が存在して、$f'_+(a)=f'_-(a)$ となるとき、$f(x)$ は $x=a$ で微分可能であるという。

$$f'_+(a)=\lim_{h\to+0}\frac{f(a+h)-f(a)}{h}$$

$$f'_-(a)=\lim_{h\to-0}\frac{f(a+h)-f(a)}{h}$$

$f(x)$ の $x=a$ での微分係数 $f'(a)$ は、

$$f'(a) = \lim_{h \to 0} \frac{f(a+h) - f(a)}{h}$$

と表されました。この式は、A$(a, f(a))$ と P$(a+h, f(a+h))$ を通る直線の傾きの式が、P が A に近づくとき（h が 0 に近づくとき）の極限を表していました。

P の近づき方は、x 座標が大きい方から近づく（右側から近づく）場合と小さい方から近づく（左側から近づく）場合の 2 通りがあります（図1）。

関数によってはこの 2 つの近づき方による極限の値が異なってしまう場合が考えられます。例えば、図 2 のようなグラフの関数において、A（$x=a$ である点）のところで、2 通りの近づき方で極限を計算すると異なった値が出てきます。$x=a$ では上の式の値が 2 通り出てきてしまいますから、微分は不可能です。

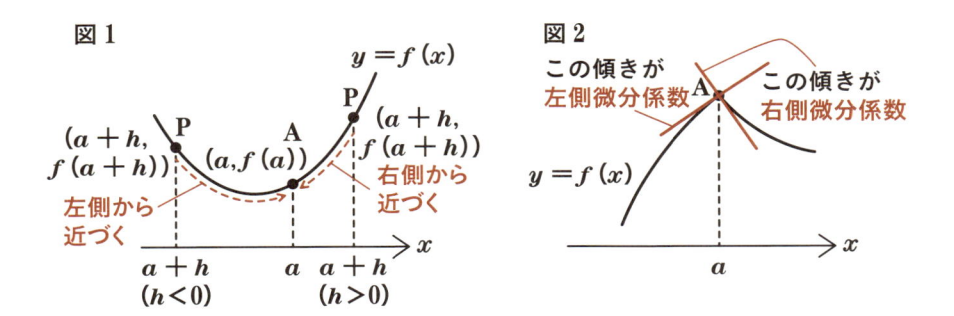

x 座標が大きい方から近づく（右側から近づく）場合で計算した微分係数を**右側微分係数**、小さい方から近づく（左側から近づく）場合を**左側微分係数**といい、それぞれ次のような記号を用います。

$$f'_+(a) = \lim_{h \to +0} \frac{f(a+h) - f(a)}{h} \qquad f'_-(a) = \lim_{h \to -0} \frac{f(a+h) - f(a)}{h}$$

h が正の値で 0 に近づくことを $h \to +0$、負の値で 0 に近づくことを $h \to -0$ で表します。

上の例からも分かるように、関数 $f(x)$ が $x=a$ で微分可能である条件は、右側微分係数、左側微分係数が存在して一致することです。

微分可能な関数 $f(x)$ のグラフのイメージは、図 3 のように曲線が折れ曲がることなく滑らかにつながっていることです。図 2 の関数も A 以外では滑らかに

なっていますから、$x=a$ 以外では微分可能です。微分可能性は各点ごとに論じられるものですが、ある区間 I の各点で関数 $f(x)$ が微分可能なとき、$f(x)$ は I で微分可能であるといいます。

また、図4のようにグラフの曲線が切れていて、連続でない関数は微分不可能です。一般に、

関数 $f(x)$ が $x=a$ で微分可能であると、$f(x)$ は $x=a$ で連続 ……①

になります。これの対偶を取ると、「$x=a$ で連続でない関数は $x=a$ で微分不可能である」となります。どちらでも認識しておきましょう。

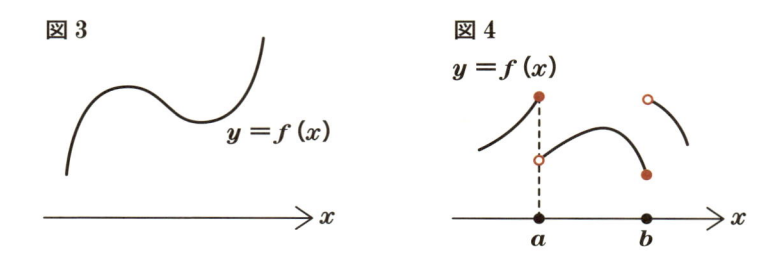

図3

図4

①を示してみましょう。$x=a$ で $f(x)$ が微分可能であるとき、右側微分係数、が存在することから、

$$\lim_{h \to +0} \{f(a+h) - f(a)\} = \lim_{h \to +0} \frac{f(a+h) - f(a)}{h} \cdot h = 0$$

となり、$h \to +0$ のとき、$f(a+h) - f(a)$ は 0 に近づきます。

左側微分係数の場合も事情は同じで、$h \to -0$ のとき、$f(a+h) - f(a)$ は 0 に近づきます。

$f(a+h)$ は、h の 0 に近づくときの近づき方によらず、$f(a)$ に近づくことが分かりますから、$f(x)$ は $x=a$ で連続です。

> **ホップ**
> **例題 連続性・微分可能性** (別 p.28)
> $f(x) = |x|$ は $x=0$ で微分可能でないことを示せ。

$$|x| = \begin{cases} x & (x \geq 0) \\ -x & (x < 0) \end{cases}$$

右側微分係数、左側微分係数を計算してみましょう。

$$f'_+(0) = \lim_{h \to +0} \frac{f(0+h)-f(0)}{h} = \lim_{h \to +0} \frac{h-0}{h} = 1$$

$$f'_-(0) = \lim_{h \to -0} \frac{f(0+h)-f(0)}{h} = \lim_{h \to -0} \frac{(-h)-0}{h} = -1$$

$f'_+(0) \neq f'_-(0)$ なので、$f(x)$ は $x=0$ で微分不可能です。

$y=|x|$ のグラフは次のように、$x=0$ で尖点を持ち、$x=0$ では微分可能ではありません。

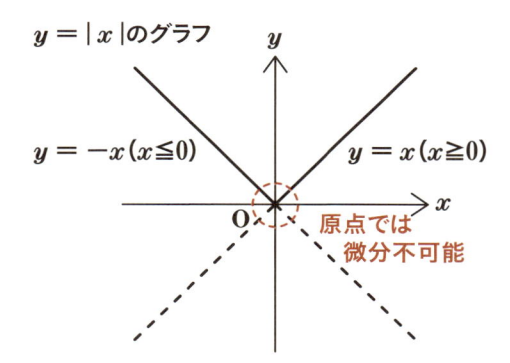

$y=|x|$のグラフ

$y=-x(x \leq 0)$　　　$y=x(x \geq 0)$

原点では微分不可能

第3章

1変数の積分

1 積分の計算法則

　この章では積分について解説していきます。

　高校で微積分を学んだ人は、積分と言うのは"微分の逆の演算"であるということを実感していると思います。例えば、

$$x^3 \underset{\text{積分}}{\overset{\text{微分}}{\rightleftarrows}} 3x^2$$

という感じです。関数 $f(x)$ を積分するということは、微分して $f(x)$ になるような関数を見つけることです。

　数Ⅲ・大学の積分では、前の章の微分と同じように、積分する対象となる関数として多項式関数以外の関数も扱うようになる、というそれだけのことです。微分の章で出てきた以外の新しい関数が出てくるわけでもありません。どうでしょう、恐れるにたりませんね。

　微分ができるようになった人は、練習問題を解くことで計算に慣れて、微分の逆演算である積分が計算できるようになればよいだけのことです。積分は微分の逆演算なのですから、計算方法については、微分の章で本質的なことは言い尽くしてしまっているといっても過言ではありません。

　微分は、"'"をつけて、$(x^3)' = 3x^2$ と書きました。

　積分は、$\int$ と dx ではさんで、$\int 3x^2 dx = x^3 + C$ と書きます。

　C は積分定数といいました。定数を微分すると 0 になりますから、微分して $3x^2$ になる関数は、x^3 だけでなく、それに定数を足した関数 $x^3 + C$ も微分して $3x^2$ になるじゃないかというのです。

$$\int 3x^2 dx = x^3 + C$$

というような積分を不定積分といいました。

　積分の基本公式をまとめておきましょう。といっても、p.38 の微分の公式の右辺に積分記号をつけて、"'"を取った左辺と入れ替えて定数倍しただけなんですけどね。中学校でも、展開の公式の左右辺を入れ替えると、因数分解の公式になるなんてことがありました。微分の公式を逆に読むと積分の公式になるわけで

す。なお、この本では積分定数 C は書かないことにします。テストのときなどは、先生の顔色を伺って忘れないようにしましょう。

積分の基本公式

(ア) $\displaystyle\int x^\alpha dx = \frac{1}{\alpha+1}x^{\alpha+1}\,(\alpha \neq -1)$ (イ) $\displaystyle\int \frac{1}{x}dx = \log|x|$

(ウ) $\displaystyle\int e^x dx = e^x$ (エ) $\displaystyle\int a^x dx = \frac{a^x}{\log a}$

(オ) $\displaystyle\int \cos x\, dx = \sin x$ (カ) $\displaystyle\int \sin x\, dx = -\cos x$

(キ) $\displaystyle\int \frac{1}{\cos^2 x}dx = \tan x$

(ク) $\displaystyle\int \frac{1}{\sqrt{1-x^2}}dx = \sin^{-1} x$ (ケ) $\displaystyle\int \frac{1}{1+x^2}dx = \tan^{-1} x$

(コ) $\displaystyle\int \frac{1}{\sqrt{x^2+1}}dx = \sinh^{-1} x = \log(x+\sqrt{x^2+1})$

(サ) $\displaystyle\int \cosh x\, dx = \sinh x$ (シ) $\displaystyle\int \sinh x\, dx = \cosh x$

とまあざっとこれだけです。微分の公式をしっかり覚えた人にとっては、何てことない公式です。この中で、(ク) から (コ) はたとえ忘れてしまっても、後に紹介する計算法で復元することも可能ですが、やはり覚えておいた方がよいでしょう。

微分の公式集にはあって、積分のときに抜いたのは、以下の2つです。

(ス) $\displaystyle\int \frac{1}{\sqrt{x^2-1}}dx = \cosh^{-1} x = \log(x+\sqrt{x^2-1})\quad (x \geq 1)$

(セ) $\displaystyle\int \frac{1}{1-x^2}dx = \tanh^{-1} x = \frac{1}{2}\log\frac{1+x}{1-x}$

(ス) は、(コ) の $+1$ を -1 にしただけです。ここは、$+a$（a は実数）としてよいのです。(セ) はあとで紹介する計算法で復元することができるので、省きました。形も似ているので (ケ) と並べると覚えやすいです。

（コ）は、次の（チ）、（ツ）のようにして2つセットで覚えておくとよいでしょう。（ク）、（ケ）も次の（ソ）、（タ）の形で覚えておけば使い勝手がよいです。

積分の基本公式

（ソ）　$\displaystyle\int \dfrac{1}{\sqrt{a^2-x^2}}dx = \sin^{-1}\dfrac{x}{a}$　　$(a>0)$

（タ）　$\displaystyle\int \dfrac{1}{a^2+x^2}dx = \dfrac{1}{a}\tan^{-1}\dfrac{x}{a}$　　$(a>0)$

（チ）　$\displaystyle\int \dfrac{1}{\sqrt{x^2+a}}dx = \log|x+\sqrt{x^2+a}|$　　$(a\neq 0)$

（ツ）　$\displaystyle\int \sqrt{x^2+a}\,dx = \dfrac{1}{2}x\sqrt{x^2+a} + \dfrac{1}{2}a\log|x+\sqrt{x^2+a}|$　　$(a\neq 0)$　　←忘れやすい

（テ）　$\displaystyle\int \sqrt{a^2-x^2}\,dx = \dfrac{1}{2}x\sqrt{a^2-x^2} + \dfrac{1}{2}a^2\sin^{-1}\dfrac{x}{a}$　　$(a>0)$　　←忘れやすい

個別の関数に関する積分の公式はこれくらいです。あとは、これらの関数を組み合わせたときに、積分ができるように、計算法則を確認していきます。関数同士の足し算、引き算、定数倍については、次の計算法則が成り立ちます。これは、数Ⅱの積分でも習ったことでしょう。微分の計算法則の p.32 に対応しています。

積分の線形性

（ト）　$\displaystyle\int \{\alpha f(x) + \beta g(x)\}dx = \alpha\int f(x)dx + \beta\int g(x)dx$

合成関数の微分の公式に対応する積分の計算法則が次の計算法則です。

> **置換積分Ⅰ（見抜くパターン）**
> （ナ）　$f(x)$ の不定積分を $F(x)$ とすると、
> $$\int f(g(x))g'(x)dx = F(g(x))$$

　この式が成り立つことは、右辺を微分することですぐに確かめることができます。

$$(F(g(x)))' = F'(g(x))g'(x) = f(g(x))g'(x) \quad \cdots\cdots ☆$$

　使っているのは、合成関数の微分の公式です。
　$g(x)$ を特別な関数にして書くと次のようになります。よく使うので確認しておきましょう。

> **置換積分Ⅱ**
> 　$F(x)$ を $f(x)$ の不定積分とすると、
> （ニ）　$\int f(ax+b)dx = \dfrac{1}{a}F(ax+b) \quad (a \neq 0)$
> （ヌ）　$\int f(\cos x)\sin x\, dx = -F(\cos x)$
> 　　　$\int f(\sin x)\cos x\, dx = F(\sin x)$

　それぞれ、右辺を微分すると左辺の積分記号を外した関数になることを確認しましょう。
　上の合成関数の微分の公式（☆）において、（ニ）では $g(x)=ax+b$、（ヌ）では、$g(x)=\cos x$、$g(x)=\sin x$ として計算します。

$$\left(\dfrac{1}{a}F(\underbrace{ax+b}_{g(x)})\right)' = \dfrac{1}{a}F'(ax+b)\underbrace{(ax+b)'}_{g'(x)}$$
$$= \dfrac{1}{a}f(ax+b)a = f(ax+b)$$

$$(-F(\underbrace{\cos x}_{g(x)}))' = -F'(\cos x)\underbrace{(\cos x)'}_{g'(x)} = -f(\cos x)(-\sin x)$$
$$= f(\cos x)\sin x$$
$$(F(\underbrace{\sin x}_{g(x)}))' = F'(\sin x)\underbrace{(\sin x)'}_{g'(x)} = f(\sin x)\cos x$$

さっそく問題を解いてみましょう。置換積分が使える形であることを見抜くことがポイントです。

> **ホップ**
> **問題　1次関数と不定積分／置換積分（見抜く）**　（別 p.30、32）
> 次の不定積分を求めよ。
> (1) $\displaystyle\int (2x+1)^3 dx$　　(2) $\displaystyle\int \cos 3x\, dx$
> (3) $\displaystyle\int \cos^3 x \sin x\, dx$　　(4) $\displaystyle\int \sin^2 x \sin 2x\, dx$
> (5) $\displaystyle\int (x^4+1)^2 x^3 dx$　　(6) $\displaystyle\int \dfrac{x}{1+x^2} dx$

(1) $\displaystyle\int \underbrace{(2x+1)^3}_{f(ax+b)} dx = \underbrace{\dfrac{1}{2}}_{\frac{1}{a}}\underbrace{\dfrac{1}{4}(2x+1)^4}_{F(ax+b)} = \dfrac{1}{8}(2x+1)^4$　　　$\displaystyle\int f(ax+b)dx = \dfrac{1}{a}F(ax+b)$

$\left[\begin{array}{l} f(\square) = \square^3、ax+b = 2x+1\text{ のとき、}f(ax+b) = (2x+1)^3。 \\ f(\square) = \square^3\text{ の積分は、}F(\square) = \dfrac{1}{4}\square^4。\text{この}\square\text{に }2x+1\text{ を入れる} \end{array}\right]$

(2) $\displaystyle\int \underbrace{\cos 3x}_{f(ax+b)} dx = \underbrace{\dfrac{1}{3}}_{\frac{1}{a}}\underbrace{\sin 3x}_{F(ax+b)}$　　　$\displaystyle\int f(ax+b)dx = \dfrac{1}{a}F(ax+b)$

$\left[\begin{array}{l} f(\square) = \cos\square、ax+b = 3x\text{ のとき、}f(ax+b) = \cos 3x。 \\ f(\square) = \cos\square\text{ の積分は、}F(\square) = \sin\square。\text{この}\square\text{に }3x\text{ を入れる} \end{array}\right]$

(3) $\displaystyle\int \underbrace{\cos^3 x \sin x}_{f(\cos x)\sin x} dx = \underbrace{-\dfrac{1}{4}\cos^4 x}_{F(\cos x)}$　　　$\displaystyle\int f(\cos x)\sin x\, dx = -F(\cos x)$

$\left[f(\square) = \square^3\text{ のとき、}f(\cos x)\sin x = \cos^3 x \sin x。f(\square) = \square^3\text{ の積分は、}\right.$

$$\left[F(\square)=\frac{1}{4}\square^4\text{。この}\square \text{に}\cos x \text{を入れる}\right]$$

(4) $\displaystyle\int \sin^2 x \sin 2x\, dx = \int \sin^2 x \cdot 2\sin x \cos x\, dx$

$\displaystyle = 2\int \underbrace{\sin^3 x \cos x}_{f(\sin x)\cos x}\, dx = 2\cdot\boxed{\frac{1}{4}\sin^4 x} = \frac{1}{2}\sin^4 x \qquad \int f(\sin x)\cos x\, dx = F(\sin x)$
$F(\sin x)$

$$\left[\begin{array}{l}f(\square)=\square^3 \text{のとき、} f(\sin x)\cos x = \sin^3 x \cos x\text{。} f(\square)=\square^3 \text{の積分は、}\\ F(\square)=\dfrac{1}{4}\square^4\text{。この}\square\text{に} \sin x \text{を入れる}\end{array}\right]$$

(5) $\displaystyle\int (x^4+1)^2 x^3\, dx = \int \frac{1}{4}(x^4+1)^2(4x^3)\, dx \qquad \int f(g(x))g'(x)\, dx = F(g(x))$

$\displaystyle = \frac{1}{4}\int \underbrace{(x^4+1)^2}_{f(g(x))}\underbrace{(x^4+1)'}_{g'(x)}\, dx = \frac{1}{4}\cdot\underbrace{\boxed{\dfrac{1}{3}(x^4+1)^3}}_{F(g(x))} = \frac{1}{12}(x^4+1)^3$

$$\left[\begin{array}{l}f(\square)=\square^2\text{、} g(x)=x^4+1 \text{のとき、} f(g(x))=(x^4+1)^2\text{、} g'(x)=4x^3 \text{であり、}\\ \text{定数倍の調節で（ナ）が適用できる。} f(\square)=\square^2 \text{の積分は、} F(\square)=\dfrac{1}{3}\square^3\end{array}\right]$$

(6) $\displaystyle\int \frac{x}{1+x^2}\, dx = \int \frac{1}{2}\cdot\frac{2x}{1+x^2}\, dx$

$\displaystyle = \frac{1}{2}\int \underbrace{\boxed{\dfrac{1}{1+x^2}}}_{f(g(x))}\cdot\underbrace{(1+x^2)'}_{g'(x)}\, dx = \frac{1}{2}\underbrace{\boxed{\log|1+x^2|}}_{F(g(x))} \qquad \int f(g(x))g'(x)\, dx = F(g(x))$

$$\left[\begin{array}{l}f(\square)=\dfrac{1}{\square}\text{、} g(x)=x^2+1 \text{のとき、} f(g(x))=\dfrac{1}{x^2+1}\text{、} g'(x)=2x \text{であり、}\\ \text{定数倍の調節で（ナ）が適用できる。} f(\square)=\dfrac{1}{\square}\text{の積分は、} F(\square)=\log|\square|\end{array}\right]$$

(6) のように、$\displaystyle\int f(g(x))g'(x)\, dx = F(g(x))$ で、$f(\square)=\dfrac{1}{\square}$ のとき、

$\displaystyle\int \frac{g'(x)}{g(x)}\, dx = \log|g(x)|$ となります。

$$\int \frac{f'(x)}{f(x)}dx = \log|f(x)|$$

も準公式として覚えておきましょう。

(ナ) の使い方にはもう1つのパターンがあります。

> **置換積分III（置き換えて計算するパターン）**
>
> $F(x)$ を $f(x)$ の不定積分とする。
>
> $x = g(t)$ のとき、$F(x) = \int f(g(t))g'(t)dt$

　右辺は t の関数で表されますが、それを $x = g(t)$ の関係を用いて、x の関数に戻したものが $F(x)$ になります。これだけ聞くとピンとこないかもしれませんが、使い方を問題で確認すればなんてことはありません。

　(ソ)、(タ) の公式の導出をしていませんでした。次の (3)、(4) は試験では公式を用いて解く問題ですが、解答では公式を導出する意味を兼ねて解説していきます。

> **ホップ**
>
> **問題　置換積分（文字でおく）／置換積分（三角関数で置換）**
>
> 次の不定積分を計算せよ。　　　　　　　　　　　　　　　　（別 p.34、38）
>
> (1) $\displaystyle\int x\sqrt{1-x}\,dx$　　(2) $\displaystyle\int \frac{1}{\sqrt{2-\sqrt{x}}}dx$
>
> (3) $\displaystyle\int \frac{1}{\sqrt{4-x^2}}dx$　　(4) $\displaystyle\int \frac{1}{x^2+9}dx$

　(1)、(2) では、$\sqrt{}$ の部分を t とおいてみましょう。簡単な置換積分ではこれでうまくいくことが多いです。

(1) $\sqrt{1-x} = t$ とおくと、$1-x = t^2$　$x = 1-t^2$ となります。そこで、$f(x) = x\sqrt{1-x}$、$x = g(t) = 1-t^2$ とおいて、公式を用いましょう。

　$f(g(t))$ は、$x\sqrt{1-x}$ の x を $1-t^2$ でおきかえます。もともと $\sqrt{1-x} = t$ とおいたのですから、$\sqrt{1-x}$ を t でおきかえ、$f(g(t)) = (1-t^2)t$

また、$g'(t)=(1-t^2)'=-2t$　よって、

$$\int \underbrace{x\sqrt{1-x}}_{f(x)}dx=\int \underbrace{(1-t^2)t}_{f(g(t))}\cdot\underbrace{(-2t)}_{g'(t)}dt \quad \int f(x)dx=\int f(g(t))g'(t)dt$$

$$=\int(2t^4-2t^2)dt=\frac{2}{5}t^5-\frac{2}{3}t^3$$

$$=\frac{2}{5}(\sqrt{1-x})^5-\frac{2}{3}(\sqrt{1-x})^3$$

$x=1-t^2$ を微分すると、$\frac{dx}{dt}=-2t$ となりますが、これを形式的に分母を払い $dx=(-2t)dt$ と書きます。積分の式を x から t に変数変換するとき、dx を $(-2t)dt$ で置き換えればよいのです。

> **答案**
> $\sqrt{1-x}=t$ とおくと、$1-x=t^2$　∴　$x=1-t^2$ ⋯⋯ $\frac{dx}{dt}=(-2t)$　次から書きません
> これを微分して $dx=(-2t)dt$ ←
>
> $$\int x\sqrt{1-x}\,dx=\int(1-t^2)t\cdot(-2t)dt=\cdots$$

となります。答案はこれぐらいの速さで書きましょう。

(2) $\sqrt{2-\sqrt{x}}=t$ とおくと、$2-\sqrt{x}=t^2$　∴　$x=(2-t^2)^2$
これを微分して、$dx=2(2-t^2)(-2t)dt$　∴　$dx=-4t(2-t^2)dt$

$$\int \underbrace{\frac{1}{\sqrt{2-\sqrt{x}}}}_{f(x)}dx=\int \underbrace{\frac{1}{t}}_{f(g(t))}\underbrace{\{-4t(2-t^2)\}}_{g'(t)}dt=\int-4(2-t^2)dt=\int(-8+4t^2)dt$$

$$=-8t+\frac{4}{3}t^3=-8\sqrt{2-\sqrt{x}}+\frac{4}{3}(2-\sqrt{x})^{\frac{3}{2}}$$

(3)　公式で解く問題ですが、この問題で公式の導出を解説します。

$x=2\sin\theta\left(-\frac{\pi}{2}\leq\theta\leq\frac{\pi}{2}\right)$ とおくと、これを微分して $dx=2\cos\theta d\theta$。ここで、

$$\frac{1}{\sqrt{4-x^2}} = \frac{1}{\sqrt{4-(2\sin\theta)^2}} = \frac{1}{\sqrt{4(1-\sin^2\theta)}} = \frac{1}{\sqrt{4\cos^2\theta}} = \frac{1}{2\cos\theta}$$

$-\frac{\pi}{2} < \theta < \frac{\pi}{2}$ として外している

となりますから、

$$\int \frac{1}{\sqrt{4-x^2}} dx = \int \frac{1}{2\cos\theta} \cdot 2\cos\theta \, d\theta = \int 1 \, d\theta = \theta = \sin^{-1}\frac{x}{2}$$

(4) $x = 3\tan\theta$ とおくと、これを微分して $dx = \dfrac{3}{\cos^2\theta} d\theta$ です。ここで、

$$\frac{1}{x^2+9} = \frac{1}{(3\tan\theta)^2+9} = \frac{1}{9(\tan^2\theta+1)} = \frac{1}{9\left(\dfrac{1}{\cos^2\theta}\right)} = \frac{\cos^2\theta}{9}$$

となりますから、

$$\int \frac{1}{x^2+9} dx = \int \frac{\cos^2\theta}{9} \cdot \frac{3}{\cos^2\theta} d\theta = \int \frac{1}{3} d\theta = \frac{1}{3}\theta = \frac{1}{3}\tan^{-1}\frac{x}{3}$$

次に、関数の積の微分公式を書き換えた式である、「**部分積分**」を紹介しましょう。関数の積を積分するときに用いる積分法です。

部分積分

$F(x)$ を $f(x)$ の不定積分とする。

$$\int f(x)g(x)dx = F(x)g(x) - \int F(x)g'(x)dx$$

この式は、$F(x)g(x)$ の式を微分することからすぐに得られます。

$$(F(x)g(x))' = F'(x)g(x) + F(x)g'(x) = f(x)g(x) + F(x)g'(x)$$
$$\therefore \quad f(x)g(x) = (F(x)g(x))' - F(x)g'(x)$$

これを積分して、

$$\int f(x)g(x)dx = F(x)g(x) - \int F(x)g'(x)dx$$

(積分、積分、そのまま、微分)

となり、部分積分の公式が得られます。

積分、積分、そのまま、微分などと口ずさみながら、型を身につけましょう。

さっそく、公式を用いて問題を解いてみましょう。

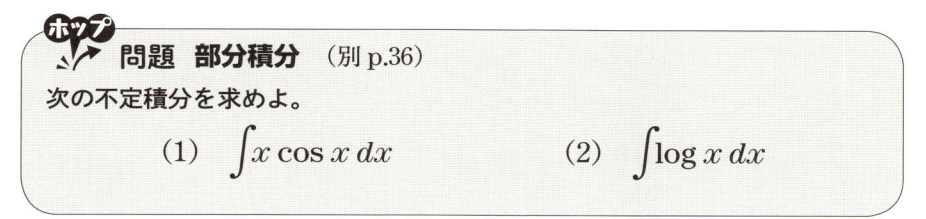

> **問題 部分積分** （別 p.36）
> 次の不定積分を求めよ。
> (1) $\int x \cos x \, dx$ (2) $\int \log x \, dx$

(1) 微分して簡単になるものを $g(x)$ としましょう。$f(x) = \cos x$、$g(x) = x$ として、公式を適用します。$F(x) = \sin x$、$g'(x) = 1$ ですから、

$$\int \underbrace{x}_{g}\underbrace{\cos x}_{f} dx = \underbrace{(\sin x)}_{F}\underbrace{x}_{g} - \int \underbrace{(\sin x)}_{F} \cdot \underbrace{1}_{g'} dx = x\sin x - \int \sin x \, dx$$
$$= x\sin x - (-\cos x) = x\sin x + \cos x$$

(2) $\log x$ は関数の積の形になってはいませんが、$1 \times \log x$ として関数の積と捉え、$f(x) = 1$、$g(x) = \log x$ とします。$F(x) = x$、$g'(x) = \dfrac{1}{x}$

$$\int \log x \, dx = \int \underbrace{1}_{f} \cdot \underbrace{\log x}_{g} dx = \underbrace{x}_{F}\underbrace{\log x}_{g} - \int \underbrace{x}_{F} \cdot \underbrace{\frac{1}{x}}_{g'} dx = x\log x - \int 1 \, dx$$
$$= x\log x - x$$

(2) は頻出なので公式化しておいた方がよいでしょう。

こうしてみると、関数の積ではつねに部分積分で積分が可能であるかの印象を持ちますが、そうではありません。右辺での被積分関数 $F(x)g'(x)$ の不定積分が簡単に見つかる（たまたま？）ので、部分積分によって不定積分ができるのです。例えば $\cos x \cdot \log x$ などは、部分積分を用いても簡単には不定積分が見つかりません。

$f(x)$ と $g(x)$ が微分できる関数のときは、$f(x)g(x)$ も微分できましたが、$f(x)$ も $g(x)$ も積分できる関数であるからといって、$f(x)g(x)$ の不定積分が見つかるとは限りません。

不定積分に関しては以上がすべてです。いままで紹介したことを組み合わせれば、不定積分の問題をすべて解くことができます。置換積分と部分積分のまとめとして、公式（ツ）の導出を問題の形で紹介しましょう。

> **ホップ**
> **問題　置換積分（$\sqrt{\ }$ 2次式型）**　（別 p.40）
> $\int \sqrt{x^2+a}\, dx$ の不定積分を次の 2 つの方法で求めよ。
> (1)　$t = x + \sqrt{x^2+a}$ とおいて、置換積分。
> (2)　部分積分。ただし、$\int \dfrac{1}{\sqrt{x^2+a}} dx = \log|x + \sqrt{x^2+a}|$ を既知とする。

(1)　$t = x + \sqrt{x^2+a}$ とおくと、$t - x = \sqrt{x^2+a}$　∴　$(t-x)^2 = x^2 + a$

　　∴　$t^2 - 2tx = a$　　∴　$x = \dfrac{t^2 - a}{2t} = \dfrac{1}{2}\left(t - \dfrac{a}{t}\right)$

　　微分して、$dx = \dfrac{1}{2}\left(1 + \dfrac{a}{t^2}\right)dt$

$$\sqrt{x^2+a} = t - x = t - \dfrac{1}{2}\left(t - \dfrac{a}{t}\right) = \dfrac{1}{2}\left(t + \dfrac{a}{t}\right)$$

$$\int \sqrt{x^2+a}\, dx = \int \dfrac{1}{2}\left(t + \dfrac{a}{t}\right) \cdot \dfrac{1}{2}\left(1 + \dfrac{a}{t^2}\right) dt = \int \dfrac{1}{4}\left(t + \dfrac{2a}{t} + \dfrac{a^2}{t^3}\right) dt$$

$$= \int \left(\dfrac{t}{4} + \dfrac{a}{2t} + \dfrac{a^2}{4t^3}\right) dt = \dfrac{1}{8}t^2 + \dfrac{a}{2}\log|t| - \dfrac{a^2}{8t^2}$$

$$= \dfrac{1}{2} \cdot \dfrac{1}{2}\left(t - \dfrac{a}{t}\right) \cdot \dfrac{1}{2}\left(t + \dfrac{a}{t}\right) + \dfrac{a}{2}\log|t|$$

$$= \dfrac{1}{2} x \sqrt{x^2+a} + \dfrac{a}{2}\log|x + \sqrt{x^2+a}|$$

(2)　$\sqrt{x^2+a}$ を $1 \times \sqrt{x^2+a}$ と見ます。$f(x) = 1$, $g(x) = \sqrt{x^2+a}$ とおくと、

$$F(x)=x, \quad g'(x)=(\sqrt{x^2+a})'=\underbrace{\frac{1}{2\sqrt{x^2+a}}}_{(\sqrt{\square})'=\frac{1}{2\sqrt{\square}}}(x^2+a)'=\frac{x}{\sqrt{x^2+a}}$$

求める積分を I とします。

$$I=\int \sqrt{x^2+a}\,dx = \int 1 \cdot \underbrace{\sqrt{x^2+a}}_{f\ \ g}\,dx = \underbrace{x}_{F}\underbrace{\sqrt{x^2+a}}_{g} - \int \underbrace{x}_{F}\cdot \underbrace{(\sqrt{x^2+a})'}_{g'}\,dx$$

$$= x\sqrt{x^2+a} - \int x\cdot \frac{x}{\sqrt{x^2+a}}\,dx = x\sqrt{x^2+a} - \int \frac{(x^2+a)-a}{\sqrt{x^2+a}}\,dx$$

$$= x\sqrt{x^2+a} - \int \left(\sqrt{x^2+a} - \frac{a}{\sqrt{x^2+a}}\right)dx$$

$$= x\sqrt{x^2+a} - \underbrace{\int \sqrt{x^2+a}\,dx}_{=I} + \int \frac{a}{\sqrt{x^2+a}}\,dx$$

$$= x\sqrt{x^2+a} - I + a\log|x+\sqrt{x^2+a}|$$

$\displaystyle \int \frac{1}{\sqrt{x^2+a}}dx = \log|x+\sqrt{x^2+a}|$

$$\therefore\quad 2I = x\sqrt{x^2+a} + a\log|x+\sqrt{x^2+a}|$$

$$\therefore\quad I = \frac{1}{2}x\sqrt{x^2+a} + \frac{a}{2}\log|x+\sqrt{x^2+a}|$$

部分積分の方は技巧的ですが、$\displaystyle \int \frac{1}{\sqrt{x^2+a}}dx$ を既知とすれば、置換積分よりいくらか解き易いでしょう。いずれにしろ知らなければできないような式変形です。これだけの計算をしなければならないのですから、（ツ）は公式として覚えておくに越したことはありません。

公式（テ）も導出してみましょう。

> **ホップ**
> **問題　置換積分（三角関数で置換）**（別 p.38）
> $\displaystyle \int \sqrt{a^2-x^2}\,dx\ (a>0)$ の不定積分を次の 2 つの方法で求めよ。
>
> (1)　$x=a\sin\theta\left(-\dfrac{\pi}{2}\leqq\theta\leqq\dfrac{\pi}{2}\right)$ とおいて、置換積分。
>
> (2)　部分積分。ただし、$\displaystyle \int \frac{1}{\sqrt{a^2-x^2}}dx = \sin^{-1}\frac{x}{a}$ を既知とする。

(1) $x = a\sin\theta \left(-\dfrac{\pi}{2} \leq \theta \leq \dfrac{\pi}{2}\right)$ とおき、微分すると、$dx = a\cos\theta\, d\theta$。また、

$$\sqrt{a^2 - x^2} = \sqrt{a^2 - (a\sin\theta)^2} = \sqrt{a^2(1 - \sin^2\theta)} = \sqrt{a^2\cos^2\theta} = a\cos\theta$$

$-\dfrac{\pi}{2} \leq \theta \leq \dfrac{\pi}{2}$ として、$\sqrt{}$ を外す

よって、

$$\int \sqrt{a^2 - x^2}\, dx = \int a\cos\theta \cdot a\cos\theta\, d\theta = a^2 \int \cos^2\theta\, d\theta$$

半角の公式
$$= a^2 \int \dfrac{1 + \cos 2\theta}{2}\, d\theta = \dfrac{1}{2}a^2\theta + \dfrac{1}{4}a^2 \sin 2\theta$$

$$= \dfrac{1}{2}a^2\theta + \dfrac{1}{4}a^2(2\cos\theta\sin\theta)$$

$$= \dfrac{1}{2}a^2\theta + \dfrac{1}{2}(a\sin\theta)(a\cos\theta)$$

$$= \dfrac{1}{2}a^2 \sin^{-1}\dfrac{x}{a} + \dfrac{1}{2}x\sqrt{a^2 - x^2}$$

$$\left[\text{ここで、}\sin\theta = \dfrac{x}{a} \text{より、}\ \theta = \sin^{-1}\dfrac{x}{a}\right]$$

(2) $\sqrt{a^2 - x^2}$ を $1 \times \sqrt{a^2 - x^2}$ と見ます。$f(x) = 1,\ g(x) = \sqrt{a^2 - x^2}$ とおくと、

$(\sqrt{\square})' = \dfrac{1}{2\sqrt{\square}}$

$$g'(x) = \dfrac{1}{2} \cdot \dfrac{1}{\sqrt{a^2 - x^2}} (a^2 - x^2)'$$

$$= \dfrac{1}{2} \cdot \dfrac{1}{\sqrt{a^2 - x^2}} (-2x) = -\dfrac{x}{\sqrt{a^2 - x^2}}$$

求める積分を I とします。

$$I = \int \sqrt{a^2 - x^2}\, dx = \int \underset{f}{1} \cdot \underset{g}{\sqrt{a^2 - x^2}}\, dx = \underset{F}{x}\underset{g}{\sqrt{a^2 - x^2}} - \int \underset{F}{x} \cdot \underset{g'}{\dfrac{-x}{\sqrt{a^2 - x^2}}}\, dx$$

$$= x\sqrt{a^2 - x^2} - \int \dfrac{(a^2 - x^2) - a^2}{\sqrt{a^2 - x^2}}\, dx$$

$$= x\sqrt{a^2 - x^2} - \int \sqrt{a^2 - x^2}\, dx + a^2 \int \dfrac{1}{\sqrt{a^2 - x^2}}\, dx$$

$$= x\sqrt{a^2 - x^2} - I + a^2 \sin^{-1}\dfrac{x}{a}$$

$$\therefore \quad 2I = x\sqrt{a^2-x^2} + a^2 \sin^{-1}\frac{x}{a} \quad \therefore \quad I = \frac{1}{2}x\sqrt{a^2-x^2} + \frac{1}{2}a^2 \sin^{-1}\frac{x}{a}$$

これまでの説明で不定積分の基礎についての説明は終わりました。次に、基礎を問題ごとにどう応用していくかを説明していきましょう。

2 有理関数・三角関数・無理関数の積分

　積分の計算問題が解きやすいように、関数のタイプ別（有理関数、三角関数、無理関数）に掘り下げて、まとめておきましょう。

■有理関数

　有理関数とは、例えば $\dfrac{x^4+2}{x^3+2x-3}$ のように、多項式の分数の形で表される関数のことをいいます。

> **有理関数の積分**
>
> $f(x)=\dfrac{Q(x)}{P(x)}$ の不定積分の手順。$P(x)$ の最高次の係数は 1 とする。
>
> (1) ($Q(x)$ の次数)$\geqq$($P(x)$ の次数)であれば、「$Q(x)$ 割る $P(x)$」という多項式の割り算を実行して、分子の次数を下げる。
>
> (2) ($Q(x)$ の次数)$<$($P(x)$ の次数)のとき、$P(x)$ を実数係数の範囲で因数分解して、
>
> $P(x)=(x+a)(x+b)$ であれば、
>
> $$\frac{Q(x)}{P(x)}=\frac{A}{x+a}+\frac{B}{x+b}$$
>
> $P(x)=(x+a)(x^2+bx+c)$ であれば、
>
> $$\frac{Q(x)}{P(x)}=\frac{A}{x+a}+\frac{Bx+C}{x^2+bx+c}$$
>
> と変形して、積分する。

(1)　この手順は次数下げといいます。「$Q(x)$ 割る $P(x)$」の商を $S(x)$、余りを $R(x)$ とします。すると、$Q(x)=S(x)P(x)+R(x)$ となりますから、

$$\frac{Q(x)}{P(x)} = \frac{S(x)P(x)+R(x)}{P(x)} = S(x) + \frac{R(x)}{P(x)}$$

$R(x)$ は多項式の割り算の余りですから、次数は $P(x)$ より小さくなります。

$S(x)$ は x の多項式ですから簡単に積分できます。結局、有理関数は次数下げをすることによって、分子の次数が分母の次数よりも小さい場合（→（2））に帰着できます。

(2) 分子の次数が分母の次数よりも小さい有理関数を上の式のように分数関数の和によって表すことを**部分分数分解**といいます。

部分分数分解については一般論がありまして、
$P(x) = (x+a)^n(x+b)^m(x^2+cx+d)^l$ であれば、

$$\frac{Q(x)}{P(x)} = \frac{A_1}{x+a} + \frac{A_2}{(x+a)^2} + \cdots + \frac{A_n}{(x+a)^n}$$
$$+ \frac{B_1}{x+b} + \frac{B_2}{(x+b)^2} + \cdots + \frac{B_m}{(x+b)^m}$$
$$+ \frac{C_1x+D_1}{x^2+cx+d} + \frac{C_2x+D_2}{(x^2+cx+d)^2} + \cdots + \frac{C_lx+D_l}{(x^2+cx+d)^l}$$

と部分分数分解することができることが証明できます。

(2) で挙げた例は、$n=1$, $m=1$, $l=0$ の場合と、$n=1$, $m=0$, $l=1$ の場合です。

これを用いると、$P(x)$ がどんな実数係数の多項式の場合でも、不定積分を求めることができます。このことを少し説明しておきます。

まず、確認しておかなければならないのは、一般に x の実数係数多項式 $P(x)$ は、実数係数の範囲で、

$$(1次式) \times \cdots \times (1次式) \times (2次式) \times \cdots \times (2次式)$$

の形に因数分解されるということです。これは、「$P(x)$ が n 次式のとき、方程式 $P(x)=0$ に複素数の範囲で n 個の解がある（重複度を込めて）」という「代数学の基本定理」から分かります。

$P(x)$ が実数係数なので、$P(x)=0$ には、m 個の実数解 $\alpha_1, \cdots, \alpha_m$ と、$2l$ 個の虚数解 $\beta_1, \overline{\beta}_1, \cdots, \beta_l, \overline{\beta}_l$ $(n=m+2l)$ があります。実数係数なので、複素数解は、共役な複素数とペアになっています。このことから、$P(x)$ は、

$$P(x) = (x-\alpha_1)\cdots(x-\alpha_m)(x-\beta_1)(x-\overline{\beta}_1)\cdots(x-\beta_l)(x-\overline{\beta}_l)$$

（複素数の範囲で因数分解）

$$= (x-\alpha_1)\cdots(x-\alpha_m)\{x^2-(\beta_1+\overline{\beta}_1)x+\beta_1\overline{\beta}_1\}\cdots\{x^2-(\beta_l+\overline{\beta}_l)x+\beta_l\overline{\beta}_l\}$$

（実数の範囲で因数分解）

これらの因数の中には同じものも含まれます。同じものはまとめて書いてまとめ直すと、

$$P(x) = (x+a_1)^{n_1}(x+a_2)^{n_2}\cdots\cdots$$
$$\times (x^2+b_1x+c_1)^{m_1}(x^2+b_2x+c_2)^{m_2}\cdots\cdots$$

となります。

前ページで部分分数分解を示したのは、1次式が2種類、2次式は1種類の場合、$P(x)=(x+a_1)^n(x+a_2)^m(x^2+b_1x+c_1)^l$ のときです。他に因数の種類が加わっても、同様に部分分数分解できることが証明できます。部分分数分解したあとは、各部分は次のように積分できます。

$$\int \frac{A}{x+a} dx = A\log|x+a|$$

$$\int \frac{A}{(x+a)^n} dx = -\frac{A}{(n-1)(x+a)^{n-1}} \quad (n \geq 2)$$

$$\int \frac{Bx+C}{x^2+bx+c} dx = \int \frac{\frac{B}{2}(2x+b)+\left(C-\frac{Bb}{2}\right)}{x^2+bx+c} dx$$

$Bx+C$ を $2x+b$ で割り算すると、商 $\frac{B}{2}$、余り $C-\frac{Bb}{2}$

$$= \frac{B}{2}\int \frac{2x+b}{x^2+bx+c} dx + \left(C-\frac{Bb}{2}\right)\int \frac{1}{x^2+bx+c} dx$$

平方完成

$$= \frac{B}{2}\int \frac{(x^2+bx+c)'}{x^2+bx+c} dx + \left(C-\frac{Bb}{2}\right)\int \frac{1}{\left(x+\frac{b}{2}\right)^2+\underbrace{\left(c-\frac{b^2}{4}\right)}_{\alpha^2}} dx$$

$$\left[\begin{array}{l} x^2+bx+c=0 \text{ は実数解を持たないので、} b^2-4c<0 \text{、つまり } c-\dfrac{b^2}{4}>0 \text{ な} \\ \text{ので } \alpha^2=c-\dfrac{b^2}{4} \text{ とおく。} y=x+\dfrac{b}{2} \text{ とおいて置換積分} \end{array}\right]$$

$$=\dfrac{B}{2}\log|x^2+bx+c|+\left(C-\dfrac{Bb}{2}\right)\cdot\underline{\dfrac{1}{\alpha}\tan^{-1}\left(\dfrac{x+\dfrac{b}{2}}{\alpha}\right)}$$

と積分することができます。　　　　　　　　$\displaystyle\int\dfrac{1}{y^2+\alpha^2}dy=\dfrac{1}{\alpha}\tan^{-1}\dfrac{y}{\alpha}$

$\displaystyle\int\dfrac{Bx+C}{(x^2+bx+c)^n}dx$ は、漸化式を用いて $\displaystyle\int\dfrac{Bx+C}{x^2+bx+c}dx$ に帰着させます。煩雑になるのでここでは述べません。

> **ホップ**
> **問題　有理関数の積分**　（別 p.42）
> 次の不定積分を計算せよ。
>
> (1) $\displaystyle\int\dfrac{1}{x^2-1}dx$ 　　　　(2) $\displaystyle\int\dfrac{3x^2+3x+2}{(x+1)(x^2+1)}dx$

(1)　$\dfrac{1}{x^2-1}=\dfrac{a}{x-1}+\dfrac{b}{x+1}$ となる a, b を求めましょう。

$(x-1)(x+1)$ をかけて分母を払うと、$1=a(x+1)+b(x-1)$

$x=-1$ のとき、$1=-2b$ より、$b=-\dfrac{1}{2}$

$x=1$ のとき、$1=2a$ より、$a=\dfrac{1}{2}$　　よって、部分分数分解は、

$$\dfrac{1}{x^2-1}=\dfrac{1}{2(x-1)}-\dfrac{1}{2(x+1)}$$

これを用いて、

$$\int\dfrac{1}{x^2-1}dx=\dfrac{1}{2}\int\dfrac{1}{x-1}dx-\dfrac{1}{2}\int\dfrac{1}{x+1}dx$$

$$=\dfrac{1}{2}\log|x-1|-\dfrac{1}{2}\log|x+1|=\dfrac{1}{2}\log\left|\dfrac{x-1}{x+1}\right|\,(=-\tanh^{-1}x)$$

(2) $\dfrac{3x^2+3x+2}{(x+1)(x^2+1)} = \dfrac{a}{x+1} + \dfrac{bx+c}{x^2+1}$ を満たす a, b, c を求めましょう。

$(x+1)(x^2+1)$ をかけて分母を払うと、

$$3x^2+3x+2 = a(x^2+1) + (bx+c)(x+1)$$

$x=-1$ のとき、$2=2a$ ∴ $a=1$
両辺の定数項を比べて、$2=1+c$ ∴ $c=1$
両辺の最高次を比べて、$3=1+b$ ∴ $b=2$

$$\dfrac{3x^2+3x+2}{(x+1)(x^2+1)} = \dfrac{1}{x+1} + \dfrac{2x}{x^2+1} + \dfrac{1}{x^2+1}$$

これを用いて、

$$\int \dfrac{3x^2+3x+2}{(x+1)(x^2+1)} dx = \int \dfrac{1}{x+1} dx + \int \underset{}{\overset{(x^2+1)'}{\dfrac{2x}{x^2+1}}} dx + \int \dfrac{1}{x^2+1} dx$$
$$= \log|x+1| + \log|x^2+1| + \tan^{-1} x$$

■三角関数

三角関数の積分

（ア） $f(\cos x)\sin x$ は $t=\cos x$、$f(\sin x)\cos x$ は $t=\sin x$ とおいて置換積分

（イ） $f(\cos x, \sin x)$ は、$t=\tan\dfrac{x}{2}$ とおいて置換積分

$$\int f(\cos x, \sin x) dx = \int f\left(\dfrac{1-t^2}{1+t^2}, \dfrac{2t}{1+t^2}\right) \dfrac{2}{1+t^2} dt$$

（ウ） $f(\cos^2 x, \sin^2 x)$ は、$t=\tan x$ とおいて置換積分

$$\int f(\cos^2 x, \sin^2 x) dx = \int f\left(\dfrac{1}{1+t^2}, \dfrac{t^2}{1+t^2}\right) \dfrac{1}{1+t^2} dt$$

（エ） $\cos^{2k} x$、$\sin^{2k} x$ は、半角の公式を用いて次数を下げて積分

（ア）　p.75 で述べたことです。見抜く形パターンの置換積分です。

（イ）　置き換えて計算するパターンの置換積分です。確認しておきましょう。

$t = \tan \dfrac{x}{2}$ とおくと、

$$1+t^2 = 1+\left(\tan \dfrac{x}{2}\right)^2 = \dfrac{1}{\cos^2 \dfrac{x}{2}} \quad \text{より、} \quad \dfrac{1}{1+t^2} = \cos^2 \dfrac{x}{2}$$

$$\cos x = \cos 2\cdot\dfrac{x}{2} = 2\cos^2 \dfrac{x}{2} - 1 = \dfrac{2}{1+t^2} - 1 = \dfrac{2-(1+t^2)}{1+t^2} = \dfrac{1-t^2}{1+t^2}$$

$$\sin x = \sin 2\cdot\dfrac{x}{2} = 2\sin \dfrac{x}{2}\cos \dfrac{x}{2} = 2\cdot\boxed{\dfrac{\sin \dfrac{x}{2}}{\cos \dfrac{x}{2}}}\cdot\cos^2 \dfrac{x}{2} = \dfrac{2t}{1+t^2}$$

（$\tan \dfrac{x}{2} = t$）

$t = \tan \dfrac{x}{2}$ を x で微分して、

$$dt = \left(\tan \dfrac{x}{2}\right)' dx = \dfrac{1}{2}\cdot\dfrac{1}{\cos^2 \dfrac{x}{2}}dx = \dfrac{1}{2}\left(1+\tan^2 \dfrac{x}{2}\right)dx = \dfrac{1+t^2}{2}dx$$

$(\tan \Box)' = \dfrac{1}{\cos^2 \Box}$

$$\therefore \quad dx = \dfrac{2}{1+t^2}dt$$

これより、（イ）の置換積分ができることが分かります。

（ウ）　この形の場合でも（イ）を使うことができますが、次数が高くなるので計算しづらくなります。三角関数の入った式が $\cos^2 x$、$\sin^2 x$ でまとめられるのであれば、$t = \tan x$ とおくのがよいでしょう。計算が少し簡単になります。

（エ）　$\cos^n x$、$\sin^n x$ の不定積分は、n が偶数と奇数のときで、異なるアプローチをします。

$n = 2k+1$ のときは、（ア）を用います。

$$\cos^{2k+1} x = (\cos^2 x)^k \cos x = (1-\sin^2 x)^k (\sin x)'$$
$$\sin^{2k+1} x = (\sin^2 x)^k \sin x = -(1-\cos^2 x)^k (\cos x)'$$

と変形することができます。

$n=2k$ のときは、

$$\cos^{2k} x = (\cos^2 x)^k = \left(\frac{1+\cos 2x}{2}\right)^k$$

$$\sin^{2k} x = (\sin^2 x)^k = \left(\frac{1-\cos 2x}{2}\right)^k$$

$\cos x$ の $2k$ 次式が $\cos 2x$ の k 次式になった！ 次数が下がっているところがポイント

として展開し、偶数次部分については繰り返し半角の公式を用いて次数を下げ、奇数次部分については（ア）を用います。

次の（1）は準公式化しておきたい積分です。

問題　置換積分（三角関数について）　（別 p.44）

次の不定積分をせよ。

(1) $\displaystyle\int \frac{1}{\sin x} dx$　　（（ア）、（イ）のそれぞれの解法で解け。）

(2) $\displaystyle\int \cos^4 x \, dx$

---

(1) （ア）の解法

$\dfrac{1}{\sin x} = (\sin x)^{-1}$ であり、奇数乗なので（ア）が使えます。

$t = \cos x$ とおくと、微分して $dt = -\sin x \, dx$ となるので、

$$\int \frac{1}{\sin x} dx = \int \frac{1}{\sin^2 x} \sin x \, dx = \int \frac{1}{1-\cos^2 x} \sin x \, dx$$

$$= \int \frac{1}{1-t^2}(-dt) = \int \frac{1}{t^2-1} dt = \int \frac{1}{2}\left(\frac{1}{t-1} - \frac{1}{t+1}\right) dt$$

$$= \frac{1}{2}(\log|t-1| - \log|t+1|) = \frac{1}{2}\log\left|\frac{t-1}{t+1}\right| = \frac{1}{2}\log\left|\frac{\cos x - 1}{\cos x + 1}\right|$$

（イ）の解法

$t=\tan\dfrac{x}{2}$ とおくと、$\sin x=\dfrac{2t}{1+t^2}$，$dx=\dfrac{2}{1+t^2}dt$ であり、

$$\int \dfrac{1}{\sin x}dx = \int \dfrac{1+t^2}{2t}\cdot\dfrac{2}{1+t^2}dt = \int \dfrac{1}{t}dt = \log|t| = \log\left|\tan\dfrac{x}{2}\right|$$

（ア）と（イ）で異なる結果が出たのかと一瞬戸惑いますが、次のように半角の公式を用いると、同じであることが分かります。

$$\left|\dfrac{\cos x-1}{\cos x+1}\right| = \left|\dfrac{1-\cos x}{1+\cos x}\right| = \left|\dfrac{2\sin^2\dfrac{x}{2}}{2\cos^2\dfrac{x}{2}}\right| = \left|\tan\dfrac{x}{2}\right|^2 \text{ より、}$$

$$\dfrac{1}{2}\log\left|\dfrac{\cos x-1}{\cos x+1}\right| = \dfrac{1}{2}\log\left|\tan\dfrac{x}{2}\right|^2 = \dfrac{1}{2}\cdot 2\log\left|\tan\dfrac{x}{2}\right| = \log\left|\tan\dfrac{x}{2}\right|$$

となります。

(2) 半角の公式を使って次数を落としていきます。

$$\cos^4 x = (\cos^2 x)^2 = \left(\dfrac{1+\cos 2x}{2}\right)^2 = \dfrac{1}{4} + \dfrac{1}{2}\cos 2x + \dfrac{1}{4}\boxed{\cos^2 2x}$$

$$= \dfrac{1}{4} + \dfrac{1}{2}\cos 2x + \dfrac{1}{4}\cdot\boxed{\dfrac{1+\cos 4x}{2}} = \dfrac{3}{8} + \dfrac{1}{2}\cos 2x + \dfrac{1}{8}\cos 4x$$

$$\int \cos^4 x\,dx = \int\left(\dfrac{3}{8} + \dfrac{1}{2}\cos 2x + \dfrac{1}{8}\cos 4x\right)dx$$

$$= \dfrac{3}{8}x + \dfrac{1}{4}\sin 2x + \dfrac{1}{32}\sin 4x$$

■**無理関数**

無理関数については、次のようにまとまります。

> **無理関数の積分**
> （ア） $f(x, \sqrt[n]{ax+b})$ は、$t=\sqrt[n]{ax+b}$ と置換する。
> （イ） $f\left(x, \sqrt[n]{\dfrac{ax+b}{cx+d}}\right)$ は、$t=\sqrt[n]{\dfrac{ax+b}{cx+d}}$ と置換する。
> （ウ） $f(x, \sqrt{ax^2+bx+c})$ は、
> $a>0$ のとき、$\sqrt{ax^2+bx+c}=t-\sqrt{a}x$ と置換する。
> $a<0$ のとき、$ax^2+bx+c=0$ の2実解を $\alpha, \beta\ (\alpha<\beta)$ として、
> $t=\sqrt{\dfrac{x-\alpha}{\beta-x}}$ とおく。

（ア）の場合は、p.78 の問題ですでに示しました。
（ウ）の $a>0$ のときの例は、p.82 の問題で示したとおりです。
（イ）の場合と（ウ）の $a<0$ の場合の問題を解いてみましょう。

なお、$a<0$ のときは、$ax^2+bx+c=0$ の解があるものが出題されます。解がなければ、2次関数 $y=ax^2+bx+c$ のグラフが x 軸よりも下にあることになり、任意の x について $ax^2+bx+c<0$ となり、$\sqrt{}$ を考える意味がなくなるからです。

ホップ

問題　置換積分（$\sqrt{\ }$ 2次式型）　（別 p.40）

次の不定積分をせよ。

(1) $\displaystyle\int \dfrac{1}{\sqrt{(2-x)(x-1)}}dx$　　　(2) $\displaystyle\int \sqrt{\dfrac{1-x}{x}}dx$

(1) $\sqrt{}$ の中身が、$(2-x)(x-1)=-x^2+3x-2$ なので、$t=\sqrt{\dfrac{x-1}{2-x}}$ とおきます。

$$t^2=\dfrac{x-1}{2-x} \quad \therefore\ t^2(2-x)=x-1 \quad \therefore\ (t^2+1)x=2t^2+1$$

$$\therefore \quad x=\frac{2t^2+1}{t^2+1}=2-\frac{1}{t^2+1} \quad 微分して、dx=\frac{2t}{(t^2+1)^2}dt \quad \left(\frac{1}{\Box}\right)'=-\frac{1}{\Box^2}$$

$$2-x=2-\left(2-\frac{1}{t^2+1}\right)=\frac{1}{t^2+1}$$

$$\sqrt{(2-x)(x-1)}=(2-x)\sqrt{\frac{x-1}{2-x}}=\frac{1}{t^2+1}\cdot t=\frac{t}{t^2+1}$$

$$\int\frac{1}{\sqrt{(2-x)(x-1)}}dx=\int\frac{t^2+1}{t}\cdot\frac{2t}{(t^2+1)^2}dt=\int\frac{2}{t^2+1}dt$$

$$=2\tan^{-1}t=2\tan^{-1}\sqrt{\frac{x-1}{2-x}} \quad \cdots ★$$

(2) （イ）にしたがって、$t=\sqrt{\dfrac{1-x}{x}}$ とおきます。

$$t^2=\frac{1-x}{x} \quad \therefore \quad x(t^2+1)=1 \quad \therefore \quad x=\frac{1}{1+t^2} \quad 微分して、dx=\frac{-2t}{(1+t^2)^2}dt$$

$$\int\sqrt{\frac{1-x}{x}}dx=\int t\cdot\frac{-2t}{(1+t^2)^2}dt\cdots\cdots①$$

ここで、$u=1+t^2$ とおくと、$du=2tdt$ であり、$\dfrac{2t}{(1+t^2)^2}dt=\dfrac{1}{u^2}du$

$$\int\frac{-2t}{(1+t^2)^2}dt=\int\frac{-1}{u^2}du=\frac{1}{u}=\frac{1}{1+t^2}$$

なので、①を部分積分すると、

$$\int t\cdot\underbrace{\frac{-2t}{(1+t^2)^2}}_{\left(\frac{1}{1+t^2}\right)'}dt=t\cdot\frac{1}{1+t^2}-\int\frac{1}{1+t^2}dt=\frac{t}{1+t^2}-\tan^{-1}t$$

$$=\sqrt{x(1-x)}-\tan^{-1}\sqrt{\frac{1-x}{x}}$$

(1) は、$\sqrt{}$ の中身を平方完成すると、

$$(2-x)(x-1)=-x^2+3x-2=-\left(x-\frac{3}{2}\right)^2+\left(\frac{1}{2}\right)^2$$

となるので、公式を用いて

$$\int \frac{1}{\sqrt{(2-x)(x-1)}} dx = \int \frac{1}{\sqrt{\left(\frac{1}{2}\right)^2 - \left(x - \frac{3}{2}\right)^2}} dx = \sin^{-1}\left(\frac{x - \frac{3}{2}}{\frac{1}{2}}\right)$$

$$= \sin^{-1}(2x-3) \quad \cdots ☆ \qquad \int \frac{1}{\sqrt{a^2-x^2}} dx = \sin^{-1}\frac{x}{a}$$

となります。前ページの★と異なる形で求まりました。見掛けは異なっていますが、差の★－☆は定数になっているのです。本来、不定積分では★、☆に $+C$ （C は任意）したものを考えているのですから、★－☆が定数のとき★と☆は不定積分として同じことになります。★－☆が定数であることを示すことは逆関数のよい練習問題です。

公式を用いましたが、もともと公式の導出では、$\sqrt{a^2-x^2}$ に対して、$x = a\sin\theta$ と置換して不定積分を求めていました。

このように無理関数の積分を考えるとき、$\sqrt{}$ の中身が2次式の場合は、上のように無理関数で置換する場合と次のように三角関数で置換する場合が考えられます。

√2次式の三角関数による置換

（ア）　$\sqrt{a^2-x^2}$ があるとき、$x = a\sin\theta$ とおいて置換

（イ）　$\sqrt{a^2+x^2}$ があるとき、$x = a\tan\theta$ とおいて置換

（ウ）　$\sqrt{x^2-a^2}$ があるとき、$x = \dfrac{a}{\cos\theta}$ とおいて置換

（ここで、a は正の数でとる）

$\sqrt{}$ の中身が2次式のとき、どの置換を用いればうまく解けるかは簡単にはいえません。

これは数学的なアドバイスではなく、問題を解くためのアドバイスですが、$\sqrt{}$ の中の2次式の1次の項がない場合や定数項が a^2 と書かれている場合は、出題者が三角関数の置き換えを意図している場合が多いように思えます。

（イ）の $x = a\tan\theta$ の置き換えは、$\dfrac{1}{x^2+a^2}$ の積分を求めるときにも使われる

ように、無理関数でない場合でも有効です。

（イ）では、まとめには書きませんでしたが、$x=a\sinh t$ という置き換えもあります。$\sqrt{a^2+x^2}$ の不定積分を求めるのであれば、この置き換えが有効です。

（ア）、（イ）の置き換えはすでに経験があるでしょうから、（イ）の $x=a\sinh t$ を練習してみましょう。

置換積分の練習として、以下の問題を解いてみましょう。

> **問題** 次の不定積分を求めよ。
> $$\int \frac{1}{\sqrt{x^2+a^2}}dx \quad (a>0)$$

(1) $x=a\sinh t$ とおきます。微分すると、$dx=a\cosh t\,dt$
$x^2+a^2=(a\sinh t)^2+a^2=a^2\{(\sinh t)^2+1\}=a^2(\cosh t)^2$

$$\int \frac{1}{\sqrt{x^2+a^2}}dx = \int \frac{1}{a\cosh t}\cdot a\cosh t\,dt = \int 1\,dt = t = \sinh^{-1}\left(\frac{x}{a}\right)$$
$$= \log\left|\frac{x}{a}+\sqrt{\left(\frac{x}{a}\right)^2+1}\right| = \log|x+\sqrt{x^2+a^2}| - \log a$$

$-\log a$ は定数だから、取ってよい。すると、公式のとおりになる。

■積分の漸化式を求めるには、部分積分を使おう

自然数 n が入った関数の積分を求めるときに漸化式を用いる場合があります。問題を通して説明してみましょう。

> **ホップ**
> **問題 積分と漸化式** （別 p.46）
> $I_n=\int \sin^n x\,dx$ とする。$n\geq 2$ のとき、I_n を I_{n-2} で表せ。

部分積分を用います。

$$I_n=\int \sin^n x\,dx = \int \underbrace{\sin^{n-1} x}_{g}\cdot \underbrace{\sin x}_{f}\,dx$$

$$= \underbrace{\sin^{n-1} x}_{g} \underbrace{(-\cos x)}_{F} - \int \underbrace{(n-1)\sin^{n-2} x}_{g'} \underbrace{\cos x}_{} \cdot \underbrace{(-\cos x)}_{F} dx$$
$$= -\sin^{n-1} x \cos x + (n-1)\int \sin^{n-2} x (1-\sin^2 x) dx$$
$$= -\sin^{n-1} x \cos x + (n-1)\left(\int \sin^{n-2} x dx - \int \sin^n x dx\right)$$
$$= -\sin^{n-1} x \cos x + (n-1)(I_{n-2} - I_n)$$

これより、
$$I_n = -\sin^{n-1} x \cos x + (n-1)(I_{n-2} - I_n)$$
$$nI_n = -\sin^{n-1} x \cos x + (n-1)I_{n-2}$$
$$I_n = -\frac{1}{n}\sin^{n-1} x \cos x + \frac{n-1}{n}I_{n-2}$$

このように積分で定義された I_n について漸化式を求める問題は部分積分を使うことがほとんどです。しかし、$I_n = \int \tan^n x dx$ は例外です。$n \geq 2$ のとき、

$$I_n = \int \tan^n x dx = \int \tan^{n-2} x \cdot \tan^2 x dx = \int \tan^{n-2} x \left(\frac{1}{\cos^2 x} - 1\right) dx$$
$$= \int \tan^{n-2} x \cdot \frac{1}{\cos^2 x} dx - \int \tan^{n-2} x dx = \frac{1}{n-1}\tan^{n-1} x - I_{n-2}$$

3 定積分

ここからは定積分について解説していきましょう。

まずは、数Ⅱの微積分の問題で、定積分の計算方法と、定積分が面積を表していることを思い出しましょう。

> **問題**
> (1) $\int_{-1}^{2}(-3x^2-x+3)dx$ を計算せよ。
> (2) 放物線のグラフ $y=-(x-1)(x-2)$ と x 軸で囲まれる部分の面積を求めよ。

(1) $F(x)$ を $f(x)$ の不定積分とすると、定積分は、

$$\int_a^b f(x)dx = [F(x)]_a^b = F(b)-F(a)$$

と計算しました。定積分を求めるには、不定積分を計算して、代入して差を取ればよいのです。ですから、定積分は、不定積分さえ求めてしまえば、あとは数値の代入計算だけです。

$$\int_{-1}^{2}(-3x^2-x+3)dx = \left[-x^3-\frac{1}{2}x^2+3x\right]_{-1}^{2}$$
$$= \left(-2^3-\frac{1}{2}\cdot 2^2+3\cdot 2\right) - \left\{-(-1)^3-\frac{1}{2}(-1)^2+3\cdot(-1)\right\}$$
$$= -4-\left(-\frac{5}{2}\right) = -\frac{3}{2}$$

$-x^3-\frac{1}{2}x^2+3x$ で $x=2$ とした

(2) $y=f(x)$、$y=g(x)$ のグラフが、次の左図のような位置関係であるとします。色部分($y=f(x)$, $y=g(x)$, $x=a$, $x=b$ で囲まれる部分)の面積を S とすると、S は、$S=\int_a^b \{f(x)-g(x)\}dx$ と表されます。

$y=-(x-1)(x-2)$ のグラフは、$x=1$、2 で x 軸と交わります。グラフは次の

右図のようになります。

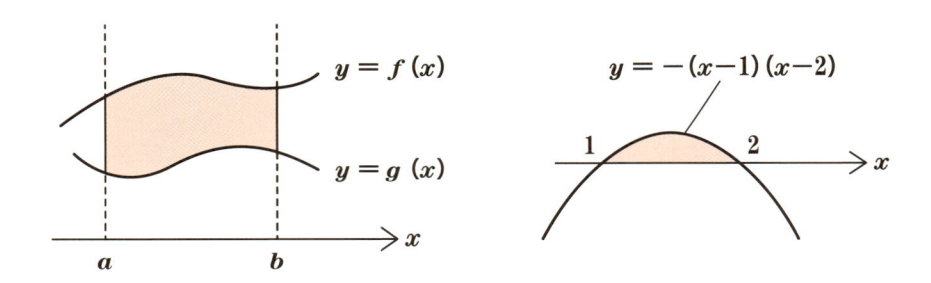

上の一般論で、$f(x)=-(x-1)(x-2)$、$g(x)=0$、$a=1$、$b=2$ とした場合ですから、x 軸と囲まれた部分の面積は、

$$\int_1^2 \{-(x-1)(x-2)\}dx = \int_1^2 (-x^2+3x-2)dx$$
$$= \left[-\frac{1}{3}x^3+\frac{3}{2}x^2-2x\right]_1^2$$
$$= \left(-\frac{1}{3}\cdot 2^3+\frac{3}{2}\cdot 2^2-2\cdot 2\right)-\left(-\frac{1}{3}\cdot 1^3+\frac{3}{2}\cdot 1^2-2\cdot 1\right)$$
$$= -\frac{2}{3}-\left(-\frac{5}{6}\right)=\frac{1}{6}$$

と計算できます。

数Ⅲ・大学の微積分でも定積分の根本原理は変わりません。扱う関数の種類が増えるだけです。

とはいうものの関数の種類が増えたり、置換積分などがでてきたので、数Ⅱの微積分にいろいろと補足説明することが出てきます。

具体的な定積分に入る前に、定積分の性質を確認しておきましょう。

定積分では、不定積分のときと同様に線形性が成り立ちます。これに加えて、積分区間の加法性についての性質が成り立ちます。これは、数Ⅱの微積分で学んだとおりです。

> **定積分の性質**
> $$\int_a^b \{\alpha f(x)+\beta g(x)\}dx = \alpha\int_a^b f(x)dx + \beta\int_a^b g(x)dx \quad \text{(線形性)}$$
> $$\int_a^b f(x)dx = \int_a^c f(x)dx + \int_c^b f(x)dx \quad \text{(積分区間の加法性)}$$
> $$\int_a^a f(x)dx = 0, \quad \int_a^b f(x)dx = -\int_b^a f(x)dx$$

具体的な関数の定積分を求める話に入ります。

まずは、置換積分のときの定積分についてコメントしましょう。

定積分を求めるには不定積分を求めなければなりませんが、不定積分を置換積分で求める場合でも、不定積分を x の関数で表さなくてもよいのです。置換した変数のまま定積分が計算できます。

問題の形で説明してみましょう。

> **問題**
> $$\int_1^2 x\sqrt{3-x}\,dx \text{ を計算せよ。}$$

$x\sqrt{3-x}$ の不定積分を求めるのであれば、$t=\sqrt{3-x}$ とおいて、

$\quad t^2 = 3-x \quad \therefore \quad x = 3-t^2 \quad$ 微分して $\quad dx = -2t\,dt$

$$\int x\sqrt{3-x}\,dx = \int (3-t^2)t\cdot(-2t)\,dt = \int (2t^4-6t^2)\,dt = \frac{2}{5}t^5 - 2t^3$$

となり、ここから t を $\sqrt{3-x}$ と戻せば不定積分が求まります。定積分の場合は、関数が x で表されていたときの積分区間 $1 \to 2$ に対し、これに対応する t の区間を考えます。

$x=1$ のとき $t=\sqrt{3-x}=\sqrt{3-1}=\sqrt{2}$、$x=2$ のとき $t=\sqrt{3-x}=\sqrt{3-2}=1$ ですから、x の区間 $1 \to 2$ に対応する t の区間は $\sqrt{2} \to 1$ です。よって、定積分は、

$$\int_1^2 x\sqrt{3-x}\,dx = \int_{\sqrt{2}}^1 (2t^4-6t^2)\,dt = \left[\frac{2}{5}t^5 - 2t^3\right]_{\sqrt{2}}^1$$

$$=\left(\frac{2}{5}\cdot 1^3-2\cdot 1^3\right)-\left\{\frac{2}{5}(\sqrt{2})^5-2(\sqrt{2})^3\right\}=-\frac{8}{5}+\frac{12}{5}\sqrt{2}$$

と求めることができます。

これをまとめておくと以下のようになります。

> **置換積分の定積分**
> $x=g(t)$ のとき、$a=g(\alpha)$, $b=g(\beta)$ とすると、
> $$\int_a^b f(x)dx=\int_\alpha^\beta f(g(t))g'(t)dt$$

なお、部分積分には置換積分のような定積分に関するコメントはありません。定積分を求める場合であっても、部分積分を用いて不定積分を求め、数値を代入するだけのことです。

■広義積分・無限積分

大学の微積分では、求められる定積分の範囲が広がります。次の2つの図のような場合です。

図1

$y=f(x)$

a b x

図2

$y=f(x)$

a x

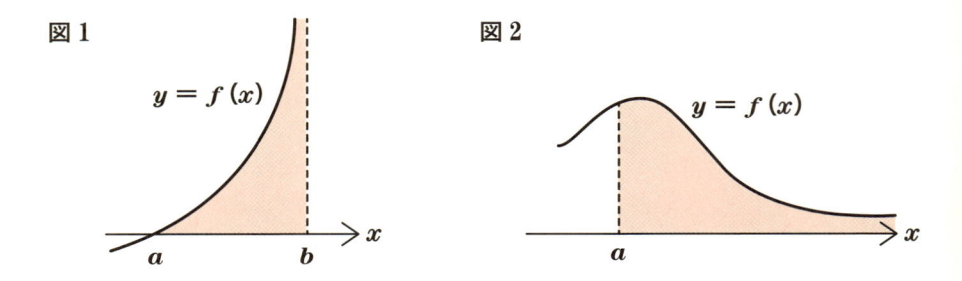

図1のグラフでは、x が b に近づくにしたがって関数の値が大きくなり、$x=b$ のところで関数の値が無限大になっています。このように $\lim_{x\to b}f(x)=\pm\infty$ となる点を**特異点**といいます。

図2のグラフでは、x が大きくなるにしたがって、限りなく x 軸に近づいていきます。しかし、0にはなりません。

図1、2のような場合でも、$y=f(x)$ のグラフと y 軸に平行な直線と x 軸で囲まれた（厳密には囲まれていない？）部分の面積を求めることができる場合があります。

どちらも図3、4のように囲んだ部分の面積を求めておいて、極限を考えるのです。

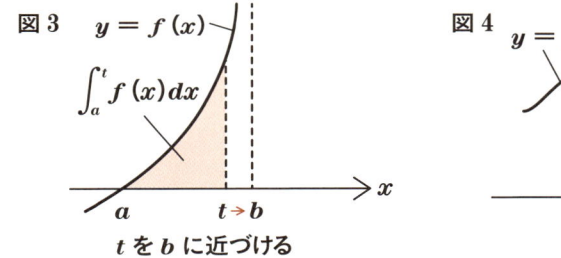

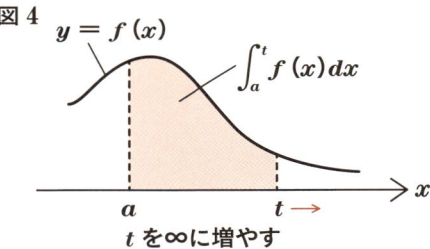

図3　$y=f(x)$
$\int_a^t f(x)dx$
t を b に近づける

図4　$y=f(x)$
$\int_a^t f(x)dx$
t を ∞ に増やす

図3では、$\displaystyle\lim_{t\to b-0}\int_a^t f(x)dx$、図4では、$\displaystyle\lim_{t\to\infty}\int_a^t f(x)dx$ を計算します。

先に積分計算をするところがポイントです。このような積分と極限の計算を、表記としては、

$$\lim_{t\to b-0}\int_a^t f(x)dx \ を \int_a^b f(x)dx、\lim_{t\to\infty}\int_a^t f(x)dx \ を \int_a^\infty f(x)dx$$

と書きます。$\displaystyle\lim_{x\to b-0}f(x)=\infty$ であっても、$f(x)$ の原始関数 $F(x)$ に関しては、$\displaystyle\lim_{x\to b-0}F(x)=$ 有限値となることもあるので、ふつうに計算すればよいのです。気をつけなければならないのは、積分区間の間に特異点がある場合です。このような場合は、特異点のところで積分区間を分けて計算します。

図3のように特異点がある場合の定積分を**広義積分**、図4のように積分区間の幅が無限大である場合の定積分を**無限積分**といいます。

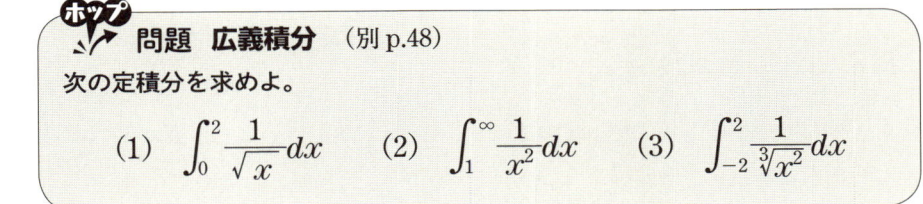

問題　広義積分　（別 p.48）

次の定積分を求めよ。

(1) $\displaystyle\int_0^2 \frac{1}{\sqrt{x}}dx$　　(2) $\displaystyle\int_1^\infty \frac{1}{x^2}dx$　　(3) $\displaystyle\int_{-2}^2 \frac{1}{\sqrt[3]{x^2}}dx$

(1) 被積分関数に関しては、$\lim_{x \to +0} \dfrac{1}{\sqrt{x}} = \infty$ で、$x=0$ で特異点となりますが、気にせず計算すれば答えが求まります。

$$\int_0^2 \dfrac{1}{\sqrt{x}} dx = \int_0^2 x^{-\frac{1}{2}} dx = \left[2\sqrt{x} \right]_0^2 = 2\sqrt{2}$$

$\dfrac{1}{-\frac{1}{2}+1} x^{-\frac{1}{2}+1} = 2x^{\frac{1}{2}}$

(2) $\int_1^\infty \dfrac{1}{x^2} dx = \int_1^\infty x^{-2} dx = \left[-\dfrac{1}{x} \right]_1^\infty = -\dfrac{1}{\infty} - \left(-\dfrac{1}{1} \right) = 1$

$\dfrac{1}{-2+1} x^{-2+1} = -x^{-1}$

正確には、

$$\lim_{t \to \infty} \int_1^t \dfrac{1}{x^2} dx = \lim_{t \to \infty} \left[-\dfrac{1}{x} \right]_1^t = \lim_{t \to \infty} \left\{ -\dfrac{1}{t} - \left(-\dfrac{1}{1} \right) \right\} = 1$$

と広義積分の定義にしたがって書きますが、前のような書き方でもよいでしょう。

(3) $\lim_{x \to 0} \dfrac{1}{\sqrt[3]{x^2}} = \infty$ ですから、この関数は $x=0$ で特異点になります。特異点のところで積分区間を分けます。

$$\int_{-2}^2 \dfrac{1}{\sqrt[3]{x^2}} dx = \underbrace{\int_{-2}^0 \dfrac{1}{\sqrt[3]{x^2}} dx}_{①} + \underbrace{\int_0^2 \dfrac{1}{\sqrt[3]{x^2}} dx}_{②}$$

ここで、②は

$$\int_0^2 \dfrac{1}{\sqrt[3]{x^2}} dx = \int_0^2 \dfrac{1}{x^{\frac{2}{3}}} dx = \int_0^2 x^{-\frac{2}{3}} dx = \left[3x^{\frac{1}{3}} \right]_0^2 = 3 \cdot 2^{\frac{1}{3}}$$

$\dfrac{1}{-\frac{2}{3}+1} x^{-\frac{2}{3}+1}$

$y = \dfrac{1}{\sqrt[3]{x^2}}$ のグラフは y 軸対称なので、①=②

$$\int_{-2}^2 \dfrac{1}{\sqrt[3]{x^2}} dx = ① + ② = 3 \cdot 2^{\frac{1}{3}} + 3 \cdot 2^{\frac{1}{3}} = 6 \cdot 2^{\frac{1}{3}}$$

(1) のパターンでは、ふつうに計算しているだけで、広義積分に気づかないで答えが求まってしまいます。(2) は極限を取ることを意識せざるを得ません。

■奇関数・偶関数

定積分の計算をするとき、奇関数・偶関数を意識していると計算が楽になることがあります。

奇関数の具体例は、

x, $4x^5-2x^3$ など奇数次しかない多項式関数、$\sin x$, $\sinh x$

偶関数の具体例は、

x^2, $3x^4+5x^2$ など偶数次しかない多項式関数、$\cos x$, $\cosh x$

です。

$f(x)$ が奇関数のとき、$y=f(x)$ は原点対称なグラフ

$f(x)$ が偶関数のとき、$y=f(x)$ は y 軸対称なグラフ

になります。

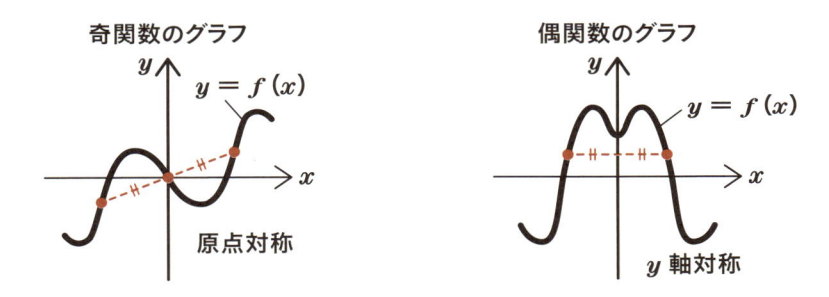

奇関数のグラフ

$y=f(x)$

原点対称

偶関数のグラフ

$y=f(x)$

y 軸対称

奇関数・偶関数については、まずこのようなイメージを持っておくとよいでしょう。

定義をしっかりと述べれば、次のようになります。

奇関数・偶関数の定義

$f(x)$ は奇関数 $\Leftrightarrow$ 任意の x について、$f(-x)=-f(x)$

$f(x)$ は偶関数 $\Leftrightarrow$ 任意の x について、$f(-x)=f(x)$

奇関数のグラフが原点対称であることは次のように分かります。

任意の x に対して、奇関数のグラフ上の 2 点 $\mathrm{A}(x, f(x))$、$\mathrm{B}(-x, f(-x))$ は原点対称です。実際に AB の中点を計算してみると、

$$\left(\frac{x+(-x)}{2}, \frac{f(x)+f(-x)}{2}\right) = \left(\frac{x-x}{2}, \frac{f(x)-f(x)}{2}\right) = (0, 0)$$

となるからです。偶関数のグラフについては、みなさんにお任せします。

原点対称な積分区間の定積分に関しては、次が成り立ちます。

> $f(x)$ が奇関数のとき
> $$\int_{-a}^{a} f(x)dx = 0$$
>
> $f(x)$ が偶関数のとき
> $$\int_{-a}^{a} f(x)dx = 2\int_{0}^{a} f(x)dx$$

グラフを思い浮かべると納得がいくでしょう。

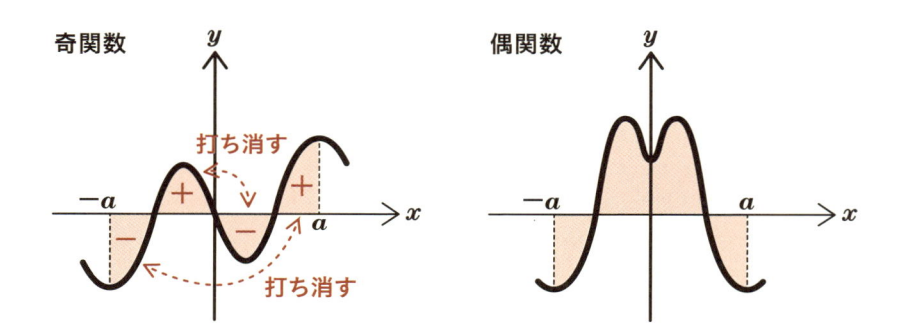

$y=f(x)$ が x 軸より下にある部分の定積分は面積にマイナスが付いた形で算出されます。ですから、奇関数の場合は、x が負のときの定積分と、正のときの定積分が打ち消しあうわけです。

偶関数の場合は、x が負のときの定積分と、正のときの定積分が同じになりますから、正のときの定積分を2倍すればよいことになります。

また、偶関数、奇関数については、和と積に関して次が成り立ちます。

> ［和］　奇関数＋奇関数＝奇関数　　　偶関数＋偶関数＝偶関数
>
> ［積］　奇関数×奇関数＝偶関数　　　奇関数×偶関数＝奇関数
>   偶関数×偶関数＝偶関数

証明は、定義にしたがえばすぐにできます。奇関数 × 奇関数 ＝ 偶関数だけやってみせましょう。

$f(x)$、$g(x)$ を奇関数とします。すると、任意の x について、

$$f(-x) = -f(x), \quad g(-x) = -g(x)$$

$f(x)$、$g(x)$ の積の関数を $F(x)=f(x)g(x)$ とおくと、

$$F(-x) = f(-x)g(-x) = \{-f(x)\}\{-g(x)\} = f(x)g(x) = F(x)$$

となるので、$F(x)$ は偶関数。

どのように定積分の場面で用いるのか、問題で実例にあたりましょう。

> **問題** 次の定積分を求めよ。
>
> (1) $\displaystyle\int_{-2}^{2} (x^5 - 5x^4 + 4x^3)\,dx$
>
> (2) $\displaystyle\int_{-\frac{\pi}{3}}^{\frac{\pi}{3}} (x^5 + \sin x - 2\sin^3 x)(1 + \cos x - \cos^2 x)\,dx$

(1) 関数を偶数次と奇数次に分けて積分しましょう。

$$\int_{-2}^{2}(x^5-5x^4+4x^3)\,dx = \underbrace{\int_{-2}^{2}(x^5+4x^3)\,dx}_{\text{奇関数}} - \underbrace{\int_{-2}^{2}5x^4\,dx}_{\text{偶関数}}$$

$$= 0 - 2\int_{0}^{2} 5x^4\,dx = -2\left[x^5\right]_0^2 = -64$$

(2) $\sin x$ は奇関数、$\sin^2 x$ は偶関数、$\sin^3 x$ は奇関数。

よって、$x^5 + \sin x - 2\sin^3 x$ は奇関数。

1 は偶関数、$\cos x$ は偶関数、$\cos^2 x$ は偶関数。

よって、$1 + \cos x - \cos^2 x$ は偶関数。

よって、$(x^5 + \sin x - 2\sin^3 x)(1 + \cos x - \cos^2 x)$ は奇関数。

積分区間が原点対称なので、定積分は 0。

(1) で、被積分関数を奇関数と偶関数の和に直してから定積分を計算しました。実は、どんな関数も奇関数と偶関数の和で表すことができるんです。任意の $f(x)$ について、

$$f(x) = \frac{1}{2}\{f(x)+f(-x)\} + \frac{1}{2}\{f(x)-f(-x)\}$$

が成り立ちます。ここで、偶関数　　　　　奇関数

$$f_e(x) = \frac{1}{2}\{f(x)+f(-x)\}, \quad f_o(x) = \frac{1}{2}\{f(x)-f(-x)\}$$

とおくと、$f_e(x) = f_e(-x)$, $f_o(x) = -f_o(-x)$ が成り立っていますから、$f_e(x)$は偶関数、$f_o(x)$は奇関数です。任意の関数$f(x)$は、

$$f(x) = f_e(x) + f_o(x)$$

偶：*even*
奇：*odd*

と偶関数と奇関数の和で表されます。

これは次の章のマクローリン展開のことを学ぶと当たり前に思えます。$f(x)$をxの多項式で表したとき、偶数次の項を集めたものが$f_e(x)$、奇数次の項を集めたものが$f_o(x)$です。

対称性のあるもの（偶）の上に、歪対称なもの（奇）が乗っかっているのが世の中だ。この式をそう捉えると、対称性の破れから世界が生まれたとする素粒子物理学の理論とも符合し、なかなか味わい深い解釈のできる等式です。

奇関数・偶関数の定積分と少し似たテーマで、次のような定積分の話題があります。

鏡像定積分というのは、ぼくの造語です。

鏡像定積分

（ア）　$\displaystyle\int_0^\pi f(\sin x)dx = 2\int_0^{\frac{\pi}{2}} f(\sin x)dx$

（イ）　$\displaystyle\int_0^\pi xf(\sin x)dx = \frac{\pi}{2}\int_0^\pi f(\sin x)dx$

（ア）　$y = \sin x$のグラフは、$x = \dfrac{\pi}{2}$に関して対称ですから、$y = f(\sin x)$のグラフも $x = \dfrac{\pi}{2}$に関して対称です。積分区間が$[0, \pi]$の定積分は、$\left[0, \dfrac{\pi}{2}\right]$の定積

分を計算して 2 倍すればよいのです。

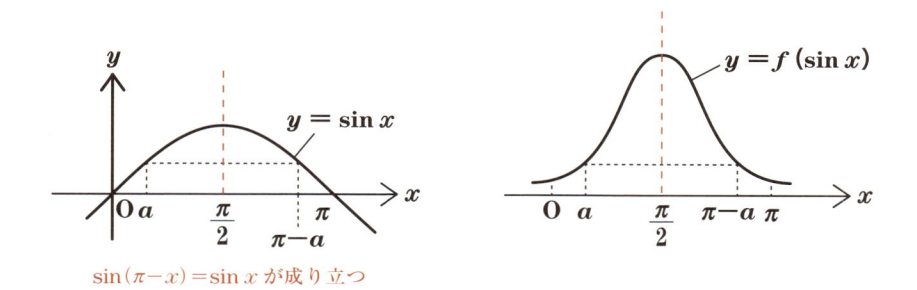

sin($\pi-x$)＝sin x が成り立つ

（イ） $x=\pi-t$ と置換積分します。$dx=-dt$ で t の積分区間は $[\pi, 0]$ になります。

求める定積分を I とすると、

$$I=\int_0^\pi xf(\sin x)dx=\int_\pi^0 (\pi-t)f(\sin(\pi-t))(-dt)$$

積分区間を逆向きにしたことによる -1 倍と $-dt$ の -1 倍をかけて 1 倍

$$=\int_0^\pi (\pi-t)f(\sin t)dt$$

$$=\pi\int_0^\pi f(\sin t)dt-\int_0^\pi tf(\sin t)dt=\pi\int_0^\pi f(\sin t)dt-I$$

定積分の文字は x でも t でも同じ

$$\therefore \quad 2I=\pi\int_0^\pi f(\sin t)dt \qquad \therefore \quad I=\frac{\pi}{2}\int_0^\pi f(\sin x)dx$$

（イ）を用いると $xf(\sin x)$ の不定積分を求めることができなくとも、$f(\sin x)$ の不定積分さえ求めれば、定積分の値を求めることができます。定積分ならではの問題といえます。

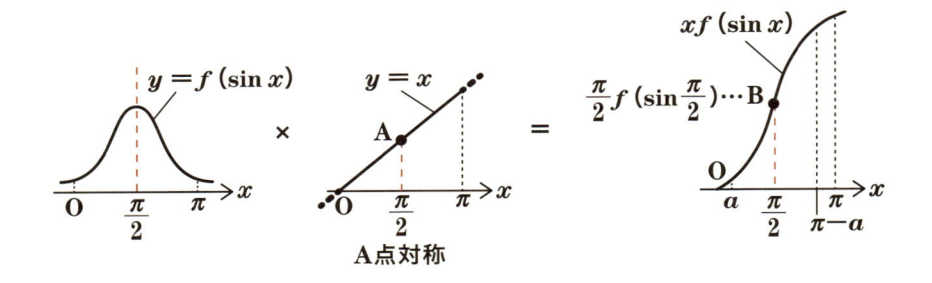

$$y=f(\sin x) \quad \times \quad y=x \quad = \quad xf(\sin x)$$

$$\frac{\pi}{2}f\left(\sin \frac{\pi}{2}\right)\cdots B$$

A点対称

（イ）のような計算ができるのは、$y=\sin x$ が $x=\dfrac{\pi}{2}$ に関して線対称で、$y=x$ のグラフが $\left(\dfrac{\pi}{2},\ \dfrac{\pi}{2}\right)$ に関して点対称であるからです。線対称と点対称な関数を組み合わせているということは、偶関数と奇関数を組み合わせているようなものです。$y=\sin x$ や $y=x$ を他の関数に変えても同様の計算ができますが、他の例は別冊に挙げたものぐらいしか見かけません。

公式のように書きましたが、公式として覚えるより、$x=\pi-t$ と置換積分して導くと解けると知っておく方がよいでしょう。この置き換えを与えられて問題を解くこともありますが。

ホップ 問題 鏡像定積分 （別 p.50）

次の定積分を求めよ。

$$\int_0^\pi \frac{x}{1+\sin x}dx$$

(1) $x=\pi-t$ とおくと、$dx=-dt$、

x	$0 \to \pi$
t	$\pi \to 0$

求める定積分を I とすると、

$$I=\int_0^\pi \frac{x}{1+\sin x}dx = \int_\pi^0 \frac{(\pi-t)}{1+\sin(\pi-t)}(-dt) = \int_0^\pi \frac{\pi-t}{1+\sin t}dt$$

同じ値

$$=\pi\int_0^\pi \frac{1}{1+\sin t}dt - \int_0^\pi \frac{t}{1+\sin t}dt = \pi\int_0^\pi \frac{1}{1+\sin t}dt - I$$

$$\left[\,u=\tan\frac{t}{2}\text{とおくと、}\ \frac{2}{1+u^2}du=dt,\ \sin t=\frac{2u}{1+u^2}\quad \begin{array}{c|c} t & 0 \to \pi \\ \hline u & 0 \to \infty \end{array}\,\right]$$

$$= \pi \int_0^\infty \frac{1}{1+\dfrac{2u}{1+u^2}} \cdot \frac{2}{1+u^2} du - I = \pi \int_0^\infty \frac{2}{(1+u)^2} du - I$$

$$= \pi \left[-\frac{2}{1+u} \right]_0^\infty - I = 2\pi - I \quad \therefore \quad I = 2\pi - I \quad \therefore \quad I = \pi$$

■定積分の公式

　これから有名な定積分の値を紹介しましょう。これを知っていると、計算が速くなります。別冊の解答の中で公式として使いますので、そのつもりで読んでください。

> **ウォリスの公式**
>
> $$\int_0^{\frac{\pi}{2}} \cos^n x\, dx = \int_0^{\frac{\pi}{2}} \sin^n x\, dx$$
>
> $$= \begin{cases} \dfrac{n-1}{n} \cdot \dfrac{n-3}{n-2} \cdots \dfrac{1}{2} \cdot \dfrac{\pi}{2} & (n \text{ が偶数のとき}) \\ \dfrac{n-1}{n} \cdot \dfrac{n-3}{n-2} \cdots \dfrac{2}{3} & (n \text{ が奇数のとき}) \end{cases}$$

　これは p.97 の問題の結果

$$\int \sin^n x\, dx = -\frac{1}{n} \sin^{n-1} x \cos x + \frac{n-1}{n} \int \sin^{n-2} x\, dx$$

を用いるとすぐに示せます。積分区間を $\left[0, \dfrac{\pi}{2} \right]$ として定積分すると、

$$\int_0^{\frac{\pi}{2}} \sin^n x\, dx = \left[-\frac{1}{n} \sin^{n-1} x \cos x \right]_0^{\frac{\pi}{2}} + \frac{n-1}{n} \int_0^{\frac{\pi}{2}} \sin^{n-2} x\, dx$$

ここで、$I_n = \displaystyle\int_0^{\frac{\pi}{2}} \sin^n x\, dx$ とおけば、$I_n = \dfrac{n-1}{n} I_{n-2}$ ……①

$$I_0 = \int_0^{\frac{\pi}{2}} \sin^0 x dx = \frac{\pi}{2}, \quad I_1 = \int_0^{\frac{\pi}{2}} \sin^1 x dx = \Big[-\cos x\Big]_0^{\frac{\pi}{2}} = 1$$

なので、①をくり返し用いて

$$I_n = \frac{n-1}{n} I_{n-2} = \frac{n-1}{n} \cdot \frac{n-3}{n-2} I_{n-4} = \cdots$$

$$= \begin{cases} \dfrac{n-1}{n} \cdot \dfrac{n-3}{n-2} \cdots \dfrac{1}{2} I_0 = \dfrac{n-1}{n} \cdot \dfrac{n-3}{n-2} \cdots \dfrac{1}{2} \cdot \dfrac{\pi}{2} & (n \text{ が偶数のとき}) \\ \dfrac{n-1}{n} \cdot \dfrac{n-3}{n-2} \cdots \dfrac{2}{3} I_1 = \dfrac{n-1}{n} \cdot \dfrac{n-3}{n-2} \cdots \dfrac{2}{3} & (n \text{ が奇数のとき}) \end{cases}$$

$x = \dfrac{\pi}{2} - t$ とおくと、

$$\int_0^{\frac{\pi}{2}} \sin^n x dx = \int_{\frac{\pi}{2}}^0 \sin^n \left(\frac{\pi}{2} - t\right)(-dt) = \int_0^{\frac{\pi}{2}} \cos^n t dt = \int_0^{\frac{\pi}{2}} \cos^n x dx$$

積分区間を逆向きにして -1 倍。$-dt$ のマイナスと打ち消し合う

となり、$\cos$ の方についても同じ式が成り立ちます。

三角関数の積

m, n が自然数のとき、

$$\int_{-\pi}^{\pi} \sin mx \sin nx dx = \int_{-\pi}^{\pi} \cos mx \cos nx dx = \begin{cases} 0 & (m \neq n) \\ \pi & (m = n) \end{cases}$$

$$\int_{-\pi}^{\pi} \sin mx \cos nx dx = 0$$

三角関数の積→和公式を用いて、次数を下げて計算します。

(ア) $m \neq n$ のとき、

$$\int_{-\pi}^{\pi} \sin mx \sin nx dx = \int_{-\pi}^{\pi} \frac{1}{2} \{\cos(m-n)x - \cos(m+n)x\} dx$$

$$= \left[\frac{1}{2} \left\{\frac{\sin(m-n)x}{m-n} - \frac{\sin(m+n)x}{m+n}\right\}\right]_{-\pi}^{\pi} = 0$$

$\cos$ の方については $-$ が $+$ になり、同様の式が成り立ちます。

$$\int_{-\pi}^{\pi} \sin mx \cos nx \, dx = \int_{-\pi}^{\pi} \frac{1}{2}\{\sin(m-n)x + \sin(m+n)x\} dx$$
$$= \left[\frac{1}{2}\left\{-\frac{\cos(m-n)x}{m-n} - \frac{\cos(m+n)x}{m+n}\right\}\right]_{-\pi}^{\pi} = 0$$

(イ)　$m=n$ のとき、

$$\int_{-\pi}^{\pi} \sin mx \sin nx \, dx = \int_{-\pi}^{\pi} \sin^2 mx \, dx = \int_{-\pi}^{\pi} \frac{1-\cos 2mx}{2} dx$$
$$= \left[\frac{1}{2}x - \frac{1}{4m}\sin 2mx\right]_{-\pi}^{\pi} = \pi$$

cos の方については － が ＋ になり、同様の式が成り立ちます。

$$\int_{-\pi}^{\pi} \sin mx \cos nx \, dx = \int_{-\pi}^{\pi} \sin mx \cos mx \, dx = \int_{-\pi}^{\pi} \frac{1}{2}\sin 2mx \, dx$$
$$= \left[-\frac{1}{4m}\cos 2mx\right]_{-\pi}^{\pi} = 0$$

この定積分を紹介したのには、わけがあります。この計算は、関数をフーリエ級数展開するときの計算のもとになる定積分だからです。

関数 $f(x)$ を

$f(x) = a_0 + a_1\sin x + b_1\cos x + a_2\sin 2x + b_2\cos 2x +$

　　　$\cdots + a_n\sin nx + b_n\cos nx + \cdots$　（a_i，b_i は実数）

と表すことを**フーリエ級数展開**といいます。これらの三角関数の係数 a_i，b_i を求めることができるのは、上の計算が成り立つからです。

　フーリエ級数展開の式は、関数は波の重ね合わせでできているということを主張しています。この展解法は、熱方程式を解くときにも出てくる、工学的にも重要な手法となっています。

ベータ関数・ガンマ関数

[ベータ関数]

$B(p, q) = \int_0^1 x^{p-1}(1-x)^{q-1}dx$ とおくと、

$$B(p, q) = \frac{q-1}{p} B(p+1, q-1)$$

p, q が正の整数のとき、

$$B(p, q) = \frac{(p-1)!(q-1)!}{(p+q-1)!}$$

[ガンマ関数]

$\Gamma(s) = \int_0^\infty x^{s-1}e^{-x}dx \quad (s>0)$ とおくと、

$$\Gamma(s) = (s-1)\Gamma(s-1)$$

s が整数のとき、$\Gamma(s) = (s-1)!$ また、$\Gamma\left(\dfrac{1}{2}\right) = \sqrt{\pi}$

[ベータ関数とガンマ関数の関係]

$$B(p, q) = \frac{\Gamma(p)\Gamma(q)}{\Gamma(p+q)}$$

これらの性質の証明は、定積分の漸化式の演習問題として適切なので、別冊で扱いました。そちらを参照してください。

$\Gamma\left(\dfrac{1}{2}\right) = \sqrt{\pi}$ については、あとの重積分のところで扱います。

4 面積・体積・曲線の長さ

面積の話をする前に媒介変数 t による曲線表示について説明しておきましょう。

例えば、$a>0$ として、$(a\cos t,\ a\sin t)(0\leq t\leq 2\pi)$ は、媒介変数 t による曲線の表示です。t の値が 0 から 2π まで変化するときの $(a\cos t,\ a\sin t)$ の軌跡の曲線を表しています。原点を O、$(a\cos t,\ a\sin t)$ が表す点を P とすると、$\text{OP}=\sqrt{a^2\cos^2 t+a^2\sin^2 t}=\sqrt{a^2}=a$ ですから、P は原点を中心にして半径 a の円周上にあり、OP と x 軸の正方向のなす角は t です。t が 0 から 2π まで動くとき、P は $(a,\ 0)$ から円の周上を 1 周します(図1)。

$(t-1,\ t^2)(1\leq t\leq 2)$ はどうでしょうか。$x=t-1$、$y=t^2$ とおいて t を消去し、x、y の関係式を求めます。

$x=t-1$ より、$t=x+1$。これを $y=t^2$ の式に代入すると、$y=(x+1)^2$ になります。

また、$1\leq t\leq 2$ のとき、$0\leq x=t-1\leq 1$ ですから、$(t-1,\ t^2)$ $(1\leq t\leq 2)$ が表す曲線は、$y=(x+1)^2(0\leq x\leq 1)$ です(図2)。

図1

図2

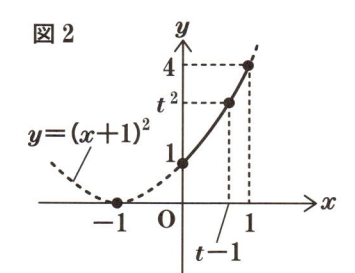

上の 2 つの例では、グラフの形がすぐに分かりましたが、一般に媒介変数表示の曲線 $(x(t),\ y(t))$ で与えられた関数のグラフを描くには、$y=f(x)$ のときと同じように、$\dfrac{dy}{dx}$、$\dfrac{d^2y}{dx^2}$ を調べて、極値や凹凸を調べます。これらの計算の仕方は、微分のところで紹介しました。

曲線が $y=f(x)$ という関数で表されているとき、$f(x)$ を定積分することによって、$y=f(x)$ のグラフと x 軸で囲まれた部分の面積を求めることができました。

数Ⅲ・大学の微積分では、曲線が媒介変数 t によって、$(f(t), g(t))$ と表されているときでも、置換積分の公式を用いることで、x と y だけの式にすることなく、曲線と x 軸で囲まれる部分の面積を求めることができるようになります。

媒介変数表示の曲線で囲まれた面積

曲線 $C:(x, y)=(f(t), g(t))$ で、t が区間 $[\alpha, \beta]$ を動くとき、図のようになるとする。網目部分の面積を S とすると、

$$S=\int_a^b y dx = \int_\alpha^\beta g(t) f'(t) dt$$

と表される。

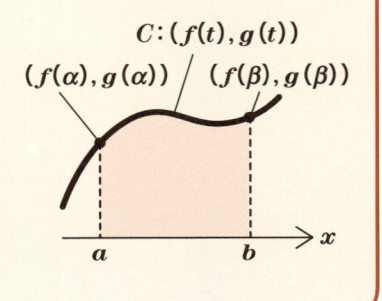

$x=f(t)$ を微分して $dx=f'(t)dt$ ですから、置換積分の公式により上のようになります。

上の図は $f'(t)>0$、$g(t)>0$ のときの図です。もしも $f'(t)<0$ であるとすると、t が増えるにしたがって $f(t)$ の値が減りますから、x 軸の正方向ではなく負の向きに積分することになります。定積分の値は面積にマイナスがついた形で出てきます。$f'(t)>0$、$g(t)<0$ のとき、曲線 C は x 軸の下側にあります。面積を正で求めるには、x 軸を表す $y=0$ から $y=g(t)$ を引きますから、$0-g(t)=-g(t)$ を積分しなければなりません。上の式のままでは面積にマイナスが付いた値が求まります。余裕があれば、上の公式を用いるとき、ここらへんの事情を考慮しましょう。余裕がない人は、計算して負が出た場合には絶対値を取って正の値にしておくだけでよいでしょう。

問題で公式を確認してみましょう。

問題 面積 (別 p.56)

$a > 0$ とする。次のように表される曲線 C
$$x = a(t - \sin t), \quad y = a(1 - \cos t) \quad (0 \leq t \leq 2\pi)$$
と x 軸で囲まれた部分の面積を求めよ。

曲線 C を描くと次図のようになります。これは直線上を半径 a の円が滑らずに転がるときの円周上の点の軌跡です。

$x = a(t - \sin t)$ を微分して、$dx = a(1 - \cos t)dt$

求める面積 S は、

$$S = \int_0^{2\pi a} y\, dx = \int_0^{2\pi} a(1 - \cos t) \cdot a(1 - \cos t)\, dt$$

$$= \int_0^{2\pi} a^2 (1 - 2\cos t + \cos^2 t)\, dt$$

$$= \int_0^{2\pi} a^2 \left(1 - 2\cos t + \frac{1 + \cos 2t}{2}\right) dt$$

$$= \left[a^2 \left(\frac{3}{2}t - 2\sin t + \frac{1}{4}\sin 2t\right)\right]_0^{2\pi} = 3\pi a^2$$

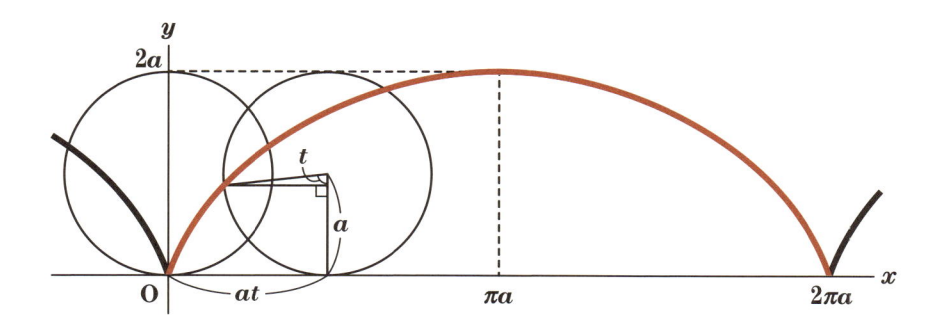

■体積

定積分で面積が求められる仕組みから簡単におさらいしてみましょう。

$y=f(x)$ のグラフが図1のように描かれるとき、$y=f(x)$、$x=a$、$x=b$、x軸で囲まれる部分の面積(Sとおく)を求めてみましょう。

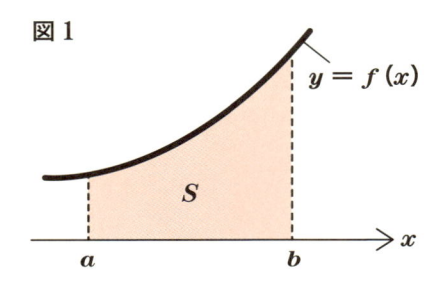

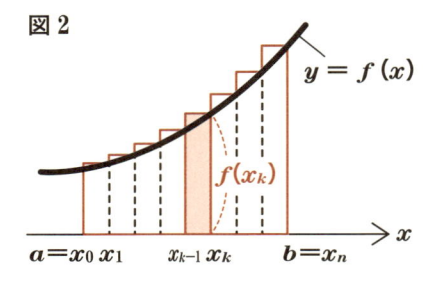

図1

図2

区間$[a, b]$に $a=x_0, x_1, x_2, \cdots, b=x_n$ と点を取ります。これに対して、図2のように n 個の長方形を作ります。左から k 番目の長方形（アカ網部）は、たてが $f(x_k)$、よこが (x_k-x_{k-1}) ですから、面積は $f(x_k)(x_k-x_{k-1})$ です。

$\Delta x_k = x_k - x_{k-1}$ とおくと、面積は $f(x_k)\Delta x_k$ と表されます。

これらの長方形の面積の和（アカ枠で囲まれた部分）は、$\sum_{k=1}^{n} f(x_k)\Delta x_k$ と表されます。

ここで、区間$[a, b]$の間に取る x_k の個数を多くして(nを無限大にする)、x_k-x_{k-1} がどれも0に近づくようにするとき、$\sum_{k=1}^{n} f(x_k)\Delta x_k$ は、面積Sに近づいていきます。この$\sum$の極限は、**区分求積法**により定積分で表すことができ、

$$S = \lim_{n\to\infty} \sum_{k=1}^{n} f(x_k)\Delta x_k = \int_a^b f(x)dx$$

と、定積分を計算することで面積が求められるわけです。

次に、定積分による体積の求め方を紹介しましょう。面積のときは $f(x_k)$ は長方形の縦の長さでしたが、$f(x_k)$ のかわりに面積 $S(x_k)$ にして計算すると、定積分で体積が求まります。

次ページの図3の芋のような立体 D に対して、軸を設定し、目盛り x を通り軸に垂直な平面で D を切断したときの切り口の面積が $S(x)$ という関数で書かれているとします。

図3

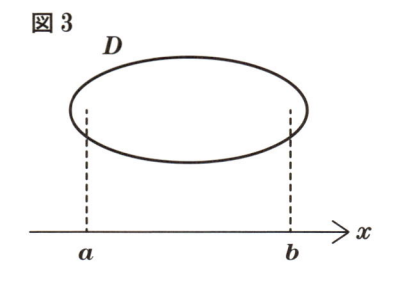

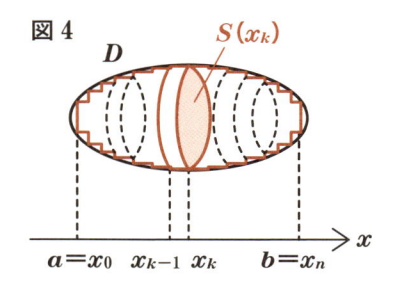

図4

立体 D の体積 V を求めるには、区間 $[a, b]$ に $a=x_0, x_1, x_2, \cdots, b=x_n$ と点を取り、図4のように n 個の柱を作ります。柱とは、底面に対して垂直方向の側面を持つ立体のことです。体積は、（底面積）×（高さ）で求まります。左から k 番目の柱（アカ網部）は、底面積が $S(x_k)$、高さが (x_k-x_{k-1}) ですから、体積は $S(x_k)(x_k-x_{k-1})$ です。$\Delta x_k = x_k - x_{k-1}$ とおくと、$S(x_k)\Delta x_k$ になります。

すると、n 個の柱の体積の和は $\sum_{k=1}^{n} S(x_k)\Delta x_k$ です。区間 $[a, b]$ の間に取る x_k の個数を多くして（n を無限大にする）、$\Delta x_k = x_k - x_{k-1}$ がどれも 0 に近づくようにするとき、$\sum_{k=1}^{n} S(x_k)\Delta x_k$ は D の体積 V に近づいていきます。

これは、区分求積法により定積分で表されますから、

$$V = \lim_{n \to \infty} \sum_{k=1}^{n} S(x_k)\Delta x_k = \int_a^b S(x)\,dx$$

となります。面積の関数を定積分すると体積が求まるわけです。

三角錐の体積の公式を知らないものとして、次の問題を解いてみましょう。相似形についての性質を用います。

問題

図のように空間中に三角錐 OABC が置かれている。頂点は O に重なり、底面は $(h, 0, 0)$ を通り x 軸に垂直である。底面積を S とするとき、体積 V を求めよ。

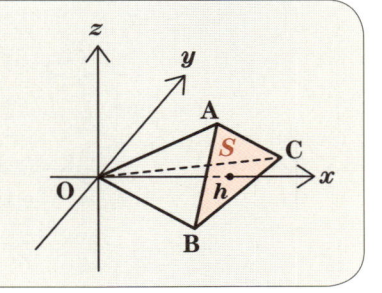

平面 $x=t$ で三角錐を切ったとき、三角錐の $x \leq t$ にある部分と三角錐 OABC は相似になります。相似比は $t:h$ になります。

したがって、切断面の面積と三角錐の底面積との面積比は $t^2:h^2$ です。平面

$x=t$ での切断面の面積は、

$S(t)=S\cdot\dfrac{t^2}{h^2}$ になります。よって、

$$V=\int_0^h S\cdot\dfrac{x^2}{h^2}dx=\left[\dfrac{1}{3}\cdot S\cdot\dfrac{x^3}{h^2}\right]_0^h=\dfrac{1}{3}Sh$$

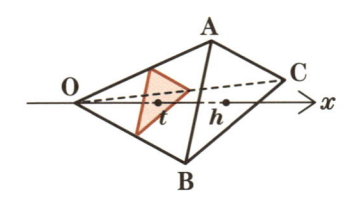

1変数の積分の章で扱う体積を求める問題で、よく扱われるのは回転体の体積を求める問題です。断面が円になり、断面積を1変数で表すことが容易だからです。断面が円以外の一般の図形の場合については、重積分の章で扱います。回転体の体積の求め方をまとめておきましょう。

回転体の体積

(1) $y=f(x)$ の区間 $[a,\ b]$ でのグラフと $x=a$、$x=b$、x 軸で囲まれた部分が図のようになるとき、この部分を x 軸の周りに回転してできる回転体の体積 V は、

$$V=\pi\int_a^b y^2 dx=\pi\int_a^b \{f(x)\}^2 dx$$

(2) $y=f(x)$ の区間 $[a,\ b]$ でのグラフと $x=a$、$x=b$、x 軸で囲まれた部分が図のようになるとき、この部分を y 軸の周りに回転してできる回転体の体積 V は、

$$V=2\pi\int_a^b x\cdot f(x)dx$$

(3) 媒介変数表示された曲線 $(x,\ y)=(f(t),\ g(t))$ の t の区間 $[\alpha,\ \beta]$ の曲線が図のようになるとき、この曲線と $x=f(\alpha)=a$、$x=f(\beta)=b$、x 軸で囲まれた部分を x 軸の周りに回転してできる回転体の体積 V は、

$$V=\pi\int_a^b y^2 dx=\pi\int_\alpha^\beta \{g(t)\}^2 f'(t)dt$$

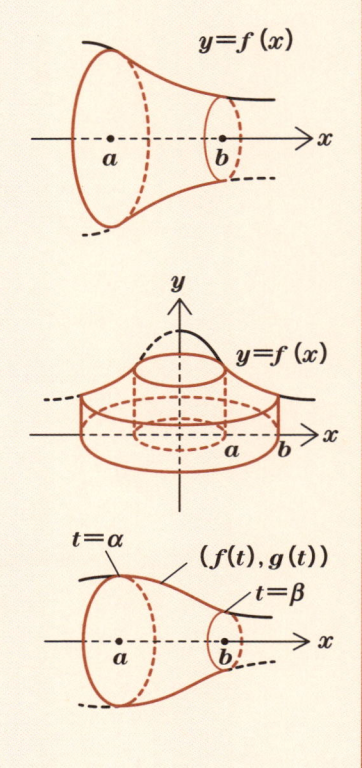

(1) 回転体ですから断面は円になります。平面 $x=t$ で切断した断面の面積は $\pi\{f(t)\}^2$ です。よって、回転体の体積 V は、

$$V=\pi\int_a^b \{f(x)\}^2 dx$$

なお、右図のような部分を x 軸の周りに回転してできる回転体の体積 V は、

$$V=\pi\int_a^b [\{f(x)\}^2 - \{g(x)\}^2] dx$$

と計算します。$V=\pi\int_a^b \{f(x)-g(x)\}^2 dx$ としてはいけません。断面は半径 $f(x)$ の円から半径 $g(x)$ の円を抜いたドーナツ型となるからです。これの面積を積分しなければいけないのです。

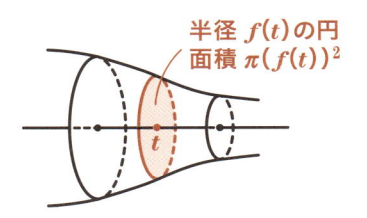

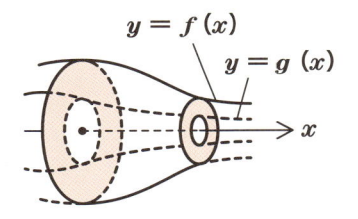

(2) 区間 $[a, b]$ に

$$a=x_0, \ x_1, \ x_2, \ \cdots, \ b=x_n$$

と点を取り、$\Delta x_k = x_k - x_{k-1}$ とおきます。

底面が半径 $x_k + \dfrac{1}{2}\Delta x_k$ の円で、高さ $f(x_k)$ の円柱から、底面が半径 $x_k - \dfrac{1}{2}\Delta x_k$ の円で、高さ $f(x_k)$ の円柱をくり抜いた立体図形 M_k を考えます。ちょうど切り株の年輪の1年分のような図形を考えてもらえばよいでしょう。

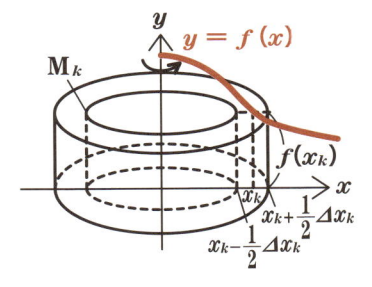

M_k の体積を V_k として、すべての k についての V_k の和 $\sum_{k=1}^{n} V_k$ を考えます。

n を大きくして、すべての k について $\Delta x_k = x_k - x_{k-1}$ を 0 に近づけていくとき、$\sum_{k=1}^{n} V_k$ は回転体の体積 V に近づきます。……①

V_k を求めて、$\sum_{k=1}^{n} V_k$ を計算してみましょう。

$$V_k = \pi\left(x_k + \frac{1}{2}\Delta x_k\right)^2 f(x_k) - \pi\left(x_k - \frac{1}{2}\Delta x_k\right)^2 f(x_k)$$

$$= \pi f(x_k)(x_k^2 + x_k \Delta x_k + \frac{1}{4}(\Delta x_k)^2 - x_k^2 + x_k \Delta x_k - \frac{1}{4}(\Delta x_k)^2)$$
$$= 2\pi x_k f(x_k) \Delta x_k$$

よって、
$$\sum_{k=1}^{n} V_k = \sum_{k=1}^{n} 2\pi x_k f(x_k) \Delta x_k$$

n を大きくして、すべての k について $\Delta x_k = x_k - x_{k-1}$ を 0 に近づけていくとき、右辺は区分求積法により、$2\pi \int_a^b x \cdot f(x) dx$ に近づきますから $\sum_{k=1}^{n} V_k$ は $2\pi \int_a^b x \cdot f(x) dx$ に近づくことになります。……②

①、②より、$V = 2\pi \int_a^b x \cdot f(x) dx$ であることが示されます。

立体を輪切りにする様子が、お菓子のバームクーヘンに似ているので、**バームクーヘン型積分**と呼ばれています。

(3) (1) の定積分で変数が x のところを $x = f(t)$ と置換します。このとき $y^2 = \{g(t)\}^2$ であり、また、$x = f(t)$ は微分して $dx = f'(t) dt$ となりますから、$V = \pi \int_a^b y^2 dx = \pi \int_\alpha^\beta \{g(t)\}^2 f'(t) dt$ であることが示されます。

回転体で一番有名な立体といえば球です。球の体積を上の3通りの方法で求めてみましょう。

> **問題 回転体の体積** (別 p.58)
> (1) $y = \sqrt{a^2 - x^2} (-a \leq x \leq a)$ と x 軸で囲まれる部分を x 軸の周りに回転してできる立体の体積 V を求めよ。
> (2) $y = \sqrt{a^2 - x^2} (0 \leq x \leq a)$ と $y = -\sqrt{a^2 - x^2} (0 \leq x \leq a)$ で囲まれる部分を y 軸の周りに回転してできる立体の体積 V を求めよ。
> (3) $(x, y) = (a\cos t, a\sin t) (0 \leq t \leq \pi)$ と x 軸で囲まれる部分を x 軸の周りに回転してできる立体の体積 V を求めよ。

(1) $V = \pi \int_{-a}^{a} y^2 dx = \pi \int_{-a}^{a} (\sqrt{a^2 - x^2})^2 dx$

$$= 2\pi \int_0^a (a^2-x^2)dx = 2\pi \left[a^2 x - \frac{1}{3}x^3 \right]_0^a$$

$$= 2\pi \left(a^3 - \frac{1}{3}a^3 \right) = \frac{4}{3}\pi a^3$$

(2) $\quad V = 2\pi \int_0^a x \cdot f(x) dx$

$f(x)$ は柱の高さなので $2\sqrt{a^2-x^2}$

$$= 2\pi \int_0^a x(2\sqrt{a^2-x^2}) dx$$

$$\left[\begin{array}{l} ((a^2-x^2)^{\frac{3}{2}})' = \frac{3}{2}(a^2-x^2)^{\frac{1}{2}}(-2x) \\ = -3x(a^2-x^2)^{\frac{1}{2}} \text{であり、} \end{array} \right]$$

$$= 2\pi \left[-\frac{2}{3}(a^2-x^2)^{\frac{3}{2}} \right]_0^a = \frac{4}{3}\pi a^3$$

(3) t が 0 から π まで動くとき、媒介変数が表す点は、x 軸の正の方向とは逆向きに進みます。面積を正で算出するために、置換したあとの積分区間を $[\pi, 0]$ とします。

$(x, y) = (a\cos t, a\sin t)$ なので、

$dx = (-a\sin t)dt$

$$V = \pi \int_{-a}^{a} y^2 dx = \pi \int_{\pi}^{0} (a\sin t)^2 (-a\sin t) dt$$

$$= \pi a^3 \int_0^{\pi} \sin^3 t \, dt = \pi a^3 \int_0^{\pi} \sin^2 t \sin t \, dt$$

$[u = \cos t \text{ とおくと、} du = (-\sin t)dt]$

$$= \pi a^3 \int_0^{\pi} (1 - \cos^2 t) \sin t \, dt$$

$$= \pi a^3 \int_1^{-1} (1-u^2)(-du) = 2\pi a^3 \int_0^1 (1-u^2) du$$

$$= 2\pi a^3 \left[u - \frac{1}{3}u^3 \right]_0^1 = \frac{4}{3}\pi a^3$$

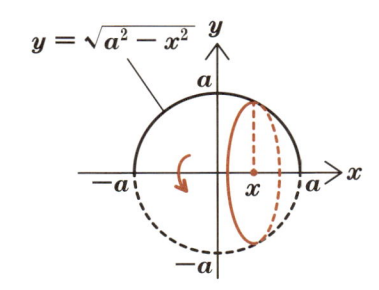

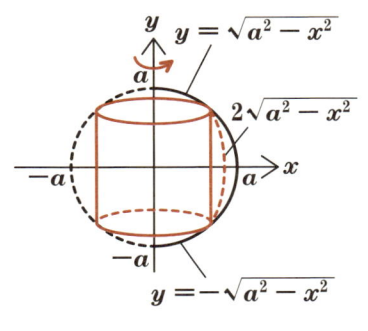

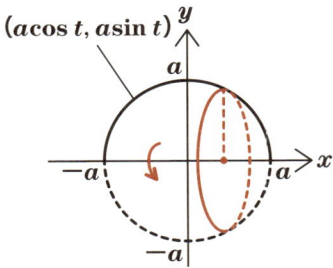

■**極方程式**

　媒介変数を用いた曲線の表し方は、上に示したようなものだけではありません。極表示での曲線表示を紹介しましょう。その前提として極座標を説明します。

　いままで扱ってきた xy 座標は x 軸、y 軸2本の軸に目盛りを取り平面上の1点を表しました。x 軸と y 軸が直交するので**直交座標**と呼ばれます。

　これに対し**極座標**は、回転角と原点からの距離で平面上の1点を表します。直交座標での点の表現を京都や洛星など街路が直交する町での番地のつけ方に例えれば、極座標での点の表現はパリやカールスルーエなどのヨーロッパの町に見られるような、モニュメントを中心としてそこから放射状に街路が延びている町での番地のつけ方に例えることができます。おおざっぱには、そんなイメージを持っているといいでしょう。

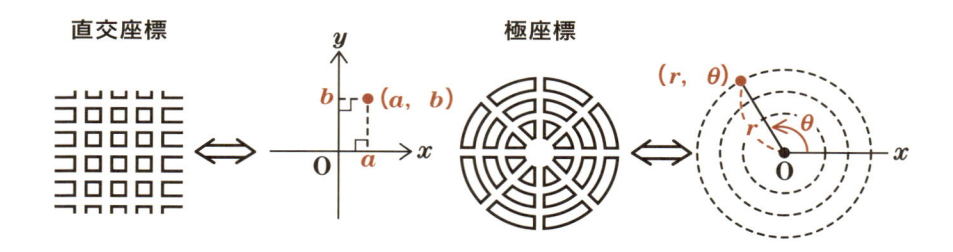

直交座標　　　　　　　　　　　極座標

　極座標でのパーツとなる数学用語を紹介していきましょう。

　平面上に点 O をとり、半直線 Ox を定めます。平面上に勝手な点 P（原点以外）を取りましょう。次に、OP を結びます。OP の長さを r とします。Ox と OP のなす角を θ とします。この角 θ は、半直線 Ox を反時計回りに回転して重なるときの回転角です。このとき、(r, θ) を P の**極座標**といい、点 O を**極**、r を**長さ**または**大きさ**、θ を**偏角**といいます。なお、偏角は一般角で考えます。θ を $0 \leq \theta < 2\pi$ の範囲で取れば、$r > 0$ のとき偏角 θ は1通りに決まります。

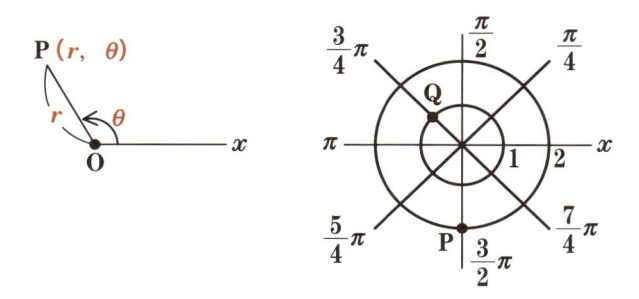

上の右図で、偏角を $0 \leq \theta < 2\pi$ の範囲で取れば、P の極座標は $\left(2,\ \dfrac{3}{2}\pi\right)$、Q の極座標は $\left(1,\ \dfrac{3}{4}\pi\right)$ と表されます。

このように平面の 1 点を座標で表す表し方は直交座標の 1 通りではないということです。原点が一致していて、直交座標の x 軸（正の部分）と極座標の Ox が重なるとき、直交座標で表された座標を極座標に、極座標で表された座標を直交座標に読み替える公式は次のようになります。

直交座標と極座標の変換

$(x,\ y) \neq (0,\ 0)$ のとき

$(x,\ y) \ \Rightarrow\ r = \sqrt{x^2 + y^2},\ \cos\theta = \dfrac{x}{\sqrt{x^2+y^2}},\ \sin\theta = \dfrac{y}{\sqrt{x^2+y^2}}$ を満たす θ

$(r,\ \theta) \ \Rightarrow\ x = r\cos\theta,\ y = r\sin\theta$

上が成り立つ理由は、次の図を見れば簡単ですね。

$(x,\ y)$ から $(r,\ \theta)$ へ

r は $\triangle \text{OPH}$ の斜辺ですから、三平方の定理で $r^2 = x^2 + y^2$、$r = \sqrt{x^2+y^2}$ あとは三角関数の定義の式で、

$$\cos\theta = \dfrac{x}{r} = \dfrac{x}{\sqrt{x^2+y^2}},\quad \sin\theta = \dfrac{y}{r} = \dfrac{y}{\sqrt{x^2+y^2}}$$

(r, θ) から (x, y) へ

これは三角関数の定義の式です。

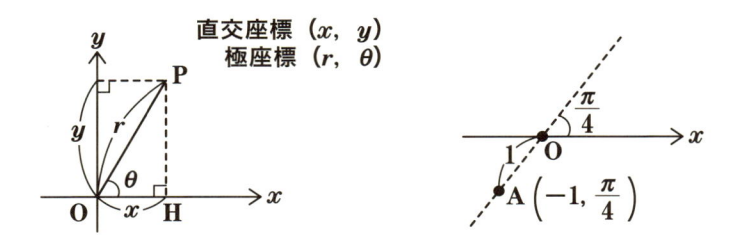

直交座標 (x, y)
極座標 (r, θ)

この極座標を用いて平面上の曲線を表すのが曲線の極表示です。

曲線上の点の極座標 (r, θ) の r と θ が満たす式が曲線の極表示です。

$$r = f(\theta) \quad \text{または} \quad F(r, \theta) = 0$$

で表されます。これを**極方程式**といいます。

ここで注意しなければいけない点は、極座標では r は 0 または正の値しか取りませんが、極方程式においては r が負の場合も考えるという点です。右図の A は r を正にとって $\left(1, \dfrac{5\pi}{4}\right)$ と表されますが、$\left(-1, \dfrac{\pi}{4}\right)$ と表すことも許すわけです。

極方程式の例を挙げてみましょう。

問題 次の極方程式で表される曲線はどんな曲線か答えよ。

(1) $r = 1$

(2) $\theta = \dfrac{\pi}{4}$

(3) $r = 2\cos\theta$

(4) $r = \dfrac{1}{\cos\theta}$

---

(1) 任意の θ に対して、r は一定値 1 を取るのですから、極方程式 $r=1$ が表す曲線は原点 O を中心とした半径 1 の円です。

(2) $\theta = \dfrac{\pi}{4}$ に対して、r は任意の値を取ることができます。r は負の値も取るこ

とができることに注意しましょう。原点 O を通り Ox とのなす角が $\dfrac{\pi}{4}$ である直線です。

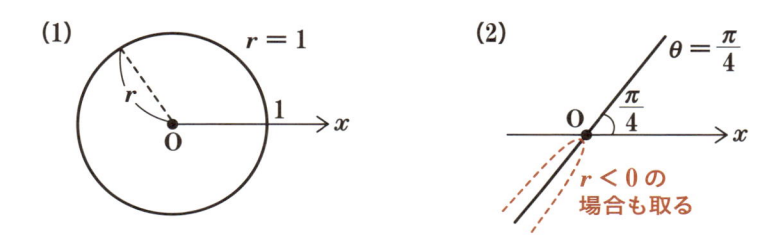

(1) $r=1$

(2) $\theta=\dfrac{\pi}{4}$

$r<0$ の場合も取る

(3) 左図のように極方程式が表す曲線上の点を P、(2, 0) を A とすると、OA＝2、OP＝2cos θ なので、∠OPA はつねに 90°になります。よって、円周角の定理により P は OA を直径とした円の周上になります。

式で確認するには、$r=2\cos\theta$ に r をかけて、

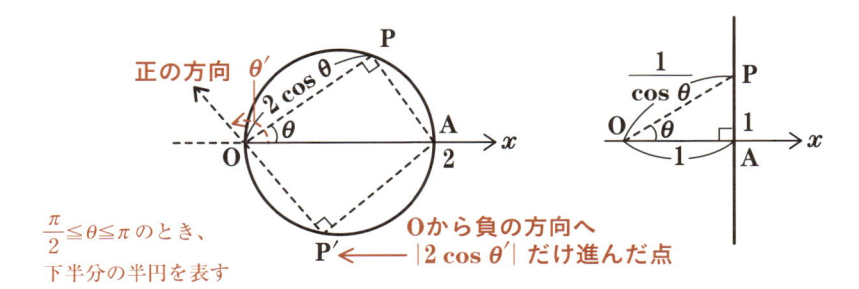

$r^2=2r\cos\theta$　∴　$x^2+y^2=2x$　∴　$x^2-2x+y^2=0$
$(x-1)^2+y^2=1$　→　(1, 0) を中心として、半径 1 の円

正の方向　θ'　P　2cos θ　θ　A　x　O　2

$\dfrac{\pi}{2}\leqq\theta\leqq\pi$ のとき、下半分の半円を表す

P′　O から負の方向へ $|2\cos\theta|$ だけ進んだ点

$\dfrac{1}{\cos\theta}$　P　1　O　θ　1　A　x

(4) 上右図のように P を極方程式が表す曲線上の点、A を P から下ろした垂線の足とする。すると、A の座標は OP cos$\theta=\dfrac{1}{\cos\theta}\cdot\cos\theta=1$ より、A(1, 0) となる。これから、P は直交座標で $x=1$ の直線上にあることが分かります。

式で確認するには、$r\cos\theta=1$　∴　$x=1$

極表示での面積の求め方

極方程式 $r=f(\theta)$ で表される曲線上の点を $P(r, \theta)$ とする。θ が区間 $[\alpha, \beta]$ を動くとき、OP が通過する部分の面積を S とすると、

$$S=\int_{\alpha}^{\beta}\frac{1}{2}r^2 d\theta=\int_{\alpha}^{\beta}\frac{1}{2}\{f(\theta)\}^2 d\theta$$

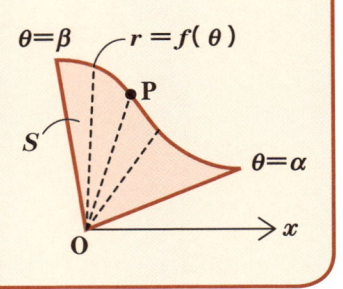

右図のように、θ から $\theta+\Delta\theta$ に変化したときの OP が通過する部分の面積は、半径 $f(\theta)$、中心角 $\Delta\theta$ のおうぎ形の面積 $\frac{1}{2}\{f(\theta)\}^2\Delta\theta$ で近似できます。

θ が区間 $[\alpha, \beta]$ を動くとき、OP が通過する部分の面積は、$\frac{1}{2}\{f(\theta)\}^2\Delta\theta$ を集めた $\sum\frac{1}{2}\{f(\theta)\}^2\Delta\theta$ で近似できます。

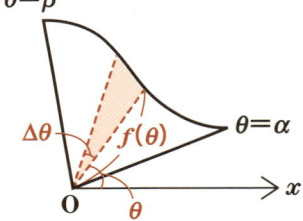

$\Delta\theta$ を限りなく小さく取ると、その極限は S に近づいていき、積分で表すことができます。

$$\sum\frac{1}{2}\{f(\theta)\}^2\Delta\theta \to \int_{\alpha}^{\beta}\frac{1}{2}\{f(\theta)\}^2 d\theta$$

問題 $a>0$ とする。次の曲線上を P が動くとき、OP が通過する部分の面積を求めよ。

$$r=a\cos\theta \quad \left(0\leqq\theta\leqq\frac{\pi}{2}\right)$$

$$\int_0^{\frac{\pi}{2}}\frac{1}{2}(a\cos\theta)^2 d\theta=\int_0^{\frac{\pi}{2}}\frac{a^2}{2}\cdot\cos^2\theta d\theta=\int_0^{\frac{\pi}{2}}\frac{a^2}{2}\cdot\frac{1+\cos 2\theta}{2}d\theta$$

$$= \left[\frac{a^2}{2} \left(\frac{1}{2}\theta + \frac{1}{4}\sin 2\theta \right) \right]_0^{\frac{\pi}{2}} = \frac{\pi}{8}a^2$$

この曲線は $\left(\frac{1}{2}a,\ 0\right)$ を中心とした半径 $\frac{1}{2}a$ の円周の一部ですから（p.127）、求める面積は半円の面積に等しくなります。

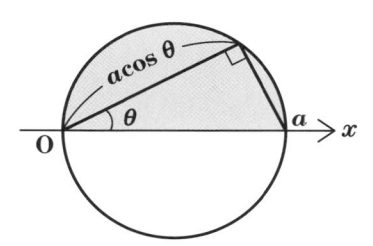

曲線の長さの求め方

（ア）　微分可能な曲線 $y=f(x)$ の区間 $[a,\ b]$ の長さを L とすると、

$$L = \int_a^b \sqrt{1+y'^2}\,dx$$
$$= \int_a^b \sqrt{1+\{f'(x)\}^2}\,dx$$

（イ）　微分可能な媒介変数で表される曲線 $C : (x,\ y)=(f(t),\ g(t))$ の区間 $[\alpha,\ \beta]$ の長さを L とすると、

$$L = \int_\alpha^\beta \sqrt{\left(\frac{dx}{dt}\right)^2+\left(\frac{dy}{dt}\right)^2}\,dt$$
$$= \int_\alpha^\beta \sqrt{\{f'(t)\}^2+\{g'(t)\}^2}\,dt$$

（ウ）　微分可能な極方程式 $r=f(\theta)$ で表される曲線の区間 $[\alpha,\ \beta]$ の長さを L とすると、

$$L = \int_\alpha^\beta \sqrt{r^2+r'^2}\,d\theta$$
$$= \int_\alpha^\beta \sqrt{\{f(\theta)\}^2+\{f'(\theta)\}^2}\,d\theta$$

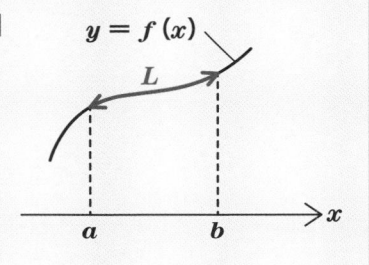

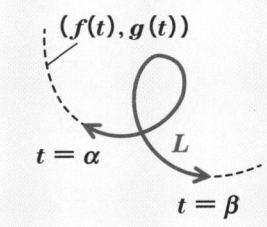

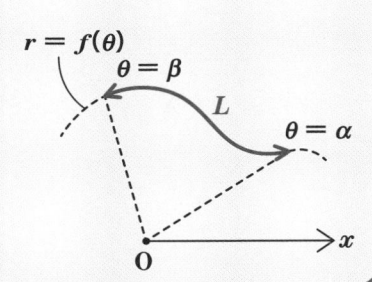

（イ）の場合から示してみましょう。曲線のうち長さを求めたい部分$[\alpha, \beta]$を刻んで短いn個の線分で近似します。i番目の直線の長さをΔL_iとします。それらを足し合わせると次のようになります。

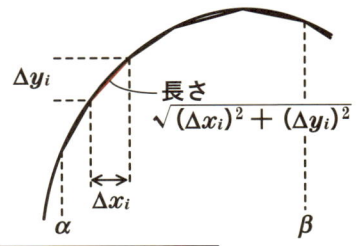

$$\sum \Delta L_i = \sum \sqrt{(\Delta x_i)^2 + (\Delta y_i)^2} = \sum \sqrt{\left(\frac{\Delta x_i}{\Delta t}\right)^2 + \left(\frac{\Delta y_i}{\Delta t}\right)^2} \Delta t$$

曲線の刻み方を細かくして極限に持っていくと、区分求積法により、

$$L = \lim_{n\to\infty} \sum \Delta L_i = \lim_{n\to\infty} \sum \sqrt{\left(\frac{\Delta x_i}{\Delta t}\right)^2 + \left(\frac{\Delta y_i}{\Delta t}\right)^2} \Delta t$$

$$= \int_\alpha^\beta \sqrt{\left(\frac{dx}{dt}\right)^2 + \left(\frac{dy}{dt}\right)^2} dt$$

　（ア）は、（イ）の特殊な場合です。xを媒介変数として$(x, f(x))$と表される曲線について長さを求めています。

　（ウ）も、（イ）の特殊な場合です。θを媒介変数として、$x = f(\theta)\cos\theta$、$y = f(\theta)\sin\theta$と書くことができますから、

$$\left(\frac{dx}{d\theta}\right)^2 + \left(\frac{dy}{d\theta}\right)^2 = \left\{\frac{d}{d\theta}(f(\theta)\cos\theta)\right\}^2 + \left\{\frac{d}{d\theta}(f(\theta)\sin\theta)\right\}^2$$

$$= \{f'(\theta)\cos\theta - f(\theta)\sin\theta\}^2 + \{f'(\theta)\sin\theta + f(\theta)\cos\theta\}^2$$

$$= \{f'(\theta)\}^2 \cos^2\theta - 2f(\theta)f'(\theta)\cos\theta\sin\theta + \{f(\theta)\}^2 \sin^2\theta$$
$$+ \{f'(\theta)\}^2 \sin^2\theta + 2f(\theta)f'(\theta)\cos\theta\sin\theta + \{f(\theta)\}^2 \cos^2\theta$$

$$= \{f'(\theta)\}^2 + \{f(\theta)\}^2$$

例題で公式を使ってみましょう。

問題　曲線の長さ　（別 p.60）

次の曲線の長さを求めよ。

(1) $y = \dfrac{2}{3}x^{\frac{3}{2}}$ $(0 \leq x \leq 3)$

(2) $x = 3t^2$, $y = 3t - t^3$ $(-\sqrt{3} \leq t \leq \sqrt{3})$

(3) $r = e^{k\theta}$ $(\alpha \leq \theta \leq \beta)$ （極方程式）

(1) $f(x) = \dfrac{2}{3}x^{\frac{3}{2}}$ とおくと、$f'(x) = x^{\frac{1}{2}}$

$$\int_0^3 \sqrt{1 + \{f'(x)\}^2}\,dx = \int_0^3 \sqrt{1 + \{x^{\frac{1}{2}}\}^2}\,dx = \int_0^3 \sqrt{1+x}\,dx$$

$\left[\, t = \sqrt{1+x}\ \text{とおくと、}\ x = t^2 - 1,\ dx = 2t\,dt\text{。積分区間は、}\ \begin{array}{c|c} x & 0 \to 3 \\ \hline t & 1 \to 2 \end{array}\ \right]$

$$= \int_1^2 t \cdot 2t\,dt = \left[\dfrac{2}{3}t^3\right]_1^2 = \dfrac{2}{3}(2^3 - 1^3) = \dfrac{14}{3}$$

(2) $f(t) = 3t^2$, $g(t) = 3t - t^3$ とおくと、$f'(t) = 6t$, $g'(t) = 3 - 3t^2$

$$\{f'(t)\}^2 + \{g'(t)\}^2 = (6t)^2 + (3-3t^2)^2 = 9 + 18t^2 + 9t^4 = (3 + 3t^2)^2$$

$$\int_{-\sqrt{3}}^{\sqrt{3}} \sqrt{\{f'(t)\}^2 + \{g'(t)\}^2}\,dt = \int_{-\sqrt{3}}^{\sqrt{3}} (3 + 3t^2)\,dt$$

$$= 2\int_0^{\sqrt{3}} (3 + 3t^2)\,dt = 2\bigl[3t + t^3\bigr]_0^{\sqrt{3}} = 12\sqrt{3}$$

(3) $f(\theta) = e^{k\theta}$ とおくと、$f'(\theta) = ke^{k\theta}$

$$\{f(\theta)\}^2 + \{f'(\theta)\}^2 = (e^{k\theta})^2 + (ke^{k\theta})^2 = (1 + k^2)(e^{k\theta})^2$$

$$\int_\alpha^\beta \sqrt{\{f(\theta)\}^2 + \{f'(\theta)\}^2}\,d\theta = \int_\alpha^\beta \sqrt{1+k^2}\,e^{k\theta}\,d\theta = \left[\dfrac{\sqrt{1+k^2}}{k}e^{k\theta}\right]_\alpha^\beta$$

$$= \dfrac{\sqrt{1+k^2}}{k}(e^{k\beta} - e^{k\alpha})$$

第4章

極限

1 数列の極限

項が限りなく続く数列

$$a_1, \ a_2, \ a_3, \ \cdots, \ a_n, \ \cdots$$

を**無限数列**といいます。

無限数列$\{a_n\}$において、nが大きくなっていくときの第n項a_nのふるまいについて考えてみましょう。

無限数列$\{a_n\}$のふるまいは次の4つに分類されます。

> **数列の収束・発散**
> 収束 …… $\lim_{n \to \infty} a_n = \alpha$ （一定値 α に収束）
> 発散 … $\begin{cases} \lim_{n \to \infty} a_n = \infty & （正の無限大に発散） \\ \lim_{n \to \infty} a_n = -\infty & （負の無限大に発散） \\ 振動\cdots（収束しないし、無限大にも発散しない） \end{cases}$

無限数列 $\{a_n\}$ が、有限の値 α について $\lim_{n \to \infty} a_n = \alpha$ となるとき、「$\{a_n\}$ は収束する」といいます。収束しない数列は「発散する」といい、正の無限大に発散する場合、負の無限大に発散する場合、そのどちらでもない場合の3通りがあります。

4つのパターンについて、それぞれ例をあげましょう。

収束：$\left\{\dfrac{1}{n}\right\}$　　　　　　正の無限大に発散：$\{n^{\frac{1}{2}}\}$

負の無限大に発散：$\{-n^{\frac{1}{2}}\}$　　振動：$\{(-1)^n\}$

これらについて、点 (n, a_n) を xy 平面上に取ると、次のようになります。

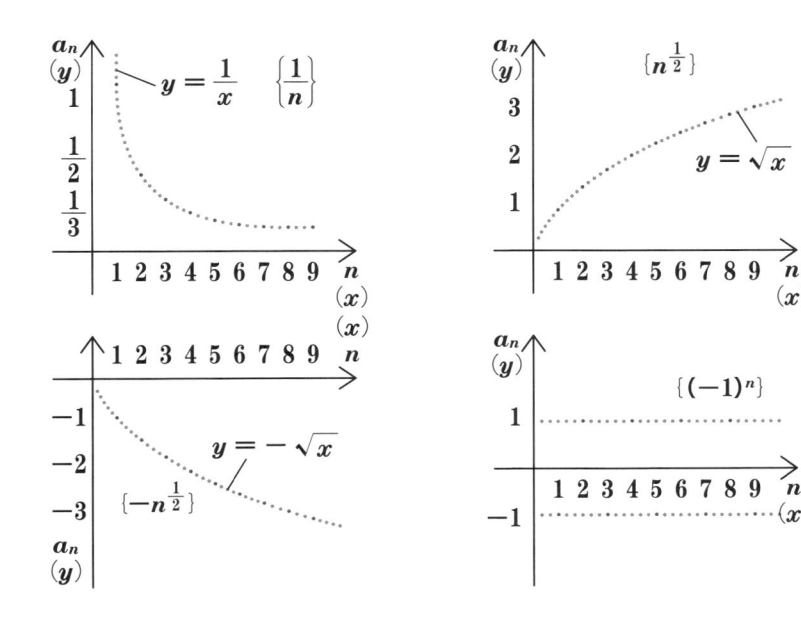

無限数列 $\left\{\dfrac{1}{n}\right\}$ は、n が限りなく大きくなるにつれて、$\dfrac{1}{n}$ は限りなく 0 に近づいていきます。これは、$y=\dfrac{1}{x}$ のグラフが x が限りなく大きくなるにつれて、x 軸に限りなく近づいていることから分かるでしょう。

n が限りなく大きくなるにつれて、a_n が一定の値 α に限りなく近づくとき、

$$\lim_{n\to\infty} a_n = \alpha \quad \text{または} \quad n\to\infty \text{のとき} \quad a_n \to \alpha$$

と書きます。

無限数列 $\{n^{\frac{1}{2}}\}$ では、n が限りなく大きくなるにつれて、$n^{\frac{1}{2}}$ も限りなく大きくなります。n が限りなく大きくなるにつれて、a_n が限りなく大きくなるとき、

$$\lim_{n\to\infty} a_n = \infty \quad \text{または} \quad n\to\infty \text{のとき} \quad a_n \to \infty$$

と書きます。

無限数列 $\{-n^{\frac{1}{2}}\}$ では、n が限りなく大きくなるにつれて、$-n^{\frac{1}{2}}$ も限りなく小さくなります。n が限りなく大きくなるにつれて、a_n が限りなく小さくなるとき、

$$\lim_{n\to\infty} a_n = -\infty \quad \text{または} \quad n\to\infty \text{のとき} \quad a_n \to -\infty$$

と書きます。これらを用いると、

$$\lim_{n\to\infty} \frac{1}{n} = 0 \qquad \lim_{n\to\infty} n^{\frac{1}{2}} = \infty \qquad \lim_{n\to\infty} (-n^{\frac{1}{2}}) = -\infty$$

となります。n^α の極限については、次が成り立ちます。

$\{n^\alpha\}$ の収束・発散

$\alpha > 0$ のとき、$\displaystyle\lim_{n\to\infty} n^\alpha = \infty$

$\alpha < 0$ のとき、$\displaystyle\lim_{n\to\infty} n^\alpha = 0$

$\alpha > 0$ は、$n^{\frac{1}{2}}$ のときの例から分かるでしょう。α が $0 < \alpha < 1$ であっても、無限大に発散します。

$\alpha < 0$ の場合は、$n^\alpha = \dfrac{1}{n^{-\alpha}}$ と考えれば、$n\to\infty$ のとき分母は無限大に発散し、分数の極限が 0 になることが分かります。

2つの収束する数列があるとき、これらを組み合わせた数列に対して以下のような性質が成り立ちます。

数列の極限値の性質

$\{a_n\}$, $\{b_n\}$ が収束して、$\displaystyle\lim_{n\to\infty} a_n = \alpha$, $\displaystyle\lim_{n\to\infty} b_n = \beta$ のとき、

$\displaystyle\lim_{n\to\infty}(ka_n + lb_n) = k\alpha + l\beta$ （ただし、k, l は定数）

$\displaystyle\lim_{n\to\infty} a_n b_n = \alpha\beta \qquad \displaystyle\lim_{n\to\infty}\frac{a_n}{b_n} = \frac{\alpha}{\beta}$ （ただし、$b_n \neq 0$、$\beta \neq 0$）

$(k, l) = (1, 1)$ のときは数列の和、$(k, l) = (1, -1)$ のときは数列の差を表しますから、2つの収束する数列の加減乗除からなる数列の極限は、極限の加減乗除になるということです。これらの性質は、$\varepsilon - \delta$ 論法を用いると証明できることですが、ここでは証明を飛ばして先に進みましょう。

これまでの知識で解ける問題を解いてみます。

> **問題 数列の極限（関数の極限）** （別 p.74）
>
> 次の極限を求めよ。
>
> (1) $\displaystyle\lim_{n\to\infty}\dfrac{3n^2+2n}{2n^2-n}$ 　　(2) $\displaystyle\lim_{n\to\infty}\dfrac{3n^2+2n}{2n^3-n}$
>
> (3) $\displaystyle\lim_{n\to\infty}\dfrac{3n^3+2n}{2n^2-n}$ 　　(4) $\displaystyle\lim_{n\to\infty}(\sqrt{n^2+2n}-n)$

分母分子を $n^{\square}$ で割り、$\alpha<0,\ \displaystyle\lim_{n\to\infty}n^{\alpha}=0$ が使える形にします。

(1) $\displaystyle\lim_{n\to\infty}\dfrac{3n^2+2n}{2n^2-n}=\lim_{n\to\infty}\dfrac{3+2\cdot\dfrac{1}{n}}{2-\dfrac{1}{n}}=\dfrac{3+2\cdot 0}{2-0}=\dfrac{3}{2}$
　　　　　分母分子を n^2 で割る

(2) $\displaystyle\lim_{n\to\infty}\dfrac{3n^2+2n}{2n^3-n}=\lim_{n\to\infty}\dfrac{\dfrac{3}{n}+\dfrac{2}{n^2}}{2-\dfrac{1}{n^2}}=\dfrac{0}{2}=0$
　　　　　分母分子を n^3 で割る

(3) $\displaystyle\lim_{n\to\infty}\dfrac{3n^3+2n}{2n^2-n}=\lim_{n\to\infty}\dfrac{3n+\dfrac{2}{n}}{2-\dfrac{1}{n}}=\infty$
　　　　　分母分子を n^2 で割る

これから分かるように、

$f(n),\ g(n)$ が n の多項式のとき、$\displaystyle\lim_{n\to\infty}\dfrac{f(n)}{g(n)}$ は、

(f の次数)＝(g の次数)のとき、$f,\ g$ の最高次の係数の比
　　((1)の場合、$f(n)$ は 3、$g(n)$ は 2)

(f の次数)＜(g の次数)のとき、0

(f の次数)＞(g の次数)のとき、∞ または $-\infty$

になります。この手の極限の問題では次数を意識することが大切であるということです。

(4) $n\to\infty$ のとき、$\sqrt{n^2+2n}$ も n も限りなく大きくなるので、このままでは値

が求まりません。有理化の要領で、$\sqrt{n^2+2n}+n$ をかけて引き算をなくします。

$$\lim_{n\to\infty}(\sqrt{n^2+2n}-n)=\lim_{n\to\infty}\frac{(\sqrt{n^2+2n}-n)(\sqrt{n^2+2n}+n)}{\sqrt{n^2+2n}+n}$$

$$=\lim_{n\to\infty}\frac{n^2+2n-n^2}{\sqrt{n^2+2n}+n}=\lim_{n\to\infty}\frac{2}{\sqrt{1+\frac{2}{n}}+1}=1$$

分母分子を n で割る

$\{r^n\}$ の極限

$r>1$ のとき　　　$\lim_{n\to\infty}r^n=\infty$

$r=1$ のとき　　　$\lim_{n\to\infty}r^n=1$

$|r|<1$ のとき　　$\lim_{n\to\infty}r^n=0$

$r\leqq-1$ のとき　$\{r^n\}$ は振動するので、$\lim_{n\to\infty}r^n$ は存在しない。

$\{r^n\}$ の振る舞いをそれぞれグラフにすると次のようになります。
$-1<r<0$ のときは、n が 1 増えるごとに r^n の値は正と負を交互に取りますが、その絶対値は小さくなっていきますから、$n\to\infty$ のとき、$r^n\to 0$ になります。

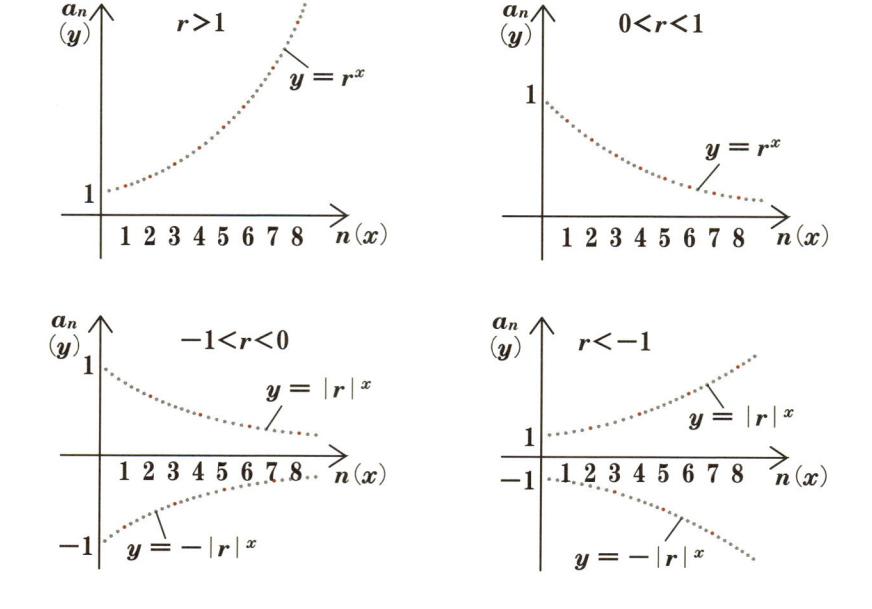

これを用いる問題を解いてみましょう。

> **問題** 次の極限を求めよ。
> (1) $\displaystyle\lim_{n\to\infty}\frac{5\cdot 3^n+7\cdot(-2)^n}{4\cdot 3^n+3\cdot(-2)^n}$
> (2) $\displaystyle\lim_{n\to\infty}\frac{5\cdot 3^{-n}+7\cdot(-2)^{-n}}{4\cdot 3^{-n}+3\cdot(-2)^{-n}}$

$|r|<1$ のとき、$\displaystyle\lim_{n\to\infty}r^n=0$ であることを利用できるように式変形します。

(1) $\displaystyle\lim_{n\to\infty}\frac{5\cdot 3^n+7\cdot(-2)^n}{4\cdot 3^n+3\cdot(-2)^n}=\lim_{n\to\infty}\frac{5+7\cdot\left(-\dfrac{2}{3}\right)^n}{4+3\cdot\left(-\dfrac{2}{3}\right)^n}=\dfrac{5}{4}$

　　分母分子を 3^n で割る

(2) $\displaystyle\lim_{n\to\infty}\frac{5\cdot 3^{-n}+7\cdot(-2)^{-n}}{4\cdot 3^{-n}+3\cdot(-2)^{-n}}=\lim_{n\to\infty}\frac{5\cdot\left(\dfrac{1}{3}\right)^n+7\cdot\left(-\dfrac{1}{2}\right)^n}{4\cdot\left(\dfrac{1}{3}\right)^n+3\cdot\left(-\dfrac{1}{2}\right)^n}$

$\displaystyle=\lim_{n\to\infty}\frac{5\cdot\left(-\dfrac{2}{3}\right)^n+7}{4\cdot\left(-\dfrac{2}{3}\right)^n+3}=\dfrac{7}{3}$

分母分子に $(-2)^n$ をかける

数列の大小と極限

[はさみうちの原理]

すべての n について、$b_n \leqq a_n \leqq c_n$ のとき、

$\displaystyle\lim_{n\to\infty}b_n=\alpha,\ \lim_{n\to\infty}c_n=\alpha$ ならば、$\displaystyle\lim_{n\to\infty}a_n=\alpha$

[追い出しの原理]

すべての n について、$a_n \leqq b_n$ のとき、

$\displaystyle\lim_{n\to\infty}a_n=\infty$ ならば、$\displaystyle\lim_{n\to\infty}b_n=\infty$

点 (n, a_n)、(n, b_n)、(n, c_n) をグラフに表してみると、次のようになります。これは感覚的にも納得がいく原理でしょう。これも $\varepsilon-\delta$ 論法を用いると証明できます。

はさみうちの原理　　　　　追い出しの原理

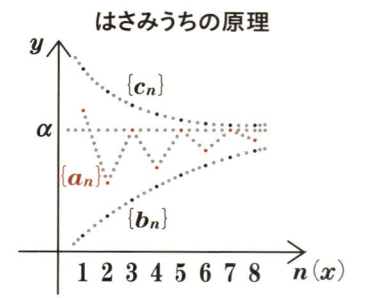

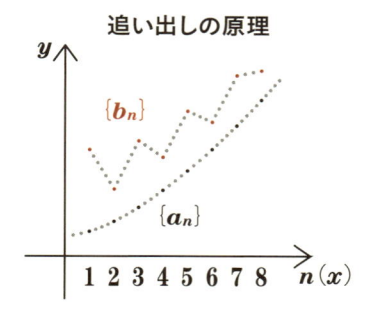

上のはさみうちの原理では、2つの関数で挟んでいますが、実際の問題では片方を定数に取る場合も多いです。

$\lim_{n\to\infty} a_n = 0$ を証明したい場合には、$|a_n| \leq b_n$、$\lim_{n\to\infty} b_n = 0$ となる b_n を見つけます。

$$|a_n| \leq b_n \iff -b_n \leq a_n \leq b_n$$

で、$\lim_{n\to\infty} b_n = 0$、$\lim_{n\to\infty}(-b_n) = 0$ ですから、これにはさみうちの原理を用いて、$\lim_{n\to\infty} a_n = 0$ が示されます。

問題　はさみうちの原理　（別 p.62）

次の数列が収束することを示せ。

$$\left\{\frac{1}{n}\sin\frac{2\pi}{n}\right\}$$

$\sin x$ の値域は、-1 以上 1 以下ですから、$-1 \leq \sin\dfrac{2\pi}{n} \leq 1$

これに $\dfrac{1}{n}$ を掛けて、$-\dfrac{1}{n} \leq \dfrac{1}{n}\sin\dfrac{2\pi}{n} \leq \dfrac{1}{n}$

ここで、$\lim_{n\to\infty}\dfrac{1}{n} = 0$, $\lim_{n\to\infty}\left(-\dfrac{1}{n}\right) = 0$ なので、はさみうちの原理により、

$$\lim_{n\to\infty}\frac{1}{n}\sin\frac{2\pi}{n} = 0$$

次に漸化式で表される数列の極限の問題を解いてみましょう。

> **問題**
> $a_1=1$, $a_{n+1}=\sqrt{2+a_n}$ とするとき、$\lim_{n\to\infty}a_n$ を求めよ。

まずは、極限値があるとして、その値を予想してみましょう。

$n\to\infty$ のとき、$a_n\to\alpha$ であるとします。$a_{n+1}=\sqrt{2+a_n}$ で $n\to\infty$ のときを考えて、

$$\alpha=\sqrt{2+\alpha} \quad \therefore \quad \alpha^2=\alpha+2 \quad \therefore \quad \alpha^2-\alpha-2=0$$
$$\therefore \quad (\alpha-2)(\alpha+1)=0 \quad \alpha=\sqrt{2+\alpha}>0 \text{ なので、} \alpha=2$$

極限値は 2 であると予想できます。次に、n が大きくなるにしたがって、2 と a_n の差が小さくなっていくことを示しましょう。

$$2-a_{n+1}=2-\sqrt{2+a_n}=\frac{(2-\sqrt{2+a_n})(2+\sqrt{2+a_n})}{2+\sqrt{2+a_n}}$$
$$=\frac{4-(2+a_n)}{2+\sqrt{2+a_n}}=\boxed{\frac{2-a_n}{\sqrt{2+a_n}+2}}^{①}<\frac{1}{2}(2-a_n) \quad \cdots\cdots ②$$

①の分母が正なので、$2-a_n$ が正であれば $2-a_{n+1}$ が正であることが分かります。いま、$2-a_1=2-1=1$ で正ですから、①を繰り返し用いることで、すべての n について、$2-a_n$ が正であることが分かります。

また、②を繰り返し用いて、

$$0<2-a_n<\frac{1}{2}(2-a_{n-1})<\left(\frac{1}{2}\right)^2(2-a_{n-2})<\cdots<\left(\frac{1}{2}\right)^{n-1}(2-a_1)$$
$$\therefore \quad 0<2-a_n<\left(\frac{1}{2}\right)^{n-1}(2-a_1)=\left(\frac{1}{2}\right)^{n-1}$$

ここで、$n\to\infty$ とすると、$\left(\frac{1}{2}\right)^{n-1}\to 0$ なので、はさみうちの原理により、$2-a_n\to 0$、つまり、$\lim_{n\to\infty}a_n=2$ となります。

徐々に値が大きくなる数列 $\{a_n\}$、つまり $a_n\leq a_{n+1}$ となる数列を**単調増加数列**といいます。

例えば、$\{2n+1\}$、$\{n^2\}$、$\{\log n\}$、$\left\{-\frac{1}{n}\right\}$ は単調増加数列です。

逆に、徐々に値が小さくなる数列 $\{a_n\}$、つまり $a_n \geq a_{n+1}$ となる数列を**単調減少数列**と言います。例えば、$\{-2n-1\}$、$\{-n^2\}$、$\{-\log n\}$、$\left\{\dfrac{1}{n}\right\}$ は単調減少数列です。

数列 $\{a_n\}$ が収束することを示す強力な定理の一つに、次の定理があります。

> **有界単調数列の収束定理**
> (1) $\{a_n\}$ が単調増加数列であり、定数 M があって $a_n \leq M$ を満たすとき、$\{a_n\}$ は収束する。
> (2) $\{a_n\}$ が単調減少数列であり、定数 M があって $a_n \geq M$ を満たすとき、$\{a_n\}$ は収束する。

だんだん大きくなっていく数列で、ある一定の値を越えない数列であれば、どこかの値に収束する、という定理です。図を描くと下左図のようになります。感覚的にも納得がいく定理なのではないでしょうか。

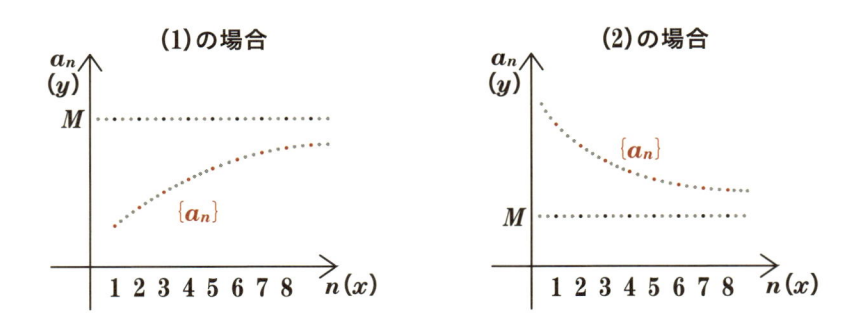

(1)の場合であれば、$\{a_n\}$ が収束する値は M 以下であり、M の場合もありますが M でない場合もあります。注意しましょう。

この定理は、次の節で紹介する無限級数の収束を調べる上での基本となっているので、理論的には重要な定理です。証明は実数の連続性をもとにして $\varepsilon-\delta$ 論法で行いますが、ここでは割愛します。

これを直接的に扱う問題としては、以下のようなものがあります。

問題　有界単調数列の収束　（別 p.64）

$a_1=1$, $a_{n+1}=a_n+\sin a_n$ とするとき、$\lim_{n\to\infty} a_n$ を求めよ。

$y=x+\sin x$ のグラフを $[0,\ \pi]$ で描くと次のようになります。

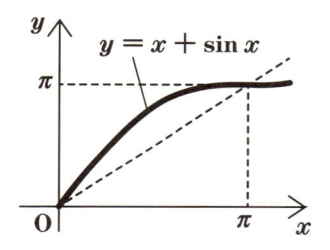

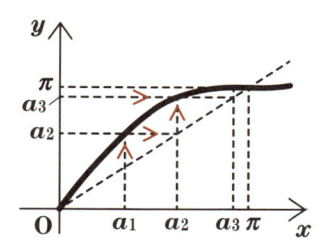

$y=x+\sin x$ の定義域を $[0,\ \pi]$ とすると、値域は $[0,\ \pi]$ ですから、a_n が $[0,\ \pi]$ の区間にあれば、a_{n+1} は $[0,\ \pi]$ の区間にあります。

$\{a_n\}$ は、a_1 が $[0,\ \pi]$ の区間にあるので、すべての a_n が $[0,\ \pi]$ の区間にあり、$\{a_n\}$ は有界です。

また、a_n が $[0,\ \pi]$ に入るとき、$\sin a_n \geq 0$ ですから、$a_{n+1}=a_n+\sin a_n \geq a_n$、$\{a_n\}$ は単調増加数列です。

$\{a_n\}$ は有界な単調増加数列ですから、定理により収束します。極限値を α とすると、$n\to\infty$ のときの $a_{n+1}=a_n+\sin a_n$ を考えて、

$$\alpha=\alpha+\sin\alpha \quad \therefore\quad \sin\alpha=0 \quad \alpha\geq a_n\geq a_1=1 \text{ より、} \alpha=\pi$$

となり、$\lim_{n\to\infty} a_n=\pi$ であることが分かります。

この問題を前の問題のように式変形を用いて解くには、後で述べる平均値の定理を用いますが、それでも一筋縄ではいきません。有界単調数列の収束定理の威力を思い知らされる問題です。

2 無限級数

前節では無限数列の極限を考えました。ここでは、無限数列の総和の極限を考えましょう。

無限数列 $\{a_n\}$ の和をとった式

$$a_1+a_2+a_3+\cdots\cdots+a_n+\cdots\cdots$$

を**無限級数**といいます。これを $\sum_{n=1}^{\infty} a_n$ という記号で表します。

無限数列の初項から第 n 項までの部分和を $S_n = \sum_{k=1}^{n} a_k$ とします。

$$\lim_{n\to\infty} S_n = \lim_{n\to\infty} \sum_{k=1}^{n} a_k = S$$

というように、部分和の数列 $\{S_n\}$ が収束するとき、**無限級数は収束する**といい、また $\{S_n\}$ の極限 S を無限級数の和(値)といい、これも $\sum_{n=1}^{\infty} a_n$ で表します。$\{S_n\}$ が発散するとき、**無限級数は発散する**といいます。

「無限級数の和を求めよ」という問題を解いてみましょう。

等比数列の和や総和の計算は、高校で習ったとおりです。その結果で $n\to\infty$ とすれば答えが求まります。

> **問題 無限級数の和** (別 p.66)
> 次の無限級数の和を求めよ。
> (1) $\sum_{n=1}^{\infty} r^{n-1}$ $(-1<r<1)$　　(2) $\sum_{n=1}^{\infty} \dfrac{1}{n(n+1)}$

(1) 等比数列の和の公式を知らないものとして解いてみましょう。

$S_n = \sum_{k=1}^{n} r^{k-1} = 1+r+r^2+\cdots+r^{n-1}$ とおくと、

$$\begin{array}{r} S_n = 1+r+r^2+\cdots+r^{n-1} \\ -)\ rS_n = r+r^2+r^3+\cdots+r^{n-1}+r^n \\ \hline (1-r)S_n = 1\phantom{+r+r^2+r^3+\cdots+r^{n-1}}-r^n \end{array}$$

$\therefore\ S_n = \dfrac{1-r^n}{1-r}$

$$\sum_{n=1}^{\infty} r^{n-1} = \lim_{n\to\infty} S_n = \lim_{n\to\infty} \frac{1-r^n}{1-r} = \frac{1}{1-r}$$

(2) $\displaystyle S_n = \sum_{k=1}^{n} \frac{1}{k(k+1)} = \sum_{k=1}^{n} \left(\frac{1}{k} - \frac{1}{k+1}\right)$

$\displaystyle = \left(1 - \frac{1}{2}\right) + \left(\frac{1}{2} - \frac{1}{3}\right) + \left(\frac{1}{3} - \frac{1}{4}\right) + \cdots + \left(\frac{1}{n} - \frac{1}{n+1}\right)$

$\displaystyle = 1 - \frac{1}{n+1}$

$$\sum_{n=1}^{\infty} \frac{1}{n(n+1)} = \lim_{n\to\infty} S_n = \lim_{n\to\infty}\left(1 - \frac{1}{n+1}\right) = 1$$

先の問題の(1)は等比数列を扱っていました。

初項 $a(\neq 0)$、公比 r の無限等比数列 $\{ar^{n-1}\}$ から作られる無限級数

$$a + ar + ar^2 + \cdots + ar^{n-1} + \cdots$$

を**無限等比級数**といいます。

上の問題では、r が $|r|<1$ の場合を扱いました。それ以外の条件を見てみましょう。初項から第 n 項までの部分和を S_n とします。

$r>1$ のとき、$S_n = \dfrac{a(1-r^n)}{1-r}$、$\displaystyle\lim_{n\to\infty} r^n = \infty$ ですから、$\{S_n\}$ は収束しません。

$r=1$ のときは、$S_n = na$ ですから、$\displaystyle\lim_{n\to\infty} |S_n| = \lim_{n\to\infty} |na| = \infty$ で、S_n は正の無限大か負の無限大に発散します。

$r \leq -1$ のときは、$\{r^n\}$ は振動しますから、$\{S_n\}$ も振動します。

これらの結果をまとめると、次のようになります。

> **無限等比級数の収束・発散**
>
> 初項 $a(\neq 0)$、公比 r の無限等比級数 $\displaystyle\sum_{n=1}^{\infty} ar^{n-1}$ は、
>
> $|r|<1$ ならば収束し、和は $\dfrac{a}{1-r}$
>
> $|r| \geq 1$ ならば発散する。

以上は、無限級数の和が求められる場合でした。

これ以外に、無限級数の和の値を実際に求めることはできなくとも、無限級数が収束することだけは分かるという場合があります。

これから、無限級数が収束するか発散するかの判定法について紹介していきましょう。無限級数の中でも、すべての項が正であるものを**無限正項級数**といいます。これから述べる判定法はすべて無限正項級数についてのものです。負の項が入っている級数については、無限正項級数の判定法に帰着できる場合が多いので後回しにしましょう。

無限正項級数の収束・発散を判定する基本は、2つの無限級数を比較する方法です。

比較判定法

2つの無限正項級数 $\sum_{n=1}^{\infty} a_n$、$\sum_{n=1}^{\infty} b_n$ の各項の間に $a_n \leq K b_n$（K は定数）が成り立っているとき、

(1) $\sum_{n=1}^{\infty} b_n$ が収束ならば、$\sum_{n=1}^{\infty} a_n$ も収束する。

(2) $\sum_{n=1}^{\infty} a_n$ が正の無限大に発散ならば、$\sum_{n=1}^{\infty} b_n$ も正の無限大に発散する。

感覚的にも納得がいく定理でしょう。

(1) $\sum_{n=1}^{\infty} a_n$ の収束・発散を考えたとき、その部分和 $\sum_{n=1}^{k} a_n$ については、$\sum_{n=1}^{k} a_n \leq K \sum_{n=1}^{k} b_n$ が成り立っていて、$\sum_{n=1}^{k} b_n$ は $k \to \infty$ で収束するのですから、$\sum_{n=1}^{k} a_n \leq K \sum_{n=1}^{k} b_n$ となり、$\sum_{n=1}^{k} a_n$ は上から定数で抑えられた形になります。「上から抑え込む」という感じです。k が増えるにつれて、$\sum_{n=1}^{k} a_n$ も増えるので、$\sum_{n=1}^{k} a_n$ は単調増加であり、有界単調数列の収束定理によって $\sum_{n=1}^{\infty} a_n$ が収束することが分かります。

(2) 正の無限大に発散する $\sum_{n=1}^{k} a_n$ で、「下から持ち上げられた」形になります。

「各項の間に $a_n \leq K b_n$（K は定数）が成り立つとき」と書きましたが、すべての

n についてこれが成り立つ必要はありません。n が小さいところでは成り立っていなくともかまいません。あるところから先で成り立っていればよいのです。つまり、ある整数 N があり、$n \geq N$ を満たす n で成り立っていればかまいません。

この比較判定法は、収束・発散が既知である無限正項級数との大小関係を調べて、級数の収束・発散を判定する方法です。

収束・発散を調べたい無限正項級数があるとき、その比較の相手となる無限正項級数としては、先ほど出てきた無限等比級数と次の ζ(ゼータ)関数がよく使われます。ζ 関数の極限値を求めるのは、無限等比級数の和のようには簡単に求めることはできないのですが、収束・発散については簡単に知ることができます。

> **ζ 関数の収束・発散**
>
> $$\sum_{n=1}^{\infty} \frac{1}{n^s} = 1 + \frac{1}{2^s} + \frac{1}{3^s} + \cdots + \frac{1}{n^s} + \cdots$$
>
> は、$0 < s \leq 1$ で正の無限大に発散、$s > 1$ で収束する。

証明法はいくつかありますが、定積分で評価する方法が簡単です。やってみましょう。

s, k が、$s > 0$, $k \leq x \leq k+1$ を満たすものとして、$\dfrac{1}{(k+1)^s} \leq \dfrac{1}{x^s} \leq \dfrac{1}{k^s}$

これを $[k, k+1]$ で定積分して、

$$\int_k^{k+1} \frac{1}{(k+1)^s} dx \leq \int_k^{k+1} \frac{1}{x^s} dx \leq \int_k^{k+1} \frac{1}{k^s} dx$$

$$\therefore \quad \underbrace{\frac{1}{(k+1)^s} \leq \overbrace{\int_k^{k+1} \frac{1}{x^s} dx}^{\text{①}} \leq \frac{1}{k^s}}_{\text{②}}$$

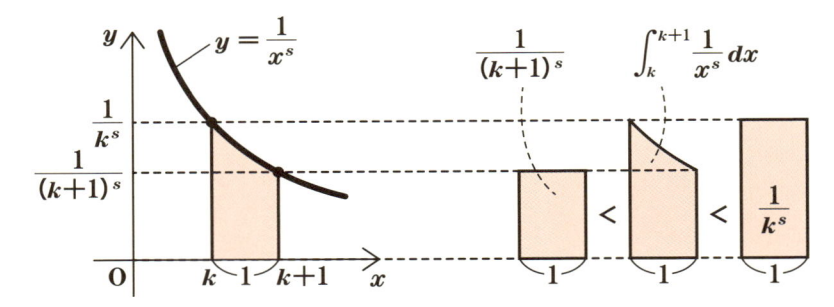

$0 < s \leq 1$ のとき、②の k を 1 から m まで変化させて足しあげると、

$$\sum_{k=1}^{m}\int_{k}^{k+1}\frac{1}{x^s}dx \leq \sum_{k=1}^{m}\frac{1}{k^s}=1+\frac{1}{2^s}+\frac{1}{3^s}+\cdots+\frac{1}{m^s} \quad \cdots\cdots ③$$

ここで、左辺の積分を計算します。積分計算をするところでは、$0<s<1$ のときと $s=1$ のときに分けましょう。

$$\sum_{k=1}^{m}\int_{k}^{k+1}\frac{1}{x^s}dx=\int_{1}^{m+1}\frac{1}{x^s}dx=\int_{1}^{m+1}x^{-s}dx$$

$$= \begin{cases} \left[\dfrac{1}{1-s}x^{1-s}\right]_1^{m+1}=\dfrac{1}{1-s}((m+1)^{1-s}-1) & (0<s<1) \\ \left[\log x\right]_1^{m+1}=\log(m+1) & (s=1) \end{cases}$$

どちらの場合でも、$m \to \infty$ のとき正の無限大に発散するので、比較判定法により③の右辺も正の無限大に発散します。

$1<s$ のとき、①の k を 1 から $m-1$ まで変化させて足しあげてさらに両辺に 1 を足すと、

$$1+\sum_{k=1}^{m-1}\frac{1}{(k+1)^s} \leq 1+\sum_{k=1}^{m-1}\int_{k}^{k+1}\frac{1}{x^s}dx$$

$$1+\frac{1}{2^s}+\frac{1}{3^s}+\cdots+\frac{1}{m^s} \leq 1+\int_{1}^{m}\frac{1}{x^s}dx \quad \cdots\cdots ④$$

ここで右辺に表れた積分は、

$$\int_{1}^{m}\frac{1}{x^s}dx=\int_{1}^{m}x^{-s}dx=\left[-\frac{1}{s-1}x^{-(s-1)}\right]_1^{m}=\frac{1}{s-1}\left(1-\frac{1}{m^{s-1}}\right)$$

これは、$m \to \infty$ のとき収束するので、比較判定法により④の左辺も収束することが分かります。

無限等比級数や ζ 関数との比較で無限級数の収束・発散を判定してみましょう。

> **問題** 次の無限正項級数の収束・発散を判定せよ。
> (1) $\displaystyle\sum_{n=1}^{\infty}\frac{n+1}{n^3+2n}$ 　　　(2) $\displaystyle\sum_{n=1}^{\infty}\frac{n+1}{n^2+2n}$

(1) 分子が 1 次、分母が 3 次なので、$n\to\infty$ では $\dfrac{n+1}{n^3+2n}\fallingdotseq\dfrac{1}{n^2}$ となります。そこで、収束する $\left\{\dfrac{k}{n^2}\right\}$（$k$ は定数）で上から抑え込みたい、つまり $\dfrac{n+1}{n^3+2n}<\dfrac{k}{n^2}$ という式がほしいところです。

分母を小さく、分子を大きく見積もっていきます。すると

$$\frac{n+1}{n^3+2n}<\frac{n+n}{n^3+0}=\frac{2}{n^2}$$

であり、$\displaystyle\sum_{n=1}^{\infty}\frac{2}{n^2}=2\sum_{n=1}^{\infty}\frac{1}{n^2}$ は収束するので、$\displaystyle\sum_{n=1}^{\infty}\frac{n+1}{n^3+2n}$ も収束します。

(2) 分子が 1 次、分母が 2 次なので、$n\to\infty$ では $\dfrac{n+1}{n^2+2n}\fallingdotseq\dfrac{1}{n}$ となります。そこで、正の無限大に発散する $\left\{\dfrac{k}{n}\right\}$（$k$ は定数）で下から持ち上げる $\dfrac{n+1}{n^2+2n}>\dfrac{k}{n}$ という不等式が目標です。分母を大きく、分子を小さく見積もります。

$$\frac{n+1}{n^2+2n}>\frac{n+0}{n^2+n^2}=\frac{1}{2n}$$

であり、$\displaystyle\sum_{n=1}^{\infty}\frac{1}{2n}$ は正の無限大に発散するので $\displaystyle\sum_{n=1}^{\infty}\frac{n+1}{n^2+2n}$ も正の無限大に発散します。

次に紹介するダランベールの判定法・コーシーの判定法も、無限正項級数 $\displaystyle\sum_{n=1}^{\infty}a_n$（すべての項が正である無限級数のこと）についての判定法です。

> **無限正項級数の収束・発散の判定法**
>
> 無限正項級数 $\sum_{n=1}^{\infty} a_n$ に対して、r を以下の方法で求め、その値で判定する。
>
> $$0 \leq r < 1 \text{ のとき、} \sum_{n=1}^{\infty} a_n \text{ は収束する。}$$
>
> $$1 < r \text{ のとき、} \sum_{n=1}^{\infty} a_n \text{ は正の無限大に発散する。}$$
>
> **[r の求め方]**
>
> **ダランベールの判定法**では、$\displaystyle\lim_{n \to \infty} \frac{a_{n+1}}{a_n} = r$
>
> **コーシーの判定法**では、$\displaystyle\lim_{n \to \infty} \sqrt[n]{a_n} = r$

　これらの判定法は、与えられた無限級数を無限等比級数として見立てて、その収束・発散を判定しています。

　ダランベールの判定法であれば、n が十分に大きいところでは、

$$\frac{a_{n+1}}{a_n} \fallingdotseq r \quad \therefore \quad a_{n+1} \fallingdotseq r a_n \qquad a_{n+k} \fallingdotseq r^k a_n$$

と無限等比級数と見なすことができます。

　コーシーの判定法でも、n が十分に大きいところでは、

$$\sqrt[n]{a_n} \fallingdotseq r \quad \therefore \quad a_n \fallingdotseq r^n$$

と無限等比級数と見なすことができます。

　ですから、無限等比級数の収束・発散の判定と同様にして r の値で収束・発散が判定できるわけです。

　この判定法を厳密に証明するには、判定したい無限級数と無限等比級数に対して比較判定法を用います。やはり、途中で $\varepsilon-N$ 論法を用いることになります。

　上の判定法では、$r=1$ の場合が書かれていませんね。ダランベールやコーシーの判定法では、$r=1$ の場合は判定できません。$r=1$ の場合まで扱える判定法としては、ラーベの判定法、ガウスの判定法があります。

　なお、ダランベールの判定法で解く問題の方がよく出題されます。実践的にはこちらから試した方がよいでしょう。コーシーの判定法を用いる問題では、項があからさまに n 乗になっている場合が多いです。

> **問題 無限級数の収束・発散** （別 p.68）
> 次の無限級数の収束・発散を判定せよ。
>
> (1) $\displaystyle\sum_{n=1}^{\infty}\frac{2^n}{n!}$　　　(2) $\displaystyle\sum_{n=2}^{\infty}\frac{1}{\{\log n\}^n}$

(1) ダランベールの判定法を用います。$a_n=\dfrac{2^n}{n!}$ とおきます。

$$\lim_{n\to\infty}\frac{a_{n+1}}{a_n}=\lim_{n\to\infty}\frac{\left(\dfrac{2^{n+1}}{(n+1)!}\right)}{\left(\dfrac{2^n}{n!}\right)}=\lim_{n\to\infty}\frac{2^{n+1}}{(n+1)!}\cdot\frac{n!}{2^n}=\lim_{n\to\infty}\frac{2}{n+1}=0$$

$\displaystyle\lim_{n\to\infty}\frac{a_{n+1}}{a_n}=0<1$ なので、無限級数は収束します。

(2) コーシーの判定法を用います。$a_n=\dfrac{1}{\{\log n\}^n}$ とおきます。

$$\lim_{n\to\infty}\sqrt[n]{a_n}=\lim_{n\to\infty}\sqrt[n]{\frac{1}{\{\log n\}^n}}=\lim_{n\to\infty}\frac{1}{\log n}=0<1$$ なので、無限級数は収束します。

■絶対収束・条件収束

ここの節では、無限級数で a_n に負になるものが含まれているものも考えていきましょう。

$\displaystyle\sum_{n=1}^{\infty}a_n$ に対して、各項の絶対値を取った無限級数 $\displaystyle\sum_{n=1}^{\infty}|a_n|$ を考えます。これは各項が正ですから、無限正項級数です。$\displaystyle\sum_{n=1}^{\infty}|a_n|$ が収束することを、**絶対収束**といいます。$\displaystyle\sum_{n=1}^{\infty}|a_n|$ が正の無限大に発散しても、$\displaystyle\sum_{n=1}^{\infty}a_n$ が収束するときは、$\displaystyle\sum_{n=1}^{\infty}a_n$ は**条件収束する**といいます。

絶対収束する無限級数に次の定理が有効です。

> **絶対収束**
> 絶対収束する無限級数は、収束する。

証明は省略します。

この定理がありますから、$\sum_{n=1}^{\infty} a_n$ の収束・発散を調べたい場合は、絶対値を取った無限級数 $\sum_{n=1}^{\infty} |a_n|$ の収束・発散を調べるわけです。都合よく収束してくれれば、$\sum_{n=1}^{\infty} a_n$ も収束することが保証されるわけです。$\sum_{n=1}^{\infty} |a_n|$ が収束すれば、a_n の正負がどんな順序で付けられていようと $\sum_{n=1}^{\infty} a_n$ は収束します。絶対収束するという条件は、ずいぶんと強力な条件なのですね。

正項級数でない無限級数を紹介しましょう。

正負の項が交互に出てくる級数を**交代級数**といいます。これについては、次が成り立ちます。

交代級数の収束

正項数列 $\{a_n\}$ が単調減少で、$a_n \to 0 \, (n \to \infty)$ となるとき、
$$a_1 - a_2 + a_3 - a_4 + \cdots + (-1)^{n-1} a_n + \cdots$$
は収束する。

正項数列 $\{a_n\}$ が単調減少して、極限が 0 になるというだけで交代級数は収束するんです。ちょっとびっくりする定理ですが、有界単調数列の収束定理をもとにすれば、すぐに示すことができます。

初項から第 n 項までの部分和を S_n としましょう。

$$S_{2m} = (a_1 - a_2) + (a_3 - a_4) + \cdots + (a_{2m-1} - a_{2m})$$
$$S_{2m+2} = (a_1 - a_2) + (a_3 - a_4) + \cdots + (a_{2m-1} - a_{2m}) + (a_{2m+1} - a_{2m+2})$$

とおくと、

$$S_{2m+2} - S_{2m} = a_{2m+1} - a_{2m+2} \geq 0$$

ですから、$\{S_{2m}\}$ は単調増加数列です。また、

$$S_{2m} = a_1 - \underbrace{(a_2 - a_3)}_{\text{正}} - \underbrace{(a_4 - a_5)}_{\text{正}} - \cdots - \underbrace{(a_{2m-2} - a_{2m-1})}_{\text{正}} - \underbrace{a_{2m}}_{\text{正}}$$

ですから、$S_{2m} \leq a_1$ で、$\{S_{2m}\}$ は有界な数列です。

したがって、有界単調数列の収束定理によって $\{S_{2m}\}$ は収束します。この値を

α とします。

$$\lim_{m\to\infty} S_{2m} = \alpha, \quad \lim_{m\to\infty} S_{2m+1} = \lim_{m\to\infty}(S_{2m} + a_{2m+1}) = \alpha$$

となり、部分和の数列 $\{S_n\}$ は収束します。

絶対収束はしないが条件収束する無限級数にはどんなものがあるか気になりますね。

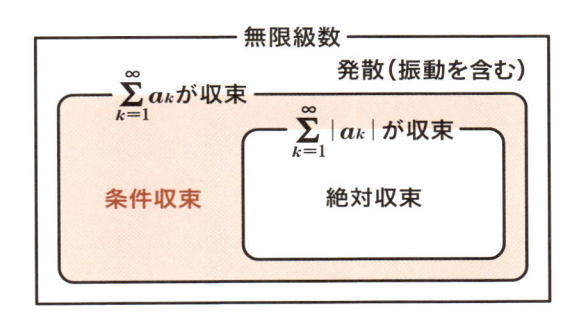

```
┌─── 無限級数 ─────────────────────────┐
│                        発散(振動を含む) │
│  ┌─ Σ_{k=1}^∞ a_k が収束 ──────┐      │
│  │          Σ_{k=1}^∞ |a_k| が収束 │      │
│  │ 条件収束       絶対収束       │      │
│  └──────────────────────────┘      │
└────────────────────────────────┘
```

ホップ 問題 絶対収束・条件収束 （別 p.70）

次の交代級数は収束か発散か、収束ならば絶対収束か、条件収束か。

$$\sum_{n=1}^{\infty}(-1)^n(\sqrt{n+1}-\sqrt{n})$$

$a_n = \sqrt{n+1} - \sqrt{n}$ とします。すると、$|(-1)^n(\sqrt{n+1}-\sqrt{n})| = a_n$ ですから、$\sum_{n=1}^{\infty} a_n$ が収束すれば、絶対収束することになります。部分和は、

$$S_k = \sum_{n=1}^{k} a_n = (\sqrt{2}-1) + (\sqrt{3}-\sqrt{2}) + (\sqrt{4}-\sqrt{3}) + \cdots + (\sqrt{k+1}-\sqrt{k})$$
$$= \sqrt{k+1} - 1$$

よって、$\lim_{k\to\infty} S_k = \lim_{k\to\infty}(\sqrt{k+1}-1) = \infty$ なので、問題の数列は絶対収束しません。また、

$$a_n = \sqrt{n+1} - \sqrt{n} = \frac{(\sqrt{n+1}-\sqrt{n})(\sqrt{n+1}+\sqrt{n})}{\sqrt{n+1}+\sqrt{n}} = \frac{1}{\sqrt{n+1}+\sqrt{n}}$$

ですから、$\lim_{n\to\infty} a_n = 0$。

また、$a_n - a_{n+1} = \dfrac{1}{\sqrt{n+1}+\sqrt{n}} - \dfrac{1}{\sqrt{n+2}+\sqrt{n+1}} > 0$

ですから、$\{a_n\}$ は単調減少数列です。よって、$\sum_{n=1}^{\infty}(-1)^n a_n$ は収束します。

結局、この交代級数は条件収束します。

■べき級数

次に、変数 x が入った級数を考えましょう。

$$\sum_{n=0}^{\infty} a_n(x-a)^n = a_0 + a_1(x-a) + a_2(x-a)^2 + a_3(x-a)^3 + \cdots\cdots$$

という級数を $x=a$ を中心とする**べき級数**または**整級数**といいます。ここでは、特に $a=0$ の場合、

$$\sum_{n=0}^{\infty} a_n x^n = a_0 + a_1 x + a_2 x^2 + a_3 x^3 + \cdots\cdots$$

を考えます。べき級数は x の値によって収束したり、発散したりします。$\sum_{n=0}^{\infty} a_n x^n$ が、

　　$|x|<R$ となるすべての x に対して収束し、
　　$|x|>R$ となるすべての x に対して発散する

とき、R を $\sum_{n=0}^{\infty} a_n x^n$ の**収束半径**といいます。

　R の値として 0 や ∞ も許せば、どんな $\sum_{n=0}^{\infty} a_n x^n$ に対しても収束半径が決まります。収束半径を求めるには、ダランベールの判定法、コーシーの判定法が参考になります。

収束半径の求め方

べき級数 $\sum_{n=0}^{\infty} a_n x^n$ の収束半径を R とすると、

$$\lim_{n \to \infty} \left| \dfrac{a_{n+1}}{a_n} \right| = r \quad \text{あるいは} \quad \lim_{n \to \infty} \sqrt[n]{|a_n|} = r$$

　　（ダランベール）　　　　　　　　（コーシー）

のとき、$R = \dfrac{1}{r}$

べき級数 $\sum_{n=0}^{\infty} a_n x^n$ が絶対収束するか否かを考えます。そこで、各項に絶対値を付した $\sum_{n=0}^{\infty} |a_n x^n|$ の収束条件を考えます。$\sum_{n=0}^{\infty} |a_n x^n|$ にダランベールの判定法を用いてみましょう。すると、

$$\lim_{n\to\infty}\left|\frac{a_{n+1}x^{n+1}}{a_n x^n}\right| = \lim_{n\to\infty}\left|\frac{a_{n+1}}{a_n}\right| |x| = r|x|$$

ですから、

$r|x|<1$ すなわち、$|x|<\dfrac{1}{r}$ のとき、べき級数は収束し、

$r|x|>1$ すなわち、$|x|>\dfrac{1}{r}$ のとき、べき級数は発散する

ことになります。収束半径 R は、$R=\dfrac{1}{r}$ です。

コーシーの判定法による収束半径の求め方の方は省略します。

なお、正項級数の判定法がそうであったように、$|x|=R$ となるとき、べき級数 $\sum_{n=0}^{\infty} a_n x^n$ が収束するか発散するかは、個別に考えなければなりません。「収束域を求めよ」という設問では、$|x|=R$ となるときも吟味して答えなければなりません。

> **問題 収束半径** (別 p.72)
> 次のべき級数の収束半径を求めよ。
> (1) $\displaystyle\sum_{n=1}^{\infty}\left(\frac{2^n+1}{3^n+2}\right)x^n$ (2) $\displaystyle\sum_{n=1}^{\infty} x^{n^2}$

(1) $a_n=\dfrac{2^n+1}{3^n+2}$ とおきます。ダランベールの判定法で求めてみましょう。

$$r=\lim_{n\to\infty}\frac{a_{n+1}}{a_n}=\lim_{n\to\infty}\frac{2^{n+1}+1}{3^{n+1}+2}\bigg/\frac{2^n+1}{3^n+2}=\lim_{n\to\infty}\frac{2^{n+1}+1}{2^n+1}\cdot\frac{3^n+2}{3^{n+1}+2}$$

$$=\lim_{n\to\infty}\frac{2+\dfrac{1}{2^n}}{1+\dfrac{1}{2^n}}\cdot\frac{1+\dfrac{2}{3^n}}{3+\dfrac{2}{3^n}}=\frac{2}{3}$$

よって、収束半径は $R = \dfrac{1}{r} = \dfrac{3}{2}$

コーシーの判定法でも求めてみましょう。

$$r = \lim_{n\to\infty} \sqrt[n]{a_n} = \lim_{n\to\infty} \sqrt[n]{\dfrac{2^n+1}{3^n+2}} = \lim_{n\to\infty} \dfrac{\sqrt[n]{2^n+1}}{\sqrt[n]{3^n+2}} = \lim_{n\to\infty} \dfrac{\sqrt[n]{2^n\left(1+\dfrac{1}{2^n}\right)}}{\sqrt[n]{3^n\left(1+\dfrac{2}{3^n}\right)}}$$

$$= \lim_{n\to\infty} \dfrac{2\cdot\sqrt[n]{\left(1+\dfrac{1}{2^n}\right)}}{3\cdot\sqrt[n]{\left(1+\dfrac{2}{3^n}\right)}} = \dfrac{2}{3}$$

よって、収束半径は $R = \dfrac{1}{r} = \dfrac{3}{2}$

ダランベールの判定法でも、コーシーの判定法でも、収束半径は同じになりました。

(2) x^k の係数を a_k とおくと、$\{a_k\}$ は、

$$a_k = \begin{cases} 1 & (k = n^2) \\ 0 & (k \neq n^2) \end{cases}$$

となります。a_k の項には 0 になるものがありますから、$\dfrac{a_{n+1}}{a_n}$ は計算することができません。こういう場合はコーシーの判定法を用います。

$a_k = 1$ となる項に関しては $\lim\limits_{n\to\infty} \sqrt[n^2]{1} = 1$、$a_k = 0$ となる項に関しては $\lim\limits_{n\to\infty} \sqrt[k]{0} = 0$ ですから、$\{\sqrt[k]{a_k}\}$ は振動するので、このままでは $\lim\limits_{k\to\infty} \sqrt[k]{|a_k|}$ の値は存在しません。しかし、収束半径を求める問題のときは、大きい方の極限値 1 を r とすればよいことが知られています。$R = \dfrac{1}{r} = 1$ です。

実は、コーシーの判定法による r を求める公式を正確に書くと、

$$\varlimsup_{n\to\infty} \sqrt[n]{|a_n|} = r$$

となります。$\varlimsup\limits_{n\to\infty} a_n$ は $\{a_n\}$ の上極限といって、この問題の例のように振動する場合であっても、数列 $\{a_n\}$ が集まっていく一番大きいところの値（∞ を含む）

を表しています。イメージとしては下図のようになります。

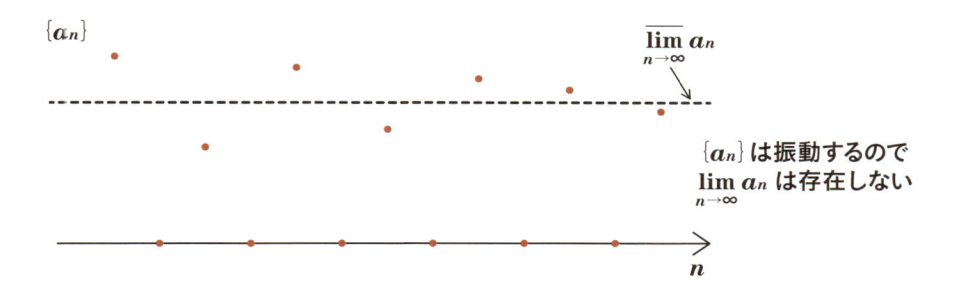

$\{a_n\}$ は振動するので $\lim_{n \to \infty} a_n$ は存在しない

3 関数の極限の求め方

この節では極限を求める問題の解き方を追究していきましょう。
まず押さえておきたいのは、次の極限に関する公式です。

極限の公式

（ア）　$\displaystyle\lim_{x \to 0} \frac{e^x - 1}{x} = 1$　　　　　（イ）　$\displaystyle\lim_{x \to \infty} \left(1 + \frac{1}{x}\right)^x = e$

（ウ）　$\displaystyle\lim_{x \to 0} \frac{\log(1+x)}{x} = 1$

（エ）　$\displaystyle\lim_{x \to 0} \frac{\sin x}{x} = 1$　　　　　（オ）　$\displaystyle\lim_{x \to 0} \frac{1 - \cos x}{x^2} = \frac{1}{2}$

（カ）　$\displaystyle\lim_{x \to 0} \frac{\tan x}{x} = 1$　　　　　（キ）　$\displaystyle\lim_{x \to 0} \frac{x - \sin x}{x^3} = \frac{1}{6}$

　関数の極限を求めるためには、これらの公式を覚えておくことが必要です。（ア）がもとになって（イ）と（ウ）が出ます。また、（エ）がもとになって（オ）、（カ）が導かれますから、原理的には（ア）と（エ）を押さえておけばよいのですが、問題を解く上では、（ア）、（イ）、（ウ）、（エ）、（オ）、（カ）を公式化しておいた方がよいでしょう。覚えるときは、lim の下の $x \to 0$ までしっかりと覚えましょう。（イ）のように $x \to \infty$ となることもありますから、混同してはいけません。（キ）は、普通の人は覚えていないかもしれない難しめの極限ですが、手中に加えておくと問題を解くときに見通しがよくなるでしょう（覚えようとしなくとも、sin のマクローリン展開（p.175）を覚えると自然に思えてきます）。
　第1章で示したように、極限の問題を解くには、これらの極限の公式を使える形に式変形するのが基本です。実際、高校の数Ⅲでは、式変形が極限を解くことの第一手でした。ただ、（オ）を導くときの式変形を見ても分かるように、式変形は技巧的で知っていなければ思いつかないような変形もあります。

大学の微積では、極限の問題をもう少し機械的に解くことができるようになります。それが次に紹介するロピタルの定理です。大学受験生の裏テクとして知る人ぞ知る定理で、大学受験の答案で用いると減点されるとかされないとか、常に物議をかもしている定理でもあります。

> **ロピタルの定理**
> $f(x)$, $g(x)$ が $x=a$ の付近で微分可能で $g'(x) \neq 0$ を満たし、
> $$\lim_{x \to a} f(x) = \lim_{x \to a} g(x) = 0 \quad \text{または} \quad \lim_{x \to a} f(x) = \lim_{x \to a} g(x) = \pm\infty$$
> のとき、$\lim_{x \to a} \dfrac{f'(x)}{g'(x)}$ が収束または $\pm\infty$ に発散するならば、
> $$\lim_{x \to a} \frac{f(x)}{g(x)} = \lim_{x \to a} \frac{f'(x)}{g'(x)}$$

$\lim_{x \to a} f(x) = \lim_{x \to a} g(x) = 0$ の場合について示します。
$f(x)$, $g(x)$ は $x=a$ で微分可能ですから、$x=a$ で連続になり、$\lim_{x \to a} f(x) = \lim_{x \to a} g(x) = 0$ から、$f(a) = 0$, $g(a) = 0$ です。$g'(a) \neq 0$ のとき、

$$\lim_{x \to a} \frac{f(x)}{g(x)} = \lim_{x \to a} \frac{f(x) - f(a)}{x - a} \cdot \frac{x - a}{g(x) - g(a)} = \frac{f'(a)}{g'(a)}$$

さらに、$f'(x)$, $g'(x)$ が連続であれば、$\lim_{x \to a} \dfrac{f'(x)}{g'(x)} = \dfrac{f'(a)}{g'(a)}$ となります。

大学入試の問題でロピタルの定理が適用できる場合は、このような条件が成り立っていることがほとんどなので、上のような式変形をして解けばよいのです。後輩にも教えてあげてください。正確な証明には、後で述べる平均値の定理を用います。

$\lim_{x \to a} f(x) = \lim_{x \to a} g(x) = \pm\infty$ の方は、平均値の定理と $\varepsilon-\delta$ 論法を用いて証明するので証明は略します。

さっそくロピタルの定理を試してみましょう。

> **問題** 次の極限を求めよ。
>
> (1) $\displaystyle\lim_{x\to 0}\frac{\log(1+x)}{x}$ (2) $\displaystyle\lim_{x\to 0}\frac{x-\sin x}{x^3}$

(1) $\displaystyle\lim_{x\to 0}\frac{\log(1+x)}{x}=\lim_{x\to 0}\frac{(\log(1+x))'}{x'}=\lim_{x\to 0}\frac{\left(\dfrac{1}{x+1}\right)}{1}=1$

(2) ロピタルの定理を3回連続で用いて解いてみましょう。

$$\lim_{x\to 0}\frac{x-\sin x}{x^3}=\lim_{x\to 0}\frac{(x-\sin x)'}{(x^3)'}=\lim_{x\to 0}\frac{1-\cos x}{3x^2}=\lim_{x\to 0}\frac{(1-\cos x)'}{(3x^2)'}$$

$$=\lim_{x\to 0}\frac{\sin x}{6x}=\lim_{x\to 0}\frac{(\sin x)'}{(6x)'}=\lim_{x\to 0}\frac{\cos x}{6}=\frac{1}{6}$$

途中で、$\displaystyle\lim_{x\to 0}\frac{1-\cos x}{x^2}=\frac{1}{2}\cdots(オ)$ や $\displaystyle\lim_{x\to 0}\frac{\sin x}{x}=1\cdots(エ)$ を用いれば、ロピタルの定理を3回も使わなくて済みます。上の計算を見て分かるように、(ア)、(イ)の極限もロピタルの定理を用いれば機械的に求めることができます。

この定理の圧倒的な破壊力を垣間見ることができたと思います。

これはちょうど、小学校では鶴亀算で解いていた文章題を、連立方程式を用いて機械的に解くようなものですね。

ロピタルの定理が晴れて解禁になったのですから、関数の極限を求める問題が出たら、まずはロピタルの定理を使えないか試してみましょう。

上の例では、初めからロピタルの定理が使える形になっていましたが、そうでない場合でも、式変形をしてロピタルの定理に持ち込むと解ける極限の問題も多いのです。それらのパターンを示しておきます。関数の極限の問題を見たら、とにかくロピタルの定理です。

第4章●極限

> **ロピタルの定理に持ち込むパターン**
>
> **∞−∞型**
> 多くの場合、∞にあたる部分が分数なので、通分してひとつの分数の形にする。
>
> **∞×0型**
> $f(x)g(x)$ で、$x \to a$ のとき、$f(x) \to \infty$、$g(x) \to 0$ であれば、$\dfrac{g(x)}{\left(\dfrac{1}{f(x)}\right)}$ として、$\dfrac{0}{0}$ 型に持ち込む。
>
> **∞^0 型**
> 対数をとって、$0 \times \infty$ 型にする。
>
> **1^∞ 型**
> 対数をとって、$\infty \times 0$ 型にする。

例題で確認してみましょう。

> **問題 ロピタルの定理** （別 p.78、80）
>
> 次の極限を求めよ。
>
> (1) $\displaystyle\lim_{x \to 0}\left(\dfrac{1}{x^2} - \dfrac{1}{x \tan x}\right)$　　(2) $\displaystyle\lim_{x \to \infty} x \log\left(\dfrac{x-1}{x+1}\right)$
>
> (3) $\displaystyle\lim_{x \to \infty} x^{\frac{1}{x}}$　　(4) $\displaystyle\lim_{x \to 0} (\cos x)^{\frac{1}{x^2}}$

(1) $x \to 0$ のとき、$\dfrac{1}{x^2} \to \infty$、$\dfrac{1}{x \tan x} \to \infty$ なので、$\infty - \infty$ 型です。

通分しましょう。

$$\lim_{x\to 0}\left(\frac{1}{x^2}-\frac{1}{x\tan x}\right)=\lim_{x\to 0}\left(\frac{\tan x-x}{x^2\tan x}\right)=\lim_{x\to 0}\left(\frac{\dfrac{1}{\cos^2 x}-1}{2x\tan x+x^2\cdot\dfrac{1}{\cos^2 x}}\right)$$

$x^2\tan x$ で通分　　　ビブン　　ビブン

分母分子に $\cos^2 x$ をかけた

$$\stackrel{\downarrow}{=}\lim_{x\to 0}\left(\frac{1-\cos^2 x}{2x\sin x\cos x+x^2}\right)=\lim_{x\to 0}\left(\frac{\sin^2 x}{2x\sin x\cos x+x^2}\right)$$

[ここから先もロピタルの定理を使ってよいが、$\sin x \fallingdotseq x$ を代入すると分母分子に x^2 が現われるので2回微分しなければいけないことが分かる。$x\to 0$ のとき、$\sin^2 x \fallingdotseq x^2$ なので、ためしに分母分子を x^2 で割ってみるとうまくいく]

$$=\lim_{x\to 0}\frac{\left(\dfrac{\sin x}{x}\right)^2}{2\cdot\dfrac{\sin x}{x}\cdot\cos x+1}=\frac{1^2}{2\cdot 1\cdot 1+1}=\frac{1}{3}$$

(2) $x\to\infty$ のとき、$\log\left(\dfrac{x-1}{x+1}\right)\to 0$ なので、$\infty\times 0$ 型です。式変形して $\dfrac{0}{0}$ 型にしてから、ロピタルの定理を用います。

$$\lim_{x\to\infty}x\log\left(\frac{x-1}{x+1}\right)=\lim_{x\to\infty}\frac{\log\left(\dfrac{x-1}{x+1}\right)}{\left(\dfrac{1}{x}\right)}=\lim_{x\to\infty}\frac{\log(x-1)-\log(x+1)}{\left(\dfrac{1}{x}\right)}$$

ここでロピタル

$$\stackrel{\downarrow}{=}\lim_{x\to\infty}\frac{\dfrac{1}{x-1}-\dfrac{1}{x+1}}{\left(-\dfrac{1}{x^2}\right)}=\lim_{x\to\infty}\frac{\dfrac{(x+1)-(x-1)}{(x-1)(x+1)}}{\left(-\dfrac{1}{x^2}\right)}=\lim_{x\to\infty}\left(-\frac{2x^2}{x^2-1}\right)$$

$$=\lim_{x\to\infty}\left(-\frac{2}{1-\dfrac{1}{x^2}}\right)=-2$$

(3) $x\to\infty$ のとき、$\dfrac{1}{x}\to 0$ なので、∞^0 型。対数をとって考えます。

$y=x^{\frac{1}{x}}$ とおき対数をとると、$\log y=\log x^{\frac{1}{x}}=\dfrac{1}{x}\log x=\dfrac{\log x}{x}$

$$\lim_{x\to\infty}\log y=\lim_{x\to\infty}\frac{\log x}{x}=\lim_{x\to\infty}\frac{\left(\frac{1}{x}\right)}{1}=0$$

（ビブン）

よって、

$$\lim_{x\to\infty} y=\lim_{x\to\infty} e^{\log y}=e^0=1$$

(4) $x\to 0$ のとき、$\cos x\to 1$、$\dfrac{1}{x^2}\to\infty$ なので 1^∞ 型。対数をとって考えます。

$y=(\cos x)^{\frac{1}{x^2}}$ とおくと、$\log y=\log (\cos x)^{\frac{1}{x^2}}=\dfrac{1}{x^2}\log \cos x=\dfrac{\log \cos x}{x^2}$

$$\lim_{x\to 0}\log y=\lim_{x\to 0}\frac{\log \cos x}{x^2}=\lim_{x\to 0}\frac{\dfrac{1}{\cos x}(-\sin x)}{2x}$$

（ビブン）

$$=\lim_{x\to 0}\left(-\frac{1}{2}\right)\frac{1}{\cos x}\cdot\frac{\sin x}{x}=-\frac{1}{2}$$

よって、

$$\lim_{x\to 0} y=\lim_{x\to 0} e^{\log y}=e^{-\frac{1}{2}}$$

p.137 の問題では多項式関数の分数型、p.139 の問題では指数関数の分数型の数列の極限を扱いました。このように同種の関数であれば、一番効いている項の係数の比較だけで極限値を求めることができます。異なるタイプの関数で分数を作ったときは、次の定理が役立ちます。

異なるタイプの数列・関数の比較

$a>0$、$b>1$ に対して、n が十分に大きいとき、
$$\log n < n^a < b^n < n!$$
が成り立ち、

(1) $\displaystyle\lim_{n\to\infty}\frac{\log n}{n^a}=0$ (2) $\displaystyle\lim_{n\to\infty}\frac{n^a}{b^n}=0$ (3) $\displaystyle\lim_{n\to\infty}\frac{b^n}{n!}=0$

(1) $\lim_{x\to\infty}\dfrac{\log x}{x^a} = \lim_{x\to\infty}\dfrac{1}{x\cdot ax^{a-1}}=0$ より、$\lim_{n\to\infty}\dfrac{\log n}{n^a}=0$

↑ ここでロピタル

(2) log をとって極限を考えます。

$\log\dfrac{n^a}{b^n}=a\log n - n\log b = n\left(a\dfrac{\log n}{n}-\log b\right)$、$\log b>0$ なので、

(1)より $n\to\infty$ のとき、0 に近づく

$\log\dfrac{n^a}{b^n}\to -\infty\ (n\to\infty)$ であり、$\lim_{n\to\infty}\dfrac{n^a}{b^n}=0$

(3) b は定数なので、b を越える a と十分大きい n について、

$$0<\dfrac{b^n}{n!}=\dfrac{b^a}{a!}\cdot\underbrace{\dfrac{b}{(a+1)}\cdot\dfrac{b}{(a+2)}\cdots\dfrac{b}{n}}_{n-a\ \text{コ}}<\dfrac{b^a}{a!}\cdot\left(\dfrac{b}{a+1}\right)^{n-a}$$

これは $(a+1)^{n-a}$ より大きい

が成り立つ。ここで、$\dfrac{b}{a+1}<1$ なので、$\dfrac{b^a}{a!}\cdot\left(\dfrac{b}{a+1}\right)^{n-a}\to 0\ (n\to\infty)$

よって、$\lim_{n\to\infty}\dfrac{b^n}{n!}=0$

4 平均値の定理からテイラーの定理まで

前の節で、$\displaystyle\lim_{x\to 0}\frac{\sin x}{x}=1$、$\displaystyle\lim_{x\to 0}\frac{1-\cos x}{x^2}=\frac{1}{2}$ という極限を紹介しました。

これは関数 $\sin x$ や $1-\cos x$ は、$x=0$ の付近で、次のような近似式が成り立っていることを示しています。≒は正式な数学の記号ではありません。≒は、「左辺と右辺がほぼ等しい」ということを表しています。

$$\sin x \fallingdotseq x, \qquad 1-\cos x \fallingdotseq \frac{1}{2}x^2 \quad \therefore \quad \cos x \fallingdotseq 1-\frac{1}{2}x^2$$

$\sin x$ や $\cos x$ という関数が x の多項式関数で近似されているわけです。

実は、この式は右辺の多項式の次数をあげればいくらでも精密にすることができて、

$$\sin x = x - \frac{1}{3!}x^3 + \frac{1}{5!}x^5 - \frac{1}{7!}x^7 + \cdots\cdots$$

$$\cos x = 1 - \frac{1}{2!}x^2 + \frac{1}{4!}x^4 - \frac{1}{6!}x^6 + \cdots\cdots$$

となります。≒でなくて＝にして書いたのは、右辺を無限和にすることによって数学的にも両辺が等しいことが証明できるからです。三角関数は、次数を無限まで許せば多項式関数で表すことができる、べき級数で表すことができるということです。$\sin x$、$\cos x$ を右辺のようにべき級数で表すことを**べき級数展開**といいます。中学校の始めでは、展開といえばカッコを外すことでしたが、この場合の"展開"とは、$1, x, x^2, x^3, \cdots$ の係数を求めることをいいます。

多項式の極限で表されたことが何の役に立つんだと思うかもしれませんが、多項式で表されていれば関数の値の近似値を実際に計算することができますから、べき級数で表されることは有効なことなのです。

上では、三角関数の例を挙げましたが、指数関数や対数関数などもべき級数で表すことができます。このような事実を保証してくれるのが、テイラーの定理です。

ただ、テイラーの定理を正式に証明するにはずいぶんと道のりが長くなります。

長い割には、その途中で用いる定理に対応する試験で扱われるような演習問題が少ないので、流れだけ説明しておきましょう。

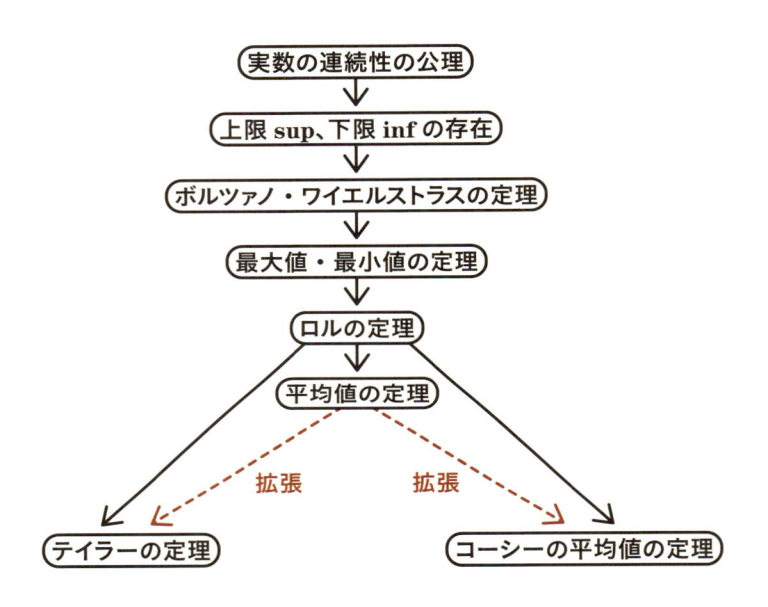

```
実数の連続性の公理
    ↓
上限 sup、下限 inf の存在
    ↓
ボルツァノ・ワイエルストラスの定理
    ↓
最大値・最小値の定理
    ↓
ロルの定理
    ↓
平均値の定理
   ↙   拡張  拡張   ↘
テイラーの定理      コーシーの平均値の定理
```

この本では、最大値・最小値の定理以降の定理を紹介します。証明については、ロルの定理を用いて、平均値の定理、テイラーの定理を示すことをしてみます。

このチャートからも分かるように、これらの定理をきちんと証明するには、連続性の概念の説明から入らなければいけません。が、ここでは関数が「連続である」ことも、「グラフがつながっている」といった直感的理解ですませることにします。

> **最大値・最小値の定理**
> 　　関数 $f(x)$ が閉区間 $[a,\ b]$ で連続のとき、$f(x)$ には最大値 M と最小値 m が存在する。

直感的には当たり前だと思います。注意するところは 2 点。

1つ目は、この定理は微分以前の定理であるということです。$y=f(x)$ のグラフでとんがっているところ（微分不可能な点）があっても成り立つ定理だということです。図2のようにとんがっているところが、最小値・最大値になることがあります。

　2つ目は、この定理は閉区間 $[a, b]$ であるから成り立つのであって、開区間 (a, b) では成り立たないということです。図3のようなグラフを持つ $f(x)$ では最大値・最小値はありません。

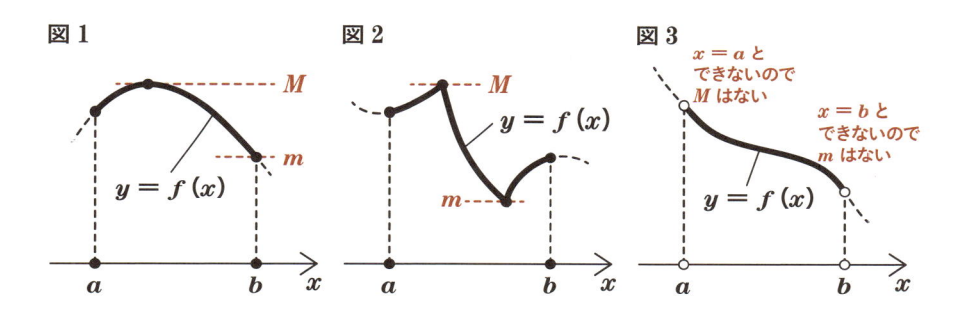

図1

図2

図3 　$x=a$ とできないので M はない
　$x=b$ とできないので m はない

> **ロルの定理**
>
> 　関数 $f(x)$ が、閉区間 $[a, b]$ で連続、かつ開区間 (a, b) で微分可能、さらに $f(a)=f(b)$ であるとき、
> $$f'(c)=0$$
> を満たす c が (a, b) に少なくとも1つ存在する。

　$y=f(x)$ のグラフは、次ページの図のようになります。A$(a, f(a))$, B$(b, f(b))$ は、$f(a)=f(b)$ という条件より同じ高さ（y 座標の値）にあるのだから、2点 A，B 間を結ぶ滑らかな曲線には接線が水平（微分係数が0）になるところがあるという定理です。$f(x)$ が最大または最小となるような x を c とすればよいのです。

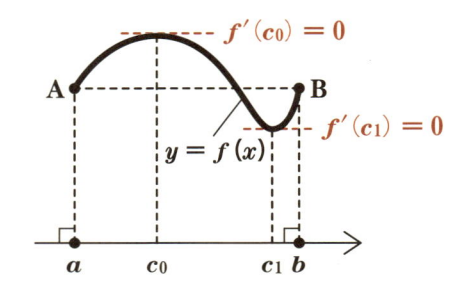

平均値の定理

関数 $f(x)$ が閉区間 $[a, b]$ で連続で、開区間 (a, b) で微分可能なとき、

$$\frac{f(b)-f(a)}{b-a}=f'(c)$$

を満たす c が (a, b) に少なくとも1つ存在する。

$f(a)=f(b)$ のときは、ロルの定理となります。これはロルの定理を少し一般化した定理です。

$y=f(x)$ のグラフを描くと次の図のようになります。この定理は、$A(a, f(a))$、$B(b, f(b))$ を滑らかな曲線で結ぶと、その曲線の傾きが AB の傾きに等しくなる点があるという定理です。

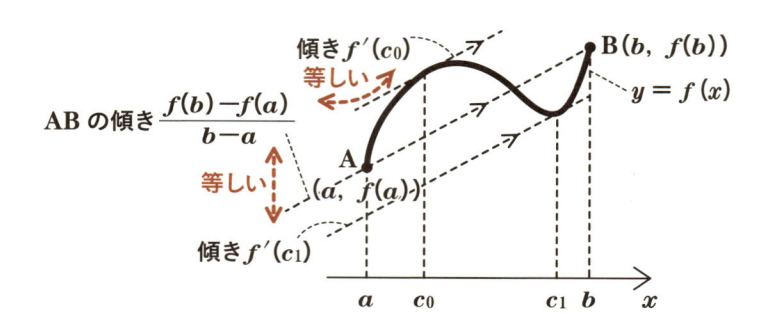

ロルの定理を仮定して、証明をつけてみましょう。

証明のポイントは、$f(x)$ から AB を結ぶ直線の式を引いた関数を考えるところです。AB 間の直線の式は、

$$y = \frac{f(b)-f(a)}{b-a}(x-a) + f(a)$$

です。

[証明]

$$F(x) = f(x) - \frac{f(b)-f(a)}{b-a}(x-a) - f(a)$$

とおきます。

$$F(a) = f(a) - \frac{f(b)-f(a)}{b-a}(a-a) - f(a) = 0$$

$$F(b) = f(b) - \frac{f(b)-f(a)}{b-a}(b-a) - f(a) = f(b) - (f(b)-f(a)) - f(a) = 0$$

ですから、ロルの定理により、$F'(c)=0$ となるような c が開区間 (a, b) に少なくとも1つ存在します。ここで、

$$F'(x) = f'(x) - \frac{f(b)-f(a)}{b-a}$$

ですから、$F'(c)=0$ は、

$$F'(c) = f'(c) - \frac{f(b)-f(a)}{b-a} = 0 \qquad \therefore \quad f'(c) = \frac{f(b)-f(a)}{b-a}$$

定理が証明されました。

コーシーの平均値の定理

関数 $f(x)$、$g(x)$ が、閉区間 $[a, b]$ で連続、かつ開区間 (a, b) で微分可能、かつつねに $\begin{pmatrix} f'(x) \\ g'(x) \end{pmatrix} \neq \begin{pmatrix} 0 \\ 0 \end{pmatrix}$ であるとき、

$$\begin{pmatrix} f(b)-f(a) \\ g(b)-g(a) \end{pmatrix} /\!/ \begin{pmatrix} f'(c) \\ g'(c) \end{pmatrix}$$

を満たす c が (a, b) に少なくとも1つ存在する。

$f(x)$ を x、$g(x)$ を $f(x)$ とすると、普通の平均値の定理になります。なぜなら、定理が満たす式は、

$$\begin{pmatrix} b-a \\ f(b)-f(a) \end{pmatrix} /\!/ \begin{pmatrix} 1 \\ f'(c) \end{pmatrix}$$

　　　　　　　　　　　　　　　平行を表す記号

となり、それぞれのベクトルに平行な直線の傾きは、$\dfrac{f(b)-f(a)}{b-a}$、$f'(c)$ となるからです。

x を媒介変数と考えて、$(f(x),\ g(x))$ のグラフを描いて定理の趣旨を説明してみましょう（下図）。

$(f(x),\ g(x))$ のグラフの $x=c$ での接線の方向ベクトルは $\begin{pmatrix} f'(c) \\ g'(c) \end{pmatrix}$、AB の方向ベクトルは $\begin{pmatrix} f(b)-f(a) \\ g(b)-g(a) \end{pmatrix}$ になります。ですから、定理の主張は、A$(f(a),\ g(b))$、B$(f(b),\ g(b))$ を滑らかな曲線で結ぶと、曲線の接線の方向が AB の方向と一致する点が存在するということです。AB 方向に平行な直線のうち曲線に接するものがあることは、直感的には明らかです。

証明は平均値の定理とほぼ同じですが、$g(x)$ に条件を付けたり、と煩雑なところがあるので省略します。

> **テイラーの定理**
>
> 関数 $f(x)$ が閉区間 $[a, b]$ で連続で、開区間 (a, b) で n 回微分可能なとき
>
> $$f(b) = f(a) + f'(a)(b-a) + \frac{f''(a)}{2!}(b-a)^2 +$$
>
> $$\cdots + \frac{f^{(n-1)}(a)}{(n-1)!}(b-a)^{n-1} + \frac{f^{(n)}(c)}{n!}(b-a)^n$$
>
> を満たす c が (a, b) に存在する。

$n=1$ のときが平均値の定理になっています。**テイラーの定理**は平均値の定理で次数を拡張したものになっています。

テイラーの定理は、関数を多項式関数で近似するときの基礎となる定理であるといいました。このことを説明してから、定理の証明をすることにしましょう。

$f(x)$ の $x=a$ での微分係数は、

$$f'(a) = \lim_{h \to 0} \frac{f(a+h) - f(a)}{h}$$

と表されました。これは、h が十分に小さいとき、

$$f'(a) \fallingdotseq \frac{f(a+h) - f(a)}{h} \quad \therefore \quad f(a+h) - f(a) \fallingdotseq f'(a)h$$

が成り立っているということです。いま、$a+h=x$ とおくと、この式は、

$$f(x) - f(a) \fallingdotseq f'(a)(x-a) \quad \therefore \quad f(x) \fallingdotseq f(a) + f'(a)(x-a)$$

と書くことができます。x が a に十分に近いとき（h が十分に小さいとき）に、両辺がほぼ等しいという式です。これは、$y=f(x)$ のグラフが $x=a$ の十分小さいところでは、直線 $y=f'(a)(x-a)+f(a)$ で近似できるということです。

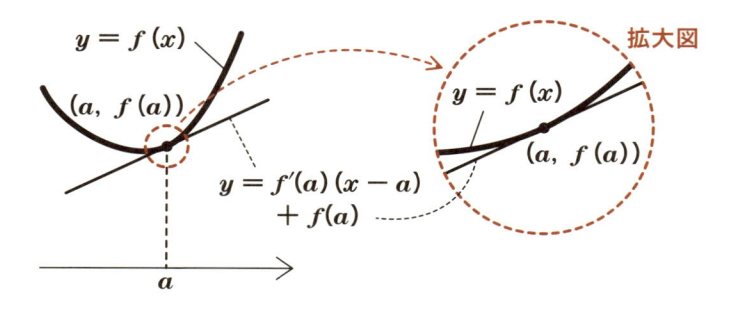

関数 $y=f(x)$ を x の1次式で近似したので1次近似といいます。

これでも十分ですが、近似の精度を上げるために、右辺の式の次数を上げていきましょう。$(x-a)$ よりももっと十分小さい $(x-a)^2$ の項を加えて、x が a に十分近いところでは、

$$f(x) \fallingdotseq f(a) + f'(a)(x-a) + K(x-a)^2$$

となる定数 K を求めてみます。微分すると、

$$f'(x) \fallingdotseq f'(a) + 2K(x-a) \qquad もう一度微分して、f''(x) \fallingdotseq 2K$$

ここで、x は a に十分近いので、$f''(a) \fallingdotseq 2K \quad K \fallingdotseq \dfrac{f''(a)}{2}$

$$f(x) \fallingdotseq f(a) + f'(a)(x-a) + \dfrac{f''(a)}{2}(x-a)^2$$

これが $f(x)$ を $x=a$ の付近で2次近似した式です。

次に3次式で近似してみましょう。

$$f(x) \fallingdotseq f(a) + f'(a)(x-a) + \dfrac{f''(a)}{2}(x-a)^2 + M(x-a)^3$$

これを3回微分します。

　　ビブン → $f'(x) \fallingdotseq f'(a) + f''(a)(x-a) + 3M(x-a)^2$
　　　　　→ $f''(x) \fallingdotseq f''(a) + 6M(x-a)$ ⋯→ $f^{(3)}(x) \fallingdotseq 6M$
　　　　　　　　　　　　　　　　　　　　ビブン

x は a に十分近いので、$f^{(3)}(a) \fallingdotseq 6M \quad M \fallingdotseq \dfrac{f^{(3)}(a)}{6}$ となります。

このようなことを繰り返すとすると、$f(x)$はxがaに十分近いところで

$$f(x) = f(a) + f'(a)(x-a) + \frac{f''(a)}{2!}(x-a)^2 + \cdots + \frac{f^{(n)}(a)}{n!}(x-a)^n + \cdots$$

と、べき級数展開できることが予想できるでしょう。

テイラーの定理はこの式が正当なものであることを保証してくれる定理なのです。テイラーの定理を証明してみましょう。

[証明]

証明すべき式

$$f(b) = f(a) + f'(a)(b-a) + \frac{f''(a)}{2!}(b-a)^2 +$$
$$\cdots + \frac{f^{(n-1)}(a)}{(n-1)!}(b-a)^{n-1} + \frac{f^{(n)}(c)}{n!}(b-a)^n$$

の$f^{(n)}(c)$をKでおきかえ、

$$f(b) = f(a) + f'(a)(b-a) + \frac{f''(a)}{2!}(b-a)^2 +$$
$$\cdots + \frac{f^{(n-1)}(a)}{(n-1)!}(b-a)^{n-1} + \frac{K}{n!}(b-a)^n \cdots\cdots ①$$

という式を作ります。Kをこの式を満たす定数とします。

厳（いか）しい式なのでピンと来ない人もあるかもしれませんが、a, bは定数ですから、この式をKの1次方程式と見てKについて解けば、Kの値をa, bと$f(x)$で表すことができます。

$f(x)$のn階導関数$f^{(n)}(x)$のxをうまく選ぶことによって、$f^{(n)}(c) = K$とすることができれば、定理が証明できたことになります。

まずは、①で定まる定数Kを用いて、次のような関数$F(x)$を作ります。

$$F(x) = f(b) - \{f(x) + f'(x)(b-x) + \frac{f^{(2)}(x)}{2!}(b-x)^2 +$$
$$\cdots + \frac{f^{(n-1)}(x)}{(n-1)!}(b-x)^{n-1} + \frac{K}{n!}(b-x)^n\}$$

ここで、$F(a), F(b)$を計算すると、

$$F(a) = f(b) - \{f(a) + f'(a)(b-a) + \frac{f^{(2)}(a)}{2!}(b-a)^2 +$$

$$\cdots + \frac{f^{(n-1)}(a)}{(n-1)!}(b-a)^{n-1} + \frac{K}{n!}(b-a)^n\}$$

①より$f(b)$です

$$= f(b) - f(b) = 0$$

$$F(b) = f(b) - \{f(b) + f'(b)(b-b) + \frac{f^{(2)}(b)}{2!}(b-b)^2 +$$

$$\cdots + \frac{f^{(n-1)}(b)}{(n-1)!}(b-b)^{n-1} + \frac{K}{n!}(b-b)^n\}$$

$$= 0$$

$F(a)=0$、$F(b)=0$ですから、$F(x)$にロルの定理を用いると、$F'(c)=0$を満たす(a, b)に含まれるcが存在します。ここで$F'(x)$を計算すると、

$$F'(x) = -f'(x) + f'(x) - f''(x)(b-x) + f''(x)(b-x) - \frac{f^{(3)}(x)}{2!}(b-x)^2$$

$$+ \frac{f^{(3)}(x)}{2!}(b-x)^2 - \frac{f^{(4)}(x)}{3!}(b-x)^3 + \frac{f^{(4)}(x)}{3!}(b-x)^3 - \frac{f^{(5)}(x)}{4!}(b-x)^4$$

$$+ \cdots + \frac{f^{(n-1)}(x)}{(n-2)!}(b-x)^{n-2} - \frac{f^{(n)}(x)}{(n-1)!}(b-x)^{n-1} + \frac{K}{(n-1)!}(b-x)^{n-1}$$

$$= (-f^{(n)}(x) + K)\frac{(b-x)^{n-1}}{(n-1)!}$$

ですから、

$$F'(c) = 0 \quad \therefore \quad (-f^{(n)}(c) + K)\frac{(b-c)^{n-1}}{(n-1)!} = 0 \quad \therefore \quad K = f^{(n)}(c)$$

つまり、$f^{(n)}(x)$のxをうまく選ぶことによって、$f^{(n)}(c)=K$とすることができたわけです。これを①の式に代入すると、

$$f(b) = f(a) + f'(a)(b-a) + \frac{f''(a)}{2!}(b-a)^2 +$$

$$\cdots + \frac{f^{(n-1)}(a)}{(n-1)!}(b-a)^{n-1} + \frac{f^{(n)}(c)}{n!}(b-a)^n$$

これによって、テイラーの定理が証明されたことになります。

$\frac{f^{(n)}(c)}{n!}(b-a)^n$ のことを**ルジャンドルの剰余項**といいます。

さらに、テイラーの定理から関数の多項式近似にいたる道をたどってみましょう。

テイラーの定理の式で b を x におきかえます。

$$f(x) = f(a) + f'(a)(x-a) + \frac{f''(a)}{2!}(x-a)^2 +$$
$$\cdots + \frac{f^{(n-1)}(a)}{(n-1)!}(x-a)^{n-1} + \frac{f^{(n)}(c)}{n!}(x-a)^n \quad \cdots\cdots ①$$

テイラーの定理で有限の値に止めていた n を無限大にすることを考えてみましょう。すると、次のように書くことができます。

$$f(x) = f(a) + f'(a)(x-a) + \frac{f''(a)}{2!}(x-a)^2 + \cdots + \frac{f^{(n)}(a)}{n!}(x-a)^n + \cdots\cdots$$

この式を $f(x)$ の $x=a$ を中心とするテイラー展開の式といいます。とくに $a=0$ で展開した式を**マクローリン展開**といいます。

> **マクローリン展開**
> $f(x)$ が $x=0$ で何回も微分可能なとき、
> $$f(x) = f(0) + f'(0)x + \frac{f''(0)}{2!}x^2 + \cdots + \frac{f^{(n)}(0)}{n!}x^n + \cdots$$

テイラー展開、マクローリン展開では、収束半径があります。これは、べき級数の収束半径の求め方で求めることができます。

収束半径 R を求めるには、$a_n = \dfrac{f^{(n)}(a)}{n!}$ とおいて、ダランベールの判定法を用いましょう。$r = \lim\limits_{n \to \infty} \left| \dfrac{a_{n+1}}{a_n} \right|$ を求め、$R = \dfrac{1}{r}$ とします。

具体的な関数について、さっそくマクローリン展開をしてみましょう。

問題 マクローリン展開／マクローリン展開を利用した近似式

次の関数のマクローリン展開とその収束半径を求めよ。 （別 p.82、84、86）

(1) $f(x) = e^x$ (2) $f(x) = \cos x$

(3) $f(x) = \sin x$ (4) $f(x) = \log(1+x)$

(5) $f(x) = (1+x)^\alpha$

(1) $f^{(n)}(x) = (e^x)^{(n)} = e^x$、$f^{(n)}(0) = e^0 = 1$ となりますから、マクローリン展開の n 次の係数は、$\dfrac{f^{(n)}(0)}{n!} = \dfrac{1}{n!}$ です。

$$e^x = 1 + x + \frac{1}{2!}x^2 + \frac{1}{3!}x^3 + \frac{1}{4!}x^4 + \cdots$$

$a_n = \dfrac{1}{n!}$ とおくと、$r = \lim\limits_{n \to \infty} \dfrac{a_{n+1}}{a_n} = \lim\limits_{n \to \infty} \dfrac{1}{(n+1)!} \cdot \dfrac{n!}{1} = \lim\limits_{n \to \infty} \dfrac{1}{n+1} = 0$

なので、収束半径 R は ∞ です。上の式は $-\infty < x < \infty$ で成り立ちます。つまり、すべての実数で成り立ちます。

(2)、(3) $\cos$、$\sin$ の微分は、

$$\cos x \xrightarrow{\text{ビブン}} -\sin x \xrightarrow{\text{ビブン}} -\cos x \xrightarrow{\text{ビブン}} \sin x \xrightarrow{\text{ビブン}} \cos x \xrightarrow{\text{ビブン}}$$

と巡回します。これより $f(x) = \cos x$ の場合は、

$f(0) = \cos 0 = 1$、$f'(0) = -\sin 0 = 0$、$f^{(2)}(0) = -\cos 0 = -1$、$f^{(3)}(0) = \sin 0 = 0$
$f^{(4)}(0) = \cos 0 = 1$、$f^{(5)}(0) = -\sin 0 = 0$、$f^{(6)}(0) = -\cos 0 = -1$、$f^{(7)}(0) = \sin 0 = 0$、
…

というように、$1 \to 0 \to -1 \to 0 \to \cdots$ と巡回します。

マクローリン展開の n 次の係数は、n が奇数のときは $\dfrac{f^{(n)}(0)}{n!} = 0$、

n が偶数 ($n = 2k$) のときは $\dfrac{f^{(n)}(0)}{n!} = \dfrac{(-1)^k}{(2k)!}$ ですから、

$$\cos x = 1 - \frac{1}{2!}x^2 + \frac{1}{4!}x^4 - \frac{1}{6!}x^6 + \cdots$$

$a_k = \dfrac{x^{2k}}{(2k)!}$ とおくと、x がどんな実数であっても、$2k$ が x の絶対値より大きいところでは、$\dfrac{a_{k+1}}{a_k} = \dfrac{x^{2k+2}}{(2k+2)!} \cdot \dfrac{(2k)!}{x^{2k}} = \dfrac{x^2}{(2k+2)(2k+1)} < 1$ となりますから、$\{a_k\}$ は減少数列です。しかも、p.152 より $\lim\limits_{n\to\infty} a_n = 0$ ですから、交代級数は収束します。任意の x に対して、$\cos x$ のマクローリン展開が収束することが分かりました。

$f(x) = \sin x$ の場合は、

$f(0) = \sin 0 = 0$、$f'(0) = \cos 0 = 1$、$f^{(2)}(0) = -\sin 0 = 0$、$f^{(3)}(0) = -\cos 0 = -1$
$f^{(4)}(0) = \sin 0 = 0$、$f^{(5)}(0) = \cos 0 = 1$、$f^{(6)}(0) = -\sin 0 = 0$、
$f^{(7)}(0) = -\cos 0 = -1$、…

同様に、

$$\sin x = x - \frac{1}{3!}x^3 + \frac{1}{5!}x^5 - \frac{1}{7!}x^7 + \cdots$$

収束半径については、$\cos x$ のときと同様に考えれば、右辺の級数が任意の実数 x について収束することが分かります。

(4) $f(x) = \log(1+x)$ の場合は、$f^{(n)}(x) = \dfrac{(-1)^{n-1}(n-1)!}{(1+x)^n}$ $0! = 1$

$$f^{(n)}(0) = \frac{(-1)^{n-1}(n-1)!}{(1+0)^n} = (-1)^{n-1}(n-1)!$$

より、n 次の係数は、$\dfrac{f^{(n)}(0)}{n!} = \dfrac{(-1)^{n-1}(n-1)!}{n!} = \dfrac{(-1)^{n-1}}{n}$ なので、

$$\log(1+x) = x - \frac{1}{2}x^2 + \frac{1}{3}x^3 - \frac{1}{4}x^4 + \cdots$$

$a_n = \dfrac{(-1)^{n-1}}{n}$ とおくと、

$$r = \lim_{n\to\infty}\left|\frac{a_{n+1}}{a_n}\right| = \lim_{n\to\infty}\left|\frac{(-1)^n}{n+1} \cdot \frac{n}{(-1)^{n-1}}\right| = \lim_{n\to\infty}\frac{1}{1+\dfrac{1}{n}} = 1$$

収束半径 R は、$R=\dfrac{1}{r}=1$ です。

(5) $f(x)=(1+x)^\alpha$, $f'(x)=\alpha(1+x)^{\alpha-1}$,
$f^{(2)}(x)=\alpha(\alpha-1)(1+x)^{\alpha-2}$, $f^{(3)}(x)=\alpha(\alpha-1)(\alpha-2)(1+x)^{\alpha-3}$, $\cdots$

よって、

$$f(0)=(1+0)^\alpha=1,\ f'(0)=\alpha(1+0)^{\alpha-1}=\alpha,$$
$$f^{(2)}(0)=\alpha(\alpha-1)(1+0)^{\alpha-2}=\alpha(\alpha-1)$$
$$f^{(3)}(0)=\alpha(\alpha-1)(\alpha-2)(1+0)^{\alpha-3}=\alpha(\alpha-1)(\alpha-2)$$

ですから、マクローリン展開の n 次の係数は、

$$\dfrac{f^{(n)}(0)}{n!}=\dfrac{\alpha(\alpha-1)(\alpha-2)\cdots(\alpha-n+1)}{n!} \text{です。}$$

$$(1+x)^\alpha = 1+\alpha x+\dfrac{\alpha(\alpha-1)}{2!}x^2+\dfrac{\alpha(\alpha-1)(\alpha-2)}{3!}x^3+\cdots$$

$a_n=\dfrac{\alpha(\alpha-1)(\alpha-2)\cdots(\alpha-n+1)}{n!}$ とおくと、

$$r=\lim_{n\to\infty}\left|\dfrac{a_{n+1}}{a_n}\right|$$
$$=\lim_{n\to\infty}\left|\dfrac{\alpha(\alpha-1)(\alpha-2)\cdots(\alpha-n)}{(n+1)!}\cdot\dfrac{n!}{\alpha(\alpha-1)(\alpha-2)\cdots(\alpha-n+1)}\right|$$
$$=\lim_{n\to\infty}\left|\dfrac{\alpha-n}{n+1}\right|=\lim_{n\to\infty}\left|\dfrac{\dfrac{\alpha}{n}-1}{1+\dfrac{1}{n}}\right|=1$$

より、収束半径 R は、$R=\dfrac{1}{r}=1$ です。

次ページの6つのマクローリン展開は有用ですから、すらすらと書けるようになっていて欲しいものです。(カ)は、(オ)で $\alpha=-1$ とした場合であり、無限等比級数ですが、問題を解くときには、これをもとにすることがあります。

(オ)で α を自然数 n とすると、係数には

$$n = {}_nC_1, \quad \frac{n(n-1)}{2} = {}_nC_2, \quad \frac{n(n-1)(n-2)}{3!} = {}_nC_3$$

が現われ、$(n+1)$ 次以上の数は分子に $(n-n)=0$ があるので 0 になります。(オ)は二項定理の拡張になっています。

マクローリン展開

(ア)　$e^x = 1 + x + \dfrac{1}{2!}x^2 + \dfrac{1}{3!}x^3 + \dfrac{1}{4!}x^4 + \cdots \quad (-\infty < x < \infty)$

(イ)　$\cos x = 1 - \dfrac{1}{2!}x^2 + \dfrac{1}{4!}x^4 - \dfrac{1}{6!}x^6 + \cdots \quad (-\infty < x < \infty)$

(ウ)　$\sin x = x - \dfrac{1}{3!}x^3 + \dfrac{1}{5!}x^5 - \dfrac{1}{7!}x^7 + \cdots \quad (-\infty < x < \infty)$

(エ)　$\log(1+x) = x - \dfrac{1}{2}x^2 + \dfrac{1}{3}x^3 - \dfrac{1}{4}x^4 + \cdots \quad (-1 < x \leq 1)$

(オ)　$(1+x)^\alpha = 1 + \alpha x + \dfrac{\alpha(\alpha-1)}{2!}x^2 + \dfrac{\alpha(\alpha-1)(\alpha-2)}{3!}x^3 + \cdots \quad (-1 < x < 1)$

(カ)　$\dfrac{1}{1+x} = 1 - x + x^2 - x^3 + x^4 - \cdots \quad (-1 < x < 1)$

■グラフの凸性

微分の章では、グラフが凸であることを感覚的に捉えるだけでした。ここではグラフが凸であることの正確な定義を与え、凸性と 2 階導関数の関係を導きます。

> **グラフの凸性**
>
> $f(x)$ が $[a, b]$ で定義された関数とする。$[a, b]$ に含まれる任意の2点 $u, v (u \leq v)$ と、$0 < t < 1$ を満たす任意 t について、つねに、
>
> $$(1-t)f(u) + tf(v) > f((1-t)u + tv)$$
>
> が成り立つとき、$f(x)$ は下に凸であるという。

次の図のように $y = f(x)$ 上のグラフに $A(u, f(u))$、$B(v, f(v))$ を取り、AB を $t : 1-t$ に内分する点を P とします。P を通り y 軸に平行な直線と $y = f(x)$ との交点を Q とします。すると、P の座標は、内分点の公式より、

$$P((1-t)u + tv, \ (1-t)f(u) + tf(v))$$

Q の座標は、P と x 座標が同じで、

$$Q((1-t)u + tv, \ f((1-t)u + tv))$$

となります。つまり定義の条件式は、

$$\underbrace{(1-t)f(u) + tf(v)}_{\text{P の } y \text{ 座標}} > \underbrace{f((1-t)u + tv)}_{\text{Q の } y \text{ 座標}}$$

を意味しています。関数が下に凸であることの定義を一言でいうと、

グラフの任意の弦（線分 AB）がグラフの上方にある

となります。

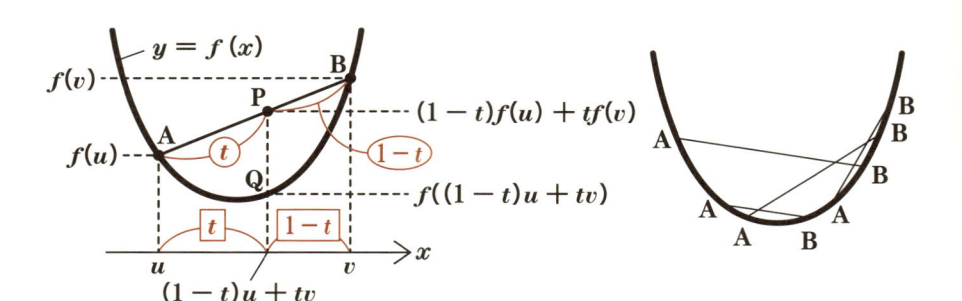

> **定理** $f(x)$ が2回微分可能であるとき、
> $$y=f(x) \text{ が下に凸} \quad \Leftrightarrow \quad f''(x)>0$$

$\Rightarrow$ を示します。

$u<v$ である任意の u, v をとり、$A(u, f(u))$、$B(v, f(v))$ とし、弧 AB の間に P を取ると、次の図のようになります。

（AP の傾き）＜（AB の傾き）＜（PB の傾き）

図から明らかですが、式でも示してみましょう。

$P(w, f(w))$、$Q(w, W)$ とすると、$f(x)$ が下に凸より $f(w)<W$ です。

$$\underbrace{\frac{f(w)-f(u)}{w-u}}_{\text{（APの傾き）}} < \underbrace{\frac{W-f(u)}{w-u}=\frac{f(v)-W}{v-w}}_{\text{（ABの傾き）}} < \underbrace{\frac{f(v)-f(w)}{v-w}}_{\text{（PBの傾き）}}$$

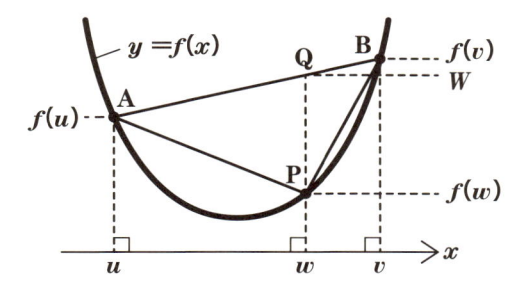

$P \to A$ のとき、（AP の傾き）$\to f'(u)$ ですから、$f'(u) < \dfrac{f(v)-f(u)}{v-u}$

$P \to B$ のとき、（PB の傾き）$\to f'(v)$ ですから、$\dfrac{f(v)-f(u)}{v-u} < f'(v)$

つまり、$f'(u) < \dfrac{f(v)-f(u)}{v-u} < f'(v)$ であり、$f'(x)$ は増加関数になり、$f''(x)>0$ となります。

⟸ を示します。

$u<v$、$0<t<1$ とします。
$$F(v) = (1-t)f(u) + tf(v) - f((1-t)u+tv)$$
とおきます。$F(v)$ を v で微分すると、
$$F'(v) = tf'(v) - tf'((1-t)u+tv)$$
$$= t(f'(v) - f'((1-t)u+tv))$$
ここで、$f''(x)>0$ であることから $f'(x)$ は増加関数であり、$v>(1-t)u+tv$ なので、$f'(v)>f'((1-t)u+tv)$

これより、$F'(v)>0$ が成り立ちます。

$F(u)=0$ なので、$F(v)$ の増減表は右のようになり、$F(v)>0$ です。

v	(u)	
$F'(v)$	(0)	$+$
$F(v)$	(0)	↗

$u<v$、$0<t<1$ のとき、
$$F(v)>0 \iff (1-t)f(u) + tf(v) > f((1-t)u+tv)$$
が成り立つので、$y=f(x)$ は下に凸であることが示されました。

---

2 回導関数と極値

$y=f(x)$ が $x=a$ の近くで 2 回微分可能かつ $f''(x)$ が連続であるとき、

$f'(a)=0,\ f''(a)>0 \implies f(x)$ は $x=a$ で極小値をとる

これはグラフを考えると明らかです。$f''(a)>0$ から $x=a$ の近くで下に凸であることが分かり、$f'(a)=0$ から $x=a$ でグラフが平らになるからです。

ここで注意しなければならないのは、逆向きの矢印が成り立たないことです。$f'(a)=0$, $f''(a)>0$ は、$f(x)$ が $x=a$ で極小値をとるための十分条件であっても、必要条件ではないのです。

例えば、$f(x)=x^4$ という関数を考えてみましょう。$f(x)$ は $x=0$ で極小値をとりますが、$f'(0)=0$, $f''(0)=0$ です。$f''(0)=0$ であるときには、もっと高い階数の導関数を使って詳しく調べなければならないのです。

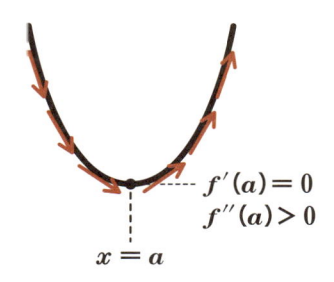

$f'(a) = 0$
$f''(a) > 0$

$x = a$

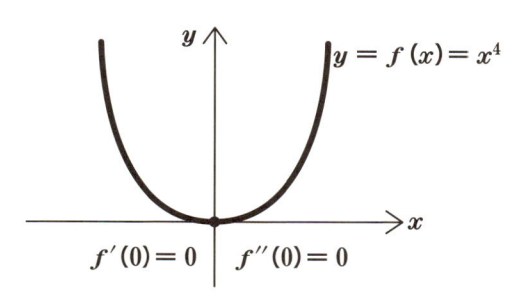

$y = f(x) = x^4$

$f'(0) = 0 \quad f''(0) = 0$

第5章

2変数関数の微分

1 偏微分

これから2変数関数の微分について説明していきましょう。

2変数関数とは、x, y の値を決めると、その (x, y) に対して、値が1つ決まるような関数のことです。例えば、

$$f(x, y) = x^2 + 3xy + y^2$$

です。これは、$x=1$, $y=4$ のとき、

$$f(1, 4) = 1^2 + 3 \cdot 1 \cdot 4 + 4^2 = 29$$

と値が決まります。

2変数関数は、どのような図形的イメージをもっていればよいでしょうか。

1変数関数 $y=f(x)$ は、x の値を決めると y の値が決まる法則を表したものでした。この法則の様子は、xy 平面上に曲線で表されました。

$y=f(x)$ のグラフの書き方はこうです、次ページの左図のように x の値が a のとき、$f(a)$ の値が b であるならば、(a, b) を平面上に取っていきます。これを無数の x の値に対して調べて点を取っていけば $y=f(x)$ のグラフが描けたのでした。

2変数関数 $z=f(x, y)$ は、x と y の値を決めたときに、z の値が決まる法則を表しています。この様子は、xyz 空間に曲面で表されます。

x が a、y が b のとき、$f(a, b)$ の値が c であれば、次ページの右図のように (a, b, c) を空間座標中に取っていきます。これを無数の (x, y) の組に対して調べていけば、$z=f(x, y)$ のグラフが描けます。$z=f(x, y)$ は一般に曲面を表します。曲面のイメージとしては、空中に空飛ぶ絨毯が浮かんでいるところを想像するとよいでしょう。

第 5 章 ● 2 変数関数の微分

図1

図2

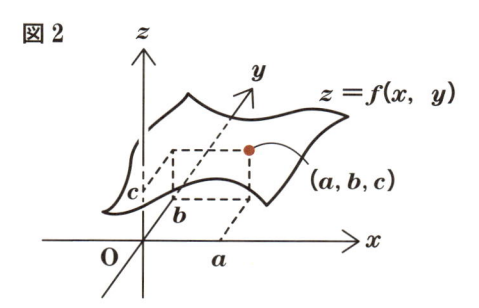

$y = f(x)$ は曲線を表し、$z = f(x, y)$ は曲面を表す。曲線（次元は 1）の次元が 1 次あがって、曲面（次元は 2 次）になったわけです。

2 変数関数でも、本来であれば、「連続」の概念から説明しなければならないのですが、計算の法則・問題の解き方を優先する本書の趣旨に沿って、偏微分の計算方法から紹介していきましょう。

偏微分

x と y の関数 $f(x, y)$ に関して、y を定数と見て x で微分することを $f(x, y)$ の x による偏微分といい、f_x、$f_x(x, y)$、$\dfrac{\partial f}{\partial x}$ などと表す。

偏微分は計算するだけなら簡単でしょう。片方の変数を定数だと思って微分すればいいだけのことです。上の話は、y による偏微分であっても同様です。

f_x を $f(x, y)$ の x による**偏導関数**、f_y を y による**偏導関数**といいます。

練習問題で記号に慣れましょう。

ホップ　問題　偏導関数 （別 p.88）

$f(x, y) = \dfrac{x}{y}$ のとき、f_x、f_y を求めよ。

$$f_x = \frac{\partial}{\partial x}\left(\frac{x}{y}\right) = \frac{1}{y}, \quad f_y = \frac{\partial}{\partial y}\left(\frac{x}{y}\right) = -\frac{x}{y^2}$$

試験のときはこれだけで十分ですが、みなさんにはぜひ偏微分の図形的イメージも知ってもらいたいと思います。これから説明していく全微分の意味やラグランジュの未定乗数法を深く理解するためにも偏微分の図形的イメージを頭に描けるようにしておきましょう。

$y=f(x)$ 上の $x=a$ のときの点 $A(a, f(a))$ での微分係数は $f'(a)$ と表されます。これは、$y=f(x)$ に A で接する接線の傾きを表していました（下左図）。

$f_x(a, b)$ を、$f(x, y)$ の (a, b) における x 方向の偏微分係数といいます。偏微分でもやはり微分係数といったら、接線の傾きを表しているのです。$f_x(a, b)$ がどういう直線の接線の傾きになっているのか説明してみましょう。

$(x, y, f(x, y))$ は曲面を表していました。この曲面を S とします。b を定数として y に b を代入します。$(x, b, f(x, b))$ となります。これは、y 座標がつねに b ですから、$y=b$ という平面上の点です（下右図）。

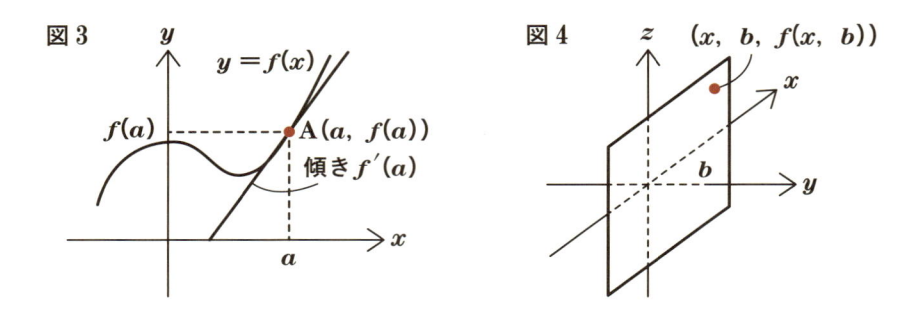

図3

図4

$y=b$ が平面を表しているというのはいいでしょうか。

$y=b$（定数）が xyz 座標で表す図形は、y が一定で x, z には制限がなく自由に動くことができるということですから、$(0, b, 0)$ を通り xz 平面に平行な平面を表しています。これは、xy 平面で $x=2$ が $(2, 0)$ を通り y 軸に平行な直線を表すことを思い出せば、それの次元を上げたものとして理解できるでしょう。

$(x, b, f(x, b))$ は、$(x, y, f(x, y))$ が表す曲面 S 上の点であり、かつ平面 $y=b$ 上の点ですから、S と $y=b$ の交わりになります。これは、曲面 S を平面 $y=b$ でタテに切ったときにできる切り口をイメージするとよいでしょう。切り

口は一般に曲線になります。この曲線を $C_{y=b}$ と名前をつけましょう。

$(x, b, f(x, b))$ は、曲線 $C_{y=b}$ 上の点になります。x が動くとき、$(x, b, f(x, b))$ は $C_{y=b}$ 上を動くわけです。

$(a, b, f(a, b))$ を点 A とします。平面 $y=b$ 上で考えたとき、$C_{y=b}$ の A での接線の傾きが $f_x(a, b)$ になります。A での $C_{y=b}$ の接線を、S の A での x 方向の接線と呼ぶことにします。$f_x(a, b)$ は曲面 S の x 方向の傾きです。

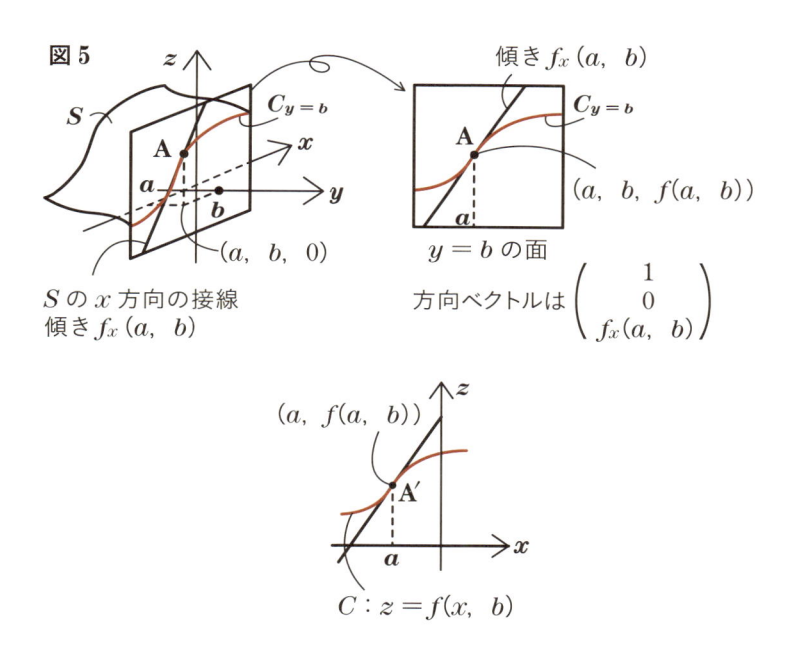

図5

S の x 方向の接線
傾き $f_x(a, b)$

$y=b$ の面
方向ベクトルは $\begin{pmatrix} 1 \\ 0 \\ f_x(a, b) \end{pmatrix}$

$C : z = f(x, b)$

$(x, b, f(x, b))$ の代わりに、b を削除した $(x, f(x, b))$ を xz 平面上に取っても、$(x, f(x, b))$ が描く曲線は、$C_{y=b}$ と同じ形の曲線になることはよいでしょう。xz 平面上の曲線を C とします。$C_{y=b}$ の $(a, b, f(a, b))$ での接線の傾きを求めたいのであれば、C の A′$(a, f(a, b))$ での接線の傾きを求めればよいのです。

それは、$f(x, b)$ を x で微分して、$x=a$ とすれば求まります。つまり、

[$C_{y=b}$ の A$(a, b, f(a, b))$ での接線の傾き]

$=$[C の A′$(a, f(a, b))$ での接線の傾き]$=f_x(a, b)$

となります。

Aでの接線方向のベクトルを求めておきましょう。

A′での接線方向のベクトルが $\begin{pmatrix} 1 \\ f_x(a, b) \end{pmatrix}$ です。Aでの接線方向のベクトルは、y方向の成分は0ですから、$\begin{pmatrix} 1 \\ 0 \\ f_x(a, b) \end{pmatrix}$ になります。まとめると、

> 曲面 $S: z=f(x, y)$ の $A(a, b, f(a, b))$ での
> x 方向の接線の傾きは、$f_x(a, b)$
> x 方向の接線の方向ベクトルは、$\begin{pmatrix} 1 \\ 0 \\ f_x(a, b) \end{pmatrix}$

上の議論を y に適用すれば、

> 曲面 $S: z=f(x, y)$ の $A(a, b, f(a, b))$ での
> y 方向の接線の傾きは、$f_y(a, b)$
> y 方向の接線の方向ベクトルは、$\begin{pmatrix} 0 \\ 1 \\ f_y(a, b) \end{pmatrix}$

偏微分係数を求めるには、偏導関数に具体的な座標の値を代入すればよいのでした。確認してみましょう。

問題
$f(x, y) = x \log y$ の $(4, 2)$ での x 方向の偏微分係数、y 方向の偏微分係数を求めよ。

まず、偏導関数を求めます。

$$f_x(x, y) = \frac{\partial}{\partial x}(x \log y) = \log y, \quad f_y(x, y) = \frac{\partial}{\partial y}(x \log y) = \frac{x}{y}$$

これに具体的な座標の値 $(x, y) = (4, 2)$ を代入します。

$$f_x(4, 2) = \log 2, \quad f_y(4, 2) = \frac{4}{2} = 2$$

2 全微分

2変数関数の場合には、偏微分から計算される**全微分**と呼ばれる微分があります。その計算の仕方と意味を明らかにしていきましょう。

> **全微分**
> $f(x, y)$ が (a, b) で全微分可能なとき、$f(x, y)$ の (a, b) における全微分 df は、
> $$df = f_x(a, b)dx + f_y(a, b)dy$$

これも、計算だけなら簡単ですね。1変数の微分が分かっていれば、全微分を求めなさいという問題が出ても、すぐに答えは求まります。

さっそく問題を解いてみましょう。

問題 全微分と接平面 （別 p.90）
$f(x, y) = x^2 y^3$ のとき、$(-1, 2)$ での全微分を求めよ。

まず、偏導関数を求めます。
$$f_x = \frac{\partial}{\partial x}(x^2 y^3) = 2xy^3, \quad f_y = \frac{\partial}{\partial y}(x^2 y^3) = 3x^2 y^2$$

これに具体的な点の座標を代入して、偏微分係数を求めます。
$$f_x(-1, 2) = 2(-1) \cdot 2^3 = -16, \quad f_y(-1, 2) = 3(-1)^2 \cdot 2^2 = 12$$

よって、$f(x, y)$ の $(-1, 2)$ での全微分は、
$$df = f_x(-1, 2)dx + f_y(-1, 2)dy \quad \therefore \quad df = -16dx + 12dy$$

計算はできても、この式の意味がよくわからないという人も多いのではないでしょうか。そもそも、dx、dy は、$\frac{dy}{dx}$ という商の形では、お目にかかった

ことがあっても、素のままで扱ったのはこれが初めてという人もいるでしょう。この式の意味から説明していきましょう。

それには、Δx と dx の違いを明確にしておかなくてはなりません。端的にいうと、Δx は微小の変化量、dx は Δx が限りなく 0 に近づいた極限での表現なのです。

$y = f(x)$ を $x = a$ で微分をするときで説明するとこうなります。

$y = f(x)$ の $x = a$ での微分係数を求める公式は、

$$f'(a) = \lim_{h \to 0} \frac{f(a+h) - f(a)}{h}$$

でした。この式の分数は、y の変化量を x の変化量 h で割った式です。式全体では、h が 0 に近づくときの極限を取っています。

x の微小の変化量を Δx、y の微小の変化量を Δy とすると、$\Delta x = h$、$\Delta y = f(a+h) - f(a)$ であり、上式は、

$$f'(a) = \lim_{\Delta x \to 0} \frac{\Delta y}{\Delta x} \quad \cdots\cdots ①$$

となります。これは Δx が微小のとき、

$$\Delta y \fallingdotseq f'(a) \Delta x$$

となることを表しています。

ここで Δx、Δy を dx、dy に、$\fallingdotseq$ を $=$ にすると、

$$dy = f'(a) dx \quad \cdots\cdots ②$$

となります。

Δx、Δy の極限が dx、dy であるといいました。$h \to 0$ のとき、Δx も Δy も 0 に近づきますから、無理に dx、dy の値を考えれば 0 となります。しかし、②の式は $0 = 0$ ということを主張したい式ではありません。

②の式が表している意味は、$h \to 0$ のとき、Δx も Δy も 0 には近づくけれども、Δy は Δx の $f'(a)$ 倍に近づきますよ、ということです。つまり、②の式は極限を取るときの微小の変化量の比を表している式です。②の式は、①の式の別表現であると捉えてもよいでしょう。

ですから、全微分の式も、式の値としては 0 ですが、極限のときの Δf、Δx、

Δy の比についての情報を与える式だと解釈してください。

つまり、2変数関数 $f(x, y)$ で $(x, y)=(a, b)$ とし、a、b がそれぞれ Δx、Δy だけ変化したときの変化量

$$\Delta f = f(a+\Delta x, b+\Delta y) - f(a, b)$$

が、Δx、Δy が微小のとき、

$$\Delta f \fallingdotseq f_x(a, b)\Delta x + f_y(a, b)\Delta y$$

と表され、Δx、Δy が限りなく 0 に近づくとき、$\Delta x : \Delta y : \Delta f \implies \Delta x : \Delta y : f_x(a, b)\Delta x + f_y(a, b)\Delta y$ であり、Δf、Δx、Δy には $\Delta f = f_x \Delta x + f_y \Delta y$ という関係式が成り立つようになります。これを、

$$df = f_x(a, b)dx + f_y(a, b)dy$$

と表しているわけです。

これから全微分の式を導きましょう。全微分の式は、2変数関数で微分の類似を考えることで導くことができます。全微分の前に、1変数のときの微分を復習してみましょう。

$y=f(x)$ の $x=a$ での微分係数は、$y=f(x)$ 上に2点 $A(a, f(a))$、$P(a+\Delta x, f(a+\Delta x))$ をとり、$\Delta x \to 0$ として P を A に近づけていったときの、$\dfrac{y \text{の変化量}}{x \text{の変化量}}$ のことでした。

2変数の場合もこれを真似てみましょう。

$z=f(x, y)$ の $(x, y)=(a, b)$ での微分は、$z=f(x, y)$ 上に2点 $A(a, b, f(a, b))$、$P(a+\Delta x, b+\Delta y, f(a+\Delta x, b+\Delta y))$ をとり、$\Delta x \to 0$、$\Delta y \to 0$ として P を A に近づけていったときの、$\dfrac{z \text{の変化量}}{x, y \text{の変化量}}$ を微分係数とすればよいのです。x, y の変化量はどう捉えたらよいでしょうか。

これは、2点 $(a, b, 0)$ と $(a+\Delta x, b+\Delta y, 0)$ の距離 $\sqrt{(\Delta x)^2+(\Delta y)^2}$ とするのが妥当でしょう。

ですから、2変数関数の微分係数は、

$$\lim_{\mathrm{P}\to\mathrm{A}} \frac{f(a+\Delta x,\ b+\Delta y) - f(a,\ b)}{\sqrt{(\Delta x)^2 + (\Delta y)^2}} \quad \cdots\cdots ①$$

とすればよいでしょう。以下、この値を求めることを目標とします。

　$z=f(x,\ y)$ が表す曲面を S、$(a,\ b,\ f(a,\ b))$ を点 A とし、A での S の接平面が存在するとしてそれを T とします。ほんとは、接平面が存在するには条件があるのですが、いまはとりあえず保留にして、接平面が存在するものとして考えましょう。

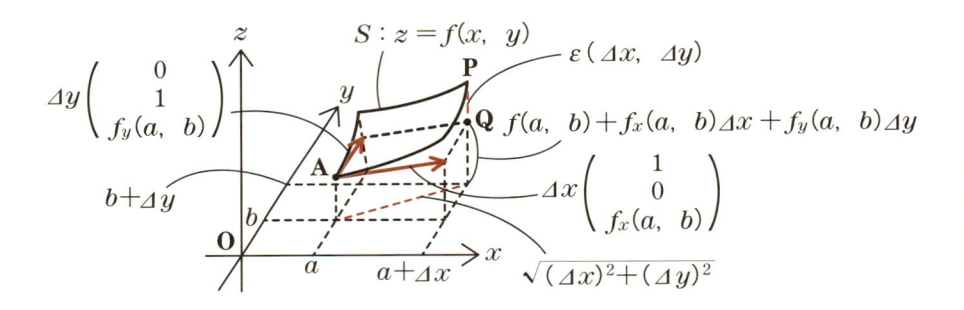

S の A での x 方向の接線の方向ベクトルは $\begin{pmatrix} 1 \\ 0 \\ f_x(a,\ b) \end{pmatrix}$、$y$ 方向の接線の方向ベクトルは $\begin{pmatrix} 0 \\ 1 \\ f_y(a,\ b) \end{pmatrix}$ です。接平面 T は、x 方向の接線も y 方向の接線も含みますから、接平面 T 上の任意の点 X は、実数 $s,\ t$ を用いて、

$$\overrightarrow{\mathrm{OX}} = \begin{pmatrix} a \\ b \\ f(a,\ b) \end{pmatrix} + s \begin{pmatrix} 1 \\ 0 \\ f_x(a,\ b) \end{pmatrix} + t \begin{pmatrix} 0 \\ 1 \\ f_y(a,\ b) \end{pmatrix} \quad \cdots\cdots ②$$

と表すことができます。

　接平面 T 上の点で、$x=a+\Delta x$、$y=b+\Delta y$ となる点を Q とします。

　②で $s=\Delta x$、$t=\Delta y$ として、

$$\mathrm{Q}(a+\Delta x,\ b+\Delta y,\ f(a,\ b) + f_x(a,\ b)\Delta x + f_y(a,\ b)\Delta y)$$

となります。ここで、PとQのz座標の差を$\varepsilon(\Delta x, \Delta y)$とします。つまり、

$$f(a+\Delta x, b+\Delta y) = f(a, b) + f_x(a, b)\Delta x + f_y(a, b)\Delta y + \varepsilon(\Delta x, \Delta y)$$

とします。整理して、

$$f(a+\Delta x, b+\Delta y) - f(a, b) = f_x(a, b)\Delta x + f_y(a, b)\Delta y + \varepsilon(\Delta x, \Delta y)$$

これを、①に代入してみましょう。すると、

$$\lim_{P \to A} \frac{f_x(a, b)\Delta x + f_y(a, b)\Delta y + \varepsilon(\Delta x, \Delta y)}{\sqrt{(\Delta x)^2 + (\Delta y)^2}} \quad \cdots\cdots ③$$

この式で、$\dfrac{f_x(a, b)\Delta x}{\sqrt{(\Delta x)^2 + (\Delta y)^2}}$、$\dfrac{f_y(a, b)\Delta y}{\sqrt{(\Delta x)^2 + (\Delta y)^2}}$の部分は、$f_x(a, b)$、$f_y(a, b)$が定数ですから、$\dfrac{\Delta x}{\sqrt{(\Delta x)^2 + (\Delta y)^2}}$と$\dfrac{\Delta y}{\sqrt{(\Delta x)^2 + (\Delta y)^2}}$が極限を持つか否かが問題となります。ムズかしそうに見えますが、$\dfrac{\Delta x}{\sqrt{(\Delta x)^2 + (\Delta y)^2}}$と$\dfrac{\Delta y}{\sqrt{(\Delta x)^2 + (\Delta y)^2}}$は、$\Delta x$と$\Delta y$の比が決まれば、つまり$\begin{pmatrix}\Delta x \\ \Delta y\end{pmatrix}$の方向が決まれば、値が決まります。

例えば、$\begin{pmatrix}\Delta x \\ \Delta y\end{pmatrix}$と$\begin{pmatrix}\cos\theta \\ \sin\theta\end{pmatrix}$が同じ向きで平行であれば、適当な$k(>0)$を用いて$\Delta x = k\cos\theta$、$\Delta y = k\sin\theta$であり、

$$\frac{\Delta x}{\sqrt{(\Delta x)^2 + (\Delta y)^2}} = \frac{k\cos\theta}{\sqrt{(k\cos\theta)^2 + (k\sin\theta)^2}} = \cos\theta, \quad \frac{\Delta y}{\sqrt{(\Delta x)^2 + (\Delta y)^2}} = \sin\theta \quad \cdots\cdots ④$$

となります。厄介なのは、$\dfrac{\varepsilon(\Delta x, \Delta y)}{\sqrt{(\Delta x)^2 + (\Delta y)^2}}$です。

$$\lim_{P \to A} \frac{\varepsilon(\Delta x, \Delta y)}{\sqrt{(\Delta x)^2 + (\Delta y)^2}} = 0 \quad \cdots\cdots ⑤$$

となってくれたらスッキリとするのになあと思いますね。そこで、逆に、⑤が成り立つとき、全微分可能であると定義してしまいます。実際、これが全微分可能の定義なんです。

ここで注意しなければならないのは、2次元の場合$\begin{pmatrix}\Delta x \\ \Delta y\end{pmatrix} \to \begin{pmatrix}0 \\ 0\end{pmatrix}$の近づき方は

無数にあるということです。

　1変数の場合は、変数 x が定数 a に近づく近づき方は、大きい方から近づくか、小さい方から近づくかで2通りしかありませんでした。ですから、右微分係数と左微分係数が等しくなることが微分可能の条件でした。

　2変数の場合は、近づき方は360°、無数の方向があり、しかも曲がりながら近づくことも考えられます。PがAに近づく近づき方は無数にあるわけです。lim の下のP→Aには、そんな意味が込められています。その無数の方向の近づき方に対して、⑤が成り立つとき、全微分可能であると定義するのです。

　それにしても、偏微分に対して全微分とは、なにかエラそうな名前ですね。しかし、名に負うだけの働きをしてくれるのが全微分です。全微分とは、文字通り全方向で微分していることになるのです。全微分の式を見ると、x 方向の偏微分係数 $f_x(a, b)$ と y 方向の偏微分係数 $f_y(a, b)$ の2つしかありませんが、この2つの方向での偏微分さえ分かれば、どんな方向でも微分係数を求めることができるからです。

　実際に、求めてみましょう。x 軸と角度 θ をなす xy 平面上の直線を l とし、l を含み xy 平面に垂直な平面を Π_θ とします。S と Π_θ の交わりの曲線 C_θ の $A(a, b, f(a, b))$ での接線の傾きを求めてみましょう。

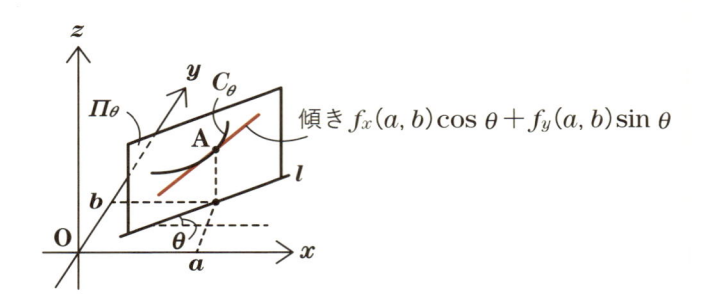

傾き $f_x(a, b)\cos\theta + f_y(a, b)\sin\theta$

$\begin{pmatrix} \Delta x \\ \Delta y \end{pmatrix}$ を直線 l の方向から $\begin{pmatrix} 0 \\ 0 \end{pmatrix}$ に近づけるには、④の式がそのまま使えます。また、$f(x, y)$ が全微分可能であるとすれば⑤も使えます。ですから、③に④、⑤を代入して、

$$f_x(a, b)\cos\theta + f_y(a, b)\sin\theta$$

となります。これを $f(x, y)$ の (a, b) における直線 l 方向の方向微分係数といいます。直線の方向を示すには x 軸からの角度やベクトルが使われます。方向がベクトルで与えられた場合の問題を解いてみましょう。

> **問題**
> $f(x, y) = x^2 e^y$ の $(x, y) = (-1, 2)$ における $\begin{pmatrix} 2 \\ 1 \end{pmatrix}$ 方向の方向微分係数を求めよ。

$f(x, y)$ の $(-1, 2)$ における偏微分係数を求めておきます。

$$f_x(x, y) = \frac{\partial}{\partial x}(x^2 e^y) = 2x e^y, \quad f_x(-1, 2) = -2e^2$$

$$f_y(x, y) = \frac{\partial}{\partial y}(x^2 e^y) = x^2 e^y, \quad f_y(-1, 2) = e^2$$

$\begin{pmatrix} 2 \\ 1 \end{pmatrix}$ 方向の直線の x 軸との交わりの角度を θ とすると、

$$\cos \theta = \frac{2}{\sqrt{2^2 + 1^2}} = \frac{2}{\sqrt{5}}, \quad \sin \theta = \frac{1}{\sqrt{2^2 + 1^2}} = \frac{1}{\sqrt{5}}$$

となりますから、求める方向微分係数は、

$f_x(-1, 2) \cos \theta + f_y(-1, 2) \sin \theta$

$= (-2e^2) \dfrac{2}{\sqrt{5}} + e^2 \cdot \dfrac{1}{\sqrt{5}} = -\dfrac{3}{\sqrt{5}} e^2$

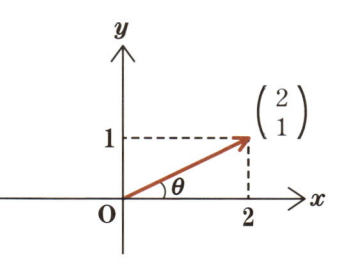

> **全微分（1変数型）**
> $f(x, y)$ が全微分でき、x, y が $x = x(t), y = y(t)$ と t の微分可能な関数で書けているとき、
> $$\frac{df}{dt} = f_x(x, y) \frac{dx}{dt} + f_y(x, y) \frac{dy}{dt} \qquad \frac{df}{dt} = \frac{\partial f}{\partial x} \frac{dx}{dt} + \frac{\partial f}{\partial y} \frac{dy}{dt}$$

この式は、全微分（1変数型）とタイトルが付いていますが、$f(x, y)$ が y に無関係な関数であるとすれば、$f_y(x, y)=0$ となり1変数の合成関数の微分の公式になります。この式は、合成関数の微分公式の2変数バージョンなのです。

　全微分の式は、極限のときの式でしたから無理に数値を考えると0になってしまうような式でしたが、上のように dt で割れば、極限のときであっても、$\dfrac{dx}{dt}, \dfrac{dy}{dt}$ は微分係数になります。むしろ、こちらの方が p.191 の全微分の式よりも理解しやすいのではないでしょうか。

　これも説明しておきます。

　導関数 $\dfrac{df}{dt}$ の $t=t_0$ のときの値 $\left.\dfrac{df}{dt}\right|_{t=t_0}$ を求めてみましょう。

$$A(x(t_0), y(t_0), f(x(t_0), y(t_0)))$$
$$P(x(t_0+\Delta t), y(t_0+\Delta t), f(x(t_0+\Delta t), y(t_0+\Delta t)))$$

とします。

$$\left.\frac{df}{dt}\right|_{t=t_0} = \lim_{\Delta t \to 0} \frac{f(x(t_0+\Delta t), y(t_0+\Delta t)) - f(x(t_0), y(t_0))}{\Delta t}$$

$$= \lim_{\Delta t \to 0} \frac{f_x(x(t_0), y(t_0))\Delta x + f_y(x(t_0), y(t_0))\Delta y + \varepsilon(\Delta x, \Delta y)}{\Delta t} \quad \cdots\cdots ①$$

ここで、$\displaystyle\lim_{\Delta t \to 0}\dfrac{\Delta x}{\Delta t} = \dfrac{dx}{dt}$、$\displaystyle\lim_{\Delta t \to 0}\dfrac{\Delta y}{\Delta t} = \dfrac{dy}{dt}$、

$$\lim_{\Delta t \to 0} \frac{\varepsilon(\Delta x, \Delta y)}{\Delta t} = \lim_{\Delta t \to 0} \frac{\varepsilon(\Delta x, \Delta y)}{\sqrt{(\Delta x)^2 + (\Delta y)^2}} \cdot \frac{\sqrt{(\Delta x)^2 + (\Delta y)^2}}{\Delta t}$$

$$= \lim_{\Delta t \to 0} \frac{\varepsilon(\Delta x, \Delta y)}{\sqrt{(\Delta x)^2 + (\Delta y)^2}} \sqrt{\left(\frac{\Delta x}{\Delta t}\right)^2 + \left(\frac{\Delta y}{\Delta t}\right)^2} = 0 \cdot \sqrt{\left(\frac{dx}{dt}\right)^2 + \left(\frac{dy}{dt}\right)^2} = 0$$

ですから、①は

$$\left.\frac{df}{dt}\right|_{t=t_0} = f_x(x(t_0), y(t_0))\left.\frac{dx}{dt}\right|_{t=t_0} + f_y(x(t_0), y(t_0))\left.\frac{dy}{dt}\right|_{t=t_0}$$

となります。これから、囲みの式が成り立つことが分かります。

問題　全微分の変数変換　（別 p.92）

$z=x^2y$ で $x=\cos\theta$、$y=\sin\theta$ のとき、$\dfrac{dz}{d\theta}$ を求めよ。

はじめから、z を θ の関数で表した方が簡単ですが、ここは公式を用いてみましょう。

$$\frac{\partial z}{\partial x}=\frac{\partial}{\partial x}(x^2y)=2xy, \quad \frac{\partial z}{\partial y}=\frac{\partial}{\partial y}(x^2y)=x^2$$

$$\frac{dx}{d\theta}=\frac{d}{d\theta}(\cos\theta)=-\sin\theta, \quad \frac{dy}{d\theta}=\frac{d}{d\theta}(\sin\theta)=\cos\theta$$

$$\frac{dz}{d\theta}=\frac{\partial z}{\partial x}\frac{dx}{d\theta}+\frac{\partial z}{\partial y}\frac{dy}{d\theta}=2xy(-\sin\theta)+x^2\cos\theta$$

$$=2\cos\theta\sin\theta(-\sin\theta)+\cos^2\theta\cos\theta=-2\cos\theta\sin^2\theta+\cos^3\theta$$

これをもとにすれば、次の偏微分バージョンも理解できるでしょう。

全微分（変数変換型）

$f(x,\ y)$ が全微分でき、x, y が $x=x(u,\ v)$, $y=y(u,\ v)$ と u, v の関数で書けているとき、

$$\frac{\partial f}{\partial u}=f_x(x,\ y)\frac{\partial x}{\partial u}+f_y(x,\ y)\frac{\partial y}{\partial u}$$

$$\frac{\partial f}{\partial v}=f_x(x,\ y)\frac{\partial x}{\partial v}+f_y(x,\ y)\frac{\partial y}{\partial v}$$

また、3変数 x, y, z による関数 $f(x,\ y,\ z)$ についても、2変数の場合と同様に考えることができます。もはや空間における図形的な考察はできませんが、式で全微分を定義することができます。

$$f(a+\Delta x,\ b+\Delta y,\ c+\Delta z)-f(a,\ b,\ c)$$
$$=A\Delta x+B\Delta y+C\Delta z+\varepsilon(\Delta x,\ \Delta y,\ \Delta z) \quad \cdots\cdots ①$$

$$(a,\ b,\ c,\ A,\ B,\ C\text{は定数})$$

として、

$$\lim_{\substack{(\Delta x, \Delta y, \Delta z) \\ \to (0,0,0)}} \frac{\varepsilon(\Delta x,\ \Delta y,\ \Delta z)}{\sqrt{(\Delta x)^2+(\Delta y)^2+(\Delta z)^2}}=0 \quad \cdots\cdots ②$$

となるとき、$f(x,\ y,\ z)$ は $(a,\ b,\ c)$ で全微分可能であると定義します。

このとき、A、B、C を求めてみましょう。

①の両辺を $\sqrt{(\Delta x)^2+(\Delta y)^2+(\Delta z)^2}$ で割って、$(\Delta x,\ \Delta y,\ \Delta z)$ が $(0,\ 0,\ 0)$ に近づくときの極限を取ります。

$$\lim_{\substack{(\Delta x, \Delta y, \Delta z) \\ \to (0,0,0)}} \frac{f(a+\Delta x,\ b+\Delta y,\ c+\Delta z)-f(a,\ b,\ c)}{\sqrt{(\Delta x)^2+(\Delta y)^2+(\Delta z)^2}}$$

$$=\lim_{\substack{(\Delta x, \Delta y, \Delta z) \\ \to (0,0,0)}} \frac{A\Delta x+B\Delta y+C\Delta z+\varepsilon(\Delta x,\ \Delta y,\ \Delta z)}{\sqrt{(\Delta x)^2+(\Delta y)^2+(\Delta z)^2}}$$

$(\Delta x,\ \Delta y,\ \Delta z)$ が特に x 軸の正の方向から $(0,\ 0,\ 0)$ に近づくとき、$\Delta x>0$、$\Delta y=0$、$\Delta z=0$ ですから左辺は、

$$\lim_{\Delta x \to 0} \frac{f(a+\Delta x,\ b,\ c)-f(a,\ b,\ c)}{\Delta x}=f_x(a,\ b,\ c)$$

となります。右辺は、②より ε の部分は無視でき、$\lim_{\Delta x \to 0} \dfrac{A\Delta x}{\Delta x}=A$ になります。

よって、$A=f_x(a,\ b,\ c)$ であることが示されました。

同様に、$B=f_y(a,\ b,\ c)$、$C=f_z(a,\ b,\ c)$ です。

全微分（3変数関数）

$f(x,\ y,\ z)$ が $(a,\ b,\ c)$ で全微分可能なとき、$f(x,\ y,\ z)$ の $(a,\ b,\ c)$ における全微分は、

$$df=f_x(a,\ b,\ c)dx+f_y(a,\ b,\ c)dy+f_z(a,\ b,\ c)dz$$

全微分を用いると、陰関数で表された関数に関する偏微分係数の意味について言及することができるようになります。

第5章 ● 2変数関数の微分

> **陰関数の偏微分と法線ベクトル**
>
> 陰関数 $f(x, y)=0$ が表す曲線 C の
>
> $\qquad (a, b)$ での法線ベクトルは、$\begin{pmatrix} f_x(a, b) \\ f_y(a, b) \end{pmatrix}$
>
> 陰関数 $f(x, y, z)=0$ が表す曲面 S の
>
> $\qquad (a, b, c)$ での法線ベクトルは、$\begin{pmatrix} f_x(a, b, c) \\ f_y(a, b, c) \\ f_z(a, b, c) \end{pmatrix}$

$f(x, y, z)=0$ の方で説明してみましょう。

$A(a, b, c)$ を通り、曲面 S に含まれる曲線を考えます。このような曲線はいくつもありますが、任意のものを取ってきます。曲線 C としましょう。

C の媒介変数表示が $(x(t), y(t), z(t))$ であるとします。

$t=t_0$ のとき、$(a, b, c)=(x(t_0), y(t_0), z(t_0))$ となるものとします。

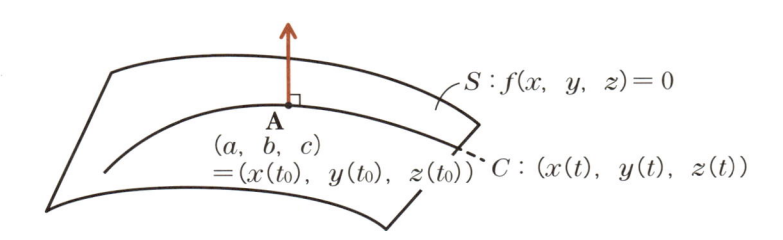

$S: f(x, y, z)=0$
A
(a, b, c)
$=(x(t_0), y(t_0), z(t_0))$
$C: (x(t), y(t), z(t))$

$$f(x(t), y(t), z(t))=0 \quad \cdots\cdots ①$$

を t で微分してみましょう。左辺は、

$$\frac{df}{dt}=f_x(x(t), y(t), z(t))\frac{dx(t)}{dt}+f_y(x(t), y(t), z(t))\frac{dy(t)}{dt}$$
$$+f_z(x(t), y(t), z(t))\frac{dz(t)}{dt}$$

①の右辺が0ですから、これが t の値によらず0になります。$t=t_0$ を代入す

ると、
$$f_x(a, b, c)x'(t_0)+f_y(a, b, c)y'(t_0)+f_z(a, b, c)z'(t_0)=0$$

この式は、ベクトル $\begin{pmatrix} f_x(a, b, c) \\ f_y(a, b, c) \\ f_z(a, b, c) \end{pmatrix}$ $(=\vec{n}$ とおく$)$ と $\begin{pmatrix} x'(t_0) \\ y'(t_0) \\ z'(t_0) \end{pmatrix}$ $(=\vec{t}$ とおく$)$

が直交することを表しています。$\vec{t}$ は、C の $A(a, b, c)$ における接線の方向ベクトルです。C は任意に取ってきたものなので、$\vec{n}$ は、C の (a, b, c) におけるすべての接線の接線方向と垂直です。$\vec{n}$ が法線ベクトルであることが示されました。

> **接平面の式**
>
> （ア） $f(x, y)$ が (a, b) で全微分可能なとき、曲面 $z=f(x, y)$ 上の点 $(a, b, f(a, b))$ での接平面の式は、
> $$z-f(a, b)=f_x(a, b)(x-a)+f_y(a, b)(y-b)$$
> （イ） $g(x, y, z)=0$ が (a, b, c) で全微分可能なとき、曲面 $g(x, y, z)=0$ 上の点 (a, b, c) での接平面の式は、
> $$g_x(a, b, c)(x-a)+g_y(a, b, c)(y-b)+g_z(a, b, c)(z-c)=0$$

平面の式から復習しておきましょう。

$A(a, b, c)$ を通って、法線方向のベクトルが $\vec{n}=\begin{pmatrix} \alpha \\ \beta \\ \gamma \end{pmatrix}$ である平面を Π とします。法線方向とは、平面に垂直な方向のことです。このとき、Π の式は、

$$\alpha(x-a)+\beta(y-b)+\gamma(z-c)=0 \quad \cdots\cdots ①$$

で表されます。

なぜなら、平面上の任意の点を $X(x, y, z)$ とすると、

　　X が Π 上にある。

　$\Leftrightarrow \overrightarrow{AX}$ と $\vec{n}$ は垂直である。

$$\Leftrightarrow \overrightarrow{AX} \cdot \vec{n} = 0 \Leftrightarrow (\overrightarrow{OX} - \overrightarrow{OA}) \cdot \vec{n} = 0$$

$$\Leftrightarrow \begin{pmatrix} x-a \\ y-b \\ z-c \end{pmatrix} \cdot \begin{pmatrix} \alpha \\ \beta \\ \gamma \end{pmatrix} = 0$$

$$\Leftrightarrow \alpha(x-a) + \beta(y-b) + \gamma(z-c) = 0$$

となるからです。

　陰関数 $g(x, y, z) = 0$ で表される曲面 S の (a, b, c) での法線ベクトルは、$\begin{pmatrix} g_x(a, b, c) \\ g_y(a, b, c) \\ g_z(a, b, c) \end{pmatrix}$ です。これから、①の式で、$\begin{pmatrix} \alpha \\ \beta \\ \gamma \end{pmatrix} = \begin{pmatrix} g_x(a, b, c) \\ g_y(a, b, c) \\ g_z(a, b, c) \end{pmatrix}$ とおけば、

$$g_x(a, b, c)(x-a) + g_y(a, b, c)(y-b) + g_z(a, b, c)(z-c) = 0$$

を導くことができます。

　(ア)の場合も、$f(x, y) - z = 0$ として、陰関数と見れば(イ)の式から導くことができます。$(a, b, f(a, b))$ での法線ベクトルが $\begin{pmatrix} f_x(a, b) \\ f_y(a, b) \\ -1 \end{pmatrix}$ ですから、

$$f_x(a, b)(x-a) + f_y(a, b)(y-b) + (-1)(z - f(a, b)) = 0$$

$$\therefore \quad z - f(a, b) = f_x(a, b)(x-a) + f_y(a, b)(y-b)$$

となります。

y 方向の接ベクトル $\begin{pmatrix} 0 \\ 1 \\ f_y(a, b) \end{pmatrix}$

$\vec{n} = \begin{pmatrix} f_x(a, b) \\ f_y(a, b) \\ -1 \end{pmatrix}$

x 方向の接ベクトル $\begin{pmatrix} 1 \\ 0 \\ f_x(a, b) \end{pmatrix}$

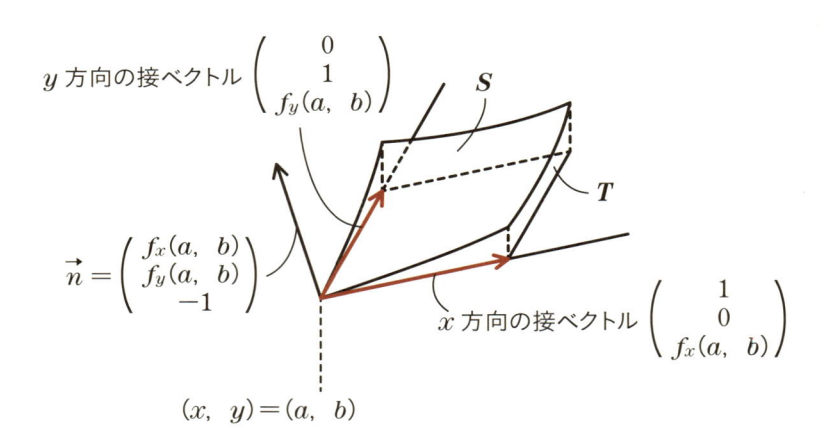

$(x, y) = (a, b)$

> **ホップ 問題 全微分と接平面** （別 p.90）
>
> $f(x, y) = x^2 y^3$ の $(1, -1)$ での接平面の式を求めよ。

$f_x(x, y) = 2xy^3$、$f_x(1, -1) = -2$、$f_y(x, y) = 3x^2 y^2$、$f_y(1, -1) = 3$

$f(1, -1) = -1$ なので、接平面の式は、

$$z - f(1, -1) = f_x(1, -1)(x-1) + f_y(1, -1)(y+1)$$
$$\therefore \quad z + 1 = -2(x-1) + 3(y+1) \quad \therefore \quad z = -2x + 3y + 4$$

3 2変数関数の極値

この節は、2変数関数の極値を求めることがテーマです。その前に偏微分を2回繰り返すことについて、記号をまとめておきます。

2階の偏微分

$$f_{xx} = \frac{\partial^2 f}{\partial x^2} = \frac{\partial}{\partial x}\left(\frac{\partial f}{\partial x}\right) \quad \left[\begin{array}{l} f を x で偏微分したあと、\\ もう一度 x で偏微分する \end{array}\right]$$

$$f_{xy} = \frac{\partial^2 f}{\partial y \partial x} = \frac{\partial}{\partial y}\left(\frac{\partial f}{\partial x}\right) \quad \left[\begin{array}{l} f を x で偏微分したあと、\\ y で偏微分する \end{array}\right]$$

$$f_{yx} = \frac{\partial^2 f}{\partial x \partial y} = \frac{\partial}{\partial x}\left(\frac{\partial f}{\partial y}\right) \quad \left[\begin{array}{l} f を y で偏微分したあと、\\ x で偏微分する \end{array}\right]$$

$$f_{yy} = \frac{\partial^2 f}{\partial y^2} = \frac{\partial}{\partial y}\left(\frac{\partial f}{\partial y}\right) \quad \left[\begin{array}{l} f を y で偏微分したあと、\\ もう一度 y で偏微分する \end{array}\right]$$

2変数関数に関しての2階の偏導関数は、何で偏微分するかによって上のように4通りがあります。

x と y で2階の偏微分をする場合は、どちらを先にするかによって2通りの場合があります。$f_{\bigcirc\triangle}$ と書いたら○から先に偏微分、$\dfrac{\partial f}{\partial\triangle\partial\bigcirc}$ と書いたら○から先に偏微分することを一度は覚えておきましょう。ただ、x,y のどちらから先に偏微分するかはそれほどナーバスにならなくてよいのです、というのも次の定理があるからです。

シュワルツの定理

f_{xy}, f_{yx} がともに連続であれば、$f_{xy} = f_{yx}$ が成り立つ。

f_{xy} と f_{yx} が等しいか否かをテーマとする場合でない限り、問題として扱われる多くの関数は、このシュワルツの定理が適用できる関数であると思ってよいでしょう。

2変数関数の極値の判別

$z=f(x, y)$ で、(a, b) のとき、$f_x=0$, $f_y=0$ であり、f_{xx}、$D=f_{xy}{}^2-f_{xx}f_{yy}$ の値について、
（ⅰ） $f_{xx}>0$、$D<0$ のとき、$f(a, b)$ は極小値
（ⅱ） $f_{xx}<0$、$D<0$ のとき、$f(a, b)$ は極大値
（ⅲ） $D>0$ のとき、$f(a, b)$ は極値ではない。
（ⅳ） $D=0$ のとき、$f(a, b)$ は極値であるか判定できない。

上を示す前に、2変数の場合の極値の定義を確認しておきましょう。
2変数関数 $z=f(x, y)$ について、

$f(a, b)$ が極大値である。
⇔ (a, b) の近くの (x, y) で、つねに $f(x, y)<f(a, b)$ が成り立つ。
$f(a, b)$ が極小値である。
⇔ (a, b) の近くの (x, y) で、つねに $f(x, y)>f(a, b)$ が成り立つ。

極大値は、部分的に見て山の頂上のようになっているところを思い浮かべればよいでしょう（図1）。極小値はこの逆で、すり鉢の底の点を思い出しましょう（図2）。

第5章●2変数関数の微分

図1

極大値

図2

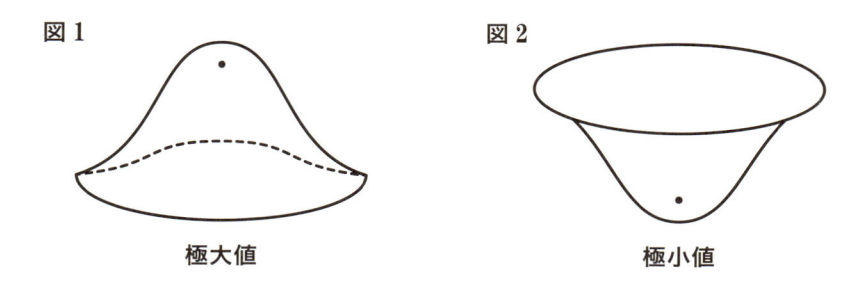

極小値

　図1、図2ではどちらも滑らかな曲面を考えていますが、次の図の図3、図4のようにとんがった山の頂上（極大値）やソフトクリームのコーンの下の点（極小値）のような場合でも、定義から極大値・極小値と言います。しかし、これから問題として扱うのは、図1、図2のような全微分可能な滑らかな曲面の場合を扱います。

　図1、図2の場合、極大値・極小値を取る点で、偏微分係数が0になっていることは納得できるでしょう。x, y、2つの偏微分係数が0である点では、つねに極値を取りそうですが、そう簡単でもありません。峠となる点のような場合があるからです（図5）。このような点を**鞍点**と言います。「鞍」とは、馬に乗るときに馬の背にかけて使う道具のことで、表面が図5のような曲がり具合をしています。時代劇などで見ることができます。

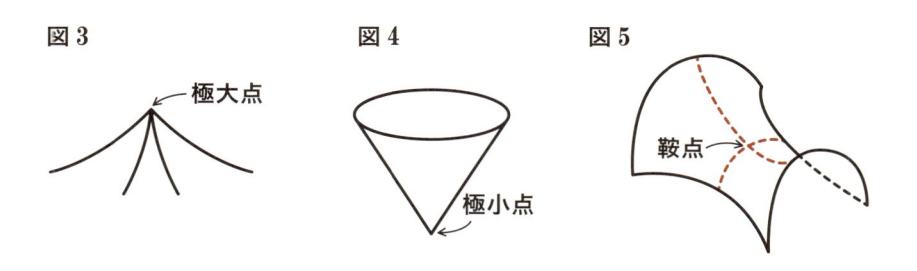

図3　←極大点

図4　極小点↙

図5　鞍点

　先の囲みの内容は判別法ですから、2変数関数の極値の調べ方の手順をまとめると次のようになります。

2変数関数の極値の調べ方

(1) f_x, f_y, f_{xx}, f_{yy}, f_{xy} を計算する。
(2) $f_x=0$, $f_y=0$ を満たす(x, y)を求める。
(3) (2)で求めた(x, y)について、f_{xx}, $D=f_{xy}^2-f_{xx}f_{yy}$の符号を調べる。

さて、この囲みの内容について証明しておきましょう。

$z=f(x, y)$が表す曲面をSとします。xy平面で、A$(a, b, 0)$を通りx軸とθで交わる直線をlとし、lを含みxy平面に垂直な面をΠ_θとします。Π_θとSの交わりの曲線をC_θとします。

l上にAを0として数直線のように目盛をふれば、点PはPの目盛tを用いて、P$(a+t\cos\theta, b+t\sin\theta, 0)$と表すことができます。

Q$(a+t\cos\theta, b+t\sin\theta, f(a+t\cos\theta, b+t\sin\theta))$と取れば、Pの目盛が$t$ですから、$\Pi_\theta$での様子は図のようになります。

C_θは、平面Π_θで$(t, f(a+t\cos\theta, b+t\sin\theta))$をプロットしたグラフになります。つまり、$t$の1変数関数と見ることができるわけです。

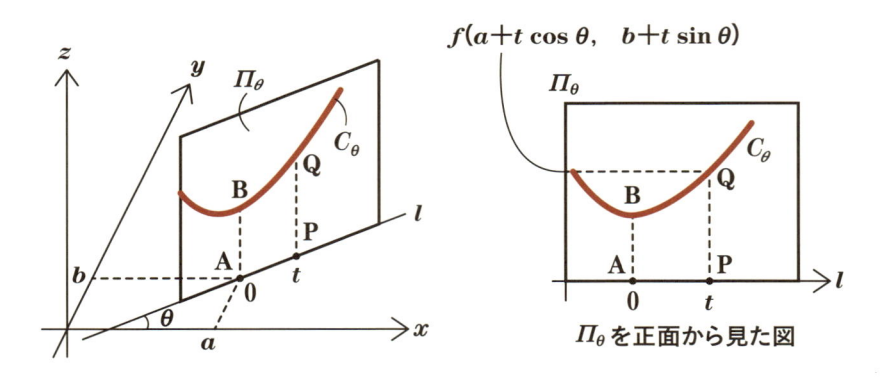

ここで、(a, b)で極値を取ることを、1変数関数の極値を取る条件を用いて、言い換えていきましょう。

$z=f(x, y)$ が (a, b) で極小値を取る。　　……①

⇔　すべての θ に対応する平面 Π_θ で、
　　t の関数 $f(a+t\cos\theta, b+t\sin\theta)$ は
　　$t=0$ のとき極小値を取る。　……②

　①は $B(a, b, f(a, b))$ ですり鉢の底になっている状態です。これを B を通る面で切るのですから、どんな方向で切っても、断面の曲線 C_θ は B で極小値になります。

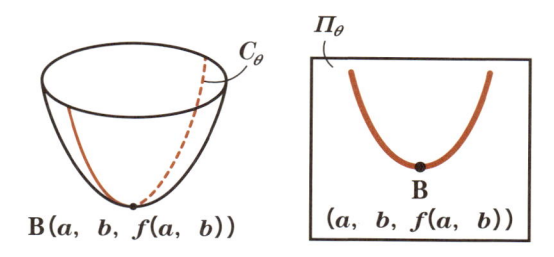

次に、

　　すべての θ に対応する平面 Π_θ で、
　　t の関数 $f(a+t\cos\theta, b+t\sin\theta)$ は
　　$t=0$ のとき極小値をとる。　……②
⇐　すべての θ で、$f_t(a, b)=0$, $f_{tt}(a, b)>0$　……③

となります。

　③の式は、θ が入っていないように見えますが、もともと f に θ が入っていますから、f_t, f_{tt} には θ が入っています。$t=0$ としたので、f のあとのカッコの中の θ が消えてしまっているだけのことです。

　③から②への矢印は、逆方向には成り立たないことに注意してください。③は①であるための十分条件になっています。これは微分の章の p.182 の定理が由来です。

　③の前半と後半に分けて言い換えていきます。

［③の前半：すべての θ で、$f_t(a, b)=0$ であるための条件］

f_t を求めてみましょう。p.197 の式で、$x(t)=a+t\cos\theta$、$y(t)=b+t\sin\theta$ として適用すると、

$$\frac{df}{dt} = \frac{df(a+t\cos\theta,\ b+t\sin\theta)}{dt}$$

$$= f_x(a+t\cos\theta, b+t\sin\theta)\frac{dx(t)}{dt} + f_y(a+t\cos\theta, b+t\sin\theta)\frac{dy(t)}{dt}$$

$$= f_x(a+t\cos\theta,\ b+t\sin\theta)\cos\theta + f_y(a+t\cos\theta,\ b+t\sin\theta)\sin\theta$$

$$\cdots\cdots ④$$

右辺に $t=0$ を代入すると、$f_x(a,\ b)\cos\theta + f_y(a,\ b)\sin\theta$ です。

これによると、③の条件の前半は次のように言い換えられます。

　　　　すべての θ について、$f_t(a,\ b)=0$
　⇔　すべての θ について、$f_x(a,\ b)\cos\theta + f_y(a,\ b)\sin\theta = 0$
　⇔　$f_x(a,\ b)=0$, $f_y(a,\ b)=0$ 　……⑤

[③の後半：すべての θ で、$f_{tt}(a,\ b)>0$ であるための条件]

f_{tt} を求めましょう。④の右辺を t でもう1度微分します。
長くなるので f のあとの $(a+t\cos\theta,\ b+t\sin\theta)$ を省略して書くと、

$$f_{tt} = (f_{xx}\cos\theta + f_{xy}\sin\theta)\cos\theta + (f_{yx}\cos\theta + f_{yy}\sin\theta)\sin\theta$$

　　　　[$f_{xy}=f_{yx}$ を満たすものとして]

$$= f_{xx}\cos^2\theta + 2f_{xy}\sin\theta\cos\theta + f_{yy}\sin^2\theta \quad \cdots\cdots ⑥$$

$\sin\theta \neq 0$ か $\sin\theta = 0$ かで場合分けします。

[(ア)　$\sin\theta \neq 0$ のとき]

$u = \dfrac{\cos\theta}{\sin\theta}$ とおくと、

$$⑥ = \sin^2\theta\left\{f_{xx}\left(\frac{\cos\theta}{\sin\theta}\right)^2 + 2f_{xy}\left(\frac{\cos\theta}{\sin\theta}\right) + f_{yy}\right\}$$

$$= \sin^2\theta(f_{xx}u^2 + 2f_{xy}u + f_{yy})$$

ここで $g(u) = f_{xx}u^2 + 2f_{xy}u + f_{yy}$ とおきます。
$f_{xx} \neq 0$ のとき、2次関数 $g(u)$ のグラフを考えて、

　　すべての u について、$g(u) > 0$
　$\Leftrightarrow$　$f_{xx} > 0$,　$D = f_{xy}^2 - f_{xx}f_{yy} < 0$

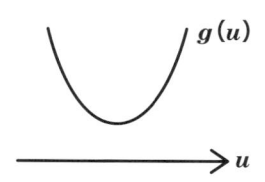

となります。

[(イ)　$\sin\theta = 0$ のとき]

　$\cos\theta = \pm 1$ で、$f_{tt} = f_{xx}$ ですから、$f_{tt} > 0$ より、$f_{xx} > 0$ となります。

結局、

　　すべての θ で、$f_{tt}(a, b) > 0$
　$\Leftrightarrow$　$\sin\theta \neq 0$ を満たすすべての θ で $f_{tt}(a, b) > 0$
　　　　かつ　$\sin\theta = 0$ で $f_{tt}(a, b) > 0$
　$\Leftrightarrow$　$f_{xx} > 0$,　$D = f_{xy}^2 - f_{xx}f_{yy} < 0$　かつ　$f_{xx} > 0$
　$\Leftrightarrow$　$f_{xx} > 0$,　$D = f_{xy}^2 - f_{xx}f_{yy} < 0$　……⑥

結局、③の条件は、⑤、⑥を合わせて、

　　すべての θ で、$f_t(a, b) = 0$, $f_{tt}(a, b) > 0$
　$\Leftrightarrow$　$f_x(a, b) = 0$, $f_y(a, b) = 0$,
　　　　$f_{xx}(a, b) > 0$, $D = \{f_{xy}(a, b)\}^2 - f_{xx}(a, b)f_{yy}(a, b) < 0$

と言い換えられます。したがって、

$f_x(a, b) = 0$, $f_y(a, b) = 0$,
$f_{xx}(a, b) > 0$, $D = \{f_{xy}(a, b)\}^2 - f_{xx}(a, b)f_{yy}(a, b) < 0$
$\Rightarrow$　$z = f(x, y)$ が (a, b) で極小値をとる。

となります。

$f_{xx} \neq 0$、$D > 0$ のときは、$g(u)$ のグラフが u 軸と交わるということですから、f_{tt} の値は正の値も負の値もとるということになります。つまり、C_θ の凹凸は、下に凸の場合もあり、上に凸の場合もあるということです。これでは極値になりません。この場合は鞍点となります。$f(x, y)$ は、(a, b) で極値をとりません。

$f_{xx} > 0,\ D > 0$

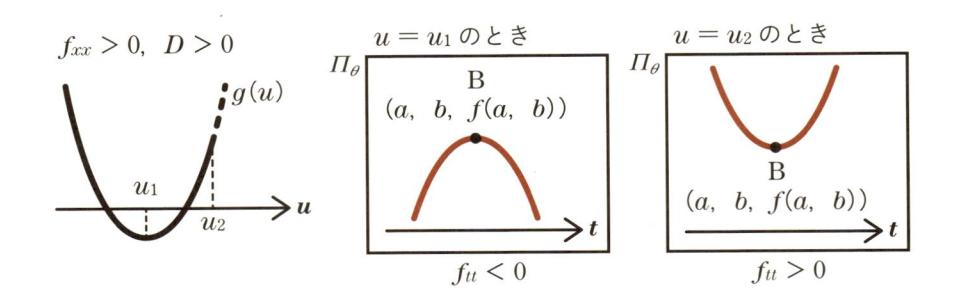

$u = u_1$ のとき $f_{tt} < 0$

$u = u_2$ のとき $f_{tt} > 0$

参考書によっては、$f_{xx}(a,\ b)f_{yy}(a,\ b) - \{f_{xy}(a,\ b)\}^2$ の値を調べる流儀を取るものもあります。本当はそちらの方が由緒正しいのですが、ここでは、みなさんが慣れ親しんだ2次関数の判別式に結びつけて理解した方が、判定法を覚えやすいのではないかと思い、上のようにしました。上の証明のあらすじを知っておけば、f_{xx}, D の符号がどんなとき極小値になるかを再現できることでしょう。

2階微分が、u の2次関数で表され、それがつねに正になるための条件は、2次の係数が正で判別式が負であると覚えておけばよいからです。

少しこの本の宣伝をしておくと、他書ではこの部分をこんなにスッキリとは書いていません。多くの本では、上のことを証明するには、2変数関数のテイラー展開を証明した後、テイラー展開の2次の項を調べます。ただ、そのときなぜ3次以上の項を無視してよいかをきちんと書いてある本は少ないです。2次の項で近似できるなどと書いてあるばかりです。他書を読んでいて、「いままで厳密に証明してきたのに、ここへきて近似はないだろ」とツッコミを入れたくなった人はいませんか。本書ではそれを避けるために、2変数の極値の調べ方を1変数の場合に還元して示してみました。ちょっとしたことですが、玄人しか気づかない工夫であると思われるので、あえて説明させていただきました。

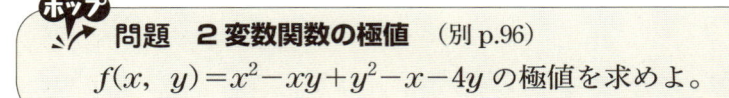

問題　2変数関数の極値　(別 p.96)

$f(x,\ y) = x^2 - xy + y^2 - x - 4y$ の極値を求めよ。

偏微分して、$f_x(x,\ y) = 2x - y - 1$, $f_y(x,\ y) = -x + 2y - 4$

$f_{xx}(x,\ y) = 2$, $f_{xy}(x,\ y) = -1$, $f_{yy}(x,\ y) = 2$

$f_x(x,\ y) = 0$ より、　　$2x - y - 1 = 0$ ……①

$f_y(x, y)=0$ より、　　$-x+2y-4=0$ ……②

①＋②×2 より、$3y-9=0$　　∴　$y=3$

②より、$x=2y-4=2$

$f(x, y)$ が、$(2, 3)$ で極値をとるか調べる。　　$f_{xx}>0$、$D<0$ のとき、極小値

$f_{xx}(2, 3)=2>0$

$D=\{f_{xy}(2, 3)\}^2-f_{xx}(2, 3)f_{yy}(2, 3)=(-1)^2-2\cdot 2=-3<0$

となるので、$f(2, 3)=-7$ は極小値である。

検算

平方完成して、

$$f(x, y)=\left(x-\frac{y+1}{2}\right)^2+\frac{3}{4}(y-3)^2-7\geqq -7$$

等号は、$x-\dfrac{y+1}{2}=0$、$y-3=0$　すなわち $x=2$、$y=3$ のとき。

4 ラグランジュの未定乗数法

前の節では、$z=f(x, y)$の極値の求め方を紹介しました。ここでは、x, yに束縛条件がついている場合、つまり x, y が $g(x, y)=0$ を満たしながら動く場合の $z=f(x, y)$ の極値の求め方（**ラグランジュの未定乗数法**）を紹介します。

この手法は物理学、化学、工学、経済学、…いたるところで使われています。極値といっていますが、応用の場面ではそれが、最大値、最小値になることが多いです。ラグランジュの未定乗数法は最大値・最小値を求めるとき強力な手法です。ぜひともその本質をみなさんに理解してもらいたいと思います。

ラグランジュの未定乗数法

x, y が $g(x, y)=0$ を満たしながら動くとき、$f(x, y)$ が (a, b) で極値を取るならば、ある実数 λ があって、
$$\begin{pmatrix} f_x(a, b) \\ f_y(a, b) \end{pmatrix} = \lambda \begin{pmatrix} g_x(a, b) \\ g_y(a, b) \end{pmatrix}, \ g(a, b)=0$$
が成り立つ。

ラグランジュの未定乗数法の説明をする前に、高校で学習したおなじみの最大・最小問題を復習してみましょう。

問題 ラグランジュの未定乗数法 （別 p.98）

$x、y$ が $x^2+y^2=1$ を満たしながら動くとき、$3x+4y$ の最大値と最小値を求めよ。

座標平面上で、

$3x+4y=k$ （k は定数）……①、$x^2+y^2=1$……②

のグラフを考えるのが定石の１つでした。

例えば $k=2$ のとき、図１のように①と②のグラフの共有点があるので、その

座標を (α, β) とすれば（実際に解いてみると、$\alpha=\dfrac{6\mp 4\sqrt{21}}{25}$、$\beta=\dfrac{8\pm 3\sqrt{21}}{25}$）、$\alpha$, β は $\alpha^2+\beta^2=1$ を満たし、$3\alpha+4\beta=2$ となりますから、$3x+4y$ は $x^2+y^2=1$ という条件のもとで 2 の値を取ることが可能です。

$k=6$ のときは、①と②のグラフの共有点がないので、$x^2+y^2=1$ という条件のもとで、$3x+4y=6$ は実現できません。

k が取りうる範囲は、①と②のグラフが共有点を持つような k の範囲を求めればよいのでした。

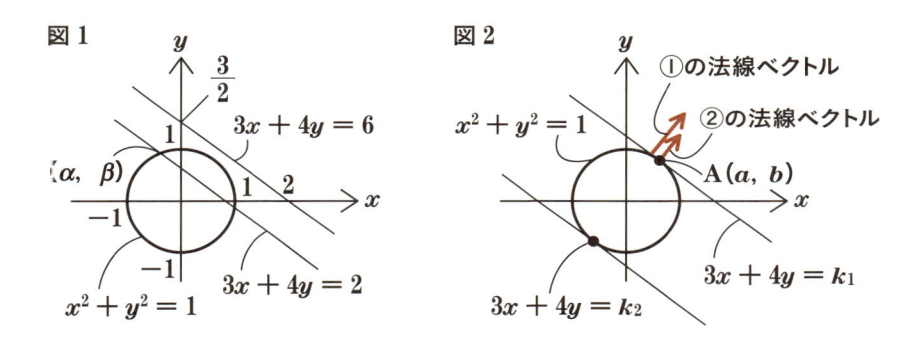

図1

図2

k を大きくすればするほど、①の直線のグラフは上方に、k を小さくすればするほど、①の直線のグラフは下方にありますから、$x^2+y^2=1$ の条件のもとで、k が最大値・最小値を取るのは図2のように①の直線が②の円に接したときです。このときの (x, y) の値や k を求めれば問題は解決します。①が上方で接するときの式を $3x+4y=k_1$ とすると、k_1 が最大値で、下方で接するときの式を $3x+4y=k_2$ とすると、k_2 が最小値となります。

高校数学では、①と②のグラフが接するときの k の値を求めるのに、①と②を連立させて重解条件に結びつけたり、①の直線と原点の距離が 1 である、と処理したりしました。

ここでは、法線ベクトルを使ってみましょう。

①と②のグラフが接するときの接点を A(a, b) とします。

すると、

 ①と②のグラフが接する

  ⇔ A での①の法線ベクトルと②の法線ベクトルが平行

と言いかえられます。

①②を陰関数表示するために、

$$f(x, y) = 3x + 4y, \quad h(x, y) = f(x, y) - k, \quad g(x, y) = x^2 + y^2 - 1$$

とおきます。①と②は、陰関数表示で、

$$h(x, y) = 0, \quad g(x, y) = 0$$

と表され、(a, b) での法線ベクトルは、それぞれ $\begin{pmatrix} h_x(a, b) \\ h_y(a, b) \end{pmatrix} \left(= \begin{pmatrix} f_x(a, b) \\ f_y(a, b) \end{pmatrix} \right)$、$\begin{pmatrix} g_x(a, b) \\ g_y(a, b) \end{pmatrix}$ です。これらが平行である条件は、ある実数 λ があって、

$$\begin{pmatrix} f_x(a, b) \\ f_y(a, b) \end{pmatrix} = \lambda \begin{pmatrix} g_x(a, b) \\ g_y(a, b) \end{pmatrix} \quad \cdots\cdots ③$$

となることです。(a, b) を求めるには、これと、

$$g(a, b) = 0 \cdots\cdots ④$$

を連立させればよいのです。③、④を具体的に書くと、

$$\begin{pmatrix} 3 \\ 4 \end{pmatrix} = \lambda \begin{pmatrix} 2a \\ 2b \end{pmatrix} \cdots\cdots ⑤, \quad a^2 + b^2 - 1 = 0 \cdots\cdots ⑥$$

より、$a = \dfrac{3}{2\lambda}$, $b = \dfrac{4}{2\lambda}$。これを⑥に代入して、

$$\left(\frac{3}{2\lambda}\right)^2 + \left(\frac{4}{2\lambda}\right)^2 - 1 = 0 \quad \therefore \quad 25 - 4\lambda^2 = 0 \quad \therefore \quad \lambda = \pm \frac{5}{2}$$

よって、①と②のグラフが接するときの接点は、

$$(a, b) = \left(\frac{3}{2\lambda}, \frac{4}{2\lambda}\right) = \left(\pm \frac{3}{5}, \pm \frac{4}{5}\right) \quad (複号同順)$$

です。これから、最大値は $3 \cdot \dfrac{3}{5} + 4 \cdot \dfrac{4}{5} = 5$、最小値は $3\left(-\dfrac{3}{5}\right) + 4\left(-\dfrac{4}{5}\right) = -5$。

実は、これがラグランジュの未定乗数法の骨子です。λ を未定乗数といいます。なんてことはないですね。2つのグラフが接する条件を「**接点で法線ベクトルが平行**」と言い換えただけのことです。

$f(x, y)$, $g(x, y)$ が他の式になっても、$g(x, y)=0$ の条件のもとで、$f(x, y)$ の極値を探すときには、③、④の条件式を用いればよいことが分かるでしょう。

よくラグランジュの未定乗数法の解説で、x、y の 2 変数を扱っているにもかかわらず、空間座標を用いて説明している本がありますが、話を大げさにして分かりにくくしています。もしも x、y、z の 3 変数の関数を扱うのであれば、そのときは空間座標を舞台にして話をしたらよいでしょう。

$g(x, y, z)=0$ という条件のもとで、$f(x, y, z)$ が極値となるような (x, y, z) の候補を探すときは、2 つの曲面

$$S_k : f(x, y, z)=k, \quad T : g(x, y, z)=0$$

を考えます。

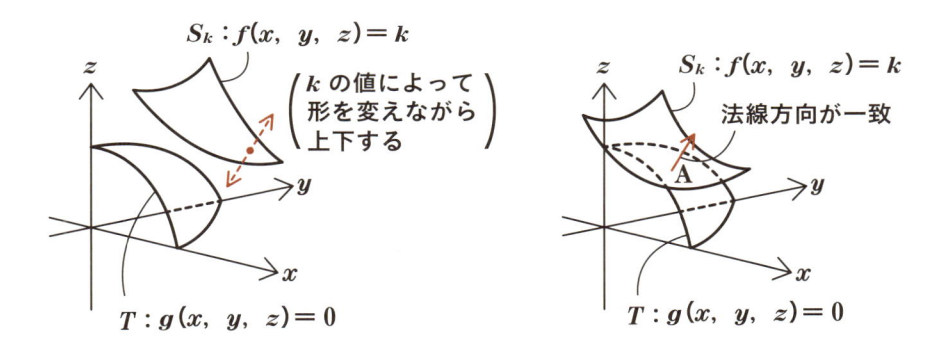

k を動かしていき、S_k と T が接するとき、つまり接点での法線ベクトルが平行になるときを探すのです。

$f(x, y, z)$ が極値となるような (x, y, z) の候補を $A(a, b, c)$ とすれば、ある実数 λ があって、

$$\begin{pmatrix} f_x(a, b, c) \\ f_y(a, b, c) \\ f_z(a, b, c) \end{pmatrix} = \lambda \begin{pmatrix} g_x(a, b, c) \\ g_y(a, b, c) \\ g_z(a, b, c) \end{pmatrix}, \quad g(a, b, c)=0$$

となります。

最後に確認ですが、ラグランジュの未定乗数法は、極値を満たす点が持つ必要条件であって、条件式を満たすような (a, b)、(a, b, c) が極値を与えるとは限りません。条件式を満たすような (a, b)、(a, b, c) があっても、それだけでは

極値であるとはいえません。あくまでラグランジュの未定乗数法の条件式は、極値であるための必要条件なのです。十分条件ではありません。

これは $f'(a)=0$ であっても、$y=f(x)$ が $x=a$ で極値を取るとは断言できないのと同じです。$x=a$ で極値を取れば $f'(a)=0$ はいえますが、$f'(a)=0$ であるからといって $x=a$ で極値を取るとはいえませんでした。

> **ホップ 問題 ラグランジュの未定乗数法** （別 p.100）
>
> x、y、z が $2x^2+3y^2+4z^2=9$ を満たしながら動くとき、$2x+3y+4z$ の極値の候補を求めよ。

$$f(x, y, z)=2x+3y+4z, \quad g(x, y, z)=2x^2+3y^2+4z^2-9$$

とおきます。極値を与える (a, b, c) は、

$$\begin{pmatrix} f_x(a, b, c) \\ f_y(a, b, c) \\ f_z(a, b, c) \end{pmatrix} = \lambda \begin{pmatrix} g_x(a, b, c) \\ g_y(a, b, c) \\ g_z(a, b, c) \end{pmatrix}, \quad g(a, b, c)=0$$

を満たします。よって、

$$2=\lambda(4a), \quad 3=\lambda(6b), \quad 4=\lambda(8c) \quad \cdots\cdots ①$$
$$2a^2+3b^2+4c^2-9=0 \quad \cdots\cdots ②$$

① より、$a=\dfrac{1}{2\lambda}$, $b=\dfrac{1}{2\lambda}$, $c=\dfrac{1}{2\lambda}$

これを②に代入して、

$$2\left(\dfrac{1}{2\lambda}\right)^2+3\left(\dfrac{1}{2\lambda}\right)^2+4\left(\dfrac{1}{2\lambda}\right)^2-9=0$$

$$\therefore \quad 9\left(\dfrac{1}{2\lambda}\right)^2=9 \quad \therefore \quad \dfrac{1}{2\lambda}=\pm 1$$

よって、

$(a, b, c)=(\pm 1, \pm 1, \pm 1)$ （複号同順）

$g(x, y, z)=0$ を満たす (x, y, z) は、上図のような楕円面（ゆがんだラグビ

ーボールの表面を想像するとよい）になるので、

$(a, b, c) = (1, 1, 1)$のとき、最大値　$2 \cdot 1 + 3 \cdot 1 + 4 \cdot 1 = 9$

$(a, b, c) = (-1, -1, -1)$のとき、

最小値　$2(-1) + 3(-1) + 4(-1) = -9$

正統派の教科書であれば、関数の連続、微分可能性を論じるのがしょっぱなに来るべき話題なのですが、計算の仕方と応用面を追究する本書では、偏微分の最後の話題となってしまいました。

> **2変数関数の連続性のチェックの仕方**
>
> $f(x, y)$が$(0, 0)$で連続であることを確かめるには、
>
> **ステップ1**　(x, y)を$\binom{1}{m}$方向（mは定数）から$(0, 0)$に近づけていくときの極限を取る。$\lim_{x \to 0} f(x, mx)$がmの入った式であれば、$f(x, y)$は$(0, 0)$で連続ではない。mによらない定数であれば、連続の可能性がある。
>
> **ステップ2**　連続の可能性のある場合は、(x, y)が$(0, 0)$にあらゆる近づき方をするとき、$f(x, y)$が定数になるかを吟味する。

1変数関数$y = f(x)$が$x = a$で連続である条件は、xがaより大きい値からaに近づくときの極限と、aより小さい方からaに近づくときの極限が一致することでした。

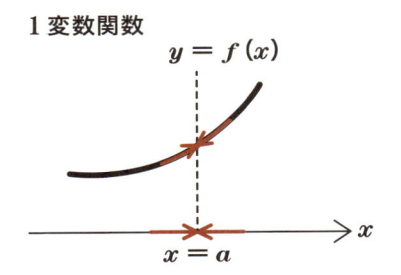

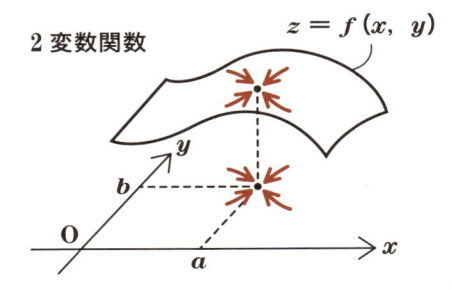

1変数関数

$y = f(x)$

$x = a$

2変数関数

$z = f(x, y)$

1変数関数の場合には近づき方は2通りですが、2変数関数の場合には近づき方は無数にあります。

　2変数関数 $f(x, y)$ で、(x, y) が (a, b) に近づくとき、どんな近づき方をしても $f(x, y)$ が一定の値に近づくとき、「$f(x, y)$ は (a, b) で連続である」といいます。その値を c とすると、

$$\lim_{(x, y) \to (a, b)} f(x, y) = c$$

と表します。

　2変数関数 $f(x, y)$ の $(0, 0)$ での連続性をチェックするには、まず、ステップ1のようにある方向（例えば、$y = mx$ の方向、図1）から (x, y) を $(0, 0)$ に近づけたときの極限が同じ値になるのかを調べます。ここで m によって極限の値が異なるようであれば、つまり極限の値の式に m が残るようであれば、$f(x, y)$ は連続にはなりません。

　「$y = mx$（m は定数）を満たしながら、…」では、y 軸方向から近づく場合を考えてはいませんが、極限が存在しないことをいうのであれば、これだけで十分です。

　もしもうまく定数になるようであれば、ステップ2で、(x, y) がどんな近づき方で $(0, 0)$ に近づくときでも極限が存在することを示します。

　試験の解答で連続性を示すには、ステップ2だけを示すだけでかまいません。ステップ1は連続性を調べる手順を示したまでです。

　ステップ1ではあらゆる方向からの近づき方（y 軸方向からの近づき方は除く）を調べています。あとは y 軸方向からの近づき方を検討し、これが一定の極限値を持てば、$f(x, y)$ が $(0, 0)$ で連続であることを示すのに十分のような気もします。しかし、(x, y) の $(0, 0)$ への近づき方は一定方向、つまり直線で近づく近づき方だけではありません。図2のように放物線で近づく場合もあります。ですから、ステップ1で連続になりそうだと当たりを付けたら、ステップ2で実際に定数に収束することを確かめなければなりません。ステップ2では、(x, y) が $(0, 0)$ に近づくことを表現するには、$\sqrt{x^2 + y^2}$ が 0 に近づくとします。こうすれば、どんな近づき方の場合も考えたことになります。このもとで、極限値が c と予想できれば、

$$\lim_{(x,y)\to(a,b)} |f(x, y) - c| = 0$$

を示すことを目標にします。多くの場合、はさみうちの原理で極限が0になることを示します。

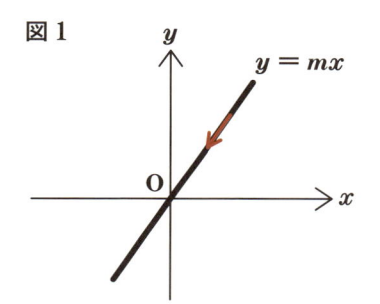

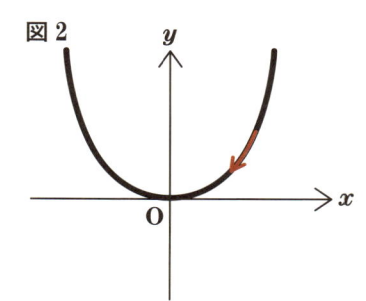

図1

図2

> **問題　2変数関数の連続性**　(別 p.102)
> 次の関数は $(0, 0)$ で連続であるか調べよ。
> (1)
> $$f(x,y) = \begin{cases} \dfrac{x-y}{x+y} & ((x,y) \neq (0,0)) \\ 0 & ((x,y) = (0,0)) \end{cases}$$
> (2)
> $$f(x,y) = \begin{cases} x\tan^{-1}\dfrac{y}{x} & (x \neq 0) \\ 0 & (x = 0) \end{cases}$$

(1)　(x, y) が $y = mx \, (m \neq -1)$ を満たしながら、$(0, 0)$ に近づくときの極限を求めます。

$$\lim_{(x,y)\to(0,0)} \frac{x-y}{x+y} = \lim_{(x,y)\to(0,0)} \frac{x-mx}{x+mx} = \lim_{(x,y)\to(0,0)} \frac{(1-m)x}{(1+m)x} = \lim_{(x,y)\to(0,0)} \frac{1-m}{1+m}$$

$$= \frac{1-m}{1+m}$$

m のとり方によって、極限の値が異なりますから、$f(x, y)$ は $(0, 0)$ で連続ではありません。

(2)　(1)と同じように、$y = mx$（m は定数）を満たしながら、$(0, 0)$ に近づく

ときの極限を求めてみます。

$$\lim_{(x,y)\to(0,0)} x\tan^{-1}\frac{y}{x} = \lim_{(x,y)\to(0,0)} x\tan^{-1}\frac{mx}{x} = \lim_{(x,y)\to(0,0)} x\tan^{-1}m = 0$$

極限は 0 になりそうです。そこで、極限が 0 になることをはさみうちの原理で示してみましょう。ここでポイントとなるのは、$\tan^{-1}$ の値が、$-\frac{\pi}{2}$ から $\frac{\pi}{2}$ までの範囲にあることです。

$$-\frac{\pi}{2} < \tan^{-1}\frac{y}{x} < \frac{\pi}{2} \text{ より、} \left|\tan^{-1}\frac{y}{x}\right| < \frac{\pi}{2}$$

$$0 \leq \left|x\tan^{-1}\frac{y}{x}\right| \leq |x|\left|\tan^{-1}\frac{y}{x}\right| < |x|\frac{\pi}{2} \leq \frac{\pi}{2}\sqrt{x^2+y^2}$$

(x, y) が $(0, 0)$ に近づくとき、$\sqrt{x^2+y^2} \to 0$ ですから、はさみうちの原理により、

$$\lim_{(x,y)\to(0,0)} \left|x\tan^{-1}\frac{y}{x}\right| = 0 \qquad \therefore \quad \lim_{(x,y)\to(0,0)} x\tan^{-1}\frac{y}{x} = 0$$

となります。また、定義より $f(0, 0) = 0$ です。

$f(x, y)$ の $(x, y) \to (0, 0)$ のときの値が $f(0, 0)$ に等しいので、関数 $f(x, y)$ は $(0, 0)$ で連続です。

第6章

2変数関数の積分

1 重積分

前の章では、2変数の微分について扱いました。この章では、2変数の積分を紹介しましょう。

2変数の微分といっても、一度に2つの変数で微分するわけではありませんでした。片方の変数ずつ微分する偏微分が基本でした。2変数の積分でも、片方の文字ごとに積分します。まずは、次の計算問題から解いてみましょう。片方の文字を変数と見て、もう片方の文字は定数だと思って、記号の内側から積分していきます。

> **ホップ**
> **問題　累次積分**　（別 p.104）
> 次の極限を求めよ。
>
> (1) $\displaystyle\int_0^2 \int_0^3 xy^2 dx dy$ 　　　　(2) $\displaystyle\int_1^3 \int_1^2 (x+2y) dy dx$

(1) 計算の手順を示しましょう。

まず、$\displaystyle\int_0^3 xy^2 dx$ は y を定数と見て計算します。すると、結果は y の関数になります。$f(y)$ になったとしましょう。今度は、$f(y)$ を用いて、$\displaystyle\int_0^2 f(y) dy$ を計算します。やってみましょう。

$$\int_0^2 \boxed{\int_0^3 xy^2 dx}\, dy = \int_0^2 \boxed{\left[\frac{1}{2}x^2 y^2\right]_0^3} dy = \int_0^2 \frac{9}{2} y^2 dy = \left[\frac{3}{2} y^3\right]_0^2 = 12$$

（x に代入）

(2) 今度は、y の方から先に積分します。

$$\int_1^3 \boxed{\int_1^2 (x+2y) dy}\, dx = \int_1^3 \boxed{\left[xy+y^2\right]_1^2} dx = \int_1^3 \{(2x+4)-(x+1)\} dx$$

（y に代入）

$$= \int_1^3 (x+3) dx = \left[\frac{1}{2}x^2 + 3x\right]_1^3 = \frac{27}{2} - \frac{7}{2} = 10$$

1変数の積分ができていれば簡単ですね。このような積分を、繰り返し積分あるいは**累次積分**と呼びます。累次積分は、以下のような表記をする場合もあります。右辺の表記では、右から順に計算することを覚えておきましょう。

$$\int_0^2 \int_0^3 xy^2 dx dy = \int_0^2 dy \int_0^3 xy^2 dx \qquad \text{\textcolor{red}{x の積分を先にする}}$$

$$\int_1^3 \int_1^2 (x+2y) dy dx = \int_1^3 dx \int_1^2 (x+2y) dy \qquad \text{\textcolor{red}{y の積分を先にする}}$$

(1) の被積分関数は、x の関数 x と y の関数 y^2 の積 xy^2 でした。このように被積分関数が x の関数と y の関数の積で表され、x に関しても、y に関しても積分区間が定数のときは、次のような式が成り立ちます。

定区間の累次積分

$$\int_a^b \int_c^d f(x)g(y) dx dy = \left(\int_c^d f(x) dx \right) \left(\int_a^b g(y) dy \right)$$

---

(1) で確認してみると、

$$\int_0^2 \int_0^3 xy^2 dx dy = \left(\int_0^3 x dx \right) \left(\int_0^2 y^2 dy \right) = \left[\frac{1}{2} x^2 \right]_0^3 \left[\frac{1}{3} y^3 \right]_0^2 = \frac{9}{2} \cdot \frac{8}{3} = 12$$

となり、上の結果と一致します。一般論でもすぐに確認できますね。

以上が累次積分で、積分区間が定数の場合です。積分区間に関数が入ってくる場合の問題を解きましょう。同じ要領です。

> **問題 累次積分** （別 p.104）
>
> 次の計算をせよ。
>
> $$\int_1^2 \int_{x-1}^{-x+3} (x+2y)\,dy\,dx$$

$$\int_1^2 \int_{x-1}^{-x+3} (x+2y)\,dy\,dx = \int_1^2 \left[xy + y^2\right]_{x-1}^{-x+3} dx$$

$$= \int_1^2 \left\{ \underbrace{\{x(-x+3)+(-x+3)^2\}}_{xy+y^2 \text{ の } y \text{ に } -x+3 \text{ を代入}} - \{x(x-1)+(x-1)^2\} \right\} dx$$

$$= \int_1^2 \left\{ (-3x+9) - (2x^2 - 3x + 1) \right\} dx$$

$$= \int_1^2 (-2x^2 + 8)\,dx$$

$$= \left[-\frac{2}{3}x^3 + 8x\right]_1^2 = \frac{32}{3} - \frac{22}{3} = \frac{10}{3}$$

　この計算を通して分かるように、累次積分では最初の積分を計算するとき、積分区間に関数が入ってもかまいません。

　上の例では、初めは y について定積分しています。積分区間 $[x-1,\ -x+3]$ には文字 x が入っています。y についての定積分なので、y は消えますが、x は残ってもいいわけです。次に x について定積分することで、x は消えて答えは定数となります。初めの y について積分するときに、積分区間に y が入るようではいけません。

　つまり、累次積分は次のような形になっています。

$$\int_a^b \int_{g(y)}^{h(y)} f(x,\ y)\,dx\,dy \qquad\qquad \int_a^b \int_{g(x)}^{h(x)} f(x,\ y)\,dy\,dx$$

　左のように、初めに x で積分する場合には、積分区間は $[g(y),\ h(y)]$ というように y の関数が入ります。もちろん定数でもかまいません。

右のように、初めに y で積分する場合には、積分区間には x の関数が入ります。

さて、このように計算された累次積分が何を表しているのかを種明かししていきましょう。結論からいうと、累次積分で計算されたものは、ある立体の体積になっています。

$\int_1^3 \int_1^2 (x+2y) dy dx = 10$ を解釈してみましょう。

被積分関数 $x+2y$ を、(x, y) に対応して z を定める 2 変数関数だと思って $z=x+2y$ とします。この式は、$x+2y-z=0$ となりますから、xyz 空間座標の平面を表します。この平面を Π とします。Π は、原点を通って法線ベクトルが $(1, 2, -1)$ になる平面です。

x の積分区間は $[1, 3]$、y の積分区間は $[1, 2]$ です。そこで、xy 座標平面で、$1 \leq x \leq 3$、$1 \leq y \leq 2$ を満たす領域を考えます。この領域を D とします。

累次積分の結果の値 10 は、D を底面として上に伸びる四角柱を平面 Π で切断したときにできる立体（図の赤線部分）の体積となっています。

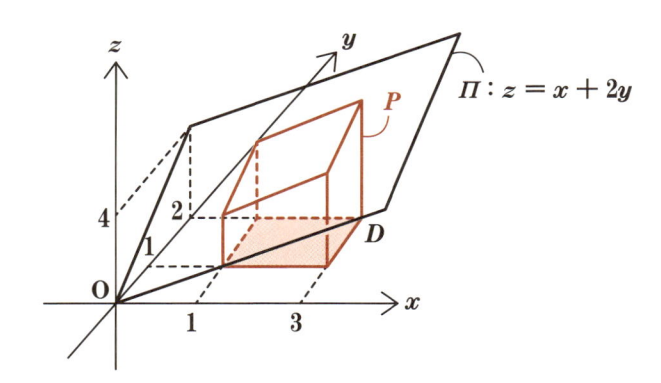

なぜ、この立体（P と名づける）の体積が累次積分によって計算できるのかを説明しましょう。

P の体積を積分で求めてみましょう。このままでは求めることができないので、yz 平面に平行な $x=k$ という平面で切断して断面積を求め、それを x 方向に積分して P の体積を求めます。P の $x=k$（k は定数、$1 \leq k \leq 3$）による切断面を考

えましょう。

　一般に、平面 $\Pi : z = f(x, y)$ と平面 $x = k$ の交わりは直線（交線という）になります。この交線の式は、$z = f(x, y) = x + 2y$ の x を k で置き換えた、$z = k + 2y = f(k, y)$ となります。切断面は次の図の色塗り部分になります。A, B を A$(k, 1, 0)$、B$(k, 2, 0)$ とし、C、D をこれらに対応する $z = f(x, y)$ 上の点で、C$(k, 1, f(k, 1))$、D$(k, 2, f(k, 2))$ とすると、色塗り部分は、台形ABDC です。

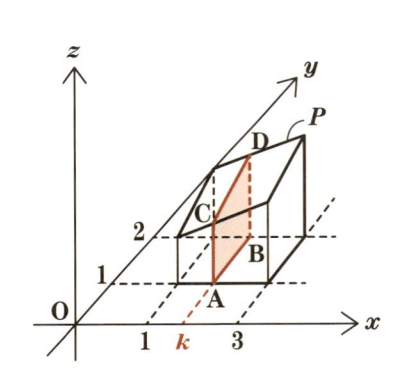

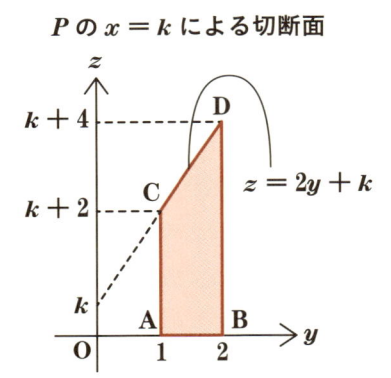

P の $x = k$ による切断面

色塗り部分の面積を $S(k)$ として積分で面積を求めましょう。

$$S(k) = \int_1^2 (k + 2y)\,dy = \Big[ky + y^2 \Big]_1^2 = (2k + 4) - (k + 1) = k + 3$$

$x = k$ での断面積が $S(k) = k + 3$ と分かりましたから、体積を求めるには、p.119 のように、これを x 方向に積分して、

$$\int_1^3 S(x)\,dx = \int_1^3 (x + 3)\,dx = \Big[\frac{1}{2}x^2 + 3x \Big]_1^3 = \frac{27}{2} - \frac{7}{2} = 10$$

となります。ここで累次積分を振り返ってみると、

$$\int_1^3 \boxed{\int_1^2 (x+2y)dy} dx = \int_1^3 \Big[xy+y^2\Big]_1^2 dx = \int_1^3 \{(2x+4)-(x+1)\}dx$$
$$= \int_1^3 (x+3)dx = \Big[\frac{1}{2}x^2+3x\Big]_1^3 = \frac{27}{2}-\frac{7}{2}=10$$

アカ枠部を見比べてみて、どうでしょうか。体積の計算のときは、y 方向に積分をするとき、x を k と置き換えて計算しましたが、累次積分では x のまま計算していることが分かるでしょう。累次積分の y で積分する過程は $x=k$ で切断した断面の面積の計算に対応しています。使う文字が異なっているだけで、体積計算のときも累次積分のときも同じ計算をしていることが分かります。

$\int_1^2 \int_{x-1}^{-x+3}(x+2y)dydx = \dfrac{10}{3}$ の方も解釈してみましょう。こちらも平面 Π と xy 平面の領域で挟まれた部分の体積となります。

xy 座標平面で、$x-1\leqq y\leqq -x+3$、$1\leqq x\leqq 2$ を満たす領域を E とします。累次積分の結果の値 $\dfrac{10}{3}$ は、E を底面とした上に伸びる三角柱を平面 Π で切断したときにできる立体の体積となっています。

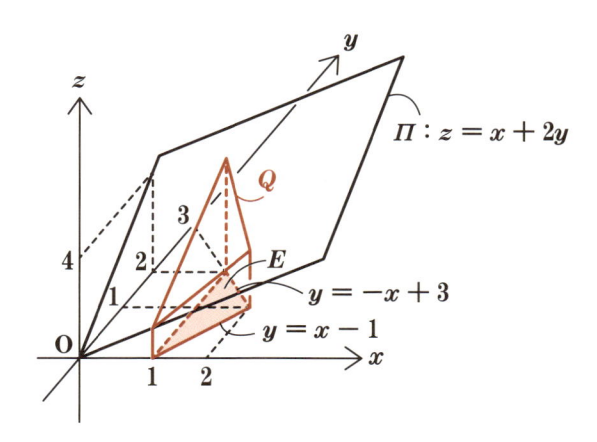

この立体（Q と名づける）の体積を、yz 平面に平行な平面 $x=k$ （$1\leqq k\leqq 2$）で切断して断面積を求め、それを x 方向に積分して求めてみましょう。

平面 $\Pi：z=f(x, y)$ と平面 $x=k$ の交わりは、$z=k+2y=f(k, y)$ となります。xy 平面上の直線 $y=x-1$ と平面 $x=k$ の交点は A$(k, k-1, 0)$、直線 $y=-x+3$ と平面 $x=k$ の交点は B$(k, -k+3, 0)$ です。C、D をこれらに対応する $z=f(x, y)$ 上の点とします。

切断面は次の図の色塗り部分の台形になります。

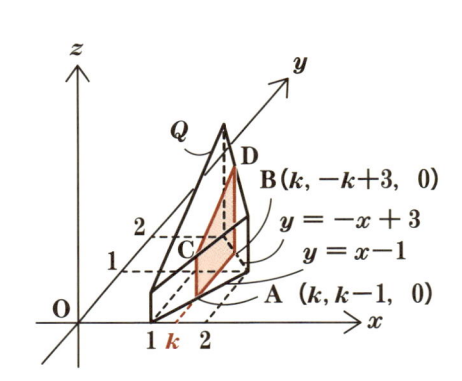

切断面の面積を $S(k)$ とおきます。y で積分することで $S(k)$ を求めると、

$$S(k) = \int_{k-1}^{-k+3} (k+2y)\,dy = \Big[ky+y^2 \Big]_{k-1}^{-k+3}$$
$$= \{k(-k+3)+(-k+3)^2\} - \{k(k-1)+(k-1)^2\}$$
$$= (-3k+9) - (2k^2-3k+1) = -2k^2+8$$

Q の体積を求めるには、$x=k$ での断面積 $S(k)=-2k^2+8$ を x 方向に積分して、

$$\int_1^2 S(x)\,dx = \int_1^2 (-2x^2+8)\,dx = \Big[-\frac{2}{3}x^3+8x \Big]_1^2 = \frac{32}{3} - \frac{22}{3} = \frac{10}{3}$$

と求まります。ところで、累次積分を振り返ってみると、

$$\int_1^2 \underset{y\text{ で積分}}{\boxed{\int_{x-1}^{-x+3}(x+2y)dy}}dx = \int_1^2 \Big[xy+y^2\Big]_{x-1}^{-x+3}dx$$
$$= \int_1^2 \Big\{(-3x+9)-(2x^2-3x+1)\Big\}dx = \int_1^2(-2x^2+8)dx$$
$$= \Big[-\frac{2}{3}x^3+8x\Big]_1^2 = \frac{10}{3}$$

となっていました。ここでも、累次積分において初めの y で積分することは、$x=k$ での切断面の面積を求めることに対応していることが分かるでしょう。結局、累次積分は Q の体積の計算をするのに x を k に置き換えずに計算したものになっています。

これらの例から、一般の累次積分においても、これがある立体の体積を表していることが納得してもらえると思います。

累次積分

[y から先に積分]

図1で、曲面 $z=f(x, y)$ と領域 D ($a \leq x \leq b$, $g(x) \leq y \leq h(x)$) で挟まれた部分（アカ網部）の体積は、

$$\int_a^b \int_{g(x)}^{h(x)} f(x, y)dydx$$

図1

[x から先に積分]

図2で、曲面 $z=f(x, y)$ と領域 D ($a \leq y \leq b$, $g(y) \leq x \leq h(y)$) で挟まれた部分（アカ網部）の体積は、

$$\int_a^b \int_{g(y)}^{h(y)} f(x, y)dxdy$$

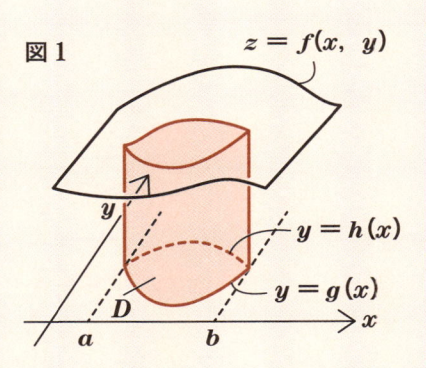

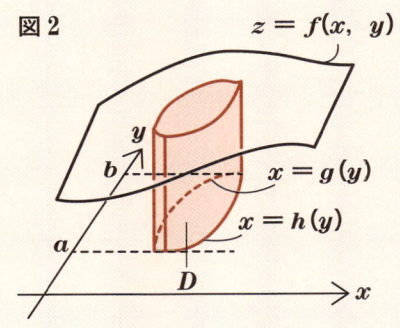

図2

累次積分が曲面 $z=f(x, y)$ と xy 平面上の領域 D で挟まれた部分の体積を表していることは納得していただけたと思います。

　問題では、y から先に積分する場合を扱いましたが、上のまとめでは、x から先に積分する場合も書いておきました。これは、x と y の役割を入れ替えることから分かると思います。

　上のまとめでは、曲面 $z=f(x, y)$ が xy 平面より上にある $(z>0)$ ので累次積分の値は正になり、そのまま体積となりますが、曲面 $z=f(x, y)$ が xy 平面より下にある $(z<0)$ 場合は、累次積分の値は負になり、体積にマイナスがついた値になります。このことは $y=f(x)$ の定積分の経験から類推できるでしょう。

　上では、累次積分が与えられたとき、それが何を表しているかをまとめました。今度は、初めに xy 平面上に領域 D が与えられたとき、それと曲面 $z=f(x, y)$ で挟まれた部分の体積はどう求めたらよいかを考えましょう。

　この体積を、

$$\iint_D f(x, y) dxdy$$

と表します。このような積分を関数 $f(x, y)$ の領域 D についての重積分といいます。

　この表記では dx が内側にありますが、これは「x から先に積分しなさい」という意味ではありません。dy が先でもかまいません。重積分の式を見たら、「曲面 $z=f(x, y)$ と xy 平面上の領域 D で挟まれた部分の体積」を表していると考えればよいでしょう。

　このとき、x と y は対等の立場です。ただ、実際の値を計算するときは累次積分を用います。重積分が存在する場合、x から先に積分しようが、y から先に積分しようがかまいません。どちらも同じ部分の体積を求めているのですから、計算の結果は同じになります。

第6章 ● 2変数関数の積分

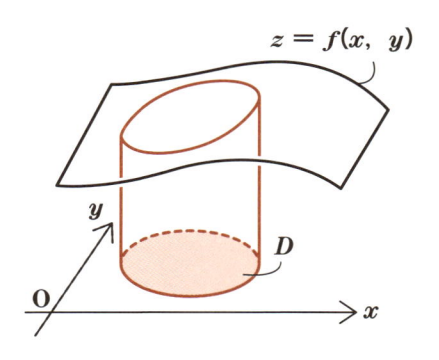

前の問題では累次積分から出発していますから、領域がうまい具合に $a \leq x \leq b$、$g(x) \leq y \leq h(x)$ の形で表されました。しかし、初めに領域 D が与えられた場合には、必ずしもそううまくいくとは限りません。領域 D の形によっては、領域を分割していくつかの累次積分の和として計算しなければならなくなります。具体例で見てみましょう。

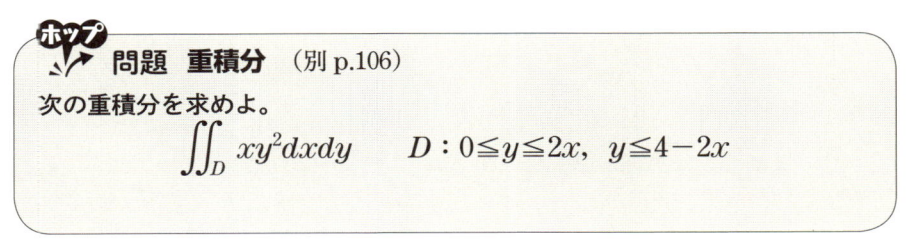

> **ホップ**
> **問題 重積分** （別 p.106）
> 次の重積分を求めよ。
> $$\iint_D xy^2 dxdy \quad D: 0 \leq y \leq 2x, \ y \leq 4-2x$$

D の領域を図示すると、右図のようになります。

これをもとに累次積分をしましょう。

[y で先に積分する累次積分]

y が先のときは、yz 平面に平行な平面 $x=k$ で立体を切断したことを思い出しましょう。これは xy 平面に限れば、y 軸に平行な直線 $x=k$ で領域 D を切断していくことです。

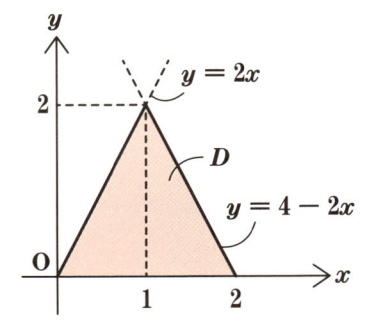

直線 $x=k$ と領域 D の共有部分は線分（次のページの左図のアカい線分）になります。累次積分の計算では、x を定数だと思って y について不定積分を求め、

233

線分の端点を表す関数（$y=(x\text{の式})$）を代入して差を取ればよいのでした。

ところが、この問題の領域 D の形では、端点を表す関数が 1 つに決まりません。$x=k$ の k の値が 0〜1 のときと、1〜2 のときで端点の関数が異なってしまうのです。

（ア） $x=k$ （$0≦k≦1$）で切断するとき、

端点は $(k, 0)$ ① と $(k, 2k)$ ② ですから、y による積分区間は $[0, 2x]$

次の図で（ア）のアカ線分①②

（イ） $x=k$ （$1≦k≦2$）で切断するとき、

端点は $(k, 0)$ ③ と $(k, 4-2k)$ ④ ですから、y による積分区間は $[0, 4-2x]$

次の図で（イ）のアカ線分③④

となります。

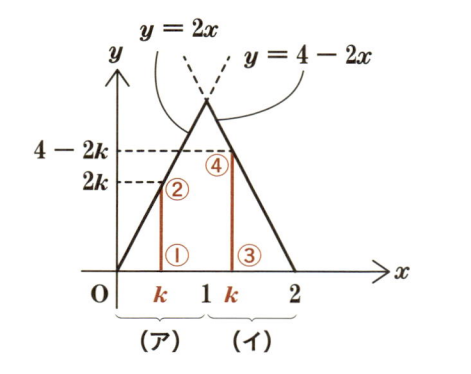

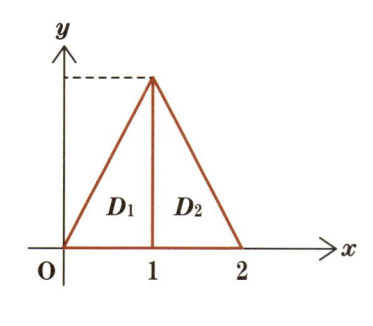

ですから、この問題の領域 D の重積分で y を先に積分して累次積分する場合は、D を 2 つの領域 D_1, D_2 に分割して累次積分をしなければならないのです。

$D_1 : 0≦y≦2x,\ 0≦x≦1$
$D_2 : 0≦y≦4-2x,\ 1≦x≦2$

となります。

$$\iint_D xy^2 dxdy = \iint_{D_1} xy^2 dxdy + \iint_{D_2} xy^2 dxdy$$
$$= \int_0^1 \int_0^{2x} xy^2 dydx + \int_1^2 \int_0^{4-2x} xy^2 dydx$$

$$= \int_0^1 \left[\frac{1}{3}xy^3\right]_0^{2x} dx + \int_1^2 \left[\frac{1}{3}xy^3\right]_0^{4-2x} dx$$

$$= \int_0^1 \frac{8}{3}x^4 dx + \int_1^2 \frac{8}{3}x(2-x)^3 dx$$

$\left[\text{ここで、}\frac{8}{3}x(2-x)^3 = \frac{8}{3}\{2-(2-x)\}(2-x)^3 = \frac{16}{3}(2-x)^3 - \frac{8}{3}(2-x)^4 \text{ と変形できるので}\right]$

$$= \left[\frac{8}{15}x^5\right]_0^1 + \left[-\frac{4}{3}(2-x)^4\right]_1^2 - \left[-\frac{8}{15}(2-x)^5\right]_1^2$$

$$= \frac{8}{15} + \frac{4}{3} - \frac{8}{15} = \frac{4}{3}$$

[x で先に積分する累次積分]

x で先に積分するときは、xz 平面に平行な平面 $y=k$ での切断面の面積を計算して、これを積分しています。xy 平面でいえば、x 軸に平行な直線 $y=k$ で D を切断して考えます。

直線 $y=k$ と領域 D の共有部分となる線分の端点を計算すると、

$2x=k$ より、$x=\dfrac{k}{2}$、

$4-2x=k$ より、$x=2-\dfrac{k}{2}$

ですから、端点は $\left(\dfrac{k}{2},\ k\right)$、$\left(2-\dfrac{k}{2},\ k\right)$

よって、積分区間は $\left[\dfrac{y}{2},\ 2-\dfrac{y}{2}\right]$ となります。

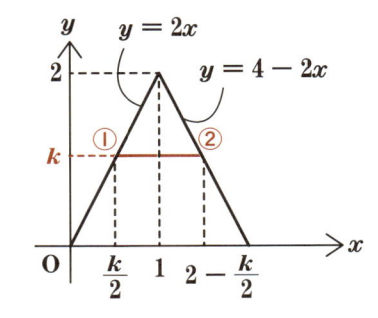

重積分を x から先に積分する累次積分で計算すると、

$$\iint_D xy^2 dxdy = \int_0^2 \int_{\frac{y}{2}}^{2-\frac{y}{2}} xy^2 dxdy = \int_0^2 \left[\frac{1}{2}x^2 y^2\right]_{\frac{y}{2}}^{2-\frac{y}{2}} dy$$

$$= \int_0^2 \frac{1}{2}\left\{\left(2-\frac{y}{2}\right)^2 - \left(\frac{y}{2}\right)^2\right\} y^2 dy = \int_0^2 (2y^2 - y^3) dy$$

$$= \left[\frac{2}{3}y^3 - \frac{1}{4}y^4\right]_0^2 = \frac{16}{3} - 4 = \frac{4}{3}$$

上の解答では、説明のために切断する平面 $x=k$、$y=k$ を持ち出しましたが、実際の解答では、このように丁寧には書きません。積分区間は初めから k を用いずに機械的に求めて計算します。

重積分の要領をまとめておきましょう。

重積分

重積分 $\iint_D f(x, y)dxdy$ は累次積分で計算する。

y から先に累次積分するときは、y 軸と平行な直線で領域 D を切断する。切断してできる線分の端点の式が異なるところで場合分けし、領域を分割する。

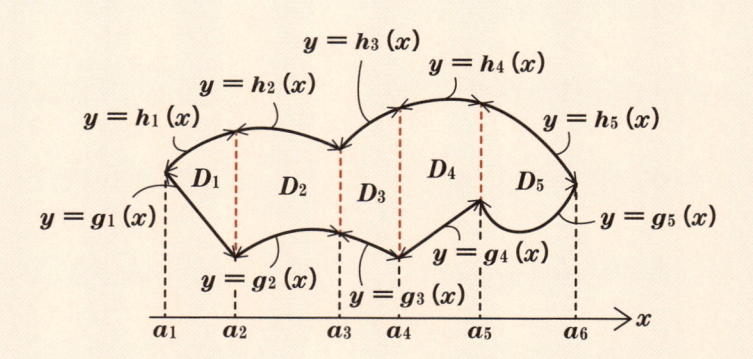

この図のように、$a_k \leq x \leq a_{k+1}$ の範囲で、端点と端点が曲線 $y=g_k(x)$、$y=h_k(x)$ 上にあれば、

$$\iint_D f(x, y)dxdy$$
$$= \int_{a_1}^{a_2}\int_{g_1(x)}^{h_1(x)} f(x, y)dydx + \int_{a_2}^{a_3}\int_{g_2(x)}^{h_2(x)} f(x, y)dydx + \cdots$$
$$+ \int_{a_n}^{a_{n+1}}\int_{g_n(x)}^{h_n(x)} f(x, y)dydx$$

領域 D に関する重積分を求めるには、x から先に累次積分しても、y から先に累次積分してもよいといいました。上の問題に見るように、y から先に積分するときは領域を分割して計算しなければならないのに、x から先に積分するときは1個の累次積分で済んでしまうということもあります。重積分をするときは、どちらの変数から先に積分をしたらよいのか、領域 D の形や被積分関数を見て判断しなければなりません。巧拙が分かれるところです。

x、y どちらからでも積分できるということで、手順が混乱してしまう人もいます。特に、領域 D が複雑な形になると、どうしてよいか分からなくなります。

よくある間違いは、x から先に積分するときに、x での積分区間を $[g(x), h(x)]$ としてしまう間違いです。x で積分するときの積分区間は $[g(y), h(y)]$ と y の関数になっていなければなりません。しかし、曲線の式が、$y=g(x)$、$y=h(x)$ で与えられると、それをそのまま積分区間としてしまうのです。

ここは、x で積分するのですから、$y=g(x)$、$y=h(x)$ から逆関数を求める要領で $x=g^{-1}(y)$、$x=h^{-1}(y)$ として、$[g^{-1}(y), h^{-1}(y)]$ を積分区間にしなければならないところです。

二の問題では、x から先に微分するので、$2x=y$ から $x=\dfrac{y}{2}$ を、$4-2x=y$ から $x=2-\dfrac{y}{2}$ を作り、積分区間を $\left[\dfrac{y}{2}, 2-\dfrac{y}{2}\right]$ としています。

このような間違いをしないためには、まず次の一手を覚えるべきです。

  y で先に積分する　→　y 軸に平行な直線で切断
  x で先に積分する　→　x 軸に平行な直線で切断

y で先に積分するとき

ステップ1 y 軸に平行な直線で領域 D を切断し、端点が乗っている曲線の式 $(y=g(x),\ y=h(x))$ を見つける。
［これが y の積分区間になる］

ステップ2 $g(x)$、$h(x)$ が異なるところで、D を分割する。

ステップ3 分割された D ごとに x 軸方向の積分区間 $[a,\ b]$ (a, b はどちらも実数) を求める。

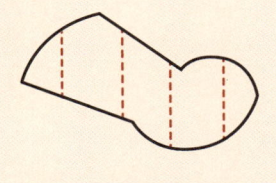

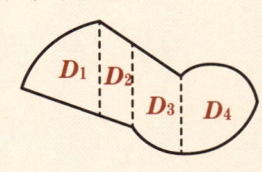

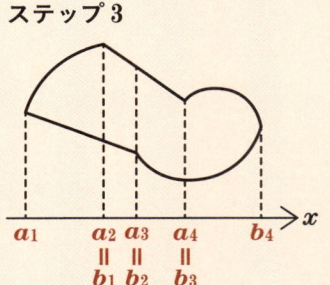

x で先に積分するとき

ステップ1 x 軸に平行な直線で領域 D を切断し、端点が乗っている曲線の式 $(x=g(y),\ x=h(y))$ を見つける。

ステップ2 $g(y)$、$h(y)$ が異なるところで、D を分割する。

ステップ3 分割された D ごとに y 軸方向の積分区間 $[a,\ b]$ (a, b はどちらも実数) を求める。

混乱することなく、ぜひとも身につけて欲しいと思います。

このことがよく身についていないと、次のような「積分順序を変更せよ」という問題に手こずることになります。

積分順序を変更する問題を解いてみましょう。

問題 積分順序の変更 （別 p.108）

次の累次積分の積分順序を変更せよ。

$$\int_0^2 \int_{\frac{1}{4}x^2}^{x} f(x, y)\,dy\,dx$$

$\frac{1}{4}x^2 \leq y \leq x$、$0 \leq x \leq 2$ が表す領域を図示すると、下右図のようになります。

x を先に積分するので、この領域を x 軸に平行な直線で切断することを考え、端点の式が異なるところで、D_1、D_2 の領域に分けて計算すればよいことになります。

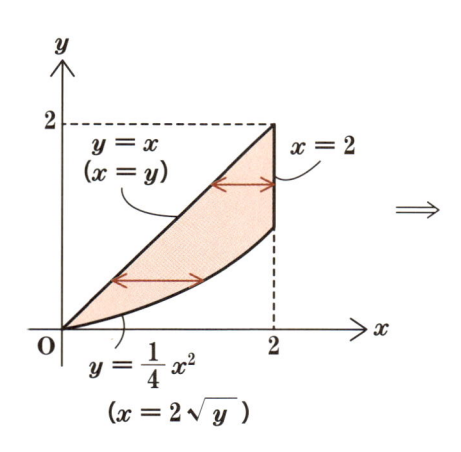

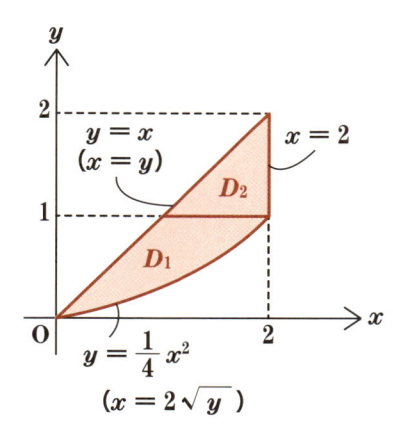

$y = \frac{1}{4}x^2$ を "$x=$" の形にすると、

$$y = \frac{1}{4}x^2 \quad \therefore \quad x^2 = 4y \quad x \geq 0 \text{ なので、} x = 2\sqrt{y}$$

よって、

$$D_1 : y \leq x \leq 2\sqrt{y},\ 0 \leq y \leq 1 \qquad D_2 : y \leq x \leq 2,\ 1 \leq y \leq 2$$

となります。

$$\int_0^2 \int_{\frac{1}{4}x^2}^{x} f(x,y)dydx = \int_0^1 \int_y^{2\sqrt{y}} f(x,y)dxdy + \int_1^2 \int_y^2 f(x,y)dxdy$$

x、y のどちらを先に積分するかで巧拙が分かれると書きましたが、次などは積分順序の変更をしないと答えが求まりません。

> **問題 累次積分の工夫** （別 p.110）
> 次の累次積分を計算せよ。
> $$\int_0^1 \int_y^1 e^{-x^2} dxdy$$

e^{-x^2} の x による不定積分は、簡単そうに見えて求められません。

そこで、積分順序を変更して y から先に積分することにします。

この累次積分の領域は下右図のようになりますから、y から先に積分すると、y の積分区間は $[0, x]$、x の積分区間は $[0, 1]$ になります。

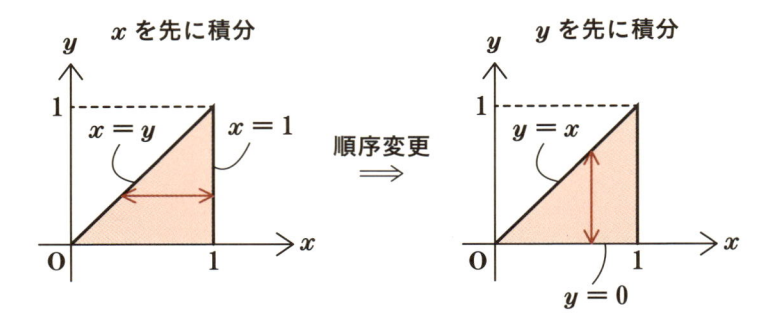

x を先に積分 　順序変更 $\Longrightarrow$ 　**y を先に積分**

（左図）$x = y$, $x = 1$
（右図）$y = x$, $y = 0$

$$\int_0^1 \int_y^1 e^{-x^2} dxdy = \int_0^1 \int_0^x e^{-x^2} dydx$$
$$= \int_0^1 \left[ye^{-x^2}\right]_0^x dx$$
$$= \int_0^1 xe^{-x^2} dx = \left[-\frac{1}{2}e^{-x^2}\right]_0^1 = \frac{1}{2}\left(1 - \frac{1}{e}\right)$$

2 重積分の変数変換

■極座標の場合

2変数関数の置換積分を考えてみましょう。一般論もあるのですが、まずは直交座標の重積分を極座標の重積分に直してみましょう。

公式は次のようになります。

極座標による重積分

重積分の領域 D が極座標で、

$$D : \varphi(\theta) \leq r \leq \mu(\theta), \quad \alpha \leq \theta \leq \beta$$

と表されるとき、

$$\iint_D f(x, y) \, dxdy = \int_\alpha^\beta \int_{\varphi(\theta)}^{\mu(\theta)} f(r\cos\theta, \, r\sin\theta) r \, dr \, d\theta$$

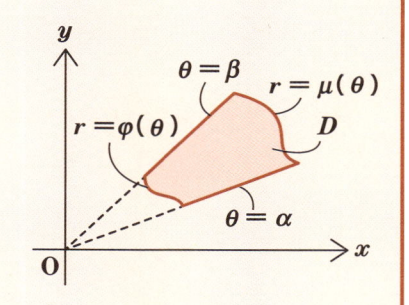

直交座標と極座標の関係式は、$x = r\cos\theta$、$y = r\sin\theta$ でした。ですから、上の式で、$f(x, y) = f(r\cos\theta, \, r\sin\theta)$ となるのは納得がいくでしょう。

注意しなければいけないのは、被積分関数が $f(r\cos\theta, \, r\sin\theta) \times r$ となっていることです。r を掛けることを忘れてはいけません。実際、よく忘れる人がいますから気をつけましょう。

さて、なぜ r を掛けるかを説明しておきたいと思います。それには、重積分の定義に立ち返るのがよいでしょう。といっても、重積分の定義をきちんとは述べていなかったですね。

$\iint_D f(x, y)dxdy$ の意味をもう一度おさらいしてみます。

この式は、曲面 $S:z=f(x, y)$ と xy 平面上の領域 D で挟まれる部分の体積を表していました。S と D で挟まれる部分を K として、極限を用いて体積を求める様子を確認してみましょう。

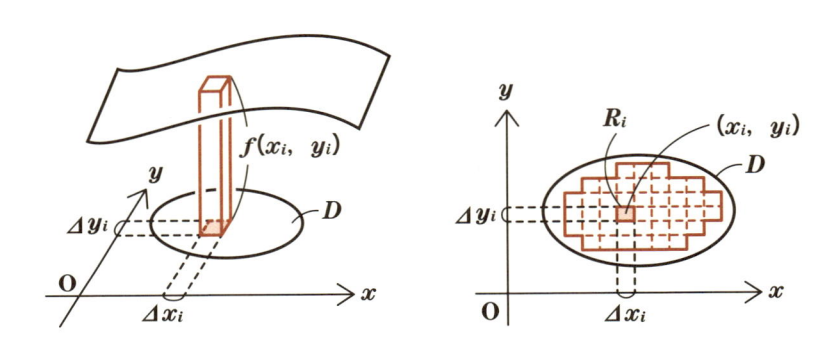

D を右図のように長方形に分割します。D の周囲が曲線の場合には、ぴったり長方形には分割できませんが、こういう場合には D に含まれる長方形だけを考えます。

D の内部に n 個の長方形、R_1, R_2, $\cdots$, R_n があるとしましょう。

この xy 平面上の長方形 R_i の中に勝手に点をとり (x_i, y_i) とします。長方形 R_i の x 方向の辺の長さを Δx_i、y 方向の辺の長さを Δy_i とします。すると、長方形 R_i を底面に持ち、高さが $f(x_i, y_i)$ の直方体（図の色部分）の体積は、$f(x_i, y_i)\Delta x_i \Delta y_i$ になります。n 個の直方体の体積を足した

$$\sum_{i=1}^{n} f(x_i, y_i)\Delta x_i \Delta y_i \quad \cdots\cdots ☆$$

を考えます。K の体積を直方体の体積の和で近似したわけです。

ここで長方形 R_i を限りなく細かく取っていくことを考えます。すると、D の周囲の曲線に沿うように長方形をとることができ、長方形で D を埋め尽くすことができるようになります。このとき☆の値は、限りなく K の体積 V に近づいていきます。式で書くと、

$$\lim_{n \to \infty} \sum_{i=1}^{n} f(x_i, y_i)\Delta x_i \Delta y_i = V$$

となります。この左辺が重積分 $\iint_D f(x, y)dxdy$ の本来の定義です。

これを極座標に書き換えてみましょう。

直交座標では領域 D を $\Delta x_i \times \Delta y_i$ の長方形を並べて近似しました。この長方形は、x 座標が Δx_i の範囲で微小変化し、y 座標が Δy_i の範囲で微小変化したときの点の存在範囲を示していました。

極座標でも r 座標、θ 座標を微小の範囲 Δr、$\Delta \theta$ で変化させたとき、点の存在範囲を考えてみましょう。図を描いてみると、それは下右図のようなパイン型（中心角が $\Delta \theta$ で、半径の差が Δr である２つのおうぎ形の差）になります。

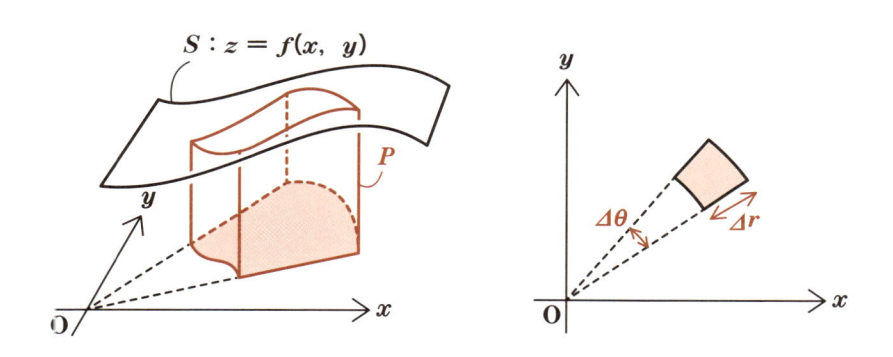

D が n 個のパイン型 R_i に分割されたとします。

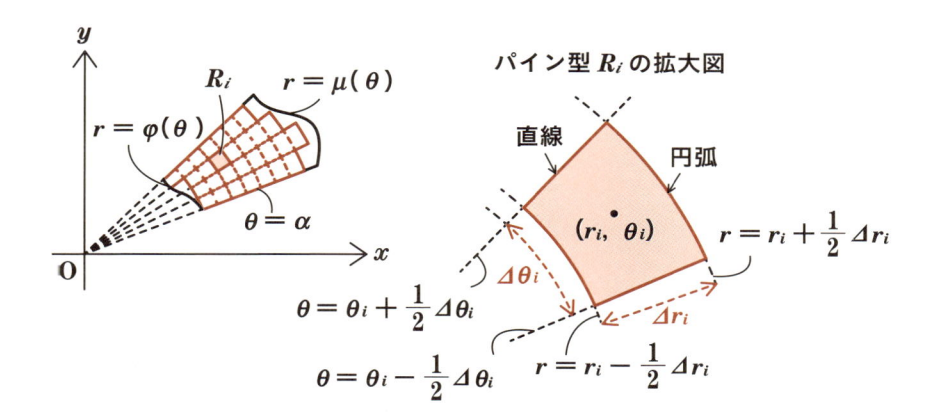

R_i が、

$$r_i - \frac{1}{2}\Delta r_i \leq r \leq r_i + \frac{1}{2}\Delta r_i, \quad \theta_i - \frac{1}{2}\Delta \theta_i \leq \theta \leq \theta_i + \frac{1}{2}\Delta \theta_i$$

領域を表すための変数です。

で表されるとします。図中のアカで書いた $\Delta \theta_i$ は実際の長さではなく、極座標表示をしたときの偏角の差を表していることに注意してください。このとき R_i の面積は、中心角 $\Delta \theta_i \left[= \theta_i + \frac{1}{2}\Delta \theta_i - \left(\theta_i - \frac{1}{2}\Delta \theta_i \right) \right]$ の扇形の面積の差を取って、

$$\frac{1}{2}\left(r_i + \frac{1}{2}\Delta r_i \right)^2 \Delta \theta_i - \frac{1}{2}\left(r_i - \frac{1}{2}\Delta r_i \right)^2 \Delta \theta_i$$
$$= \frac{1}{2}(r_i^2 + r_i \Delta r_i + \frac{1}{4}(\Delta r_i)^2 - r_i^2 + r_i \Delta r_i - \frac{1}{4}(\Delta r_i)^2)\Delta \theta_i$$
$$= r_i \Delta r_i \Delta \theta_i$$

となります。

この $r_i \Delta r_i \Delta \theta_i$ で $\Delta r_i \to 0$、$\Delta \theta_i \to 0$ とし $rdrd\theta$ のことを面積要素といいます。これは D を分割したときの要素のひとつであり、重積分をするときのもとになるものだからです。直交座標のとき、面積要素は $\Delta x_i \Delta y_i$ で、$\Delta x_i \to 0$、$\Delta y_i \to 0$ とした $dxdy$ です。

ここで、S と R_i で挟まれた部分の体積を柱で近似します。

R_i を底面として、高さが $f(r_i \cos \theta_i, r_i \sin \theta_i)$ の柱の体積は、

$$f(r_i \cos \theta_i, r_i \sin \theta_i) r_i \Delta r_i \Delta \theta_i$$

となります。右図の n 個の R_i について体積の和をとると、

$$\sum_{i=1}^{n} f(r_i \cos \theta_i, r_i \sin \theta_i) r_i \Delta r_i \Delta \theta_i \quad \cdots\cdots ☆$$

になります。パイン型を限りなく細かく取っていって、D を埋め尽くすようにす

ると、☆は P の体積 V に限りなく近づいていきます。つまり、

$$\lim_{n\to\infty}\sum_{i=1}^{n}f(r_i\cos\theta_i,\ r_i\sin\theta_i)r_i\Delta r_i\Delta\theta_i=V$$

となります。

左辺は、重積分の定義に照らし合わせると、$\Delta r_i\Delta\theta_i$ の手前に書かれている r と θ の関数、すなわち $f(r\cos\theta,\ r\sin\theta)r$ を重積分した式になっています。領域 D が極座標で、$\varphi(\theta)\leq r\leq\mu(\theta)$、$\alpha\leq\theta\leq\beta$ と表されるのであれば、この重積分は r から先に積分する累次積分として表すことができ、

$$\int_{\alpha}^{\beta}\int_{\varphi(\theta)}^{\mu(\theta)}f(r\cos\theta,\ r\sin\theta)rdrd\theta=V$$

となります。こうして、

$$\iint_D f(x,\ y)dxdy=\int_{\alpha}^{\beta}\int_{\varphi(\theta)}^{\mu(\theta)}f(r\cos\theta,\ r\sin\theta)rdrd\theta$$

であることが分かりました。r が付く理由は理解できましたか。パイン型の円弧の長さが $rd\theta$ となるからなのですね。

変数を極座標にして解く問題を練習してみましょう。被積分関数や領域を表す式に x^2+y^2 があるときは、極座標に変換することで簡潔に解ける場合が多いです。

> **ホップ**
> **問題 重積分の変数変換／体積** （別 p.112、114、116）
> 次の重積分を計算せよ。
>
> (1) $\iint_D \dfrac{1}{x^2+y^2}dxdy \quad D: a^2\leq x^2+y^2\leq 4a^2 \quad (a>0),\ x\geq 0,\ y\geq 0$
>
> (2) $\iint_D x^2 dxdy \qquad D: x^2+y^2\leq ax \quad (a>0)$

(1) 領域 D は、右図のようになります。これを極座標で表すと

$$a \leq r \leq 2a, \quad 0 \leq \theta \leq \frac{\pi}{2}$$

となります。

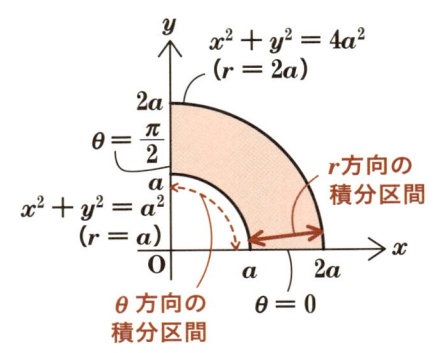

$$x^2 + y^2 = (r\cos\theta)^2 + (r\sin\theta)^2 = r^2(\cos^2\theta + \sin^2\theta) = r^2$$

ですから、

$$\iint_D \frac{1}{x^2+y^2} dxdy = \int_0^{\frac{\pi}{2}} \int_a^{2a} \frac{1}{r^2} \cdot r\, dr d\theta = \int_0^{\frac{\pi}{2}} \int_a^{2a} \frac{1}{r} dr d\theta$$

$$= \int_0^{\frac{\pi}{2}} \Big[\log|r|\Big]_a^{2a} d\theta = \int_0^{\frac{\pi}{2}} (\log|2a| - \log|a|) d\theta = \int_0^{\frac{\pi}{2}} \log\frac{|2a|}{|a|} d\theta$$

$$= \int_0^{\frac{\pi}{2}} \log 2\, d\theta = \Big[(\log 2)\theta\Big]_0^{\frac{\pi}{2}} = \frac{\pi}{2}\log 2$$

(2) $x^2 + y^2 \leq ax$ ……①

$\therefore\quad x^2 - ax + y^2 \leq 0$

$\therefore\quad \left(x - \frac{a}{2}\right)^2 + y^2 \leq \left(\frac{a}{2}\right)^2$

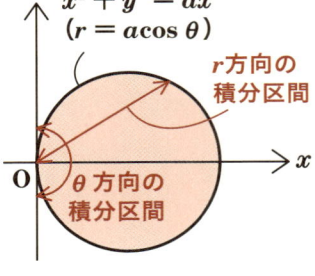

となりますから、D は $\left(\frac{a}{2}, 0\right)$ を中心として、半径が $\frac{a}{2}$ の円の周と内部です。

極座標に直してみましょう。①を等号にした式に $x = r\cos\theta$, $y = r\sin\theta$ を代入して、

$$(r\cos\theta)^2 + (r\sin\theta)^2 = a(r\cos\theta) \quad \therefore\quad r^2 - ar\cos\theta = 0$$

$\therefore\quad r(r - a\cos\theta) = 0 \quad \therefore\quad r = 0$ または $r = a\cos\theta$

$r = a\cos\theta$ は、$-\dfrac{\pi}{2} \leq \theta \leq \dfrac{\pi}{2}$ の範囲で①の円を描き、$a\cos\theta \geq 0$ なので、r の積分区間は $0 \leq r \leq a\cos\theta$、$\theta$ の積分区間は、$-\dfrac{\pi}{2} \leq \theta \leq \dfrac{\pi}{2}$。これは図形的に考えてもそうですね。原点から見て円がある方向は、この方向です。

$$\iint_D x^2 dxdy = \int_{-\frac{\pi}{2}}^{\frac{\pi}{2}} \int_0^{a\cos\theta} (r\cos\theta)^2 \cdot r\, dr d\theta$$

$$= \int_{-\frac{\pi}{2}}^{\frac{\pi}{2}} \left[\frac{1}{4}r^4 \cos^2\theta\right]_0^{a\cos\theta} d\theta = \int_{-\frac{\pi}{2}}^{\frac{\pi}{2}} \frac{1}{4} a^4 \cos^6\theta\, d\theta = \frac{2}{4} a^4 \int_0^{\frac{\pi}{2}} \cos^6\theta\, d\theta$$

$$= \frac{1}{2}a^4 \cdot \frac{5}{6} \cdot \frac{3}{4} \cdot \frac{1}{2} \cdot \frac{\pi}{2} = \frac{5}{64}\pi a^4 \quad \text{(p.111 ウォリスの公式)}$$

■一般の場合

　直交座標から極座標への変数変換が分かったところで、一般の変数変換の場合を紹介しましょう。
　一般の変数変換の場合には、いろいろと前提条件がありますので、そこから話していきます。
　x、y での重積分で文字を置換して u、v での重積分にするときのことを考えます。
　変数 x、y が変数 u、v の関数として、$x = x(u, v)$、$y = y(u, v)$ と表されているとします。これから紹介する変数変換の公式には、偏微分が出てきます。

$\qquad\qquad x(u, v)$、$y(u, v)$ は u、v について可能　……①

でなければいけません。
　$x(u, v)$、$y(u, v)$ は uv 平面上の点 $\mathrm{P}(u, v)$ に対して、xy 平面上の点 $\mathrm{Q}(x(u, v),\ y(u, v))$ を対応させていると考えられます。
　下図のように P が uv 平面の領域 D' を動くとき、P に対応する Q が xy 平面で動く領域を D とします。このとき、変数変換ができるためには、

$\qquad\qquad D'$ の点と D の点が 1 対 1 に対応　……②

していなければなりません。

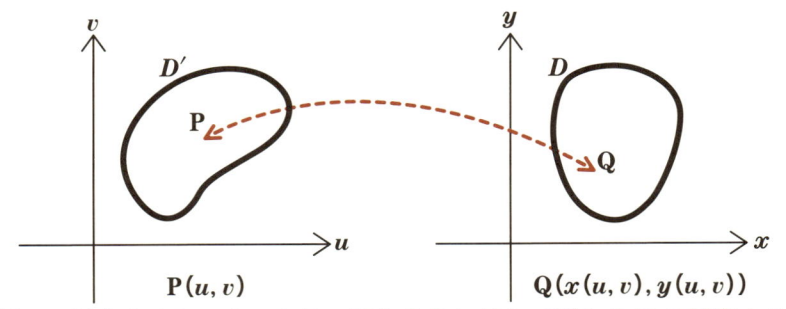

P(u, v)　　　　　　　　　Q(x(u, v), y(u, v))

　1対1に対応するということは、異なるPに対して異なるQが対応する、すなわち、Qを決めると、それに移るPが1つに決まるということです。

　たとえば、$x=u+v$、$y=u-v$ はこの条件を満たしています。

　しかし、$x=u+v$、$y=uv$ はこの条件を満たしていません。Pを$(u, v)=(1, 2)$ とすると、Qは$(x, y)=(3, 2)$ になりますが、このQに移すようなuv平面上の点は、$(u, v)=(1, 2)$ と $(u, v)=(2, 1)$ と 2点存在するので、D' がこの2点を含むようであれば、$x=u+v$、$y=uv$ は条件を満たさず u、v での重積分の変数変換の公式は成り立ちません。

　また、重積分の変数変換をするときには、計算途中で

$$\frac{\partial x}{\partial u} \cdot \frac{\partial y}{\partial v} - \frac{\partial x}{\partial v} \cdot \frac{\partial y}{\partial u}$$

を求めます。これをJとおくと、重積分の変数変換ができるためには、

　　　　　D' のうち、$J=0$ となる点の領域が面積0　……③

でなければなりません。

　さて、$x(u, v)$、$y(u, v)$ が、①、②、③の条件を満たすとき、重積分の変数変換は次のようになります。

重積分の変数変換

$$\iint_D f(x, y)\,dxdy = \iint_{D'} f(x(u, v), y(u, v))\,|J|\,dudv$$

ただし、$J = \det \begin{pmatrix} \dfrac{\partial x}{\partial u} & \dfrac{\partial x}{\partial v} \\ \dfrac{\partial y}{\partial u} & \dfrac{\partial y}{\partial v} \end{pmatrix} = \dfrac{\partial x}{\partial u} \cdot \dfrac{\partial y}{\partial v} - \dfrac{\partial x}{\partial v} \cdot \dfrac{\partial y}{\partial u}$ とする。

$$\det\begin{pmatrix} \dfrac{\partial x}{\partial u} & \dfrac{\partial x}{\partial v} \\ \dfrac{\partial y}{\partial u} & \dfrac{\partial y}{\partial v} \end{pmatrix}$$ は 2×2 の行列 $\begin{pmatrix} \dfrac{\partial x}{\partial u} & \dfrac{\partial x}{\partial v} \\ \dfrac{\partial y}{\partial u} & \dfrac{\partial y}{\partial v} \end{pmatrix}$ の行列式を表しています。

2×2 の行列 $\begin{pmatrix} a & b \\ c & d \end{pmatrix}$ に対して、行列式は、

$$\det\begin{pmatrix} a & b \\ c & d \end{pmatrix} = ad - bc$$

と計算します。

　行列式のことは、線形代数で勉強します。微積分で重積分を習う頃には、線形代数の授業で行列式を学んでいるはずです。もしもまだ知らないという人がいれば、線形代数の教科書を読んで確認してください。ただ、計算をするだけであれば、2×2 に並んだ数を斜めにかけて差を取るという決まりだけを覚えておけば事足ります。

　この行列式の部分は、変数変換をするときの重要な部分で**ヤコビアン**と呼ばれています。J はヤコブという人名の頭文字です。

　上の変換公式で、直交座標から極座標の変数変換を実行してみましょう。

　x、y を r、θ で表すと、

$$x = r\cos\theta, \ \ y = r\sin\theta$$

となります。このときのヤコビアン J を計算してみましょう。

$$\begin{aligned}
J &= \det\begin{pmatrix} \dfrac{\partial x}{\partial r} & \dfrac{\partial x}{\partial \theta} \\ \dfrac{\partial y}{\partial r} & \dfrac{\partial y}{\partial \theta} \end{pmatrix} = \det\begin{pmatrix} \cos\theta & -r\sin\theta \\ \sin\theta & r\cos\theta \end{pmatrix} \\
&= \cos\theta \cdot r\cos\theta - (-r\sin\theta) \cdot \sin\theta \\
&= r\cos^2\theta + r\sin^2\theta = r
\end{aligned}$$

したがって、直交座標から極座標への変換は、

$$\iint_D f(x, y)dxdy = \iint_{D'} f(r\cos\theta, \ r\sin\theta)|J|drd\theta$$
$$= \iint_{D'} f(r\cos\theta, \ r\sin\theta)r\,dr\,d\theta$$

となり、p.241 の公式が再確認できました。

では、なぜ上のような公式になるのか、ヤコビアンとは何なのかを簡単に説明しておきましょう。厳密な証明ではありませんが、ヤコビアンのイメージを掴んでおくことは有益であると考えます。

曲面 $z=f(x, y)$ と D で挟まれた部分の体積を u、v の重積分で求めることを考えましょう。

(u,v) を $(x(u,v), \ y(u,v))$ に対応させる決まりで、uv 平面上の領域 D' を xy 平面上に移した領域が D でした。

いま、D' を u 軸、v 軸に平行な直線で長方形に分割しておきます。D' の周が曲線であっても、長方形のサイズを限りなく小さくしていけば十分よく近似できると考えましょう。

これらの長方形の頂点を対応の決まりで D に移し、それらを結んで D を四角形に分割します。すると下図のようになります。D' の一つ一つの長方形が D のどのような四角形に移されるのか追いかけてみましょう。

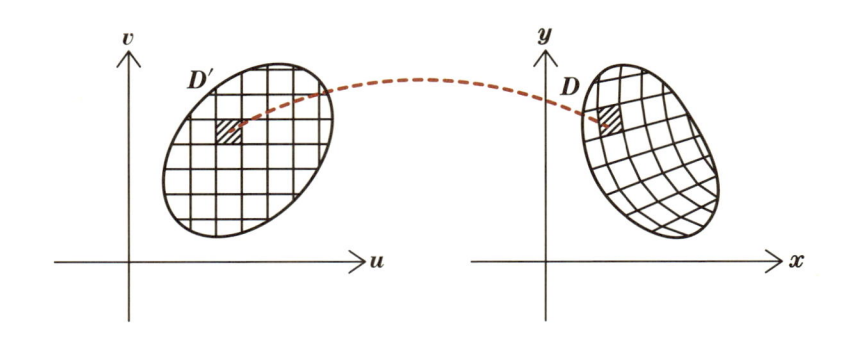

D' 上に長方形 O'A'C'B'（ヨコ Δu、タテ Δv）をとります。頂点の座標は、
O'(u,v)、A'$(u+\Delta u, \ v)$、B'$(u, \ v+\Delta v)$、C'$(u+\Delta u, \ v+\Delta v)$

です。これらを(u,v)を$(x(u,v), y(u,v))$に対応させる決まりで移すと、

$\text{O}'(u,v) \rightarrow \text{O}(x(u,v), y(u,v))$

$\text{A}'(u+\Delta u, v) \rightarrow \text{A}(x(u+\Delta u, v), y(u+\Delta u, v))$

$\text{B}'(u, v+\Delta v) \rightarrow \text{B}(x(u, v+\Delta v), y(u, v+\Delta v))$

$\text{C}'(u+\Delta u, v+\Delta v) \rightarrow \text{C}(x(u+\Delta u, v+\Delta v), y(u+\Delta u, v+\Delta v))$

となります。

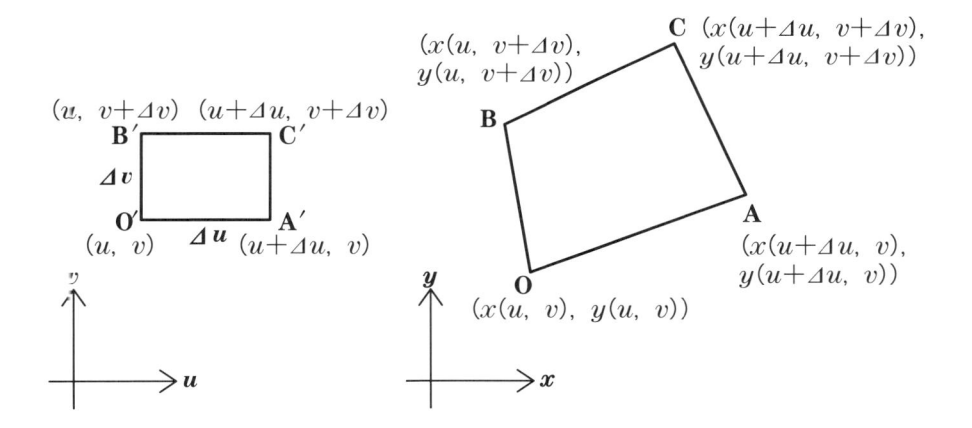

　一般には、D'上の長方形 O′A′C′B′ の辺が、D 上の四角形 OACB の辺に移されるわけではないことに注意しましょう。四角形 OACB は、O′、A′、C′、B′ を対応の決まりで移した O、A、C、B を直線で結んでできる四角形です。

　一般には、uv 平面上の直線を対応の決まりで移すと xy 平面上の曲線になります。

　さて、四角形 OACB の面積を求めてみましょう。

　全微分の公式から、Δu, Δv が 0 に近いときには、

$$x(u+\Delta u, v+\Delta v) - x(u, v) \fallingdotseq \frac{\partial x}{\partial u}(u, v)\Delta u + \frac{\partial x}{\partial v}(u, v)\Delta v$$

$$y(u+\Delta u, v+\Delta v) - y(u, v) \fallingdotseq \frac{\partial y}{\partial u}(u, v)\Delta u + \frac{\partial y}{\partial v}(u, v)\Delta v$$

が成り立ちます。$\dfrac{\partial x}{\partial u}(u,\ v)$ は $x(u,\ v)$ を u で偏微分した関数です。スペースの都合上、次から $\dfrac{\partial x}{\partial u}$ とだけ書くことにします。よって、

$$\overrightarrow{\mathrm{OC}} = \begin{pmatrix} x(u+\Delta u,\ v+\Delta v) - x(u,\ v) \\ y(u+\Delta u,\ v+\Delta v) - y(u,\ v) \end{pmatrix} \fallingdotseq \begin{pmatrix} \dfrac{\partial x}{\partial u}\Delta u + \dfrac{\partial x}{\partial v}\Delta v \\ \dfrac{\partial y}{\partial u}\Delta u + \dfrac{\partial y}{\partial v}\Delta v \end{pmatrix}$$

$\overrightarrow{\mathrm{OA}}$ はこの式で $\Delta v=0$ とし、$\overrightarrow{\mathrm{OB}}$ はこの式で $\Delta u=0$ として、

$$\overrightarrow{\mathrm{OA}} = \begin{pmatrix} \dfrac{\partial x}{\partial u}\Delta u \\ \dfrac{\partial y}{\partial u}\Delta u \end{pmatrix},\ \overrightarrow{\mathrm{OB}} = \begin{pmatrix} \dfrac{\partial x}{\partial v}\Delta v \\ \dfrac{\partial y}{\partial v}\Delta v \end{pmatrix}$$

となります。Δu、Δv が 0 に近いときには、$\overrightarrow{\mathrm{OC}} = \overrightarrow{\mathrm{OA}} + \overrightarrow{\mathrm{OB}}$ となり、四角形 OACB は平行四辺形と見なすことができます。平行四辺形 OACB の面積を求めてみましょう。それには線形代数で習ったように行列式を用います。

行列 $\begin{pmatrix} a & b \\ c & d \end{pmatrix}$ の行列式の絶対値、

$$\left| \det \begin{pmatrix} a & b \\ c & d \end{pmatrix} \right| = |ad - bc|$$

は、$\overrightarrow{\mathrm{OD}} = \begin{pmatrix} a \\ c \end{pmatrix}$、$\overrightarrow{\mathrm{OE}} = \begin{pmatrix} b \\ d \end{pmatrix}$ とするときの $\overrightarrow{\mathrm{OD}}$、$\overrightarrow{\mathrm{OE}}$ で張られる平行四辺形の面積を表していました。

第 6 章 ● 2 変数関数の積分

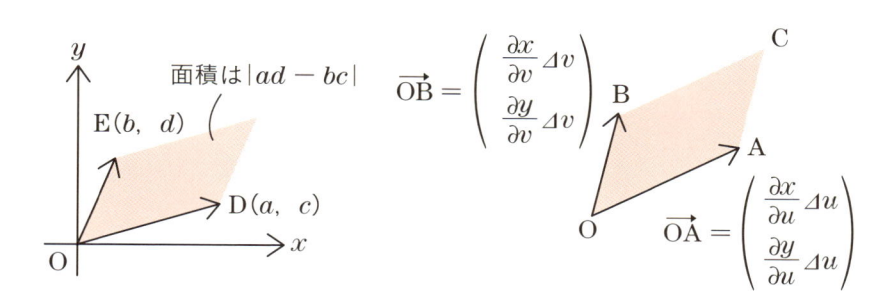

ですから、平行四辺形 OACB の面積は、行列式を用いて、

$$\left|\det\begin{pmatrix}\frac{\partial x}{\partial u}\Delta u & \frac{\partial x}{\partial v}\Delta v \\ \frac{\partial y}{\partial u}\Delta u & \frac{\partial y}{\partial v}\Delta v\end{pmatrix}\right| = \left|\left(\frac{\partial x}{\partial u}\Delta u\right)\left(\frac{\partial y}{\partial v}\Delta v\right)-\left(\frac{\partial x}{\partial v}\Delta v\right)\left(\frac{\partial y}{\partial u}\Delta u\right)\right|$$

$$= \left|\left(\frac{\partial x}{\partial u}\right)\left(\frac{\partial y}{\partial v}\right)-\left(\frac{\partial x}{\partial v}\right)\left(\frac{\partial y}{\partial u}\right)\right|\Delta u\Delta v = \left|\det\begin{pmatrix}\frac{\partial x}{\partial u} & \frac{\partial x}{\partial v} \\ \frac{\partial y}{\partial u} & \frac{\partial y}{\partial v}\end{pmatrix}\right|\Delta u\Delta v = |J|\Delta u\Delta v$$

よって、$|J|dudv$ が面積要素となります。

ここまで uv 平面の D' 上の 1 つの長方形に着目してきましたが、D' を長方形分割し、それらの頂点を xy 平面に移し、D を四角形分割する話に戻ります。

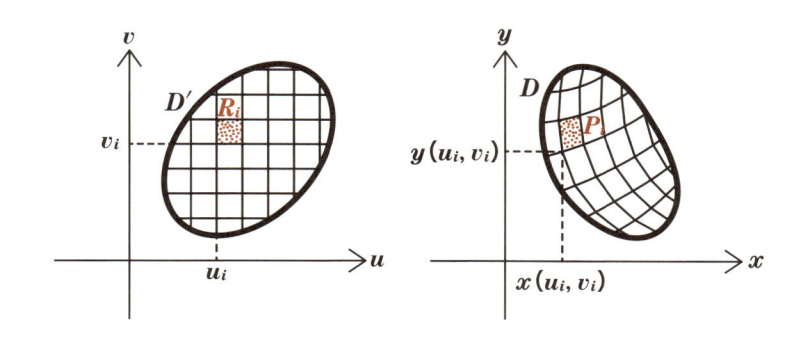

D' を n 個の長方形に分割します。i 番目の長方形を R_i（ヨコ Δu_i、タテ Δv_i）とし、その頂点を (u_i, v_i)、$(u_i+\Delta u_i, v_i)$、$(u_i, v_i+\Delta v_i)$、$(u_i+\Delta u_i, v_i+\Delta v_i)$ とします。長方形 R_i を対応の決まりで移してできる四角形を P_i とすると、P_i の面積は、

$$\left| \det \begin{pmatrix} \dfrac{\partial x}{\partial u}(u_i, v_i) & \dfrac{\partial x}{\partial v}(u_i, v_i) \\ \dfrac{\partial y}{\partial u}(u_i, v_i) & \dfrac{\partial y}{\partial v}(u_i, v_i) \end{pmatrix} \right| \Delta u_i \Delta v_i$$

となります。det の部分を J で表すと、$|J|\Delta u_i \Delta v_i$ となります。

P_i と $z=f(x, y)$ で挟まれる部分の体積を柱で近似すると、

$$f(x(u_i, v_i), y(u_i, v_i))|J|\Delta u_i \Delta v_i$$

n 個の P_i に関して体積の和は、長方形分割を細かくして n を大きくしていくと V に近づくので、

$$V = \lim_{n \to \infty} \sum_{i=1}^{n} f(x(u_i, v_i), y(u_i, v_i))|J|\Delta u_i \Delta v_i$$

$$= \iint_{D'} f(x(u, v), y(u, v))|J|dudv$$

一方、$V = \iint_D f(x, y)dxdy$ とも表されますから、公式が説明できたことになります。

第6章 ● 2変数関数の積分

ホップ 問題 重積分の変数変換 （別 p.114）

次の重積分を求めよ。

(1) $\iint_D (x-y)^2(x+y)^4 dxdy$

$D: -1 \leq x-y \leq 1, \ -1 \leq x+y \leq 1$

(2) $\iint_D (x^2+y^2) dxdy$

$D: \dfrac{x^2}{a^2} + \dfrac{y^2}{b^2} \leq 1 \, (a>0, \ b>0), \ x \geq 0, \ y \geq 0$

(1) 被積分関数の方にも $x-y, x+y$ が見えます。これはもう

$$u = x-y, \quad v = x+y \quad \cdots\cdots ①$$

とおいて変数変換をせよ、ということでしょう。

u、v の積分区間は、

$$-1 \leq u \leq 1, \quad -1 \leq v \leq 1$$

です。ヤコビアンを計算します。

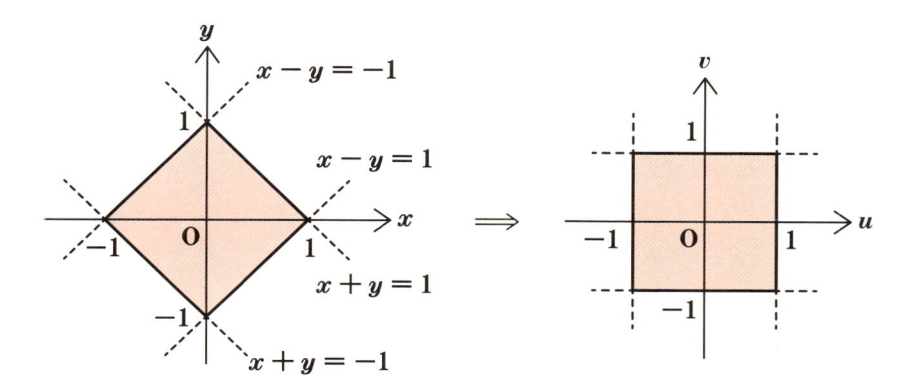

①から x、y を u と v の式で表すと、

$$x = \frac{u+v}{2}, \quad y = \frac{-u+v}{2}$$

より、

$$|J| = \begin{vmatrix} \frac{\partial x}{\partial u} & \frac{\partial x}{\partial v} \\ \frac{\partial y}{\partial u} & \frac{\partial y}{\partial v} \end{vmatrix} = \begin{vmatrix} \frac{1}{2} & \frac{1}{2} \\ -\frac{1}{2} & \frac{1}{2} \end{vmatrix} = \frac{1}{2} \cdot \frac{1}{2} - \frac{1}{2}\left(-\frac{1}{2}\right) = \frac{1}{2}$$

よって、重積分を変数変換して計算すると、

$$\iint_D (x-y)^2 (x+y)^4 dxdy = \int_{-1}^{1} \int_{-1}^{1} u^2 v^4 \cdot \frac{1}{2} dudv$$
$$= \frac{1}{2} \left(\int_{-1}^{1} u^2 du \right) \left(\int_{-1}^{1} v^4 dv \right) = \frac{1}{2} \cdot 2 \cdot 2 \left(\int_{0}^{1} u^2 du \right) \left(\int_{0}^{1} v^4 dv \right)$$
$$= 2 \left[\frac{1}{3} u^3 \right]_0^1 \left[\frac{1}{5} v^5 \right]_0^1 = \frac{2}{15}$$

(2) $x = ar\cos\theta$、$y = br\sin\theta$ とおきます。($r \geq 0$, $0 \leq \theta < 2\pi$)
すると、

$$\frac{x^2}{a^2} + \frac{y^2}{b^2} = \frac{(ar\cos\theta)^2}{a^2} + \frac{(br\sin\theta)^2}{b^2}$$
$$= r^2 \cos^2\theta + r^2 \sin^2\theta = r^2$$

なので、D の式は、

$$r^2 \leq 1, \quad r\cos\theta \geq 0, \quad r\sin\theta \geq 0$$
$$\Leftrightarrow \quad 0 \leq r \leq 1, \quad 0 \leq \theta \leq \frac{\pi}{2}$$

第6章 ● 2変数関数の積分

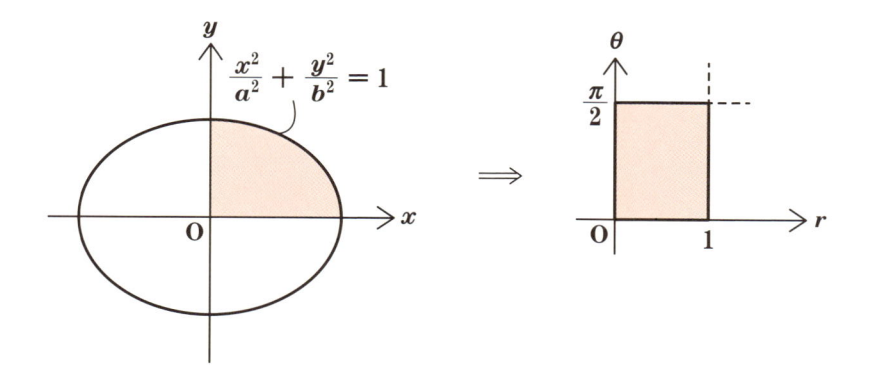

ヤコビアンを計算しましょう。

$$|J| = \begin{vmatrix} \dfrac{\partial x}{\partial r} & \dfrac{\partial x}{\partial \theta} \\ \dfrac{\partial y}{\partial r} & \dfrac{\partial y}{\partial \theta} \end{vmatrix} = \begin{vmatrix} a\cos\theta & -ar\sin\theta \\ b\sin\theta & br\cos\theta \end{vmatrix}$$

$$= (a\cos\theta)(br\cos\theta) - (-ar\sin\theta)(b\sin\theta)$$
$$= abr(\cos^2\theta + \sin^2\theta) = abr$$

よって、重積分を変数変換して計算すると、

$$\iint_D x^2 + y^2 \, dxdy = \int_0^{\frac{\pi}{2}} \int_0^1 (a^2 r^2 \cos^2\theta + b^2 r^2 \sin^2\theta) \underbrace{abr}_{\text{ヤコビアン}} drd\theta$$

$$= ab \left(\int_0^{\frac{\pi}{2}} a^2 \cos^2\theta + b^2 \sin^2\theta \, d\theta \right) \left(\int_0^1 r^3 dr \right) \leftarrow \text{p.225 の公式を用いた}$$

$$= ab \left(\int_0^{\frac{\pi}{2}} a^2 \cdot \frac{1+\cos 2\theta}{2} + b^2 \cdot \frac{1-\cos 2\theta}{2} d\theta \right) \left[\frac{1}{4} r^4 \right]_0^1$$

$$= \frac{ab}{4} \left[\frac{a^2+b^2}{2} \cdot \theta + \frac{a^2-b^2}{2} \cdot \frac{1}{2} \sin 2\theta \right]_0^{\frac{\pi}{2}} = \frac{ab(a^2+b^2)\pi}{16}$$

3 重積分の応用

■広義積分、無限積分

重積分の場合の広義積分を計算してみましょう。1変数の場合は被積分関数が特異点となる点であっても、不定積分では特異点とならない場合がほとんどでしたから、単なる代入計算で済ますこともできました。2重積分の場合は、特異点を外した領域で重積分の値を求め、その極限を考えましょう。

> **問題 広義積分** （別 p.118）
> 次の重積分を広義積分で計算せよ。
>
> (1) $\displaystyle\iint_D \frac{1}{\sqrt{x^2+y^2}}\,dxdy \qquad D: 0\leq y\leq x\leq 1$
>
> (2) $\displaystyle\iint_D \frac{1}{\sqrt{x-y}}\,dxdy \qquad D: 0\leq y\leq x\leq 1$

(1) $\dfrac{1}{\sqrt{x^2+y^2}}$ の特異点は $(0, 0)$ です。これを外した領域で重積分を計算して、領域を D に近づけていきましょう。

特異点を外した領域

$$D_p : 0\leq y\leq x、p\leq x\leq 1$$

を考えます。ここで、p は 0 に近い十分に小さい正の数です。

p が 0 に近づいていくとき、D_p は D に近づきます。ですから、D_p における重積分を計算して、その結果で p を 0 に近づければ D での重積分を計算することができるのです。

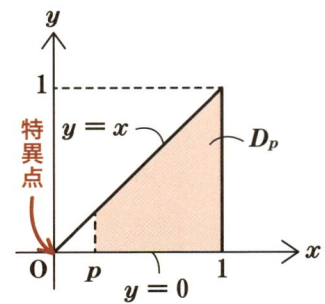

$$\iint_{D_p} \frac{1}{\sqrt{x^2+y^2}} dxdy = \int_p^1 \int_0^x \frac{1}{\sqrt{x^2+y^2}} dydx$$

$$= \int_p^1 \left[\log|y+\sqrt{x^2+y^2}|\right]_0^x dx$$

$$= \int_p^1 (\log|x+\sqrt{x^2+x^2}| - \log|x|) dx$$

$$= \int_p^1 (\log|(1+\sqrt{2})x| - \log|x|) dx$$

$$= \int_p^1 \log(1+\sqrt{2}) dx = \log(1+\sqrt{2})\left[x\right]_p^1 = (1-p)\log(1+\sqrt{2})$$

ここで、p を 0 に近づけていけば広義積分による重積分が求まります。

$$\iint_D \frac{1}{\sqrt{x^2+y^2}} dxdy = \lim_{p \to +0} \iint_{D_p} \frac{1}{\sqrt{x^2+y^2}} dxdy$$

$$= \lim_{p \to +0} (1-p)\log(1+\sqrt{2}) = \log(1+\sqrt{2})$$

(2) この関数では、直線 $y=x$ 上の点がすべて特異点になります。ですから、これを避けて領域 D_p を

$$D_p : 0 \leq y \leq x-p, \ p \leq x \leq 1$$

と設定しましょう。

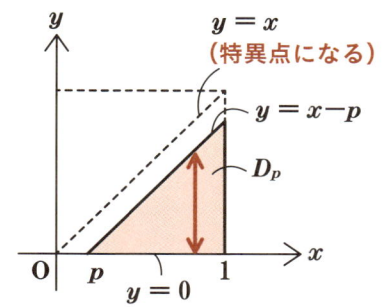

$$\iint_{D_p} \frac{1}{\sqrt{x-y}} dxdy = \int_p^1 \int_0^{x-p} \frac{1}{\sqrt{x-y}} dydx$$

$$= \int_p^1 \left[-2\sqrt{x-y}\right]_0^{x-p} dx = \int_p^1 2(\sqrt{x} - \sqrt{p}) dx$$

$$= \left[\frac{4}{3}x^{\frac{3}{2}} - 2\sqrt{p}\,x\right]_p^1 = \left(\frac{4}{3} - 2\sqrt{p}\right) + \frac{2}{3}p^{\frac{3}{2}}$$

ここで、p を 0 に近づけていけば広義積分による重積分が求まります。

$$\iint_D \frac{1}{\sqrt{x-y}}dxdy = \lim_{p\to +0}\iint_{D_p}\frac{1}{\sqrt{x-y}}dxdy$$
$$= \lim_{p\to +0}\left(\frac{4}{3}-2\sqrt{p}+\frac{2}{3}p^{\frac{3}{2}}\right)=\frac{4}{3}$$

重積分の場合の無限積分の問題も解いてみましょう。

> **ホップ**
> **問題　無限積分**　（別 p.120）
> 次の重積分を無限積分で計算せよ。
> $$\iint_D \frac{1}{(x+y+1)^3}dxdy \qquad D: x\geq 0,\ y\geq 0$$

領域 D を図示すると、右のようになりますが、x、y の上限がない形で無限の領域になっています。

有限の領域

$D_p : 0\leq x\leq p,\ 0\leq y\leq p$

に関して重積分を求め、p を無限大にもっていきましょう。

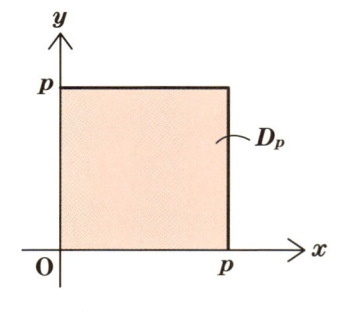

$$\iint_{D_p}\frac{1}{(x+y+1)^3}dxdy = \int_0^p\int_0^p \frac{1}{(x+y+1)^3}dydx$$
$$= \int_0^p\left[-\frac{1}{2(x+y+1)^2}\right]_0^p dx = \int_0^p\left(-\frac{1}{2(x+p+1)^2}+\frac{1}{2(x+1)^2}\right)dx$$
$$= \left[\frac{1}{2(x+p+1)}-\frac{1}{2(x+1)}\right]_0^p = \frac{1}{2(2p+1)}-\frac{1}{2(p+1)}-\frac{1}{2(p+1)}+\frac{1}{2}$$

ここで、p を無限大にすると、無限積分による重積分が求まります。

$$\iint_D \frac{1}{(x+y+1)^3}dxdy = \lim_{p\to\infty}\iint_{D_p}\frac{1}{(x+y+1)^3}dxdy$$
$$= \lim_{p\to\infty}\left(\frac{1}{2(2p+1)}-\frac{1}{2(p+1)}-\frac{1}{2(p+1)}+\frac{1}{2}\right)$$
$$=\frac{1}{2}$$

計算に慣れてきたところで、重積分の広義積分についてコメントしておきましょう。

D についての広義積分を考えるときは、領域の列で D に収束する増大列 $\{D_n\}$（←領域を数列のように並べたものなので似た表記になっている）を考えます。

$\{D_n\}$ が D に収束する増大列であるとは、ざっくりいうと（正確にいうには、閉集合などいろいろと用語を解説しなければならないので）、

(1) $D_1 \subset D_2 \subset D_3 \subset \cdots \subset D_n \subset \cdots$

(2) すべての D_n の和集合は D に等しい。

となる領域の列のことです。重積分の広義積分は D に収束する増大列を用いて、

$$\iint_D f(x,\ y)dxdy = \lim_{n\to\infty}\iint_{D_n}f(x,\ y)dxdy \quad \cdots\cdots ①$$

と計算されます。

ですから本来であれば、p.258 の問題であれば、

(1) では、$D_n : 0\leq y\leq x,\ \dfrac{1}{n}\leq x\leq 1$

(2) では、$D_n : 0\leq y\leq x-\dfrac{1}{n},\ \dfrac{1}{n}\leq x\leq 1$

p.260 の問題であれば、$D_n : 0\leq x\leq n,\ 0\leq y\leq n$

として、$\displaystyle\lim_{n\to\infty}\iint_{D_n}f(x,\ y)dxdy$ を計算しなければなりません。

もちろん、結果は同じになります。

さらに正確に解答を書くには、D に収束する任意の増大列 $\{D_n\}$ に関して、① の右辺が存在し、それらが同じ値になることを示さなければなりません。

1 変数の広義積分では積分区間の広げ方は 1 方向しかありませんでしたが、重積分では領域の広げ方は無数にあります。これは、ちょうど全微分のときにあら

ゆる方向からの近づけ方を考えたことに似ていますね。

このように重積分の広義積分を数学的に遺漏のないように解答するには結構骨が折れます。しかし、計算ができるようになればよいというのがこの本の趣旨ですから、簡便な解答を示すに留めます。

任意の増大列について①が存在するのですから、値だけを求めるのであれば、1つの増大列について①を計算するだけで答えを求めることができます。

積分のところで紹介した式、$\Gamma\left(\dfrac{1}{2}\right) = \sqrt{\pi}$ を示してみましょう。

問題 (1) 次の重積分を無限積分で計算せよ。

$$\iint_D e^{-(x^2+y^2)} dxdy \qquad D: x \geq 0,\ y \geq 0$$

(2) $\displaystyle\int_0^\infty e^{-x^2} dx,\ \Gamma\left(\dfrac{1}{2}\right)$ を求めよ。

---

(1) 領域 D は前問と同じ無限の領域になっています。

この問題では、

$$D_R: 0 \leq x^2 + y^2 \leq R^2,\ x \geq 0,\ y \geq 0$$

という有限の領域で重積分を求め、R を無限大にもっていくことで、D の領域での重積分を求めます。D_R を極座標で表すと、

$$D'_R: 0 \leq r \leq R,\ 0 \leq \theta \leq \dfrac{\pi}{2}$$

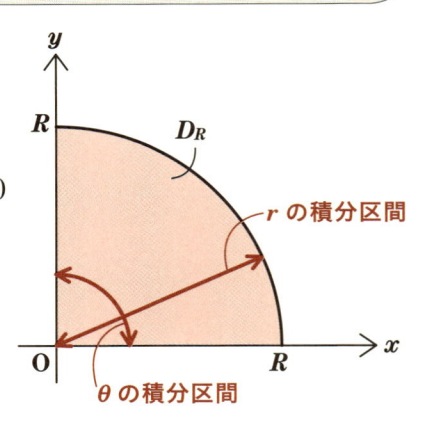

となります。極座標による重積分の公式を用いて、

$$\iint_{D_R} e^{-(x^2+y^2)} dxdy = \iint_{D'_R} e^{-r^2} rdrd\theta = \int_0^{\frac{\pi}{2}} \int_0^R e^{-r^2} rdrd\theta$$

$$= \int_0^{\frac{\pi}{2}} \left[-\dfrac{1}{2} e^{-r^2} \right]_0^R d\theta = \int_0^{\frac{\pi}{2}} \dfrac{1}{2}(1 - e^{-R^2}) d\theta$$

$$= \left[\frac{1}{2}(1-e^{-R^2})\theta\right]_0^{\frac{\pi}{2}} = \frac{\pi}{4}(1-e^{-R^2})$$

$R \to +\infty$ のとき、$\frac{\pi}{4}(1-e^{-R^2}) \to \frac{\pi}{4}$ですから、

$$\iint_D e^{-(x^2+y^2)}dxdy = \frac{\pi}{4}$$

(2) (1)の重積分は、有限の領域

$$D_p : 0 \leq x \leq p,\quad 0 \leq y \leq p$$

で重積分を計算し、$p \to \infty$ としても求めることができます。

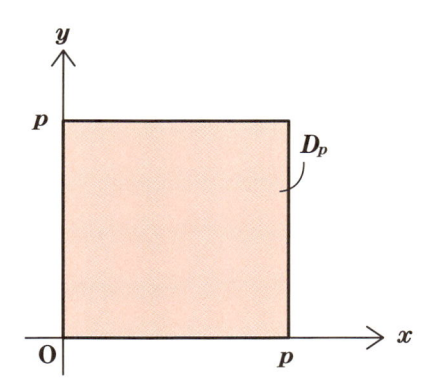

$$\iint_{D_p} e^{-(x^2+y^2)}dxdy = \int_0^p \int_0^p e^{-x^2} \cdot e^{-y^2} dxdy$$
$$= \left(\int_0^p e^{-x^2}dx\right)\left(\int_0^p e^{-y^2}dy\right) = \left(\int_0^p e^{-x^2}dx\right)^2$$

← p.225 の公式を用いた

であり、$p \to \infty$ のとき、$\left(\int_0^p e^{-x^2}dx\right)^2 \to \frac{\pi}{4}$ より、$\left(\int_0^\infty e^{-x^2}dx\right)^2 = \frac{\pi}{4}$

$\int_0^\infty e^{-x^2}dx > 0$ なので、$\int_0^\infty e^{-x^2}dx = \frac{\sqrt{\pi}}{2}$ ……①

また、この積分を $x^2 = t$ とおいて置換積分する。微分して

$2xdx = dt$ ∴ $dx = \frac{1}{2x}dt$ ∴ $dx = \frac{1}{2\sqrt{t}}dt$ なので、

$$\int_0^\infty e^{-x^2}dx = \int_0^\infty e^{-t} \cdot \frac{1}{2}t^{-\frac{1}{2}}dt = \frac{1}{2}\int_0^\infty e^{-t}t^{-\frac{1}{2}}dt = \frac{1}{2}\Gamma\left(\frac{1}{2}\right) \quad ……②$$

①、②より、$\Gamma\left(\dfrac{1}{2}\right)=\sqrt{\pi}$

この定積分の値は確率論を学習するときにポイントとなってきます。

確率分布の中で一番重要な分布である正規分布 $N(\mu,\ \sigma)$ の確率密度関数は、

$$f(x)=\dfrac{1}{\sqrt{2\pi}\sigma}e^{-\frac{(x-\mu)^2}{2\sigma^2}}$$

です。$f(x)$ が、$\int_{-\infty}^{\infty}f(x)dx=1$ を満たすことを確認するときに、この定積分の値を用います。

■ 3重積分

いままで紹介してきた重積分は $x,\ y$ の2変数で積分しました。これに加えて、z でも積分する3重積分という重積分があります。

2重積分は xy 平面の領域に関しての積分ですが、3重積分は xyz 空間中の領域に関しての積分になります。

問題を解く前に、一般の3重積分の場合を説明しておきましょう。

2重積分から、3重の累次積分が次のような式になることは類推できるでしょう。

$$\int_a^b\int_{g(x)}^{h(x)}f(x,\ y)dydx\ \rightarrow\ \int_a^b\int_{g(x)}^{h(x)}\int_{\varphi(x,\ y)}^{\mu(x,\ y)}f(x,\ y,\ z)dzdydx$$

2重積分は xy 平面上の領域

$$D: g(x)\leqq y\leqq h(x),\ a\leqq x\leqq b$$

についての積分でした（次ページ左図）。3重積分は空間中の領域

$$V: \varphi(x,\ y)\leqq z\leqq\mu(x,\ y),\ g(x)\leqq y\leqq h(x),\ a\leqq x\leqq b$$

についての積分になります。領域を図示すると次ページ右図のようになります。

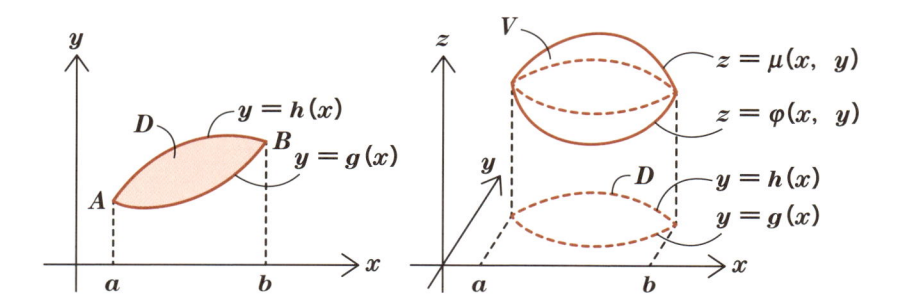

上左図の点 A，B は、$x=a$、$x=b$ と D の共有点になっています。これを踏まえて上右図のアカい破線について説明してみましょう。

　上右図は、ピスタチオのように見えます。V の上面 $z=\mu(x,\ y)$ と下面 $z=\varphi(x,\ y)$ の境界（色破線）が水平であるかのように書かれていますが、この線は水平になるとは限りません。空間中の領域 V を xy 平面上に正射影してできた領域 D（$g(x) \leq y \leq h(x)$, $a \leq x \leq b$）を底面とする柱を C とします。すると、この曲線（色破線）は、柱 C の側面と V が接する部分の曲線となっています。

　領域 V の形によっては、この曲線が水平にはなりません。例えば、右図のように楕円回転体が斜めに置かれていれば、この曲線は水平になりません。右のアカ線のように斜めに傾きます。

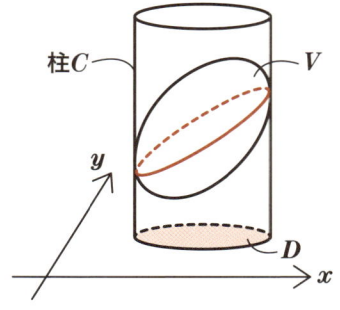

　上の例では、初めから z，y，x の順に累次積分できるように、領域 V が与えられていますが、3重積分の問題ではそのように領域が与えられるとは限りません。空間中の与えられた領域の式を累次積分できるように書き直さなければなりません。右のアカ線のように斜めに傾きます。

　z，y，x の順に累次積分できるように書き直すためには、次のような手順を踏みます。

ステップ1 領域 V を z 軸に平行な方向の直線で切断し、端点が乗っている曲面の式 ($z=\varphi(x, y)$, $z=\mu(x, y)$) を求める。
[これが z の積分区間になる]

ステップ2 領域 V の xy 平面への正射影を考え、領域 D とする。D について2重積分の要領で y 方向の積分区間、x 方向の積分区間を求める。

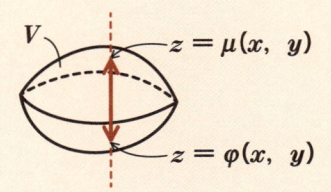

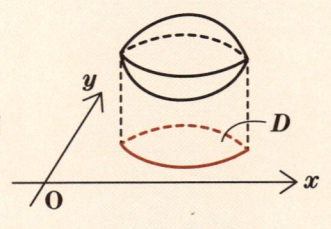

問題で確認してみましょう。

問題 3重積分 (別 p.122)

次の3重積分を求めよ。

$$\iiint_V (x+y+z)dxdydz \quad V: x\geq 0,\ y\geq 0,\ z\geq 0,\ x+y+z\leq 1$$

領域 V を xyz 空間中に表すと右図のようになります。

$x+y+z=1$ は、A(1, 0, 0)、B(0, 1, 0)、C(0, 0, 1) を通る平面です。

領域 V は、$x\geq 0$、$y\geq 0$、$z\geq 0$ を満たし、平面 $x+y+z=1$ の下側の部分ですから、三角錐 O-ABC の内部になります。

z、y、x の順に積分しましょう。

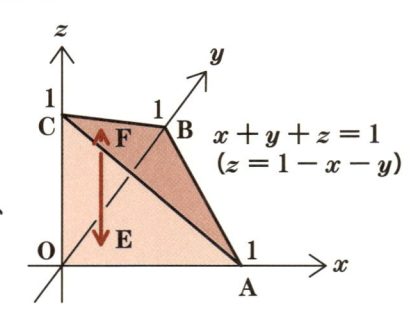

z で積分するときは、領域 V を z 軸方向の直線で切断して考えます。領域 V と z 軸方向の直線の共有部分の線分を EF とすると、E は平面 $z=0$、F は平面 $z=1-x-y$ に乗っていますから、z 方向の積分区間は $[0,\ 1-x-y]$ です。

次に領域 V を xy 平面に正射影した領域を考えます。この xy 平面上の領域を

D とします。この場合の正射影とは、z 方向の太陽光線による領域 V の影のことです。D は領域 V を真上から見た図になります。

領域 D は右図のようになります。式で表すと、

$$D：x \geqq 0, \ y \geqq 0, \ x+y \leqq 1$$

となります。D は xy 平面にありますから、$z=0$ を満たします。D の式を V の式から導出するのであれば、$z=0$ とすればよいのです。

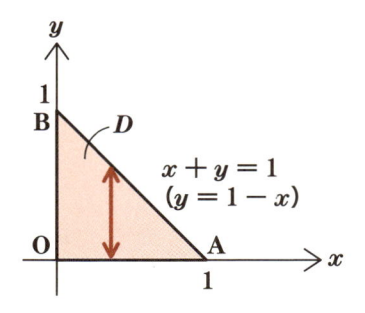

D に関して、y 方向、x 方向の順で累次積分するのであれば、
y 方向の積分区間は、$[0, \ 1-x]$、x 方向の積分区間は、$[0, \ 1]$
積分区間が分かったので、V での3重積分を累次積分で書くと、

$$\iiint_V (x+y+z)dxdydz = \int_0^1 \int_0^{1-x} \int_0^{1-x-y} (x+y+z)dzdydx$$

$$= \int_0^1 \int_0^{1-x} \left[(x+y)z + \frac{1}{2}z^2\right]_0^{1-x-y} dydx$$

$$= \int_0^1 \int_0^{1-x} \left\{(x+y)(1-x-y) + \frac{1}{2}(1-x-y)^2\right\} dydx$$

$$= \int_0^1 \int_0^{1-x} \left\{(x+y) - (x+y)^2 + \frac{1}{2}(1-x-y)^2\right\} dydx$$

$$= \int_0^1 \left[\frac{1}{2}(x+y)^2 - \frac{1}{3}(x+y)^3 - \frac{1}{6}(1-x-y)^3\right]_0^{1-x} dx$$

$$= \int_0^1 \left\{\left(\frac{1}{2} - \frac{1}{3}\right) - \left(\frac{1}{2}x^2 - \frac{1}{3}x^3 - \frac{1}{6}(1-x)^3\right)\right\} dx$$

$$= \left[\frac{1}{6}x - \frac{1}{6}x^3 + \frac{1}{12}x^4 - \frac{1}{24}(1-x)^4\right]_0^1 = \frac{1}{12} + \frac{1}{24} = \frac{1}{8}$$

2重積分のところでは解説しなかったのですが、被積分関数を1として領域 D に関して2重積分をすると、その値は D の面積となります。

つまり、D の面積を S とすると、

$$S = \iint_D dxdy$$

となります。

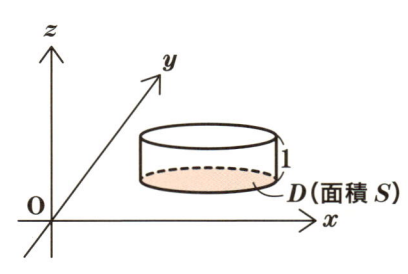

被積分関数が書いていないのは、被積分関数が 1 であるということです。被積分関数 $f(x, y) = 1$ を D に関して積分すると、重積分の値は、D を底面として持ち、高さ 1 の柱になりますから、その体積は $S \times 1 = S$ となります。

これと同様に被積分関数を 1 として、領域 V に関して 3 重積分すると、3 重積分の値は V の体積に等しくなります。つまり領域 V の体積を T とすると、

$$T = \iiint_V dxdydz$$

となります。これを用いて体積を求める問題を解いてみましょう。

問題 3 重積分と体積 （別 p.124）

xyz 空間中の領域

$$V : \frac{x}{a} + \frac{y}{b} + \frac{z}{c} \leq 1, \quad x \geq 0, \quad y \geq 0, \quad z \geq 0 \quad (a > 0, \ b > 0, \ c > 0)$$

の体積 T を求めよ。

$$\frac{x}{a} + \frac{y}{b} + \frac{z}{c} = 1 \cdots\cdots ①$$

は、$A(a, 0, 0)$、$B(0, b, 0)$、$C(0, 0, c)$ を通る平面です。V は、三角錐 $O-ABC$ の内部になります。

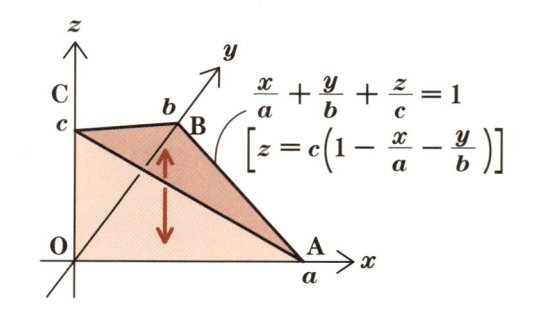

平面の式を z イコールの形で書くと、

①より、$z = c\left(1 - \dfrac{x}{a} - \dfrac{y}{b}\right)$

z の積分区間は、$\left[0,\ c\left(1 - \dfrac{x}{a} - \dfrac{y}{b}\right)\right]$ になります。

V を xy 平面に正射影した領域を D とします。V の式で $z=0$ として、

$$D: \dfrac{x}{a} + \dfrac{y}{b} \leq 1,\ \ x \geq 0,\ \ y \geq 0$$

ここで、直線 $\dfrac{x}{a} + \dfrac{y}{b} = 1$ を $y = \cdots$ の式にすると、$y = b\left(1 - \dfrac{x}{a}\right)$

よって、y の積分区間は $\left[0,\ b\left(1 - \dfrac{x}{a}\right)\right]$、$x$ の積分区間は、$[0,\ a]$ です。

$$T = \iiint_V dx\,dy\,dz = \int_0^a \int_0^{b\left(1 - \frac{x}{a}\right)} \int_0^{c\left(1 - \frac{x}{a} - \frac{y}{b}\right)} dz\,dy\,dx$$

$$= \int_0^a \int_0^{b\left(1 - \frac{x}{a}\right)} \left[z\right]_0^{c\left(1 - \frac{x}{a} - \frac{y}{b}\right)} dy\,dx = \int_0^a \int_0^{b\left(1 - \frac{x}{a}\right)} c\left(1 - \dfrac{x}{a} - \dfrac{y}{b}\right) dy\,dx$$

$$= \int_0^a \left[-\dfrac{bc}{2}\left(1 - \dfrac{x}{a} - \dfrac{y}{b}\right)^2\right]_0^{b\left(1 - \frac{x}{a}\right)} dx = \int_0^a \dfrac{bc}{2}\left(1 - \dfrac{x}{a}\right)^2 dx$$

$$= \left[-\dfrac{abc}{6}\left(1 - \dfrac{x}{a}\right)^3\right]_0^a = \dfrac{abc}{6}$$

結果は、三角錐の体積を公式によって計算したものと同じになります。

■**曲面積**

曲面積の求め方を紹介しましょう。公式は次のようになります。

> **曲面積**
>
> 曲面 $z=f(x, y)$ の領域 D 上の面積を S とすると、
> $$S=\iint_D \sqrt{f_x^2+f_y^2+1}\,dxdy$$

公式を求めてみましょう。

例によって、x、y をそれぞれ Δx、Δy だけ微小変化させたときの領域に対する微小面積を求め、これらの和を取り、その極限を求めます。ここで集める微小面積は、小さい接平面の面積です。下右図では、曲面を分割しているように見えますが、小さい接平面を集めていますから、一つ一つは平面になっています。いわば、多面体の一部になっています。

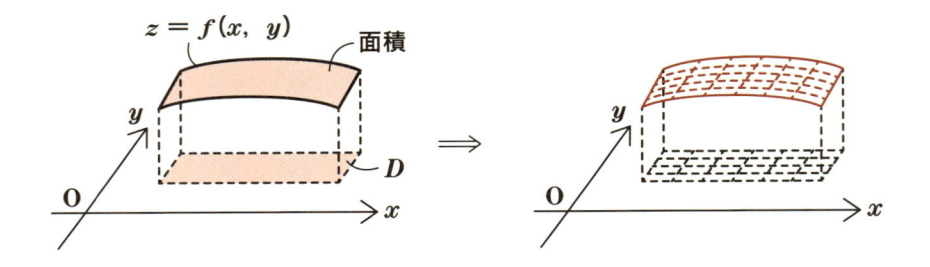

具体的に実行してみましょう。

D を n 個の長方形に分割して、その1つを R_i とします。R_i は、横の長さが Δx_i、縦の長さが Δy_i であるとし、R_i の内部に A $(x_i, y_i, 0)$ を取ります。

これに対応する曲面上の点は B $(x_i, y_i, f(x_i, y_i))$ です。ここで、Bでの接平面 Π を考えます。Π に含まれて R_i の上にある平行四辺形（図中の色つき平行四辺形）の面積 S_i を求めてみましょう。

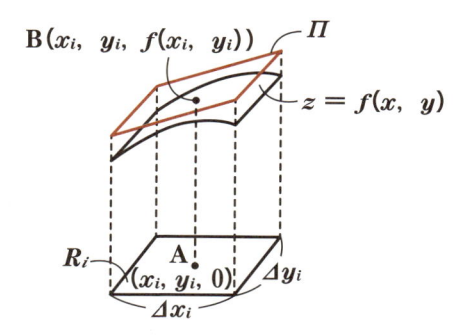

その前に、平面上の領域の面積について次のような関係があることを確認しておきましょう。下図のように2面角が θ である2つの平面 Π_1、Π_2 があったとき、Π_1 上の領域 D を Π_2 上に正射影した領域を D' とします。D、D' の面積をそれぞれ S、S' とすると、これらの間には、

$$S' = S\cos\theta$$

という関係があります。これは、2平面を交線方向（↑）から見た図で、交線に垂直な Π_1 上の線分（長さ l）を Π_2 に正射影した線分の長さ l' が、$l' = l\cos\theta$ となることから分かるでしょう。これらを集めたものが面積になるわけですから。

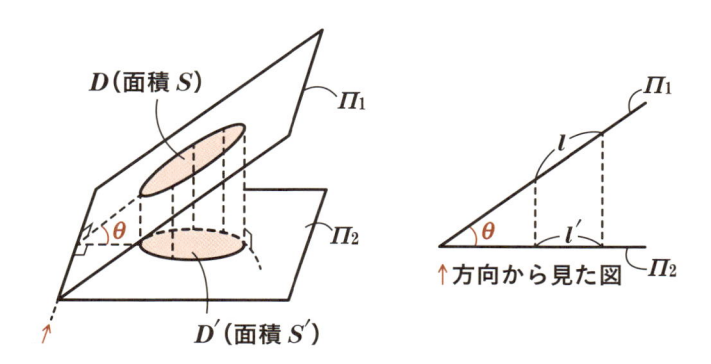

そこで、Π と xy 平面の2面角を求めてみましょう。

そのためには、2平面の法線ベクトルのなす角を求めます。次の図のように2面角は法線ベクトルのなす角に等しいからです。

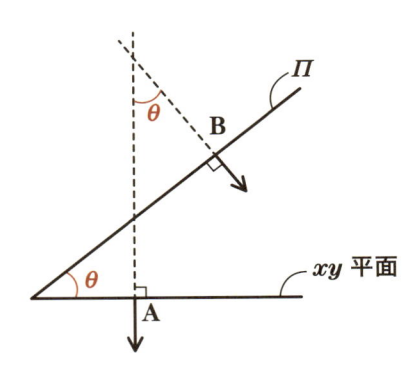

Π の B での法線ベクトルは $\begin{pmatrix} f_x(x_i, y_i) \\ f_y(x_i, y_i) \\ -1 \end{pmatrix}$、$xy$ 平面の法線ベクトルは $\begin{pmatrix} 0 \\ 0 \\ -1 \end{pmatrix}$ です
から、これらのなす角を θ とすると、内積の公式より、

$$\begin{pmatrix} f_x(x_i, y_i) \\ f_y(x_i, y_i) \\ -1 \end{pmatrix} \cdot \begin{pmatrix} 0 \\ 0 \\ -1 \end{pmatrix} = \left| \begin{pmatrix} f_x(x_i, y_i) \\ f_y(x_i, y_i) \\ -1 \end{pmatrix} \right| \left| \begin{pmatrix} 0 \\ 0 \\ 1 \end{pmatrix} \right| \cos\theta$$

$$\therefore \quad 1 = \sqrt{f_x(x_i, y_i)^2 + f_y(x_i, y_i)^2 + 1} \cos\theta$$

$$\therefore \quad \cos\theta = \frac{1}{\sqrt{f_x(x_i, y_i)^2 + f_y(x_i, y_i)^2 + 1}}$$

となります。R_i の面積は $\Delta x_i \Delta y_i$ であり、Π と xy 平面のなす 2 面角は、θ に等しいので、Π に関して R_i 上の領域の面積 S_i は、

$$S_i = \frac{\Delta x_i \Delta y_i}{\cos\theta} = \sqrt{f_x(x_i, y_i)^2 + f_y(x_i, y_i)^2 + 1} \Delta x_i \Delta y_i$$

となります。n 個の R_i に関して、これらの面積の和の極限をとると曲面積が得られます。

$$S = \lim_{n \to \infty} \sum_{i=1}^{n} \sqrt{f_x(x_i, y_i)^2 + f_y(x_i, y_i)^2 + 1} \Delta x_i \Delta y_i$$

$$= \iint_D \sqrt{f_x^2 + f_y^2 + 1} \, dxdy$$

$\sqrt{f_x(x_i, y_i)^2 + f_y(x_i, y_i)^2 + 1}$ は接平面と xy 平面のなす角の余弦（コサイン）

の逆数だったのですね。

> **問題 曲面積** （別 p.126）
> 球面 $x^2+y^2+z^2=1$ の $x^2+y^2 \leq a^2$, $z \geq 0$ $(0 \leq a \leq 1)$ を満たす部分の曲面積 S を求めよ。

与えられた曲面の式を z イコールの形に直しましょう。

$$x^2+y^2+z^2=1 \quad \therefore \quad z^2=1-x^2-y^2$$

よって、$z=\sqrt{1-x^2-y^2}$

ここで、$f(x, y)=\sqrt{1-x^2-y^2}$ とおく。

$$f_x(x, y)=\frac{\partial}{\partial x}((1-x^2-y^2)^{\frac{1}{2}})$$

$$=\frac{1}{2}(1-x^2-y^2)^{-\frac{1}{2}}(-2x)=\frac{-x}{\sqrt{1-x^2-y^2}}$$

$$f_y(x, y)=\frac{\partial}{\partial y}((1-x^2-y^2)^{\frac{1}{2}})$$

$$=\frac{1}{2}(1-x^2-y^2)^{-\frac{1}{2}}(-2y)=\frac{-y}{\sqrt{1-x^2-y^2}}$$

$$\{f_x(x, y)\}^2+\{f_y(x, y)\}^2+1$$

$$=\left(\frac{-x}{\sqrt{1-x^2-y^2}}\right)^2+\left(\frac{-y}{\sqrt{1-x^2-y^2}}\right)^2+1=\frac{x^2+y^2+(1-x^2-y^2)}{1-x^2-y^2}$$

$$=\frac{1}{1-x^2-y^2}$$

よって、

$$S=\iint_D \sqrt{f_x{}^2+f_y{}^2+1}\,dxdy=\iint_D \frac{1}{\sqrt{1-x^2-y^2}}\,dxdy$$

［領域 $D: x^2+y^2 \leqq a^2$ を極座標で表すと、$0 \leqq r \leqq a$、$0 \leqq \theta \leqq 2\pi$ なので、極座標に変数変換すると］

$$= \int_0^{2\pi} \int_0^a \frac{1}{\sqrt{1-r^2}} \cdot r\, dr d\theta = \left(\int_0^{2\pi} d\theta \right) \left(\int_0^a \frac{r}{\sqrt{1-r^2}} dr \right)$$

$$= 2\pi \left[-\sqrt{1-r^2} \right]_0^a = 2\pi(1-\sqrt{1-a^2})$$

第7章

ε-δ 論法に挑戦

1 $\varepsilon-\delta$ 論法

■関数の極限

この本では、まだ正確な極限の定義を与えていませんでした。

関数 $f(x)$ の極限について、

$$\lim_{x \to a} f(x) = b \iff x \text{ が } a \text{ に近づくと } f(x) \text{ は } b \text{ に近づいていく}$$

また、数列 $\{a_n\}$ が極限 α をとるとき、

$$\lim_{n \to \infty} a_n = \alpha \iff n \text{ が大きくなると } a_n \text{ は } \alpha \text{ に近づいていく}$$

と説明しました。

これは数学的に厳密な表現ではありません。厳密に表現するには、関数の極限には $\varepsilon-\delta$ 論法、数列の極限には $\varepsilon-N$ 論法といった論法を用いて表現します。

みなさんが受けた微積分の授業では、$\varepsilon-\delta$ 論法や $\varepsilon-N$ 論法は扱われたでしょうか。伝統的な微積分の教科書では、まず「実数の連続性」を学んだ後に、数列の極限を $\varepsilon-N$ 論法による定義で学びます。高校数学までは数学が得意であった人でも、初っ端でこの難解な論法に戸惑い、その理解に挫折し、数学の学習を諦めてしまう学生も多いのが現状です。とても残念なことだと思います。

ただ、これらの論法（以下、$\varepsilon-\delta$ 論法という）は、たとえ理解しなくとも、数学を運用する上では支障がありません。数学そのものを研究するための数学科に進学する人にとっては必須の論法ですが、数学を道具として用いる工学部などでは使わずに済ますこともできるのです。$\varepsilon-\delta$ 論法は数学の応用面に目を向ける人たちにとっては、費用対効果の薄い厄介な難所なのです。

ですから、最近では $\varepsilon-\delta$ 論法を敬遠し、これを扱わないで済ます微積分の授業も増えている傾向にあるようです。

しかし、その $\varepsilon-\delta$ 論法であっても、易しい例から始めて順に積み上げていけば、スムーズに理解できると考えています。応用面で得することもあるかもしれません。たっぷりと書いていきますから、ぜひとも $\varepsilon-\delta$ 論法を身に付けてもら

いたいと思います。

　導入部分だけ対話形式にします。
　関数の極限を表す式について、男女二人が論じています。
　ご存知のように、正の数 x が 0 に近づいていくとき、$1000x$ も 0 に近づいていきます。以下の会話では、「正の数 x が 0 に近づいていくとき、$1000x$ も 0 に近づいていくこと」を何とかして女性に納得してもらおうと、ある男性が必死に説得しています。こんな簡単なことでも、疑い深い女性にかかるとひと苦労させられます。

男「x は 0 に近づいていくんだから、1000 倍した $1000x$ でも 0 に近づいていくんだよ。ほら、$y=1000x$ のグラフを見てよ。x が原点に近づいていくとき、$1000x$ も原点に近づいていくでしょ。」

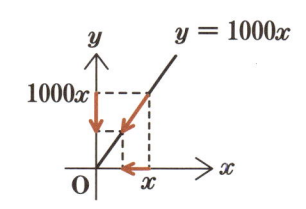

女「うそー。わたし、見た目にはだまされないの。x が 1 のとき、$1000x$ は 1000 もあるのよ。$x=0.01$ のときだって、$1000x$ はまだ 10 もあるのよ。$1000x$ が 0 に近づいていくなんて信じられないわ。分かるように説明してよ。」
男「$x=0$ のとき、$1000x=0$ なんだから、0 に近づいていくに決まってるじゃないか。」
女「もともとの問題は『x が 0 に近づく』ときのこと考えているんでしょ。x が 0 になるときのことを持ち出しちゃダメなんじゃないの。あなた何言ってるのよ。その手にはだまされないわよ。」
男「$1000x$ は 0 に近いどんな小さな数でも取りうるんだってば。」
女「ホントに？それなら $1000x$ は 0.1 より小さい数は取ることができるの？」
男「ああ。$1000x<0.1$　∴　$x<0.0001$
　　　x を 0.0001 より小さく取れば、$1000x$ は 0.1 より小さくなるよ」
女「それなら、$1000x$ は 0.001 より小さくなるの」
男「ああ、$1000x<0.001$　∴　$x<0.000001$
　　　x を 0.000001 より小さく取れば、$1000x$ は 0.001 より小さくなるよ」

女「ああ、くやしい。じゃあ、0.00000001 より小さくできるっていうの。」

女はヒステリックに叫んだ。男はいい加減、疑り深い女にうんざりしてきた。そして、こんなに疑り深い女にしてしまった過去の自分を懺悔した。「このままでは水掛け論だ。なんとかこの場を切り抜けなければ…」。

男の答えは決まっている。女の言い出す数の 1000 分の 1 を計算して不等式にして答えているだけなのだ。

男は女の言葉を初めてさえぎって言った。

男「わかった。ぼくは君のすべてを受け止めるよ。その覚悟はあるんだ。だからお願いだ。『十分小さい $\varepsilon(>0)$ のときは、それより 0 に近い $1000x$ はあるの？』とぼくに質問してくれないか。」

少し沈黙したあと、女はその質問を口にした。

女「0 にものすご〜く近い $\varepsilon(>0)$ のときでも、それより $1000x$ が小さくなるような x ってあるの？」

男「ああ、あるよ。

$$1000x < \varepsilon \quad \therefore \quad x < \frac{\varepsilon}{1000}$$

x を 0 に近づけるとき、x を $\frac{\varepsilon}{1000}$ より小さく取れば、$1000x$ は ε よりも小さくなるよ。だから、x が 0 に限りなく近づくとき、$1000x$ も 0 に限りなく近づくんだよ。」

一般の十分に小さい ε について説明されては、さすがの女ももう二の句が告げられなかった。しかし、$1000x$ が 0 に近づくことに心から納得したわけではなかった。女はこんな抽象的な言葉では満足できなかった。いつも女は、具体的な愛の形が欲しいのだ。

さて、みなさんは上の論法で x が 0 に近づいていくとき、$1000x$ も 0 に近づいていくことを納得してもらえましたか。この男性が女性を説得するために用いた論法が、$\varepsilon-\delta$ 論法による極限の表し方の骨子です。

男の論点をまとめてみましょう。男は、

A「どんなに小さい ε に対しても、$1000x < \varepsilon$ を満たすような x を 0 に近く取ることができる」

ことを示したわけです。これで$1000x$が0に近づくことを納得してもらおうと思ったのです。

まず、この論法の難しい点の１つは、証明したいことが

　　B 「xが0に近づく　⇒　$1000x$が0に近づく」

であるのに対し、

　　C 「どんなに$1000x$が0に近くても、それに対して、

　　　　　　　　　　その値を実現するような0に近いxが存在する」

ということを示しているところです。

Bがxから始まって$1000x$についての結果を得ているのに対して、Cは$1000x$から始まってxに遡っています。流れが逆になっているわけです。初めて聞く人にはここが難しかったところの１つだと思います。

Aを、xが負の場合も含めて、もう少し言葉を足して正確に言ってみましょう。男性が示したことは、

　　D「どんなに小さい正の数εに対しても、$0<|x|<\dfrac{\varepsilon}{1000}$を満たすように$x$を取ると、$|1000x|<\varepsilon$となる。」

ことです。ここに$\varepsilon-\delta$論法による極限の定義が隠されています。

「$0<|x|$」となっているのは、$x=0$であることを排除するためです。$x=0$としてはいけないことは、女性が会話で指摘していましたね。

$\varepsilon-\delta$論法を用いた厳密な極限の定義を修飾語句たっぷりに書き下すと以下のようになります。

言葉たっぷりの極限の定義

$$\lim_{x \to a} f(x) = b$$

⇔（定義）　正の数εをどんなに小さくとっても、このεに対してうまく小さい正の数δを選ぶことができて、$0<|x-a|<\delta$であれば、$|f(x)-b|<\varepsilon$を満たすようにできる。

グラフのイメージを借りて説明するとこうなります。

$y=f(x)$ は、グラフから分かるように、$f(a) \neq b$ となっていますが、x が a に近づいていくと、$f(x)$ は b に近づいていきます。

ここで、

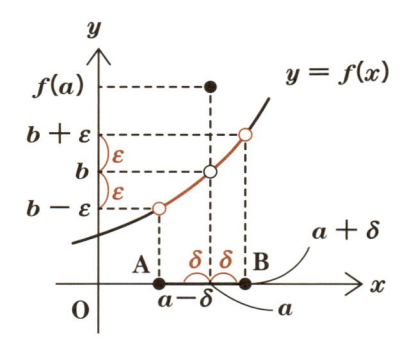

$$|f(x)-b|<\varepsilon \iff b-\varepsilon<f(x)<b+\varepsilon$$

と書き換えられますから、$y=f(x)$ のグラフで、$|f(x)-b|<\varepsilon$ を満たしている部分は、色線部になります。$|f(x)-b|<\varepsilon$ を満たす x は、x 軸上の線分 AB 上にあります。また、

$$0<|x-a|<\delta \iff a-\delta<x<a+\delta, \ x\neq a$$

と書き換えられますから、δ を十分小さく取れば、区間 $[a-\delta, a+\delta]$ が線分 AB に含まれてしまうことが分かりますね。

図のように δ を取れば、x が $0<|x-a|<\delta$ を満たすとき、$f(x)$ は $|f(x)-b|<\varepsilon$ を満たします。ε をこれより小さく取れば、線分 AB も小さくなりますが、線分 AB は $x=a$ となる点を含み巾がありますから、区間 $[a-\delta, a+\delta]$ が線分 AB に含まれるような δ を取ることができます。どんな小さな ε に対しても、うまく δ が取れるわけです。

さて、男が取っている論法を極限の定義に従って検証してみましょう。

$\lim\limits_{x \to 0} 1000x = 0$ であることを、言葉たっぷりの定義に即して述べれば、定義の文章で、$f(x)=1000x, \ a=0, \ b=0$ として、

「どんなに小さな正の数 ε をとっても、うまく小さな正の数 δ を選ぶことができて、

$$0<|\underset{a}{x-0}|<\delta \text{ であれば、} |\underset{f(x)}{1000x}-\underset{b}{0}|<\varepsilon \text{ を満たす} \quad \cdots\cdots ①$$

ようにできるとき、$\lim\limits_{x \to 0} 1000\underset{f(x)}{x} = 0$ であると言える。」

実際に $\delta = \dfrac{\varepsilon}{1000}$ と選べば、[D の事実から分かるように]①が成り立つよう

にできるので、$\lim_{x \to 0} \underset{a}{\underset{\downarrow}{1000x}} \underset{f(x)}{\underset{\downarrow}{=0}} \underset{b}{\underset{\downarrow}{}}$ である。」

となります。ε と δ の文字は、初めに ε が出てきて、そのあとに δ が出てくることに注意してください。ε が与えられて、それに対して δ を決めていくわけです。ここらへんの呼吸は、会話で ε を具体的な数値にした場合をくどくど述べたので分かっていただけると思います。初めのうちは、δ は ε の関数と書くことができると思っておくのもよいでしょう。実際、上では $\delta = \dfrac{\varepsilon}{1000}$ と δ は ε によって書かれました。少し難しい例になると、ε の式の形で書くことができない場合も出てきますが、それでも、「ε の値が最初に決められて、それに呼応する形で δ を選ぶことができる」という ε と δ の順序は変わりません。

上の定義の修飾語句を落として、数学用語を用いて書くと、定義は次のようになります。

関数の極限の定義

$\lim_{x \to a} f(x) = b$
$\Leftrightarrow$ （定義） 任意の $\varepsilon(>0)$ について、ある $\delta(>0)$ が存在し、
$0 < |x - a| < \delta \Rightarrow |f(x) - b| < \varepsilon$

ここで、「$\Rightarrow$」という記号は、「$A \Rightarrow B$」で「A が成り立つとき、B が成り立つ」という意味を表す記号です。

$\varepsilon - \delta$ 論法を用いて極限の問題を解いてみましょう。次の問題を解くポイントは、ε を用いて δ を表すところです。

ホップ

問題　関数の極限と連続 （別 p.128）

次の極限を $\varepsilon - \delta$ 論法により証明せよ。
(1) $\lim_{x \to 0} \sqrt{|x|} = 0$
(2) $\lim_{x \to 3} x^2 = 9$

(1) $\lim_{x \to 0} \sqrt{|x|} = 0$ を、言葉たっぷりの極限の定義で書き換えてみましょう。
$f(x) = \sqrt{|x|}$, $a=0$, $b=0$ として、

「どんな小さく正の数 ε を取っても、

うまく小さな正の数 δ を選ぶことができて

$0 < |x-0| < \delta$ …① ならば、$|\sqrt{|x|} - 0| < \varepsilon$ …② を満たす

ようにできる」

となります。このことを示してみましょう。目標は δ を ε で表すことです。

①より、

$0 < |x-0| < \delta \iff 0 < |x| < \delta$ ……③

②より、

$|\sqrt{|x|} - 0| < \varepsilon \iff \sqrt{|x|} < \varepsilon \iff |x| < \varepsilon^2$ ……④

見比べると、$\delta = \varepsilon^2$ と取ればよいことが分かります。

実際、

$0 < |x| < \varepsilon^2 \iff 0 < \sqrt{|x|} < \varepsilon \implies \sqrt{|x|} < \varepsilon$

ですから、$\delta = \varepsilon^2$ と取れば、

$0 < |x| < \varepsilon^2 (=\delta)$ であれば、$\sqrt{|x|} < \varepsilon$ を満たす ……⑤

こととなり、どんな小さな正の数 ε についても、うまく小さな正の数 δ を選ぶことができ、⑤を示すことができました。

よって、$\lim_{x \to 0} \sqrt{|x|} = 0$ であることが証明されました。

[答案]

$$\sqrt{|x|} < \varepsilon \iff |x| < \varepsilon^2$$

なので、任意の ε (>0) に対して、$\delta = \varepsilon^2$ を取れば、

$$0 < |x-0| < \varepsilon^2 (=\delta) \implies |\sqrt{|x|} - 0| < \varepsilon$$

よって、$\lim_{x \to 0} \sqrt{|x|} = 0$ である。

(2) $\lim_{x \to 3} x^2 = 9$ を、言葉たっぷりの極限の定義で書き換えてみましょう。

$f(x)=x^2$, $a=3$, $b=9$ として、

「どんな小さく正の数 ε をとっても、

うまく小さな正の数 δ を選ぶことができて

$0<|x-3|<\delta$ …① ならば、$|x^2-9|<\varepsilon$ …② を満たす

ようにできる」

となります。演習問題の解答では、数学的に書きますから、慣れてもらう意味でも、そっけない定義で書いてみましょう。

「任意の $\varepsilon(>0)$ に対して、$\delta\ (>0)$ が存在して、

$0<|x-3|<\delta$ …① $\implies$ $|x^2-9|<\varepsilon$ …② 」

①$\implies$②が成り立つように、うまく δ を選んでみましょう。

②を変形していきます。$x\to 3$ のときを考えるので、$x>0$ であるとして、

$$|x^2-9|<\varepsilon \iff 9-\varepsilon<x^2<9+\varepsilon \iff \sqrt{9-\varepsilon}<x<\sqrt{9+\varepsilon}$$

$\varepsilon-\delta$ 論法では、ε は十分小さい正の数を考えているわけですから、$9-\varepsilon>0$ が成り立っているとしてよいでしょう。$\sqrt{9-\varepsilon}$ は意味のある式です。試験の答案のときは、"任意"の前に"十分小さい"とでもつけておけば、わざわざ ε が 9 より大きいときを場合分けしなくても許される、と予想します。

さて、区間 $[\sqrt{9-\varepsilon},\ \sqrt{9+\varepsilon}]$ を調べてみましょう。

$$\sqrt{9-\varepsilon}<\sqrt{9}=3<\sqrt{9+\varepsilon}$$

ですから、この区間には 3 が含まれています。数直線上に描くと、図のようになります。ここで、うまく δ をとって、

$0<|x-3|<\delta \iff 3-\delta<x<3+\delta,\ x\neq 3 \implies \sqrt{9-\varepsilon}<x<\sqrt{9+\varepsilon}$ ……③

となるようにすればよいのです。

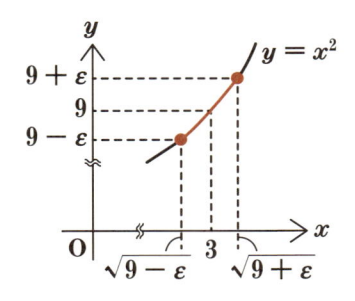

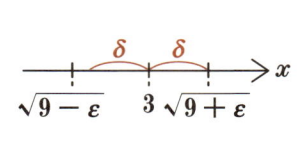

それには、3と区間$[\sqrt{9-\varepsilon},\ \sqrt{9+\varepsilon}]$の端との幅、$3-\sqrt{9-\varepsilon}$と$\sqrt{9+\varepsilon}-3$の小さい方を$\delta$として取れば、区間$[3-\delta,\ 3+\delta]$が、区間$[\sqrt{9-\varepsilon},\ \sqrt{9+\varepsilon}]$に含まれるようにすることができることが図から分かるでしょう。

$\min(A,\ B)$で、$A,\ B$の小さい方を表すとすると、δとして、

$$\delta = \min(3-\sqrt{9-\varepsilon},\ \sqrt{9+\varepsilon}-3)$$

と取れば、③が成り立ち、①$\Longrightarrow$②となります。

任意の$\varepsilon(>0)$に対して、δを上のように取れば、①$\Longrightarrow$②が成り立つので、$\lim_{x\to 3} x^2 = 9$が成り立つことを示すことができました。

実は、

$$\min(3-\sqrt{9-\varepsilon},\ \sqrt{9+\varepsilon}-3) = \sqrt{9+\varepsilon}-3$$

であることが言えます。これは$y=x^2$の傾きが徐々に増えていくというグラフの形状から想像がつくと思います。

実際に、同値変形をしていくと、εが十分に小さいとき、

$$\sqrt{9+\varepsilon}-3 < 3-\sqrt{9-\varepsilon} \iff \sqrt{9+\varepsilon}+\sqrt{9-\varepsilon} < 6$$
$$\iff (\sqrt{9+\varepsilon}+\sqrt{9-\varepsilon})^2 < 6^2 \iff 18+2\sqrt{81-\varepsilon^2} < 36$$
$$\iff \sqrt{81-\varepsilon^2} < 9 \iff 81-\varepsilon^2 < 81$$

ですから、確かに$\sqrt{9+\varepsilon}-3 < 3-\sqrt{9-\varepsilon}$が成り立ちます。

この問題の場合、十分小さいεに対して、

「$0 < |x-3| < \sqrt{9+\varepsilon}-3 \Longrightarrow |x^2-9| < \varepsilon$」を示せばよい ……④

など、$\sqrt{9+\varepsilon}-3$の導出の由来もなくこのような記述をしている問題集もあります。全くのところ正しいのですが、初学者には手品を見ているようで不親切でしょう。このような記述をしている参考書であっても、筆者は裏で上のような計算をして$\sqrt{9+\varepsilon}-3$を求めてから、④の命題を立てているのですから、タネを明かしてから④を述べるのがエチケットであると思います。

なお、解答では、δを取ることができることを示せばよいだけなので、$\sqrt{9+\varepsilon}-3$、$3-\sqrt{9-\varepsilon}$の大小まで吟味する必要はなく、$\min$の記号のままでかまいません。

[答案]

$\varepsilon(>0)$ が十分小さいとき、

$$|x^2-9|<\varepsilon \iff 9-\varepsilon<x^2<9+\varepsilon \iff \sqrt{9-\varepsilon}<x<\sqrt{9+\varepsilon}$$

任意の $\varepsilon(>0)$ に対して、$\delta=\min(3-\sqrt{9-\varepsilon},\ \sqrt{9+\varepsilon}-3)$ と取れば、

$$0<|x-3|<\delta \iff 3-\delta<x<3+\delta \text{ かつ } x\neq 3$$
$$\Rightarrow \sqrt{9-\varepsilon}<x<\sqrt{9+\varepsilon} \iff |x^2-9|<\varepsilon$$

(つまり、$0<|x-3|<\delta \Rightarrow |x^2-9|<\varepsilon$)

よって、$\lim_{x\to 3}x^2=9$ が示された。

■関数の連続

極限の定義が分かると、関数の連続の定義もすぐに分かります。
これは初めから数学用語による定義を掲げましょう。

連続の定義

$f(x)$ が $x=a$ で連続
$\iff$(定義) 任意の $\varepsilon(>0)$ に対して、$\delta(>0)$ が存在して、
$$|x-a|<\delta \Rightarrow |f(x)-f(a)|<\varepsilon$$

関数の極限の定義と比べてみると、
$\Rightarrow$ の前の部分(仮定)の「$0<$」が落ちて、

$$0<|x-a|<\delta \to |x-a|<\delta$$

$\Rightarrow$ の後ろの部分(結論)の b が $f(a)$ に変わって、

$$|f(x)-b|<\varepsilon \to |f(x)-f(a)|<\varepsilon$$

となっているだけです。

　ですから、この定義に照らし合わせると、p.281の問題の（1）、（2）は、それぞれ $x=0$、$x=3$ で、関数が連続であることを示していたことが分かるでしょう。(1)では、

「任意の $\varepsilon(>0)$ に対して、$\delta(>0)$ が存在して、
$$0<|x-0|<\delta \implies |\sqrt{|x|}-0|<\varepsilon 」$$
が正しいことを示すのに、$\delta=\varepsilon^2$ という実例を挙げました。

　$f(x)=\sqrt{|x|}$ とおけば、$|\sqrt{|x|}-0|$ の部分は、$|f(x)-f(0)|$ と見なせ、$x=0$ のとき $\sqrt{|x|}=0$ ですから、結論の $|\sqrt{|x|}-0|<\varepsilon$ が成り立ちます。よって、
「$0<|x-0|<\delta$」で「$0<$」を外すことができて、

「任意の ε に対して、δ が存在して、
$$|x-0|<\delta \implies |\sqrt{|x|}-0|<\varepsilon 」$$
となりますから、定義により、関数 $\sqrt{|x|}$ が $x=0$ で連続であることが分かります。

　(2)では、

「任意の ε に対して、δ が存在して、
$$0<|x-3|<\delta \implies |x^2-9|<\varepsilon 」$$
が正しいことを示すのに、$\delta=\min(3-\sqrt{9-\varepsilon},\sqrt{9+\varepsilon}-3)$ という実例を挙げました。

　$f(x)=x^2$ とおけば、$|x^2-9|$ の部分は、$|f(x)-f(3)|$ と見なせ、$x=3$ のとき $f(x)=f(3)=9$ であり、結論の $|x^2-9|<\varepsilon$ が成り立ちます。よって、「$0<$」を外すことができて、

「任意の ε に対して、δ が存在して、
$$|x-3|<\delta \implies |x^2-9|<\varepsilon 」$$
となります。これから、関数 x^2 が $x=3$ で連続であることが分かります。

　さて、関数の極限の定義で、$x\to\infty$ のとき関数が極限値を持つことはどう定義されるでしょうか。x が無限大になるときの極限の定義は次のようになります。

> **関数の極限の定義（∞ バージョン）**
>
> $\lim_{x \to \infty} f(x) = b$
> $\Leftrightarrow$（定義） 任意の $\varepsilon(>0)$ に対して、$\delta(>0)$ が存在して、
> $\qquad x > \delta \implies |f(x) - b| < \varepsilon$

$x \to a$ のときは、$0 < |x-a| < \delta$ となっていましたが、$x \to \infty$ のときは、$x > \delta$ となります。

念のため、修飾語句いっぱいの定義でも書いておくと、

「どんな小さい正の数 ε を取っても、うまく大きな数 δ を取って、

$\qquad x > \delta$ であれば、$|f(x) - b| < \varepsilon$ を満たすようにできる」

となります。

問題を解くときの要領は、$x \to a$ のときと同じです。δ を ε の式で表そうとすることがポイントです。

> **ホップ**
> **問題 関数の極限と連続** （別 p.128）
>
> $\lim_{x \to \infty} \dfrac{x}{x+1} = 1$ であることを $\varepsilon-\delta$ 論法で証明せよ。

$\lim_{x \to \infty} \dfrac{x}{x+1} = 1$ であることの定義を、$f(x) = \dfrac{x}{x+1}$、$b = 1$ として、言い換えましょう。

「どんな小さい正の数 ε を取っても、うまく大きな数 δ を取って、

$\qquad x > \delta$ であれば、$\left|\dfrac{x}{x+1} - 1\right| < \varepsilon$ を満たす

ようにできる」

となります。これを示せばよいわけです。

ここで、x が十分に大きいときのことを考えるので、$x+1 > 0$ であり、

$$\frac{x}{x+1} - 1 = \frac{x-(x+1)}{x+1} = \frac{-1}{x+1} < 0$$

となります。絶対値を外したあと x についての不等式を解くと、

$$\left|\frac{x}{x+1}-1\right|<\varepsilon \qquad \therefore \quad 1-\frac{x}{x+1}<\varepsilon$$

［ここで、左辺は $1-\dfrac{x}{x+1}=\dfrac{x+1-x}{x+1}=\dfrac{1}{x+1}$ なので］

$$\frac{1}{x+1}<\varepsilon \qquad \therefore \quad x+1>\frac{1}{\varepsilon} \qquad \therefore \quad x>\frac{1}{\varepsilon}-1$$

ですから、

$$x>\frac{1}{\varepsilon}-1 \text{ であれば、} \left|\frac{x}{x+1}-1\right|<\varepsilon \text{ を満たす}$$

となります。十分小さい正の数 ε に対して、δ を $\delta=\dfrac{1}{\varepsilon}-1$ と取れば、

$$x>\delta\left(=\frac{1}{\varepsilon}-1\right) \text{であれば、} \left|\frac{x}{x+1}-1\right|<\varepsilon \text{ を満たす}$$

となりますから、定義より $\displaystyle\lim_{x\to\infty}\frac{x}{x+1}=1$ が示されました。

[答案]

x が正のとき、

$$\left|\frac{x}{x+1}-1\right|<\varepsilon \quad \Leftrightarrow \quad \frac{1}{x+1}<\varepsilon \quad \Leftrightarrow \quad x>\frac{1}{\varepsilon}-1$$

なので、任意の ε に対して、$\delta=\dfrac{1}{\varepsilon}-1$ と取れば、

$$x>\delta \quad \Rightarrow \quad \left|\frac{x}{x+1}-1\right|<\varepsilon$$

よって、$\displaystyle\lim_{x\to\infty}\frac{x}{x+1}=1$ が示された。

収束する場合や連続であることを示す場合など、成り立つ場合のみを扱っていると、いつでも収束や連続が成り立つような錯覚に陥る人もいると思います。連続でない場合を示すことで、$\varepsilon-\delta$ 論法の条件がいかにうまく連続を捉えている

かを味わってみましょう。

> **問題** $f(x) = \begin{cases} x & (x<2) \\ x+1 & (2 \leq x) \end{cases}$ のとき、関数 $y=f(x)$ は、$x=2$ で連続でないことを $\varepsilon-\delta$ 論法で示せ。

グラフは右図のようになりますから、$x=2$ で不連続であることは見た目から明らかですが、$\varepsilon-\delta$ 論法で論証してみましょう。
「連続である」を定義で言い換えると、$f(2)=3$ ですから、
「$f(x)$ が $x=2$ で連続である」
$\Longleftrightarrow$ 「任意の $\varepsilon(>0)$ に対して、$\delta(>0)$ が存在して
$|x-2|<\delta \implies |f(x)-3|<\varepsilon$」

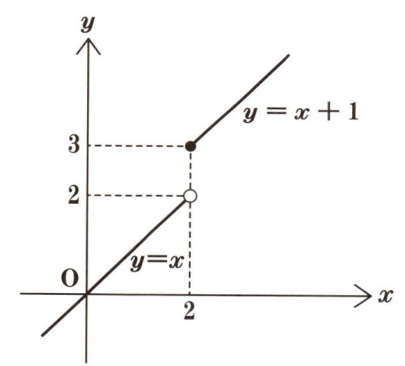

となります。

「$f(x)$ が $x=2$ で連続でない」ことを示したいですから、命題の否定を取って、
「ある $\varepsilon(>0)$ に対しては、$\delta(>0)$ をどのように選んでも、
$|x-2|<\delta \implies |f(x)-3|<\varepsilon$」
が成り立たない」
ことを示します。

ε を 1 より小さく取ってみましょう。例えば $\varepsilon=0.5$ と取ってみます。すると、$|f(x)-3|<0.5$ を満たす部分は右図のようにグラフの赤い部分になります。$f(x)$ の値がこれに収まるように δ をうまく取りたいのですがどうでしょう。$\delta=0.4$ と取ってみましょう。

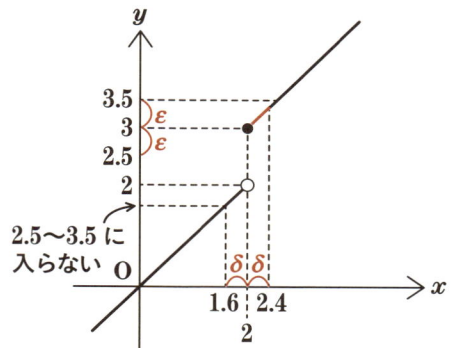

$|x-2|<0.4 \iff 1.6<x<2.4$

という範囲のうち、2 以上の部分に x を取ればたしかに $f(x)$ について、

$$|f(x)-3|=|x+1-3|=|x-2|=x-2<2.4-2=0.4<0.5$$
絶対値の中身が正なのでそのまま外す

となります。しかし、2 未満の部分に x を取ると、

$f(x)=x<2$ より、$|f(x)-3|=|x-3|=3-x>3-2=1$
絶対値の中身が負なので -1 倍

となり、$|f(x)-3|<0.5$ を満たしません。

$\delta=0.4$ と取りましたが、δ がどんな小さな正の数であっても $|x-2|<\delta$ を満たす x で、$|f(x)-3|>0.5$ となる x が存在することが分かるでしょう。

このような議論で、$f(x)$ が $x=2$ で連続でないことを示せます。

[答案]

「任意の $\varepsilon(>0)$ に対して、$\delta(>0)$ が存在して
$$|x-2|<\delta \implies |f(x)-3|<\varepsilon \quad \cdots\cdots ①$$
が成り立たないことを示す。

$\varepsilon=0.5$ とすると、$|f(x)-3|<0.5 \quad \cdots\cdots ②$

一方、δ は正の数なので、
$$|x-2|<\delta \iff 2-\delta<x<2+\delta$$
であるが、任意の正の数 δ に対して、$2-\delta<x<2$ に x を取ることができ、このとき、
$$|f(x)-3|=|x-3|=3-x>3-2=1>0.5$$
となり、②を満たさない。

$\varepsilon=0.5$ のとき、①を満たすような δ を取ることはできないので、$f(x)$ は $x=2$ で連続ではない。

上の問題ではグラフの見た目から連続であることが一目瞭然でしたが、次の例ではどうでしょうか。

第7章 ● ε−δ 論法に挑戦

問題 $f(x) = \begin{cases} 0 & (x \text{ が有理数}) \\ 1 & (x \text{ が無理数}) \end{cases}$ のとき、関数 $f(x)$ は $x=2$ で連続でないことを $\varepsilon-\delta$ 論法で示せ。

有理数とは分数の形で表される数(整数も含まれます)、無理数とは分数の形に表されない数($\sqrt{2}$、π など)でした。どちらも数直線上にはたくさんあります。

$y=f(x)$ のグラフを描くと右図のようになります。見た目は「連続」している直線が2本あるように見えます。

このような例は連続の定義に立ち戻って考えなければ、連続性の判定はできないでしょう。

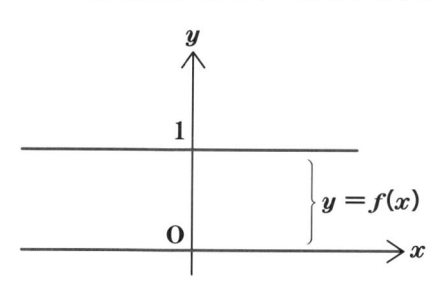

$\varepsilon-\delta$ 論法で説明してみましょう。

「連続である」ことを定義で言い換えると、

「$f(x)$ が $x=2$ で連続である」

$\iff$ 「任意の $\varepsilon(>0)$ に対して、$\delta(>0)$ が存在して

$$|x-2|<\delta \implies |f(x)-f(2)|<\varepsilon \text{」} \quad \cdots\cdots ①$$

となります。「$f(x)$ が $x=2$ で連続でない」ことを示すには、

「ある $\varepsilon(>0)$ に対しては、$\delta(>0)$ をどのように選んでも

$$|x-2|<\delta \implies |f(x)-f(2)|<\varepsilon$$

が成り立たない」

ことを示します。

$\varepsilon=0.5$ にとると、$f(2)=0$ ですから、結論は、

$$|f(x)-0|=|f(x)|<0.5 \quad \cdots\cdots ②$$

になります。正の数 δ に対して、

$$|x-2|<\delta \iff 2-\delta<x<2+\delta \quad \cdots\cdots ③$$

ですが、δ をどんなに小さくとっても、③の範囲の中に無理数があります。その無理数を α とすると、$f(\alpha)=1$ であり、

$$|f(\alpha)|=|1|=1>0.5$$

となりますから、②に矛盾します。

よって、①が成り立たないことになり、$f(x)$は$x=2$で連続ではありません。

> [答案]
> 「任意の$\varepsilon(>0)$に対して、$\delta(>0)$が存在して
> $$|x-2|<\delta \implies |f(x)-f(2)|<\varepsilon」 \quad \cdots\cdots ①$$
> が成り立たないことを示す。
> 　$\varepsilon=0.5$とすると、結論は、$|f(x)-f(2)|<0.5 \quad \cdots\cdots ②$
> 　任意の$\delta(>0)$に対して、$|x-2|<\delta$を満たす無理数を取ることができる。この無理数をαとすると、
> $$|f(\alpha)-f(2)|=|1-0|=1>0.5$$
> となるので②と矛盾する。よって、①は成り立たないので、$f(x)$は$x=2$で連続ではない。

■数列の極限

$x\to\infty$のときの極限の定義が分かったみなさんであれば、数列の極限の定義もスムーズに分かると思われます。数列$\{a_n\}$の極限は、$n\to\infty$としたときのa_nの値について考えることだからです。

数列の極限の定義を書いてみましょう。

> **数列の極限の定義**
> $\lim_{n\to\infty} a_n = \alpha$
> $\Leftrightarrow$(定義)　任意の$\varepsilon(>0)$に対して、自然数Nが存在して、
> $$n>N \implies |a_n-\alpha|<\varepsilon$$

念のため、$\lim_{n\to\infty} a_n = \alpha$の定義を言葉たっぷりに書くと、
「どんな小さいεをとってきても、うまく大きな自然数Nをとることができて、Nより大きいすべてのnについて、$|a_n-\alpha|<\varepsilon$を満たすようにできる」
となります。

$\lim_{n\to\infty} a_n = \alpha$ の定義は、関数 $f(x)$ の $x\to\infty$ のときの極限の定義で、x を n に、δ を N に置き換えたものになっています。ですから、この定義を用いて数列の極限を証明するときも、関数のときと同じようにすればよいわけです。N を ε で表すことが目標になりますが、不等式を解いただけでは N を表したことになりません。ε の式が整数とは限らないからです。ここらへんの事情は、練習問題を解く中で説明していきましょう。

さて、$\varepsilon-N$ 論法の仕組みが分かったところで、少し練習をしてみましょう。$\lim_{n\to\infty}\dfrac{x}{x+1}=1$ とあえて同じものを選んでみました。

> **ホップ 問題 数列の極限** （別 p.130）
>
> $\lim_{n\to\infty}\dfrac{n}{n+1}=1$ を $\varepsilon-N$ 論法で証明せよ。

$\varepsilon-N$ 論法を使った極限の定義から復習しましょう。

$\lim_{n\to\infty} a_n = \alpha \iff$ 「任意の $\varepsilon(>0)$ に対して、自然数 N が存在して、
$$n>N \implies |a_n-\alpha|<\varepsilon」$$

でした。これを $a_n=\dfrac{n}{n+1}$, $\alpha=1$ として書き直すと、

$\lim_{n\to\infty}\dfrac{n}{n+1}=1 \iff$ 「任意の $\varepsilon(>0)$ に対して、自然数 N が存在して、

$$n>N \implies \left|\dfrac{n}{n+1}-1\right|<\varepsilon \quad \cdots\cdots ①」$$

これを証明すればよいわけです。

　式に絶対値記号がありますから、これを外しましょう。$\dfrac{n}{n+1}-1$ の符号が正であればそのまま、負であれば -1 倍して外します。

$\dfrac{n}{n+1}-1$ の符号を調べてみましょう。通分して計算すると、

$$\dfrac{n}{n+1}-1=\dfrac{n-(n+1)}{n+1}=-\dfrac{1}{n+1}<0$$

よって、絶対値を外した後、不等式を n について解くと、

$$\left|\frac{n}{n+1}-1\right|<\varepsilon \quad \therefore \quad \frac{1}{n+1}<\varepsilon \quad \therefore \quad n+1>\frac{1}{\varepsilon} \quad \therefore \quad n>\frac{1}{\varepsilon}-1$$

ここで N を実際に取ってみましょう。$\frac{1}{\varepsilon}-1$ は自然数とは限りませんから、$N=\frac{1}{\varepsilon}-1$ とすることはできません。$\frac{1}{\varepsilon}-1$ より大きい自然数を取ればよいでしょう。N を、$N>\frac{1}{\varepsilon}-1$ を満たす自然数と取れば、

$$n>N \implies n>\frac{1}{\varepsilon}-1 \iff \left|\frac{n}{n+1}-1\right|<\varepsilon$$

となり、①を示すことができます。

N の存在を示せばよいのですから、答案でもこれで十分ですが、$N=(\varepsilon\text{の式})$ という等式にこだわりたいのであれば、ガウス記号を用いるとよいでしょう。ガウス記号とは、$[x]$ と表される記号で、x が正の数のとき、x の整数部分を表す記号です(例えば、$[5.8]=5$)。

これを用い、$N=\left[\frac{1}{\varepsilon}-1\right]+1$ とすればよいのです。この式の右辺は整数であり、

$$N=\left[\frac{1}{\varepsilon}-1\right]+1>\frac{1}{\varepsilon}-1$$

となるからです。

[答案]

$$\left|\frac{n}{n+1}-1\right|<\varepsilon \iff \frac{1}{n+1}<\varepsilon \iff n>\frac{1}{\varepsilon}-1$$

なので、任意の $\varepsilon(>0)$ に対して、$N>\frac{1}{\varepsilon}-1$ となる自然数 N をとれば、

$$n>N \implies n>\frac{1}{\varepsilon}-1 \iff \left|\frac{n}{n+1}-1\right|<\varepsilon$$

(つまり、$n>N \implies \left|\frac{n}{n+1}-1\right|(<\varepsilon)$) よって、$\lim_{n\to\infty}\frac{n}{n+1}=1$ である。

2 $\varepsilon-\delta$ 論法の応用問題

さて、$\varepsilon-\delta$ 論法、$\varepsilon-N$ 論法の定義にもとづいて基本の運用ができるようになったところで、これらの論法の応用問題を解いてみましょう。

問題 関数の極限と連続 （別 p.128）
関数 $f(x)=x^4+x$ が、$x=1$ で連続であることを $\varepsilon-\delta$ 論法で証明せよ。

連続の定義にあてはめましょう。$f(1)=2$ ですから、
「どんな小さい正の数 ε を取っても、うまい正の数 δ を取って、
$$|x-1|<\delta \implies |x^4+x-2|<\varepsilon$$
いつものように、矢印の結論の部分の不等式を x について解こうとして、
$$|x^4+x-2|<\varepsilon \quad \therefore \quad 2-\varepsilon<x^4+x<2+\varepsilon$$
としますが、4次の不等式は簡単には解けません。そこで、まともに4次不等式を解くことは諦めて、工夫をしてみましょう。

ここまでは ε で δ を表すことを目標としていましたが、この問題では流れをいったん逆にして δ で x^4+x-2 を表し、ε との関係を探ってみましょう。

それには、$f(x)-f(1)$ を $x-1$ で表すのがよいでしょう。

つまり、x^4+x-2 を $x=1$ でテイラー展開してみましょう。
$$\begin{aligned}x^4+x-2&=\{(x-1)+1\}^4+\{(x-1)+1\}-2\\&=(x-1)^4+4(x-1)^3+6(x-1)^2+4(x-1)+1+(x-1)+1-2\\&=(x-1)^4+4(x-1)^3+6(x-1)^2+5(x-1)\end{aligned}$$

となりますから、
$$\begin{aligned}|x^4+x-2|&=|(x-1)^4+4(x-1)^3+6(x-1)^2+5(x-1)|\\&\leq|(x-1)^4|+|4(x-1)^3|+|6(x-1)^2|+|5(x-1)|\\&\leq|x-1|^4+4|x-1|^3+6|x-1|^2+5|x-1|\\&<\delta^4+4\delta^3+6\delta^2+5\delta\end{aligned}$$

ですから、

$$\delta^4+4\delta^3+6\delta^2+5\delta<\varepsilon$$

となるように δ を選べることを示せばよいのですが、この不等式も 4 次不等式なので解けません。

しかし、そもそも ε は十分に小さい数のときを考えていたので、δ の方も十分小さい δ で考えればよいのです。ですから、$\delta<1$ を仮定してしまいましょう。すると、$\delta^4<\delta^3<\delta^2<\delta$ ですから、

$$\delta^4+4\delta^3+6\delta^2+5\delta<\delta+4\delta+6\delta+5\delta=16\delta$$

となります。これが ε よりも小さいとすれば、$16\delta<\varepsilon$ となりますが、これはすぐに解けて、$\delta<\dfrac{\varepsilon}{16}$ となります。

つまり、$\delta<1$ かつ $\delta<\dfrac{\varepsilon}{16}$ のときであれば、

$$|x-1|<\delta \quad\Longrightarrow\quad |x^4+x-2|<\varepsilon$$

となります。つまり、δ は、$\delta=\min\left(1,\dfrac{\varepsilon}{16}\right)$ と取ればよいのです。このような発見的流れで答案を書いてもかまいませんが、整理して答案の形にまとめると次のようになります。

[答案]

任意の ε に対して、$\delta=\min\left(1,\dfrac{\varepsilon}{16}\right)$ と取ると、$|x-1|<\delta$ のとき、

$$\begin{aligned}
|f(x)-f(1)| &= |x^4+x-2| \\
&= |(x-1)^4+4(x-1)^3+6(x-1)^2+5(x-1)| \\
&\leq |x-1|^4+4|x-1|^3+6|x-1|^2+5|x-1| \\
&< \delta^4+4\delta^3+6\delta^2+5\delta \\
&< \delta+4\delta+6\delta+5\delta=16\delta<\varepsilon
\end{aligned}$$

となるので、$f(x)$ は $x=1$ で連続である。

次の問題は、すでに用いてきた事実です。正確には $\varepsilon-\delta$ 論法で証明されるのです。

> **ホップ 問題 $\varepsilon-N$ 論法の応用** （別 p.132）
> $\lim_{x \to a} f(x) = b$, $\lim_{x \to a} g(x) = c$ のとき、$\lim_{x \to a} \{f(x) + g(x)\} = b + c$ であることを証明せよ。

仮定に極限が2つあるところが難しいところです。

$\lim_{x \to a} f(x) = b$, $\lim_{x \to a} g(x) = c$ をそれぞれ、定義により言いかえると、

「任意の $\varepsilon_1 (>0)$ に対して、$\delta_1 (>0)$ が存在して、

$$0 < |x-a| < \delta_1 \implies |f(x) - b| < \varepsilon_1」$$

「任意の $\varepsilon_2 (>0)$ に対して、$\delta_2 (>0)$ が存在して、

$$0 < |x-a| < \delta_2 \implies |g(x) - c| < \varepsilon_2」$$

となります。これをもとに、$|f(x) + g(x) - b - c|$ を評価したいわけです。

$0 < |x-a| < \delta_1$ かつ $0 < |x-a| < \delta_2$ のとき、

$$|f(x) + g(x) - b - c| \leq |f(x) - b| + |g(x) - c| < \varepsilon_1 + \varepsilon_2$$

となり、上から抑えることができそうです。

証明すべき結論は、

「任意の $\varepsilon (>0)$ に対して、$\delta (>0)$ が存在して、

$$0 < |x-a| < \delta \implies |f(x) + g(x) - b - c| < \varepsilon」$$

です。

$0 < |x-a| < \delta_1$ かつ $0 < |x-a| < \delta_2$ に関しては、幅の狭い方をとればよいでしょう。ですから、$\delta = \min(\delta_1, \delta_2)$ ととります。すると、

$$0 < |x-a| < \delta \implies 0 < |x-a| < \delta_1 \text{ かつ } 0 < |x-a| < \delta_2$$

ε_1, ε_2 は任意に取ることができるのですから、$\varepsilon_1 + \varepsilon_2 \leq \varepsilon$ とするには、$\varepsilon_1 = \dfrac{\varepsilon}{2}$,

$\varepsilon_2 = \dfrac{\varepsilon}{2}$ とすれば O.K. です。ここは、$\varepsilon_1 = \dfrac{\varepsilon}{3}$, $\varepsilon_2 = \dfrac{2\varepsilon}{3}$ でもかまいません。足して

ε になればよいのです。

もともと ε_1, ε_2 は任意に取ることができるのですから、ここがどんな正の値であっても、どんな正の値を取る式であっても、それに対して δ_1, δ_2 を取ることができることを、$\lim_{x \to a} f(x) = b$, $\lim_{x \to a} g(x) = c$ であることが保証してくれているわけです。

文字の値が定まっていく順番を確認しておくと、

ε が定まる　→　ε_1, ε_2 が定まる　→　δ_1, δ_2 が定まる　→　δ が定まる

これを答案にまとめると次のようになります。

[答案]

$\lim_{x \to a} f(x) = b$, $\lim_{x \to a} g(x) = c$ より、任意の $\varepsilon(>0)$ に対して、

$$0 < |x-a| < \delta_1 \implies |f(x) - b| < \frac{\varepsilon}{2}$$

$$0 < |x-a| < \delta_2 \implies |g(x) - c| < \frac{\varepsilon}{2}$$

が成り立つような正の数 δ_1, δ_2 が存在する。

$\delta = \min(\delta_1, \delta_2)$ とすれば、$0 < |x-a| < \delta$ のとき、

$$0 < |x-a| < \delta \leq \delta_1 \implies |f(x) - b| < \frac{\varepsilon}{2} \quad \cdots\cdots ①$$

$$0 < |x-a| < \delta \leq \delta_2 \implies |g(x) - c| < \frac{\varepsilon}{2} \quad \cdots\cdots ②$$

よって、①、②を用いて、

$$|f(x) + g(x) - b - c| \leq |f(x) - b| + |g(x) - c| < \frac{\varepsilon}{2} + \frac{\varepsilon}{2} = \varepsilon$$

任意の ε に対して、上のように δ を取れば、

$$0 < |x-a| < \delta \implies |f(x) + g(x) - b - c| < \varepsilon$$

なので、$\lim_{x \to a} \{f(x) + g(x)\} = b + c$ であることが示された。

今まで解いた問題では、当たり前の結論をわざわざ面倒な言い回しに言い換え

ていただけのような $\varepsilon-\delta$ 論法でしたが、次に挙げる例題を解いてみると、初めて $\varepsilon-\delta$ 論法の真のありがたみが分かるのではないでしょうか。

> **ホップ 問題 $\varepsilon-N$ 論法の応用** （別 p.132）
> $\lim_{n\to\infty} a_n = \alpha$ のとき、$\lim_{n\to\infty} \dfrac{a_1+a_2+\cdots+a_n}{n} = \alpha$ を証明せよ。

問題の主張は感覚的に納得がいくでしょうか。疑問に思う人もいることでしょう。というのも、n が大きいときは a_n が十分に α に近いので平均が α に近づいていく感じがしますが、数列の初めの方の項が α から大きくずれているようなとき、平均は本当に α に近づいていくのか心配ですね。こんなときでも、$\varepsilon-\delta$ 論法ならしっかりと平均の極限が α に近づいていくことを示すことができます。やってみましょう。

まず、結論の式を定義で言い換えると、
　「任意の $\varepsilon(>0)$ に対して、自然数 N があって、
$$n>N \implies \left|\frac{a_1+a_2+\cdots+a_n}{n}-\alpha\right|<\varepsilon \quad \cdots\cdots ①」$$
また、仮定の式 $\lim_{n\to\infty} a_n = \alpha$ を定義で言い換えてみると、
　「任意の $\varepsilon'(>0)$ に対して、自然数 N' があって、
$$n>N' \implies |a_n-\alpha|<\varepsilon' \quad \cdots\cdots ②」$$
となります。もちろん、①の ε, N と②の ε', N' は別物です。

目標は、②から①を導くことです。任意の ε に対して、うまく N を作ることができればよいのです。実際に作ってみましょう。

②の ε' は任意に取ることができましたから、$\dfrac{\varepsilon}{2}$ としましょう。

$$\underline{n>M}_{\text{⑦}} \implies |a_n-\alpha|<\frac{\varepsilon}{2}$$

が成り立つような M を取ることができます。

この結論の式が使えるように、①の結論の式を変形していきます。
$n>M$ として、

$$\left|\frac{a_1+a_2+\cdots+a_n}{n}-\alpha\right| = \left|\frac{a_1+a_2+\cdots+a_n-n\alpha}{n}\right|$$

$$= \left|\frac{(a_1-\alpha)+(a_2-\alpha)+\cdots+(a_n-\alpha)}{n}\right|$$

$$= \left|\frac{(a_1-\alpha)+\cdots+(a_M-\alpha)+(a_{M+1}-\alpha)+\cdots+(a_n-\alpha)}{n}\right| \quad \longleftarrow$$

$$\leqq \left|\frac{(a_1-\alpha)+\cdots+(a_M-\alpha)}{n}\right| + \left|\frac{(a_{M+1}-\alpha)+\cdots+(a_n-\alpha)}{n}\right| \quad \longleftarrow$$

$$\leqq \left|\frac{(a_1-\alpha)+\cdots+(a_M-\alpha)}{n}\right| + \frac{|a_{M+1}-\alpha|+\cdots+|a_n-\alpha|}{n}$$

$$< \left|\frac{(a_1+\alpha)+\cdots+(a_M-\alpha)}{n}\right| + \frac{(n-M)\cdot\frac{\varepsilon}{2}}{n} \qquad \frac{n-M}{n}<1 \text{ である}$$

$$< \left|\frac{(a_1-\alpha)+\cdots+(a_M-\alpha)}{n}\right| + \frac{\varepsilon}{2} \quad \cdots\cdots ③$$

三角不等式
$|A+B|\leqq|A|+|B|$
を用いている

となります。

　①を証明するには、任意のεに対してうまくMをとって、$n>M$のとき、この右辺がεより小さくなるようにすればよいのです。そのためには、波線部を$\frac{\varepsilon}{2}$より小さくすれば、全体でεより小さくなります。

　波線部はMが固定されているところがポイントです。分子の項の個数が固定されていますから、分子の値は一定値です。ですから、nを大きく取ればいくらでも波線部の値を小さくすることができます。

　波線部を$\frac{\varepsilon}{2}$より小さくするのであれば、$\left|\frac{(a_1-\alpha)+\cdots+(a_M-\alpha)}{n}\right|<\frac{\varepsilon}{2}$

をnについて解いた式　$\left|\frac{2\{(a_1-\alpha)+\cdots+(a_M-\alpha)\}}{\varepsilon}\right|<n$
　　　　　　　　　　　　　　　　　　　　　　　　　　　　　　　④

を満たすようにnを取ればよいのです。

　㋐と④をまとめると、nを「$n>M$かつ$n>\left|\dfrac{2\{(a_1-\alpha)+\cdots+(a_M-\alpha)\}}{\varepsilon}\right|$」

を満たすように取ればよいのです。

すなわち、
$$N > \max\left(\left|\frac{2\{(a_1-\alpha)+\cdots+(a_M-\alpha)\}}{\varepsilon}\right|,\ M\right)$$
を満たすように、N を取れば、$n>N$ のとき、
$$\left|\frac{(a_1-\alpha)+\cdots+(a_M-\alpha)}{n}\right|+\frac{\varepsilon}{2}<\frac{\varepsilon}{2}+\frac{\varepsilon}{2}=\varepsilon \quad \cdots\cdots ④$$
となり、③、④より、
$$n>N \implies \left|\frac{a_1+a_2+\cdots+a_n}{n}-\alpha\right|<\varepsilon$$
です。①を示すことができ、
$$\lim_{n\to\infty}\frac{a_1+a_2+\cdots+a_n}{n}=\alpha$$
を証明することができました。

文字の値が定まっていく順序をまとめておきましょう。

ε を定める。

$\longrightarrow \quad n>M \implies |a_n-\alpha|<\frac{\varepsilon}{2}\quad$ となる M を定める。

$\longrightarrow \quad N>\max\left(\left|\frac{2\{(a_1-\alpha)+\cdots+(a_M-\alpha)\}}{\varepsilon}\right|,\ M\right)$ となる N を定める。

こうして、任意の ε に対して、N を定めています。

答案にまとめておきましょう。

[答案]

$\lim\limits_{n\to\infty}a_n=\alpha$ より、任意の $(\varepsilon>0)$ に対して、自然数 M が存在して
$$n>M \implies |a_n-\alpha|<\frac{\varepsilon}{2} \quad \cdots\cdots ①$$

ここで N を、$N>\max\left(2\left|\frac{a_1+\cdots+a_M-M\alpha}{\varepsilon}\right|,\ M\right)$ を満たすように取ると、

$$N > \max\left(2\left|\frac{a_1+\cdots+a_M-M\alpha}{\varepsilon}\right|, M\right)$$

$$\Leftrightarrow N > 2\left|\frac{a_1+\cdots+a_M-M\alpha}{\varepsilon}\right| \text{ かつ } N>M \text{ なので、}$$

$n>N$ のとき、

$$n>N>2\left|\frac{a_1+\cdots+a_M-M\alpha}{\varepsilon}\right| \quad \therefore \quad \left|\frac{a_1+\cdots+a_M-M\alpha}{n}\right|<\frac{\varepsilon}{2} \quad \cdots\cdots ②$$

また、

$$n>N>M \implies |a_n-\alpha|<\frac{\varepsilon}{2} \quad \cdots\cdots ③$$

よって、

$$\left|\frac{a_1+a_2+\cdots+a_n}{n}-\alpha\right|=\left|\frac{(a_1-\alpha)+\cdots+(a_M-\alpha)+(a_{M+1}-\alpha)+\cdots+(a_n-\alpha)}{n}\right|$$

$$\leq \left|\frac{a_1+\cdots+a_M-M\alpha}{n}\right|+\frac{|a_{M+1}-\alpha|+\cdots+|a_n-\alpha|}{n}$$

$$<\frac{\varepsilon}{2}+\frac{(n-M)}{n}\cdot\frac{\varepsilon}{2} \quad (\because ②, ③)$$

$$<\frac{\varepsilon}{2}+\frac{\varepsilon}{2}=\varepsilon$$

つまり、任意の ε に対して、上のように N をとると、

$$n>N \implies \left|\frac{a_1+a_2+\cdots+a_n}{n}-\alpha\right|<\varepsilon$$

なので、$\displaystyle\lim_{n\to\infty}\frac{a_1+a_2+\cdots+a_n}{n}=\alpha$ である。

索引

■あ行
- 鞍点 · 207
- 陰関数 · 54
- ウォリスの公式 · · · · · · · · · · · · · · · · · 111
- n 階導関数 · 46
- 追い出しの原理 · · · · · · · · · · · · · · · · 139
- オイラーの公式 · · · · · · · · · · · · · · · · · 27

■か行
- ガンマ関数 · 114
- 奇関数 · 104
- 逆関数 · 18
- 極 · 124
- 極限 · 8
- 極座標 · 124
- 極小値 · 61
- 極大値 · 61
- 極値 · 60
- 極方程式 · 124
- 曲面積 · 270
- 偶関数 · 104
- 区分求積法 · 118
- 広義積分 · 103
- 交代級数 · 152
- コーシーの判定法 · · · · · · · · · · · · · · 150
- コーシーの平均値の定理 · · · · · · · · 169
- 弧度法 · 15

■さ行
- 最大値・最小値の定理 · · · · · · · · · · 166
- 指数 · 10
- 重積分 · 232
- 収束定理 · 142
- 収束半径 · 154
- シュワルツの定理 · · · · · · · · · · · · · · 205
- 条件収束 · 151
- 整級数 · 154
- 絶対収束 · 151
- 尖点 · 60
- 全微分 · 191
- 双曲線関数 · 25
- 増減表 · 61

■た行
- 対数 · 10
- 対数微分法 · 44
- ダランベールの判定法 · · · · · · · · · · 150
- 単調減少数列 · · · · · · · · · · · · · · · · · · 142
- 単調増加数列 · · · · · · · · · · · · · · · · · · 141
- 置換積分 · 75
- 直交座標 · 124
- テイラーの定理 · · · · · · · · · · · · · · · · 171

■な行
- ネイピア数 · 11

■は行
- バームクーヘン型積分 · · · · · · · · · · 122
- はさみうちの原理 · · · · · · · · · · · 17,139
- 比較判定法 · 146
- 左側微分係数 · · · · · · · · · · · · · · · · · · · 67
- 微分可能性 · 66
- フーリエ級数展開 · · · · · · · · · · · · · · 113
- 部分積分 · 80
- 部分分数分解 · · · · · · · · · · · · · · · · · · · 87
- 平均値の定理 · · · · · · · · · · · · · · · · · · 168
- ベータ関数 · 114
- べき級数 · 154
- 偏角 · 124
- 変曲点 · 64
- 偏導関数 · 187

■ま行
- マクローリン展開 · · · · · · · · · · · · · · 175
- 右側微分係数 · · · · · · · · · · · · · · · · · · · 67
- 無限級数 · 144
- 無限数列 · 134
- 無限正項級数 · · · · · · · · · · · · · · · · · · 146
- 無限積分 · 103
- 無限等比級数 · · · · · · · · · · · · · · · · · · 145
- 無理関数 · 39,94

■や行
- ヤコビアン · 249
- 有理関数 · 86

■ら行
- ライプニッツの公式 · · · · · · · · · · · · · 52
- ラグランジュの未定乗数法 · · · · · · 214
- 累次積分 · 225
- ルジャンドルの剰余項 · · · · · · · · · · 174
- 連続 · 59,220
- ロピタルの定理 · · · · · · · · · · · · · · · · 159
- ロルの定理 · 167

カバー	●下野ツヨシ（ツヨシ＊グラフィックス）
本文フォーマット	●下野ツヨシ（ツヨシ＊グラフィックス）
本文制作	●株式会社 明昌堂

1冊でマスター　大学の微分積分

2014年8月10日　初版　第1刷発行
2016年5月15日　初版　第2刷発行

著　者	石井 俊全（いしい としあき）
発行者	片岡 巌
発行所	株式会社技術評論社
	東京都新宿区市谷左内町 21-13
	電話　03-3513-6150　販売促進部
	03-3267-2270　書籍編集部
印刷・製本	株式会社加藤文明社

定価はカバーに表示してあります。

本書の一部、または全部を著作権法の定める範囲を超え、無断で複写、複製、転載、テープ化、ファイルに落とすことを禁じます。

©2014 Toshiaki Ishii

造本には細心の注意を払っておりますが、万が一、乱丁（ページの乱れ）や落丁（ページの抜け）がございましたら、小社販売促進部までお送りください。送料小社負担にてお取り替えいたします。

ISBN978-4-7741-6545-5 C3041
Printed in Japan

1冊でマスター

大学の微分積分

別冊

問題演習と解答

[使い方]
見開きで1セットで
左は演習問題、右は確認問題です。

演習問題が難しいと思った人は
講義編に戻ってみるとよいでしょう。

独習用として当冊子から解答をはずしたものを
PDFにて配布しています
(http://gihyo.jp/book/2014/978-4-7741-6545-5/)

技術評論社

ステップ 演習 ▶ 逆三角関数の計算 （講義編 p.24 参照）

次の式の値を求めよ。
(1) $\tan^{-1}\dfrac{3}{5}+\tan^{-1}\dfrac{1}{4}$ (2) $\cos^{-1}x+\sin^{-1}x$

(1) $\tan^{-1}\dfrac{3}{5}=\alpha$、$\tan^{-1}\dfrac{1}{4}=\beta$……① とおく。

ここで、$\dfrac{3}{5}>0$、$\dfrac{1}{4}>0$ なので、$0<\alpha<\dfrac{\pi}{2}$、$0<\beta<\dfrac{\pi}{2}$……②

①より、$\tan\alpha=\dfrac{3}{5}$、$\tan\beta=\dfrac{1}{4}$

$$\tan(\alpha+\beta)=\dfrac{\tan\alpha+\tan\beta}{1-\tan\alpha\tan\beta}=\dfrac{\dfrac{3}{5}+\dfrac{1}{4}}{1-\dfrac{3}{5}\cdot\dfrac{1}{4}}=1\cdots\cdots③$$

②より、$0<\alpha+\beta<\pi$　これと③より、

$\tan^{-1}\dfrac{3}{5}+\tan^{-1}\dfrac{1}{4}=\alpha+\beta=\dfrac{\pi}{4}$　　　・$\tan x=1$、$0<x<\pi$ となる x は $\dfrac{\pi}{4}$

(2) $\cos^{-1}x=\alpha$、$\sin^{-1}x=\beta$……① とおく。

ここで、$0\leqq\alpha\leqq\pi$……②、$-\dfrac{\pi}{2}\leqq\beta\leqq\dfrac{\pi}{2}$……③

①より、$x=\cos\alpha=\sin\beta$　　$\therefore$　$\sin\left(\dfrac{\pi}{2}-\alpha\right)=\sin\beta$……④
　　　　　　　　　　　　$\cos\alpha=\sin\left(\dfrac{\pi}{2}-\alpha\right)$

②より、$-\dfrac{\pi}{2}\leqq\dfrac{\pi}{2}-\alpha\leqq\dfrac{\pi}{2}$……⑤

③、④、⑤を合わせて、

$\dfrac{\pi}{2}-\alpha=\beta$

よって、

$\cos^{-1}x+\sin^{-1}x=\alpha+\beta=\dfrac{\pi}{2}$

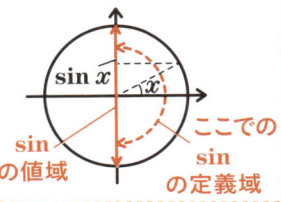

> $-1\leqq k\leqq 1$ となる k に対して、$-\dfrac{\pi}{2}\leqq x\leqq\dfrac{\pi}{2}$ の中で、$\sin x=k$ となる x はただ1つ
> $k=\sin\left(\dfrac{\pi}{2}-\alpha\right)=\sin\beta$ とおけば、
> $\dfrac{\pi}{2}-\alpha=\beta$

ジャンプ 確認 ▶逆三角関数の計算

次の式の値を求めよ。
(1) $\cos^{-1}\dfrac{3}{\sqrt{10}}+\cos^{-1}\dfrac{2}{\sqrt{5}}$ (2) $\tan^{-1}x+\tan^{-1}\dfrac{1}{x}$ $(x\neq 0)$

(1) $\cos^{-1}\dfrac{3}{\sqrt{10}}=\alpha$、$\cos^{-1}\dfrac{2}{\sqrt{5}}=\beta$ ……① とおく

ここで、$\dfrac{3}{\sqrt{10}}>0$、$\dfrac{2}{\sqrt{5}}>0$ より、$0<\alpha<\dfrac{\pi}{2}$、$0<\beta<\dfrac{\pi}{2}$ ……②

①より、$\cos\alpha=\dfrac{3}{\sqrt{10}}$、$\cos\beta=\dfrac{2}{\sqrt{5}}$

$\sin\alpha=\sqrt{1-\cos^2\alpha}=\sqrt{1-\left(\dfrac{3}{\sqrt{10}}\right)^2}=\dfrac{1}{\sqrt{10}}$

$\sin\beta=\sqrt{1-\cos^2\beta}=\sqrt{1-\left(\dfrac{2}{\sqrt{5}}\right)^2}=\dfrac{1}{\sqrt{5}}$

> ②より、$\sin\alpha>0$、$\sin\beta>0$ なので、
> $\sin^2\alpha=1-\cos^2\alpha$
> を満たす $\sin\alpha$ の値として正をとった。

$\cos(\alpha+\beta)=\cos\alpha\cos\beta-\sin\alpha\sin\beta=\dfrac{3}{\sqrt{10}}\cdot\dfrac{2}{\sqrt{5}}-\dfrac{1}{\sqrt{10}}\cdot\dfrac{1}{\sqrt{5}}=\dfrac{1}{\sqrt{2}}$

②より、$0<\alpha+\beta<\pi$ なので

$\cos^{-1}\dfrac{3}{\sqrt{10}}+\cos^{-1}\dfrac{2}{\sqrt{5}}=\alpha+\beta=\dfrac{\pi}{4}$

・$\cos x=\dfrac{1}{\sqrt{2}}$、$0<x<\pi$ を満たす x は $\dfrac{\pi}{4}$

(2) $\tan^{-1}x=\alpha$、$\tan^{-1}\dfrac{1}{x}=\beta$ とおく。

$\tan x=\tan(x-\pi)$
$\tan\left(\dfrac{\pi}{2}-\beta\right)=\tan\left(\dfrac{\pi}{2}-\beta-\pi\right)=\tan\left(-\dfrac{\pi}{2}-\beta\right)$

$x=\tan\alpha$、$\dfrac{1}{x}=\tan\beta$ より、$\tan\alpha=\dfrac{1}{\tan\beta}=\tan\left(\dfrac{\pi}{2}-\beta\right)=\tan\left(-\dfrac{\pi}{2}-\beta\right)$

$x>0$ のとき、

$0<\alpha<\dfrac{\pi}{2}$ …③、$\dfrac{1}{x}>0$ より、$0<\beta<\dfrac{\pi}{2}$ ∴ $0<\dfrac{\pi}{2}-\beta<\dfrac{\pi}{2}$ …④

$\tan\alpha=\tan\left(\dfrac{\pi}{2}-\beta\right)$ と③、④より、$\alpha=\dfrac{\pi}{2}-\beta$ ∴ $\alpha+\beta=\dfrac{\pi}{2}$

左ページ赤ワクの中と同様の理由で

$x<0$ のとき、

$-\dfrac{\pi}{2}<\alpha<0$ …⑤、$\dfrac{1}{x}<0$ より、$-\dfrac{\pi}{2}<\beta<0$ ∴ $-\dfrac{\pi}{2}<-\dfrac{\pi}{2}-\beta<0$ …⑥

$\tan\alpha=\tan\left(-\dfrac{\pi}{2}-\beta\right)$ と⑤、⑥より、$\alpha=-\dfrac{\pi}{2}-\beta$ ∴ $\alpha+\beta=-\dfrac{\pi}{2}$

$\tan^{-1}x+\tan^{-1}\dfrac{1}{x}=\alpha+\beta=\begin{cases}\dfrac{\pi}{2} & (x>0)\\ -\dfrac{\pi}{2} & (x<0)\end{cases}$

演習 ▶無理関数の微分 （講義編 p.33 参照）

次の関数を微分せよ。

(1) $\dfrac{(1+x^4)^{\frac{1}{4}}}{x}$

(2) $\sqrt[3]{\dfrac{1-\sqrt{x}}{1+\sqrt{x}}}$

---

(1) $\left(\dfrac{(1+x^4)^{\frac{1}{4}}}{x}\right)' = \dfrac{((1+x^4)^{\frac{1}{4}})' x - (1+x^4)^{\frac{1}{4}}(x)'}{x^2}$ 　　$\left(\dfrac{f}{g}\right)' = \dfrac{f'g - fg'}{g^2}$

$\left[\text{商の微分の公式を用いる。}1+x^4=u \text{ とおくと、}((1+x^4)^{\frac{1}{4}})' = (u^{\frac{1}{4}})' = \dfrac{1}{4}u^{-\frac{3}{4}} \cdot u'\right]$

$= \dfrac{\dfrac{1}{4}(1+x^4)^{-\frac{3}{4}} \cdot 4x^3 \cdot x - (1+x^4)^{\frac{1}{4}} \cdot 1}{x^2} = \dfrac{(1+x^4)^{-\frac{3}{4}}\{x^4 - (1+x^4)\}}{x^2}$

$\left[(1+x^4)^{-\frac{3}{4}}x^4 \text{ と }(1+x^4)^{\frac{1}{4}} \text{ を }(1+x^4)^{-\frac{3}{4}} \text{ で括る}\right]$

$= \dfrac{-1}{x^2(1+x^4)^{\frac{3}{4}}}$

(2) $\left(\sqrt[3]{\dfrac{1-\sqrt{x}}{1+\sqrt{x}}}\right)' = \left(\left(\dfrac{1-x^{\frac{1}{2}}}{1+x^{\frac{1}{2}}}\right)^{\frac{1}{3}}\right)' = \dfrac{1}{3}\left(\dfrac{1-x^{\frac{1}{2}}}{1+x^{\frac{1}{2}}}\right)^{-\frac{2}{3}}\left(\dfrac{1-x^{\frac{1}{2}}}{1+x^{\frac{1}{2}}}\right)'$

$\left[\dfrac{1-x^{\frac{1}{2}}}{1+x^{\frac{1}{2}}}=u \text{ とおくと、}(u^{\frac{1}{3}})' = \dfrac{1}{3}u^{-\frac{2}{3}} \cdot u' \text{。} u' \text{の微分は商の微分の公式を用いる。}\right.$
$\left.\text{また、}\left(\dfrac{B}{A}\right)^{-\frac{2}{3}} = \dfrac{B^{-\frac{2}{3}}}{A^{-\frac{2}{3}}} = \dfrac{A^{\frac{2}{3}}}{B^{\frac{2}{3}}}\right]$

$= \dfrac{1}{3} \cdot \dfrac{(1+x^{\frac{1}{2}})^{\frac{2}{3}}}{(1-x^{\frac{1}{2}})^{\frac{2}{3}}} \cdot \dfrac{(1-x^{\frac{1}{2}})'(1+x^{\frac{1}{2}}) - (1-x^{\frac{1}{2}})(1+x^{\frac{1}{2}})'}{(1+x^{\frac{1}{2}})^2}$

$= \dfrac{1}{3} \cdot \dfrac{(1+x^{\frac{1}{2}})^{\frac{2}{3}}}{(1-x^{\frac{1}{2}})^{\frac{2}{3}}} \cdot \dfrac{\left(-\dfrac{1}{2}x^{-\frac{1}{2}}\right)(1+x^{\frac{1}{2}}) - (1-x^{\frac{1}{2}})\left(\dfrac{1}{2}x^{-\frac{1}{2}}\right)}{(1+x^{\frac{1}{2}})^2}$

$= \dfrac{-1}{3x^{\frac{1}{2}}(1-x^{\frac{1}{2}})^{\frac{2}{3}}(1+x^{\frac{1}{2}})^{\frac{4}{3}}}$

ジャンプ　確認 ▶無理関数の微分

次の関数を微分せよ。

(1) $\dfrac{x^3}{(1-x^2)^{\frac{3}{2}}}$

(2) $\sqrt{\dfrac{1-\sqrt[3]{x}}{1+\sqrt[3]{x}}}$

---

(1) $\left(\dfrac{\overset{f}{x^3}}{\underset{g}{(1-x^2)^{\frac{3}{2}}}}\right)' = \dfrac{\overset{f'}{(x^3)'}\overset{g}{(1-x^2)^{\frac{3}{2}}} - \overset{f}{x^3}\overset{g'}{\{(1-x^2)^{\frac{3}{2}}\}'}}{\underset{g^2}{\{(1-x^2)^{\frac{3}{2}}\}^2}}$

　↑商の微分

$\left[\,\{(1-x^2)^{\frac{3}{2}}\}'\text{は}\ 1-x^2=u\ \text{とおくと、}\ \{(1-x^2)^{\frac{3}{2}}\}'=(u^{\frac{3}{2}})'=\dfrac{3}{2}u^{\frac{1}{2}}\cdot u'\,\right]$

$= \dfrac{3x^2(1-x^2)^{\frac{3}{2}} - x^3\cdot\overbrace{\dfrac{3}{2}\underset{u}{(1-x^2)^{\frac{1}{2}}}\underset{u'}{(-2x)}}^{g'}}{(1-x^2)^3}$

$= \dfrac{x^2(1-x^2)^{\frac{1}{2}}\{3(1-x^2)+3x^2\}}{(1-x^2)^3} = \dfrac{3x^2}{(1-x^2)^{\frac{5}{2}}}$

$x^2(1-x^2)^{\frac{3}{2}}$ と $x^4(1-x^2)^{\frac{1}{2}}$ の項が出てくるので、共通因数の $x^2(1-x^2)^{\frac{1}{2}}$ で括る

(2) $\left(\sqrt{\dfrac{1-\sqrt[3]{x}}{1+\sqrt[3]{x}}}\right)' = \left(\left(\dfrac{\overset{u}{1-x^{\frac{1}{3}}}}{1+x^{\frac{1}{3}}}\right)^{\frac{1}{2}}\right)' = \dfrac{1}{2}\left(\dfrac{\overset{B}{1-x^{\frac{1}{3}}}}{\underset{A}{1+x^{\frac{1}{3}}}}\right)^{-\frac{1}{2}}\cdot\left(\dfrac{\overset{u'}{1-x^{\frac{1}{3}}}}{\underset{g}{1+x^{\frac{1}{3}}}}\right)'^{f}$

$\left[\,\dfrac{1-x^{\frac{1}{3}}}{1+x^{\frac{1}{3}}}=u\ \text{とおき、}\ (u^{\frac{1}{2}})'=\dfrac{1}{2}u^{-\frac{1}{2}}\cdot u'\text{。}\ u'\text{の部分は商の微分。}\ \left(\dfrac{B}{A}\right)^{-\frac{1}{2}}=\dfrac{B^{-\frac{1}{2}}}{A^{-\frac{1}{2}}}=\dfrac{A^{\frac{1}{2}}}{B^{\frac{1}{2}}}\,\right]$

$= \dfrac{1}{2}\cdot\dfrac{\overset{A}{(1+x^{\frac{1}{3}})^{\frac{1}{2}}}}{\underset{B}{(1-x^{\frac{1}{3}})^{\frac{1}{2}}}}\cdot\dfrac{\overset{f'}{(1-x^{\frac{1}{3}})'}\overset{g}{(1+x^{\frac{1}{3}})} - \overset{f}{(1-x^{\frac{1}{3}})}\overset{g'}{(1+x^{\frac{1}{3}})'}}{\underset{g^2}{(1+x^{\frac{1}{3}})^2}}$

$= \dfrac{1}{2}\cdot\dfrac{(1+x^{\frac{1}{3}})^{\frac{1}{2}}}{(1-x^{\frac{1}{3}})^{\frac{1}{2}}}\cdot\dfrac{\left(-\dfrac{1}{3}x^{-\frac{2}{3}}\right)(1+x^{\frac{1}{3}}) - (1-x^{\frac{1}{3}})\left(\dfrac{1}{3}x^{-\frac{2}{3}}\right)}{(1+x^{\frac{1}{3}})^2}$

$= \dfrac{1}{2}\cdot\dfrac{-\dfrac{2}{3}x^{-\frac{2}{3}}}{(1-x^{\frac{1}{3}})^{\frac{1}{2}}(1+x^{\frac{1}{3}})^{\frac{3}{2}}} = \dfrac{-1}{3x^{\frac{2}{3}}(1-x^{\frac{1}{3}})^{\frac{1}{2}}(1+x^{\frac{1}{3}})^{\frac{3}{2}}}$

ステップ 演習 ▶ 三角関数の微分　（講義編 p.33、38 参照）

次の関数を微分せよ。
(1) $\sqrt{\dfrac{1-\cos x}{1+\cos x}}$　　　(2) $\dfrac{\sin x}{\sqrt{a^2\cos^2 x + b^2\sin^2 x}}$

(1) $\left(\sqrt{\dfrac{1-\cos x}{1+\cos x}}\right)' = \left(\left(\overbrace{\dfrac{1-\cos x}{1+\cos x}}^{u}\right)^{\frac{1}{2}}\right)' = \dfrac{1}{2}\cdot\left(\overbrace{\dfrac{1-\cos x}{1+\cos x}}^{u}\right)^{-\frac{1}{2}}\overbrace{\left(\dfrac{1-\cos x}{1+\cos x}\right)'}^{u'\,(f/g)}$

$\left[\; u=\dfrac{1-\cos x}{1+\cos x}\text{とおくと、}(u^{\frac{1}{2}})'=\dfrac{1}{2}u^{-\frac{1}{2}}\cdot u'\text{。}u'\text{は商の微分の公式を用いる}\;\right]$

$=\dfrac{1}{2}\cdot\dfrac{(1+\cos x)^{\frac{1}{2}}}{(1-\cos x)^{\frac{1}{2}}}\cdot\dfrac{\overbrace{(1-\cos x)'}^{f'}\overbrace{(1+\cos x)}^{g}-\overbrace{(1-\cos x)}^{f}\overbrace{(1+\cos x)'}^{g'}}{\underbrace{(1+\cos x)^2}_{g^2}}$　　$(\cos x)'=-\sin x$

$=\dfrac{1}{2}\cdot\dfrac{(1+\cos x)^{\frac{1}{2}}}{(1-\cos x)^{\frac{1}{2}}}\cdot\dfrac{\sin x(1+\cos x)-(1-\cos x)(-\sin x)}{(1+\cos x)^2}$

$=\dfrac{\sin x}{(1-\cos x)^{\frac{1}{2}}(1+\cos x)^{\frac{3}{2}}}$

(2) $\left(\dfrac{\overbrace{\sin x}^{f}}{\underbrace{\sqrt{a^2\cos^2 x + b^2\sin^2 x}}_{g}}\right)'$

$=\dfrac{\overbrace{(\sin x)'}^{f'}\overbrace{\sqrt{a^2\cos^2 x + b^2\sin^2 x}}^{g}-\overbrace{\sin x}^{f}\overbrace{(\sqrt{a^2\cos^2 x + b^2\sin^2 x})'}^{g'}}{\underbrace{(\sqrt{a^2\cos^2 x + b^2\sin^2 x})^2}_{g^2}}$

$=\dfrac{\cos x\sqrt{a^2\cos^2 x + b^2\sin^2 x}-\sin x\cdot\dfrac{\overbrace{2a^2\cos x(-\sin x)+2b^2\sin x\cdot\cos x}^{u'}}{2\underbrace{\sqrt{a^2\cos^2 x + b^2\sin^2 x}}_{\sqrt{u}}}}{a^2\cos^2 x + b^2\sin^2 x}$

$\left[\begin{array}{l} u=a^2\cos^2 x + b^2\sin^2 x\text{ とおくと、}(\sqrt{a^2\cos^2 x + b^2\sin^2 x})'=(u^{\frac{1}{2}})'=\dfrac{1}{2}u^{-\frac{1}{2}}\cdot u'=\dfrac{u'}{2\sqrt{u}}\\ \text{また、}(\cos^2 x)'=2\cos x(\cos x)'\text{、}(\sin^2 x)'=2\sin x(\sin x)' \end{array}\right]$

$=\dfrac{\cos x(a^2\cos^2 x + b^2\sin^2 x)-\sin x(a^2-b^2)(-\cos x\sin x)}{(a^2\cos^2 x + b^2\sin^2 x)(a^2\cos^2 x + b^2\sin^2 x)^{\frac{1}{2}}}$

[分子を $(a^2\cos^2 x + b^2\sin^2 x)^{-\frac{1}{2}}$ で括る。]

$=\dfrac{\cos x(a^2\cos^2 x + a^2\sin^2 x)}{(a^2\cos^2 x + b^2\sin^2 x)^{\frac{3}{2}}} = \dfrac{a^2\cos x}{(a^2\cos^2 x + b^2\sin^2 x)^{\frac{3}{2}}}$

ジャンプ 確認 ▶三角関数の微分

次の関数を微分せよ。

(1) $\sqrt{\dfrac{1+\sin x}{1-\sin x}}$

(2) $\dfrac{\cos x}{\sqrt{a^2\sin^2 x+b^2\cos^2 x}}$

---

(1) $\left(\sqrt{\dfrac{1+\sin x}{1-\sin x}}\right)' = \left(\left(\underset{u}{\dfrac{1+\sin x}{1-\sin x}}\right)^{\frac{1}{2}}\right)' = \dfrac{1}{2}\cdot\left(\underset{u}{\dfrac{1+\sin x}{1-\sin x}}\right)^{-\frac{1}{2}}\underset{\substack{f\\g}}{\left(\dfrac{1+\sin x}{1-\sin x}\right)'}$

$\left[\; u=\dfrac{1+\sin x}{1-\sin x}\text{とおくと、}(u^{\frac{1}{2}})'=\dfrac{1}{2}u^{-\frac{1}{2}}\cdot u'\text{。}u'\text{には商の微分を用いる}\;\right]$

$=\dfrac{1}{2}\cdot\dfrac{(1-\sin x)^{\frac{1}{2}}}{(1+\sin x)^{\frac{1}{2}}}\cdot\dfrac{\overset{f'}{(1+\sin x)'}\overset{g}{(1-\sin x)}-\overset{f}{(1+\sin x)}\overset{g'}{(1-\sin x)'}}{(1-\sin x)^2}\quad(\sin x)'=\cos x$

$=\dfrac{1}{2}\cdot\dfrac{(1-\sin x)^{\frac{1}{2}}}{(1+\sin x)^{\frac{1}{2}}}\cdot\dfrac{\cos x(1-\sin x)-(1+\sin x)(-\cos x)}{(1-\sin x)^2}$

$=\dfrac{\cos x}{(1+\sin x)^{\frac{1}{2}}(1-\sin x)^{\frac{3}{2}}}$

(2) $\left(\dfrac{\overset{f}{\cos x}}{\underset{g}{\sqrt{a^2\sin^2 x+b^2\cos^2 x}}}\right)'$

$=\dfrac{\overset{f'}{(\cos x)'}\overset{g}{\sqrt{a^2\sin^2 x+b^2\cos^2 x}}-\overset{f}{\cos x}\overset{g'}{(\sqrt{a^2\sin^2 x+b^2\cos^2 x})'}}{(\sqrt{a^2\sin^2 x+b^2\cos^2 x})^2}$

$=\dfrac{(-\sin x)\sqrt{a^2\sin^2 x+b^2\cos^2 x}-\cos x\cdot\dfrac{\overset{u'}{2a^2\sin x\cdot\cos x+2b^2\cos x(-\sin x)}}{2\underset{\sqrt{u}}{\sqrt{a^2\sin^2 x+b^2\cos^2 x}}}}{a^2\sin^2 x+b^2\cos^2 x}$

$\left[\begin{array}{l}u=a^2\sin^2 x+b^2\cos^2 x\text{とおくと、}(\sqrt{a^2\sin^2 x+b^2\cos^2 x})'=(u^{\frac{1}{2}})'=\dfrac{1}{2}u^{-\frac{1}{2}}\cdot u'=\dfrac{u'}{2\sqrt{u}}\\\text{また、}(\sin^2 x)'=2\sin x(\sin x)'\text{、}(\cos^2 x)'=2\cos x(\cos x)'\end{array}\right]$

$=\dfrac{-\sin x(a^2\sin^2 x+b^2\cos^2 x)-\cos x(a^2-b^2)\sin x\cos x}{(a^2\sin^2 x+b^2\cos^2 x)(a^2\sin^2 x+b^2\cos^2 x)^{\frac{1}{2}}}$

$\left[\;\text{分子を、}(a^2\sin^2 x+b^2\cos^2 x)^{-\frac{1}{2}}\text{で括る。}\;\right]$

$=\dfrac{-\sin x(a^2\sin^2 x+a^2\cos^2 x)}{(a^2\sin^2 x+b^2\cos^2 x)^{\frac{3}{2}}}=-\dfrac{a^2\sin x}{(a^2\sin^2 x+b^2\cos^2 x)^{\frac{3}{2}}}$

演習 ▶双曲線関数の微分 （講義編 p.26、37 参照）

次の関数を微分せよ。

(1) $\cosh x$ 　　(2) $\sinh^{-1} x$ 　　(3) $\tanh x$

---

(1) $(\cosh x)' = \left(\dfrac{e^x + e^{-x}}{2}\right)' = \dfrac{(e^x)' + (e^{-x})'}{2} = \dfrac{e^x - e^{-x}}{2} = \sinh x$

↑定義　　　　　　　　　　　　　　　　　　　↑定義

$\left[\, u = -x \text{ とおくと、} (e^{-x})' = (e^u)' = e^u \cdot u' = e^{-x} \cdot (-x)' = e^{-x} \cdot (-1) = -e^{-x} \,\right]$

(2) $(\sinh^{-1} x)' = \{\log(x + \sqrt{x^2+1})\}' = \dfrac{1}{x + \sqrt{x^2+1}} \cdot (x + \sqrt{x^2+1})'$

$\left[\, \begin{array}{l} \sinh^{-1} x = \log(x + \sqrt{x^2+1}) \\ \text{であることは p.43 参照} \end{array} \right]$ 　　$\left[\, u = x + \sqrt{x^2+1} \text{ とおくと、} (\log u)' = \dfrac{1}{u} \cdot u' \,\right]$

$= \dfrac{1}{x + \sqrt{x^2+1}} \cdot \left\{ 1 + \dfrac{1}{2\sqrt{x^2+1}} \cdot (x^2+1)' \right\} = \dfrac{1}{x + \sqrt{x^2+1}} \cdot \dfrac{\sqrt{x^2+1} + x}{\sqrt{x^2+1}}$

$\left[\, w = x^2 + 1 \text{ とおくと、} (\sqrt{w})' = (w^{\frac{1}{2}})' = \dfrac{1}{2} w^{-\frac{1}{2}} \cdot w' = \dfrac{1}{2\sqrt{w}} \cdot w' \,\right]$

$= \dfrac{1}{\sqrt{x^2+1}}$

(3) $(\tanh x)' = \left(\dfrac{\sinh x}{\cosh x}\right)' = \left\{ \dfrac{\left(\dfrac{e^x - e^{-x}}{2}\right)}{\left(\dfrac{e^x + e^{-x}}{2}\right)} \right\}' = \left(\dfrac{e^x - e^{-x}}{e^x + e^{-x}}\right)'$

↑定義　　　　　　　　　　　　　　　　　　　　　　　　　商の微分 $\left(\dfrac{f}{g}\right)' = \dfrac{f'g - fg'}{g^2}$

$= \dfrac{(e^x - e^{-x})'(e^x + e^{-x}) - (e^x - e^{-x})(e^x + e^{-x})'}{(e^x + e^{-x})^2}$

　　　　　　　　　　　　　　　　　　　　　　　　　$(e^{-x})' = -e^{-x}$

$= \dfrac{(e^x + e^{-x})(e^x + e^{-x}) - (e^x - e^{-x})(e^x - e^{-x})}{(e^x + e^{-x})^2} = \dfrac{(e^x + e^{-x})^2 - (e^x - e^{-x})^2}{(e^x + e^{-x})^2}$

$= \dfrac{(e^{2x} + 2 \cdot e^x \cdot e^{-x} + e^{-2x}) - (e^{2x} - 2 \cdot e^x \cdot e^{-x} + e^{-2x})}{(e^x + e^{-x})^2}$

　　　　　　　　　　　　　　　　　　　　　　$\dfrac{e^x + e^{-x}}{2} = \cosh x$

$= \dfrac{4}{(e^x + e^{-x})^2} = \left(\dfrac{2}{e^x + e^{-x}}\right)^2 = \dfrac{1}{\cosh^2 x}$

ジャンプ 確認 ▶双曲線関数の微分

次の関数を微分せよ。

(1) $\sinh x$ (2) $\cosh^{-1} x$ (3) $\dfrac{1}{\tanh x}$

---

(1) $(\sinh x)' = \left(\dfrac{e^x - e^{-x}}{2}\right)' = \dfrac{(e^x)' - (e^{-x})'}{2} = \dfrac{e^x + e^{-x}}{2} = \cosh x$

[$u = -x$ とおくと、$(e^{-x})' = (e^u)' = e^u \cdot u' = e^{-x} \cdot (-1) = -e^{-x}$]

(2) $(\cosh^{-1} x)' = \{\log(x + \sqrt{x^2 - 1})\}' = \dfrac{1}{x + \sqrt{x^2 - 1}} \cdot (x + \sqrt{x^2 - 1})'$

[$\cosh^{-1} x = \log(x + \sqrt{x^2 - 1})$ であることは p.43 参照]

[$u = x + \sqrt{x^2 - 1}$ とおくと $(\log u)' = \dfrac{1}{u} \cdot u'$]

$= \dfrac{1}{x + \sqrt{x^2 - 1}} \cdot \left\{1 + \dfrac{1}{2\sqrt{x^2 - 1}} \cdot (x^2 - 1)'\right\} = \dfrac{1}{x + \sqrt{x^2 - 1}} \cdot \dfrac{\sqrt{x^2 - 1} + x}{\sqrt{x^2 - 1}}$

[$w = x^2 - 1$ とおくと、$(\sqrt{w})' = (w^{\frac{1}{2}})' = \dfrac{1}{2} w^{-\frac{1}{2}} \cdot w' = \dfrac{1}{2\sqrt{w}} \cdot w'$]

$= \dfrac{1}{\sqrt{x^2 - 1}}$

(3) $\left(\dfrac{1}{\tanh x}\right)' = \left(\dfrac{\cosh x}{\sinh x}\right)' = \left\{\dfrac{\left(\dfrac{e^x + e^{-x}}{2}\right)}{\left(\dfrac{e^x - e^{-x}}{2}\right)}\right\}' = \left(\dfrac{e^x + e^{-x}}{e^x - e^{-x}}\right)'$

商の微分 $\left(\dfrac{f}{g}\right)' = \dfrac{f'g - fg'}{g^2}$

$= \dfrac{(e^x + e^{-x})'(e^x - e^{-x}) - (e^x + e^{-x})(e^x - e^{-x})'}{(e^x - e^{-x})^2}$

$(e^{-x})' = -e^{-x}$

$= \dfrac{(e^x - e^{-x})(e^x - e^{-x}) - (e^x + e^{-x})(e^x + e^{-x})}{(e^x - e^{-x})^2} = \dfrac{(e^x - e^{-x})^2 - (e^x + e^{-x})^2}{(e^x - e^{-x})^2}$

$= \dfrac{(e^{2x} - 2 \cdot e^x \cdot e^{-x} + e^{-2x}) - (e^{2x} + 2 \cdot e^x \cdot e^{-x} + e^{-2x})}{(e^x - e^{-x})^2}$

$= \dfrac{-4}{(e^x - e^{-x})^2} = -\left(\dfrac{2}{e^x - e^{-x}}\right)^2 = -\dfrac{1}{\sinh^2 x}$

$\dfrac{e^x - e^{-x}}{2} = \sinh x$

ステップ 演習 ▶逆三角関数の微分 （講義編 p.41 参照）

次の関数を微分せよ。
(1) $x\sin^{-1} x + \sqrt{1-x^2}$
(2) $\tan^{-1}\left(\dfrac{a+\tan x}{1-a\tan x}\right)$

(1) $(\underbrace{x}_{f}\underbrace{\sin^{-1} x}_{g}+\sqrt{1-x^2})'$ 　　［$x\sin^{-1} x$ には積の微分の公式を用いる。］

$= \underbrace{(x)'}_{f'}\cdot\underbrace{\sin^{-1} x}_{g}+\underbrace{x}_{f}\underbrace{(\sin^{-1} x)'}_{g'}+\dfrac{1}{2}\cdot\dfrac{1}{\sqrt{1-x^2}}\cdot\underbrace{(1-x^2)'}_{u'}$

$\left[u=1-x^2 \text{とおくと、}(\sqrt{1-x^2})'=(u^{\frac{1}{2}})'=\dfrac{1}{2}u^{-\frac{1}{2}}\cdot u'=\dfrac{1}{2\sqrt{u}}\cdot u'\right]$ 　　$(\sin^{-1} x)'=\dfrac{1}{\sqrt{1-x^2}}$

$=1\cdot\sin^{-1} x + x\cdot\dfrac{1}{\sqrt{1-x^2}}+\dfrac{1}{2}\cdot\dfrac{1}{\sqrt{1-x^2}}\cdot(-2x)=\sin^{-1} x$

(2) $\left(\tan^{-1}\underbrace{\dfrac{a+\tan x}{1-a\tan x}}_{u}\right)' = \dfrac{1}{1+\left(\underbrace{\dfrac{a+\tan x}{1-a\tan x}}_{u}\right)^2}\cdot\underbrace{\left(\dfrac{a+\tan x}{1-a\tan x}\right)'}_{u'}$ ……①

$\left[u=\dfrac{a+\tan x}{1-a\tan x}\text{とおくと、}(\tan^{-1} u)'=\dfrac{1}{1+u^2}\cdot u'\text{。}u'\text{には商の微分の公式を用いる。}\right]$

ここで　　部を計算すると、

$\dfrac{(a+\tan x)'(1-a\tan x)-(a+\tan x)(1-a\tan x)'}{(1-a\tan x)^2}$ 　　$(\tan x)'=\dfrac{1}{\cos^2 x}$

$=\dfrac{\dfrac{1}{\cos^2 x}(1-a\tan x)-(a+\tan x)\left(-\dfrac{a}{\cos^2 x}\right)}{(1-a\tan x)^2}=\dfrac{\dfrac{1}{\cos^2 x}(1+a^2)}{(1-a\tan x)^2}$

よって、

①$=\dfrac{1}{1+\left(\dfrac{a+\tan x}{1-a\tan x}\right)^2}\cdot\dfrac{1+a^2}{\cos^2 x(1-a\tan x)^2}$

$=\dfrac{1+a^2}{\{(1-a\tan x)^2+(a+\tan x)^2\}\cos^2 x}$

種明かし
$a=\tan\alpha$ とおくと、
$\left(\tan^{-1}\left(\dfrac{\tan\alpha+\tan x}{1-\tan\alpha\tan x}\right)\right)'$
$=(\tan^{-1}(\tan(x+\alpha)))'$
$=(x+\alpha)'=1$

$=\dfrac{1+a^2}{(1+a^2+\tan^2 x+a^2\tan^2 x)\cos^2 x}$ 　　因数分解

$=\dfrac{1+a^2}{(1+a^2)(1+\tan^2 x)\cdot\cos^2 x}=\dfrac{1}{\dfrac{1}{\cos^2 x}\cdot\cos^2 x}=1$ 　(Wow!)

ジャンプ　　**確認**　▶ 逆三角関数の微分

次の関数を微分せよ。
(1) $x\cos^{-1}x - \sqrt{1-x^2}$
(2) $\tan^{-1}\left(\dfrac{a\sin x + b\cos x}{a\cos x - b\sin x}\right)$

(1) $(x\cos^{-1}x - \sqrt{1-x^2})'$ 　　［$x\cos^{-1}x$ には積の微分の公式を用いる。］

$= (x)' \cdot \cos^{-1}x + x(\cos^{-1}x)' - \dfrac{1}{2}\cdot\dfrac{1}{\sqrt{1-x^2}}\cdot(1-x^2)'$

$\left[\; u = 1-x^2 \text{ とおくと } (\sqrt{1-x^2})' = (u^{\frac{1}{2}})' = \dfrac{1}{2}u^{-\frac{1}{2}}\cdot u' = \dfrac{1}{2\sqrt{u}}\cdot u' \;\right]$

$(\cos^{-1}x)' = -\dfrac{1}{\sqrt{1-x^2}}$

$= 1\cdot\cos^{-1}x + x\cdot\left(-\dfrac{1}{\sqrt{1-x^2}}\right) - \dfrac{1}{2}\cdot\dfrac{1}{\sqrt{1-x^2}}(-2x) = \cos^{-1}x$

(2) $\left(\tan^{-1}\dfrac{a\sin x + b\cos x}{a\cos x - b\sin x}\right)' = (\tan^{-1}u)' = \dfrac{1}{1+u^2}\cdot u'$ ……①

$\left[\; u = \dfrac{a\sin x + b\cos x}{a\cos x - b\sin x} \text{ とおく} \;\right]$

ここで u' を計算すると、

$u' = \left(\dfrac{a\sin x + b\cos x}{a\cos x - b\sin x}\right)'$ 　　［u' には商の微分の公式を用いる。］

$= \dfrac{(a\sin x + b\cos x)'(a\cos x - b\sin x) - (a\sin x + b\cos x)(a\cos x - b\sin x)'}{(a\cos x - b\sin x)^2}$

$= \dfrac{(a\cos x - b\sin x)(a\cos x - b\sin x) - (a\sin x + b\cos x)(-a\sin x - b\cos x)}{(a\cos x - b\sin x)^2}$

$= \dfrac{a^2\cos^2 x + a^2\sin^2 x + b^2\cos^2 x + b^2\sin^2 x}{(a\cos x - b\sin x)^2} = \dfrac{a^2+b^2}{(a\cos x - b\sin x)^2}$

　　　　　　　　　　　　　　　　　　　　　　　　$\cos^2 x + \sin^2 x = 1$ を用いる

よって、

① $= \dfrac{1}{1+\left(\dfrac{a\sin x + b\cos x}{a\cos x - b\sin x}\right)^2}\cdot\dfrac{a^2+b^2}{(a\cos x - b\sin x)^2}$

$\cos^2 x + \sin^2 x = 1$ を用いる

$= \dfrac{a^2+b^2}{(a\cos x - b\sin x)^2 + (a\sin x + b\cos x)^2} = \dfrac{a^2+b^2}{a^2+b^2} = 1$ 　(Wow!)

ステップ 演習 ▶ 対数微分法 （講義編 p.44 参照）

次の関数を微分せよ。

(1) $\dfrac{(x-1)^2}{(x+1)^2(x+2)^3}$ (2) $(\cos x)^{\sin x}$

---

(1) $y=\dfrac{(x-1)^2}{(x+1)^2(x+2)^3}$ ……① とおいて対数をとると、

$\log|y|=\log\left|\dfrac{(x-1)^2}{(x+1)^2(x+2)^3}\right|=\log(x-1)^2-\log(x+1)^2-\log|(x+2)^3|$

$\qquad\qquad\quad\left[\log\dfrac{M}{NL}=\log M-\log N-\log L\right]$

$\qquad =2\log|x-1|-2\log|x+1|-3\log|x+2|$

$\qquad\qquad\qquad\qquad\qquad\qquad\qquad\qquad [\log M^r=r\log M]$

両辺を x で微分すると、

$\dfrac{1}{y}\cdot y'=\dfrac{2}{x-1}-\dfrac{2}{x+1}-\dfrac{3}{x+2}$

$\qquad =\dfrac{2(x+1)(x+2)-2(x-1)(x+2)-3(x-1)(x+1)}{(x-1)(x+1)(x+2)}$

$\qquad =\dfrac{-3x^2+4x+11}{(x-1)(x+1)(x+2)}$

両辺に①をかけると、

$y'=\dfrac{(x-1)(-3x^2+4x+11)}{(x+1)^3(x+2)^4}$

(2) $y=(\cos x)^{\sin x}$ ……① とおいて対数をとると、

$\log y=\log(\cos x^{\sin x})=(\sin x)\log\cos x$

$\qquad\qquad\qquad\qquad\qquad\qquad [\log M^r=r\log M]$

両辺を x で微分すると、

$\dfrac{1}{y}\cdot y'=(\sin x)'(\log\cos x)+\sin x(\log\cos x)'$

$\qquad =(\cos x)(\log\cos x)+\sin x\cdot(-\tan x)$

$\qquad\qquad\left[\begin{array}{l}u=\cos x \text{ とおくと、}\\(\log u)'=\dfrac{1}{u}\cdot u'\\\qquad =\dfrac{1}{\cos x}\cdot(-\sin x)\end{array}\right]$

両辺に①をかけると、

$y'=(\cos x)^{\sin x}\{(\cos x)(\log\cos x)-\sin x\tan x\}$

ジャンプ　確認 ▶対数微分法

次の関数を微分せよ。
(1) $\sqrt{\dfrac{x+1}{(x+2)(x+3)}}$ 　　(2) $x^{(x^x)}$

(1) $y=\sqrt{\dfrac{x+1}{(x+2)(x+3)}}$ ……① とおいて対数をとると、

$\log\sqrt{A}=\log A^{\frac{1}{2}}=\dfrac{1}{2}\log A$

$\log|y|=\log\sqrt{\dfrac{x+1}{(x+2)(x+3)}}=\dfrac{1}{2}\log\left|\dfrac{x+1}{(x+2)(x+3)}\right|$

$=\dfrac{1}{2}(\log|x+1|-\log|x+2|-\log|x+3|)$

$\log\dfrac{M}{NL}=\log M-\log N-\log L$

両辺を x で微分すると、

$\dfrac{1}{y}\cdot y'=\dfrac{1}{2}\left(\dfrac{1}{x+1}-\dfrac{1}{x+2}-\dfrac{1}{x+3}\right)$

$=\dfrac{1}{2}\left(\dfrac{(x+2)(x+3)-(x+1)(x+3)-(x+1)(x+2)}{(x+1)(x+2)(x+3)}\right)$

$=\dfrac{-x^2-2x+1}{2(x+1)(x+2)(x+3)}$

両辺に①をかけると、

$\sqrt{\dfrac{x+1}{(x+2)(x+3)}} \Big/ (x+1)(x+2)(x+3) = \sqrt{\dfrac{(x+1)}{(x+2)(x+3)\{(x+1)(x+2)(x+3)\}^2}}$

$y'=\dfrac{1}{2}\sqrt{\dfrac{1}{(x+1)(x+2)^3(x+3)^3}}\cdot(-x^2-2x+1)$

(2) $y=x^x$ ……① とおいて、これの微分から求める。対数をとり、

$\log y=\underset{f}{x}\underset{g}{\log x}$　これを x で微分して、

$\dfrac{1}{y}\cdot y'=\underset{f'}{(x)'}\underset{g}{\log x}+\underset{f}{x}\underset{g'}{(\log x)'}=\log x+x\cdot\dfrac{1}{x}=\log x+1$

両辺に①をかけて、$y'=x^x(\log x+1)$　……②

$z=x^{(x^x)}=x^y$ ……③ とおいて対数をとる。

$\log z=y\log x$　これを x で微分して、

$\dfrac{1}{z}\cdot z'=y'\log x+y(\log x)'=y'\log x+\dfrac{y}{x}$

両辺に③をかけて、

$z'=x^y\left(y'\log x+\dfrac{y}{x}\right)$

$\dfrac{y}{x}=\dfrac{x^x}{x^1}=x^{x-1}$

②より

$=x^{(x^x)}(x^x(\log x+1)\log x+x^{x-1})$

ステップ 演習 ▶ n 階導関数 （講義編 p.52 参照）

次の関数の n 階導関数を求めよ。
(1) $\dfrac{1}{(x+1)(x+2)}$ (2) $e^x \cos x$

---

(1) $\dfrac{1}{(x+1)(x+2)} = \dfrac{1}{x+1} - \dfrac{1}{x+2}$

$\left[\begin{array}{l} \left(\dfrac{1}{x+a}\right)^{(n)} = \dfrac{(-1)^n n!}{(x+a)^{n+1}} \text{ が使える形に式変形する。} \\ \dfrac{1}{(x+1)(x+2)} = \dfrac{a}{x+1} + \dfrac{b}{x+2} \text{を満たす} a\text{、} b \text{を求める。} \\ \text{両辺に} (x+1)(x+2) \text{をかけて、} 1 = a(x+2) + b(x+1) \\ x=-2 \text{のとき、} 1=-b \quad \therefore \quad b=-1 \\ x=-1 \text{のとき、} 1=a \end{array}\right]$

$\left(\dfrac{1}{(x+1)(x+2)}\right)^{(n)} = \left(\dfrac{1}{x+1}\right)^{(n)} - \left(\dfrac{1}{x+2}\right)^{(n)} = \dfrac{(-1)^n n!}{(x+1)^{n+1}} - \dfrac{(-1)^n n!}{(x+2)^{n+1}}$

(2) $(\underbrace{e^x}_{f} \underbrace{\cos x}_{g})' = \underbrace{(e^x)'}_{f'}\underbrace{\cos x}_{g} + \underbrace{e^x}_{f}\underbrace{(\cos x)'}_{g'} = e^x \cos x - e^x \sin x$

[積の微分の公式 $(fg)' = f'g + fg'$ を用いた]

$= e^x(\cos x - \sin x) = e^x \cdot \sqrt{2} \cos\left(x + \dfrac{\pi}{4}\right) = \sqrt{2}\, e^x \cos\left(x + \dfrac{\pi}{4}\right)$ ← 加法定理

$\left[\begin{array}{l} \text{三角関数の合成} \quad a\cos\theta + b\sin\theta = \sqrt{a^2+b^2}\cos(x-\alpha) \text{を用いた} \\ \cos x - \sin x = \sqrt{2}\left(\dfrac{1}{\sqrt{2}}\cos x - \dfrac{1}{\sqrt{2}}\sin x\right) = \sqrt{2}\left(\cos\dfrac{\pi}{4}\cos x - \sin\dfrac{\pi}{4}\sin x\right) \end{array}\right]$

$(e^x \cos x)^{(2)} = \left(\sqrt{2}\, e^x \cos\left(x + \dfrac{\pi}{4}\right)\right)'$ ビブン   ビブン

$= \sqrt{2}\left(e^x \cos\left(x + \dfrac{\pi}{4}\right) - e^x \sin\left(x + \dfrac{\pi}{4}\right)\right) = \sqrt{2}\, e^x \cdot \sqrt{2}\, \cos\left(x + \dfrac{\pi}{4} + \dfrac{\pi}{4}\right)$

$\left[\cos\left(x+\dfrac{\pi}{4}\right) - \sin\left(x+\dfrac{\pi}{4}\right) = \sqrt{2}\cos\left(x+\dfrac{\pi}{4}+\dfrac{\pi}{4}\right) \text{（三角関数の合成）}\right]$

$= (\sqrt{2})^2 e^x \cos\left(x + 2\cdot\dfrac{\pi}{4}\right)$ ----- 2階導関数

$(e^x \cos x)^{(3)} = \left((\sqrt{2})^2 e^x \cos\left(x + 2\cdot\dfrac{\pi}{4}\right)\right)' = (\sqrt{2})^3 e^x \cos\left(x + 3\cdot\dfrac{\pi}{4}\right)$

……

$(e^x \cos x)^{(n)} = (\sqrt{2})^n e^x \cos\left(x + \dfrac{n\pi}{4}\right)$

ジャンプ　確認 ▶ n 階導関数

次の n 階導関数を求めよ。

(1) $\dfrac{x+1}{(x-1)^2}$ (2) $e^{\sqrt{3}x}\sin x$

---

(1) $\dfrac{x+1}{(x-1)^2}=\dfrac{(x-1)+2}{(x-1)^2}=\dfrac{\overset{a}{1}}{x-1}+\dfrac{\overset{b}{2}}{(x-1)^2}$

$\left[\left(\dfrac{1}{x+a}\right)^{(n)}=\dfrac{(-1)^n n!}{(x+a)^{n+1}}\text{が使える形に変形する。この式変形は、}\right.$
$\left.\dfrac{x+1}{(x-1)^2}=\dfrac{a}{x-1}+\dfrac{b}{(x-1)^2}\text{を満たす }a,\ b\text{ を求めている。} a=1\text{、}b=2\right]$

$\left(\dfrac{x+1}{(x-1)^2}\right)^{(n)}=\left(\dfrac{1}{x-1}\right)^{(n)}+\left(\dfrac{2}{(x-1)^2}\right)^{(n)}$

$\qquad\qquad =\dfrac{(-1)^n n!}{(x-1)^{n+1}}-2\cdot\dfrac{(-1)^{n+1}(n+1)!}{(x-1)^{n+2}}$

$\left[\left(\dfrac{1}{x-1}\right)'=-\dfrac{1}{(x-1)^2}\text{なので、}\left(\dfrac{2}{(x-1)^2}\right)^{(n)}=\left((-2)\cdot\left(\dfrac{1}{x-1}\right)'\right)^{(n)}=(-2)\left(\dfrac{1}{x-1}\right)^{(n+1)}\right]$

(2) $(e^{\sqrt{3}x}\sin x)'=\underset{f'}{(e^{\sqrt{3}x})'}\underset{g}{\sin x}+\underset{f}{e^{\sqrt{3}x}}\underset{g'}{(\sin x)'}=\sqrt{3}\,e^{\sqrt{3}x}\sin x+e^{\sqrt{3}x}\cos x$

[積の微分の公式 $(fg)'=f'g+fg'$ を用いた]

$=e^{\sqrt{3}x}(\sqrt{3}\,\sin x+\cos x)=e^{\sqrt{3}x}\cdot 2\sin\!\left(x+\dfrac{\pi}{6}\right)=2e^{\sqrt{3}x}\sin\!\left(x+\dfrac{\pi}{6}\right)$ 　加法定理

$\left[\text{三角関数の合成}\quad a\sin x+b\cos x=\sqrt{a^2+b^2}\sin(x+\alpha)\text{を用いた}\right.$
$\qquad\sqrt{(\sqrt{3})^2+1^2}=2$
$\left.\sqrt{3}\sin x+\cos x=2\!\left(\dfrac{\sqrt{3}}{2}\sin x+\dfrac{1}{2}\cos x\right)=2\!\left(\cos\dfrac{\pi}{6}\sin x+\sin\dfrac{\pi}{6}\cos x\right)\right]$

$(e^{\sqrt{3}x}\sin x)^{(2)}=\left(2e^{\sqrt{3}x}\sin\!\left(x+\dfrac{\pi}{6}\right)\right)'$
　　　　　　　　　ビブン　　　　　　　ビブン

$=2\!\left(\sqrt{3}\,e^{\sqrt{3}x}\sin\!\left(x+\dfrac{\pi}{6}\right)+e^{\sqrt{3}x}\cos\!\left(x+\dfrac{\pi}{6}\right)\right)=2\cdot 2e^{\sqrt{3}x}\sin\!\left(x+\dfrac{\pi}{6}+\dfrac{\pi}{6}\right)$

$\left[\sqrt{3}\,\sin\!\left(x+\dfrac{\pi}{6}\right)+\cos\!\left(x+\dfrac{\pi}{6}\right)=2\sin\!\left(x+\dfrac{\pi}{6}+\dfrac{\pi}{6}\right)\ (\text{三角関数の合成})\right]$

$=2^2\cdot e^{\sqrt{3}x}\sin\!\left(x+2\cdot\dfrac{\pi}{6}\right)$ 　2階導関数

$(e^{\sqrt{3}}\sin x)^{(3)}=\left(2^2\cdot e^{\sqrt{3}x}\sin\!\left(x+2\cdot\dfrac{\pi}{6}\right)\right)'=2^3\cdot e^{\sqrt{3}x}\sin\!\left(x+3\cdot\dfrac{\pi}{6}\right)$

……

$(e^{\sqrt{3}x}\sin x)^{(n)}=2^n e^{\sqrt{3}x}\sin\!\left(x+\dfrac{n\pi}{6}\right)$

ステップ 演習 ▶ 陰関数の微分　(講義編 p.56 参照)

$x^2+xy-2y^2=1$ で定まる関数 $y=y(x)$ について、y'、y'' を x、y を用いて表せ。

$x^2+xy-2y^2=1$ を x で微分すると、 　　積の微分 $(fg)'=f'g+fg'$

$\quad 2x+y+xy'-4yy'=0$ ……① $\quad\therefore\ 2x+y+(x-4y)y'=0$

$\left[\begin{array}{l}(xy(x))'=(x)'y(x)+x(y(x))'=y(x)+xy'(x) \text{ より、}(xy)'=y+xy'\\ (2\{y(x)\}^2)'=2\cdot 2y(x)(y(x))'=4y(x)y'(x) \text{ より、}(2y^2)'=4yy'\end{array}\right]$

$\therefore\quad y'=\dfrac{-2x-y}{x-4y}$ ……②

①の式をもう一度、x で微分して、

$\quad 2+y'+y'+xy''-4y'y'-4yy''=0$

$\left[\begin{array}{l}(xy')'=(x)'y'+x(y')'=y'+xy''\\ (yy')'=(y)'y'+y(y')'=y'y'+yy''\end{array}\right]$

$\therefore\quad 2+2y'-4y'^2+(x-4y)y''=0$

$\therefore\quad y''=\dfrac{2(2y'^2-y'-1)}{x-4y}$

y' を②を用いて書きかえると、

$y''=\dfrac{2\left\{2\left(\dfrac{-2x-y}{x-4y}\right)^2-\left(\dfrac{-2x-y}{x-4y}\right)-1\right\}}{x-4y}$

$\quad =\dfrac{2\{2(-2x-y)^2-(-2x-y)(x-4y)-(x-4y)^2\}}{(x-4y)^3}$

$\quad =\dfrac{2(9x^2+9xy-18y^2)}{(x-4y)^3}$ 　$x^2+xy-2y^2=1$ を用いて

$\quad =\dfrac{18}{(x-4y)^3}$

ジャンプ 確認 ▶陰関数の微分

$x^3 - 3xy + y^3 = 0$ で定まる関数 $y = y(x)$ について、y'、y'' を x、y を用いて表せ。

$x^3 - 3xy + y^3 = 0$ を x で微分すると、　　積の微分 $(fg)' = f'g + fg'$

$$3x^2 - 3y - 3xy' + 3y^2 y' = 0 \quad \therefore \quad x^2 - y - xy' + y^2 y' = 0 \quad \cdots\cdots ①$$

$\left[\begin{array}{l}(xy(x))' = (x)'y(x) + x(y(x))' = y(x) + xy'(x) \text{ より、} (xy)' = y + xy' \\ (\{y(x)\}^3)' = 3\{y(x)\}^2 y'(x) \text{ より、} (y^3)' = 3y^2 y' \end{array}\right]$

$$\therefore \quad y' = \frac{x^2 - y}{x - y^2} \quad \cdots\cdots ②$$

①をもう一度、x で微分して、

$$2x - y' - y' - xy'' + 2yy' \cdot y' + y^2 y'' = 0$$

$\left[\begin{array}{l}(xy')' = (x)'y' + x(y')' = y' + xy'' \\ (y^2 y')' = (y^2)'y' + y^2(y')' = 2yy' \cdot y' + y^2 y'' \end{array}\right]$

$$\therefore \quad 2x - 2y' + 2yy'^2 - (x - y^2)y'' = 0$$

$$\therefore \quad y'' = \frac{2(yy'^2 - y' + x)}{x - y^2}$$

y' を②を用いて書きかえると、

$$y'' = \frac{2\left\{y\left(\dfrac{x^2 - y}{x - y^2}\right)^2 - \left(\dfrac{x^2 - y}{x - y^2}\right) + x\right\}}{x - y^2}$$

$$= \frac{2\{y(x^2 - y)^2 - (x^2 - y)(x - y^2) + x(x - y^2)^2\}}{(x - y^2)^3}$$

$$= \frac{2(x^4 y - 3x^2 y^2 + xy^4 + xy)}{(x - y^2)^3}$$

$$= \frac{2xy(x^3 - 3xy + y^3 + 1)}{(x - y^2)^3}$$

$$= \frac{2xy}{(x - y^2)^3}$$

← $x^3 - 3xy + y^3 = 0$ を用いて

演習 ▶ライプニッツの微分公式　（講義編 p.53 参照）

(1) $e^{-2x}\sin 3x$ の 3 階導関数を求めよ。
(2) $x^2 a^x$ の n 階導関数を求めよ。

(1) $(e^{-2x})' = -2e^{-2x}$, $(e^{-2x})^{(2)} = (-2e^{-2x})' = 4e^{-2x}$,　 ← 1階微分
$(e^{-2x})^{(3)} = (4e^{-2x})' = -8e^{-2x}$　 ← 2階微分
$(\sin 3x)' = 3\cos 3x$, $(\sin 3x)^{(2)} = (3\cos 3x)' = -9\sin 3x$
$(\sin 3x)^{(3)} = (-9\sin 3x)' = -27\cos 3x$

$\overset{f}{(e^{-2x}}\overset{g}{\sin 3x})^{(3)} = \overset{f^{(3)}}{(e^{-2x})^{(3)}}\overset{g}{\sin 3x} + 3\overset{f^{(2)}}{(e^{-2x})^{(2)}}\overset{g'}{(\sin 3x)'}$
$\qquad\qquad\qquad + 3\overset{f'}{(e^{-2x})'}\overset{g^{(2)}}{(\sin 3x)^{(2)}} + \overset{f}{e^{-2x}}\overset{g^{(3)}}{(\sin 3x)^{(3)}}$

$[\, (fg)^{(3)} = f^{(3)}g + 3f^{(2)}g' + 3f'g^{(2)} + fg^{(3)}\ \text{を用いた}\,]$

$= (-8e^{-2x})\sin 3x + 3\cdot 4e^{-2x}\cdot 3\cos 3x$
$\qquad + 3\cdot(-2e^{-2x})(-9\sin 3x) + e^{-2x}(-27\cos 3x)$
$= e^{-2x}(9\cos 3x + 46\sin 3x)$

(2) $(x^2)' = 2x$、$(x^2)^{(2)} = (2x)' = 2$、$(x^2)^{(3)} = (2)' = 0$、x^2 の 3 階以上の導関数は 0。
$(a^x)' = (\log a)a^x$, $(a^x)^{(2)} = ((\log a)a^x)' = (\log a)^2 a^x$,
$\cdots$, $(a^x)^{(n)} = (\log a)^n a^x$

よって、

$\overset{f}{(x^2}\overset{g}{a^x})^{(n)} = \overset{f}{x^2}\overset{g^{(n)}}{(a^x)^{(n)}} + {}_n C_1 \overset{f^{(1)}}{(x^2)'}\overset{g^{(n-1)}}{(a^x)^{(n-1)}} + {}_n C_2 \overset{f^{(2)}}{(x^2)^{(2)}}\overset{g^{(n-2)}}{(a^x)^{(n-2)}}$
$\qquad\qquad\qquad + {}_n C_3 \underbrace{(x^2)^{(3)}}_{0}(a^x)^{(n-3)} + {}_n C_4 \underbrace{(x^2)^{(4)}}_{0}(a^x)^{(n-4)} + \cdots\cdots$

g の微分から先に書いている　　　$(x^2)^{(i)} = 0\,(i\geq 3)$ より

$= x^2(\log a)^n a^x + 2nx(\log a)^{n-1} a^x + n(n-1)(\log a)^{n-2} a^x$

$\left[\, {}_n C_2 (x^2)^{(2)} = \dfrac{n(n-1)}{2}\cdot 2 = n(n-1)\,\right]$

ジャンプ 　**確認** ▶ライプニッツの微分公式

(1) $e^{2x}\cos 3x$ の3階導関数を求めよ。
(2) $x^2\sin ax$ の n 階導関数を求めよ。

(1) $(e^{2x})'=2e^{2x},\ (e^{2x})^{(2)}=\underset{\text{1階微分}}{(2e^{2x})'}=4e^{2x},\ (e^{2x})^{(3)}=\underset{\text{2階微分}}{(4e^{2x})'}=8e^{2x}$

$(\cos 3x)'=-3\sin 3x,\ (\cos 3x)^{(2)}=(-3\sin 3x)'=-9\cos 3x$

$(\cos 3x)^{(3)}=(-9\cos 3x)'=27\sin 3x$

$(\underset{f}{e^{2x}}\underset{g}{\cos 3x})^{(3)}=\underset{f^{(3)}}{(e^{2x})^{(3)}}\underset{g}{\cos 3x}+3\underset{f^{(2)}}{(e^{2x})^{(2)}}\underset{g'}{(\cos 3x)'}$

$\qquad\qquad\qquad\qquad\quad +3\underset{f'}{(e^{2x})'}\underset{g^{(2)}}{(\cos 3x)^{(2)}}+\underset{f}{e^{2x}}\underset{g^{(3)}}{(\cos 3x)^{(3)}}$

$\left[\ (fg)^{(3)}=f^{(3)}g+3f^{(2)}g'+3f'g^{(2)}+fg^{(3)}\ \text{を用いた}\ \right]$

$=8e^{2x}\cdot\cos 3x+3\cdot 4e^{2x}(-3\sin 3x)$
$\qquad +3\cdot 2e^{2x}(-9\cos 3x)+e^{2x}\cdot 27\sin 3x$

$=e^{2x}(-46\cos 3x-9\sin 3x)$

(2) $(x^2)'=2x,\ (x^2)^{(2)}=(2x)'=2,\ (x^2)^{(3)}=(2)'=0,\ x^2$ の3階以上の導関数は0。

一方、公式より、$(f(ax))^{(n)}=a^n f^{(n)}(ax),\ (\sin x)^{(n)}=\sin\left(x+\dfrac{n\pi}{2}\right)$ であり、

$(\sin ax)^{(n)}=a^n\sin\left(ax+\dfrac{n\pi}{2}\right)$

$\underset{(f(ax))^{(n)}}{\ }$ よって、　$f^{(n)}(ax):(\sin x)^{(n)}=\sin\left(x+\dfrac{n\pi}{2}\right)$ の x を ax にした。

$(\underset{f}{x^2}\underset{g}{\sin ax})^{(n)}$

$=\underset{f}{x^2}\underset{g^{(n)}}{(\sin ax)^{(n)}}+{}_nC_1\underset{f^{(1)}}{(x^2)'}\underset{g^{(n-1)}}{(\sin ax)^{(n-1)}}+{}_nC_2\underset{f^{(2)}}{(x^2)^{(2)}}\underset{g^{(n-2)}}{(\sin ax)^{(n-2)}}$

g の微分から先に書いている　$+{}_nC_3\underset{\parallel\ 0}{(x^2)^{(3)}}(\sin ax)^{(n-3)}+{}_nC_4\underset{\parallel\ 0}{(x^2)^{(4)}}(\sin ax)^{(n-4)}+\cdots$

$\qquad\qquad\qquad\qquad\qquad\qquad (x^2)^{(i)}=0\ (i\geqq 3)\text{ より }0\quad \parallel\ 0$

$=x^2\cdot a^n\sin\left(ax+\dfrac{n\pi}{2}\right)+2nx\cdot a^{n-1}\sin\left(ax+\dfrac{(n-1)\pi}{2}\right)$
$\qquad +n(n-1)a^{n-2}\sin\left(ax+\dfrac{(n-2)\pi}{2}\right)$

$\left[\ {}_nC_2(x^2)^{(2)}=\dfrac{n(n-1)}{2}\cdot 2=n(n-1)\ \right]$

ステップ　演習 ▶ ライプニッツの微分公式の応用　（講義編 p.53 参照）

$y = \sinh^{-1} x$ のとき、次の(1)～(3)を証明せよ。
(1) $(1+x^2)y'' = -xy'$
(2) $(1+x^2)y^{(n+2)} + (2n+1)xy^{(n+1)} + n^2 y^{(n)} = 0$
(3) $y^{(2m)}(0) = 0$、$y^{(2m+1)}(0) = (-1)^m (2m-1)^2 \cdots 5^2 \cdot 3^2 \cdot 1^2$

(1) $y = \sinh^{-1} x$、$y' = \dfrac{1}{\sqrt{1+x^2}}$、$y'' = \left(-\dfrac{1}{2}\right) \cdot \dfrac{1}{(1+x^2)^{\frac{3}{2}}} \cdot (1+x^2)' = \dfrac{-x}{(1+x^2)^{\frac{3}{2}}}$

$\left[(\sinh^{-1} x)' \text{は p.43 参照。} u = 1+x^2 \text{ とおくと、} \left(\dfrac{1}{\sqrt{u}}\right)' = (u^{-\frac{1}{2}})' = -\dfrac{1}{2} u^{-\frac{3}{2}} \cdot u' = \dfrac{-1}{2u^{\frac{3}{2}}} \cdot u' \right]$

よって、$(1+x^2)y'' = -xy' \left(= -\dfrac{x}{\sqrt{1+x^2}}\right)$

(2) (1)の式にライプニッツの微分公式を適用して、n 階微分する。

$\underbrace{(1+x^2)}_{f} \underbrace{y^{(n+2)}}_{g^{(n)}} + {}_n C_1 \underbrace{(1+x^2)'}_{f^{(1)}} \underbrace{y^{(n+1)}}_{g^{(n-1)}}$

$\qquad + {}_n C_2 \underbrace{(1+x^2)^{(2)}}_{f^{(2)}} \underbrace{y^{(n)}}_{g^{(n-2)}} + {}_n C_3 \underbrace{(1+x^2)^{(3)}}_{f^{(3)}} \underbrace{y^{(n-1)}}_{g^{(n-3)}} + \cdots\cdots$

$\qquad \begin{cases} f^{(k)}(x) = 0 \ (k \geq 3) \\ h^{(k)}(x) = 0 \ (k \geq 2) \end{cases}$

$= \underbrace{-x}_{h} \underbrace{y^{(n+1)}}_{j^{(n)}} + {}_n C_1 \underbrace{(-x)'}_{h^{(1)}} \underbrace{y^{(n)}}_{j^{(n-1)}} + {}_n C_2 \underbrace{(-x)^{(2)}}_{h^{(2)}} \underbrace{y^{(n-1)}}_{j^{(n-2)}}$

$\left[\begin{array}{l} \text{左辺は } f(x) = 1+x^2, g(x) = y'' \text{ として } (f(x)g(x))^{(n)} \text{ にライプニッツの微分公式を適用する。} \\ \text{右辺は、} h(x) = -x, j(x) = y' \text{ として、} (h(x)j(x))^{(n)} \text{ にライプニッツの微分公式を用いる。} \\ f(x) \text{ は 3 階微分以上で、} h(x) \text{ は 2 階微分以上で、0 になる。} \end{array} \right]$

∴ $(1+x^2)y^{(n+2)} + n \cdot (2x) y^{(n+1)} + \dfrac{n(n-1)}{2} \cdot 2 \cdot y^{(n)} = -xy^{(n+1)} + n(-1) \cdot y^{(n)}$

∴ $(1+x^2)y^{(n+2)} + (2n+1)xy^{(n+1)} + n^2 y^{(n)} = 0$

(3) (2)の式で、$x = 0$ とすると、$y^{(n+2)}(0) + n^2 y^{(n)}(0) = 0$　∴ $y^{(n+2)}(0) = -n^2 y^{(n)}(0)$

$y(0) = 0$、$y'(0) = \dfrac{1}{\sqrt{1+0^2}} = 1$、$y''(0) = \dfrac{-0}{(1+0^2)^{\frac{3}{2}}} = 0$

$y^{(2m+1)}(0) = \{-(2m-1)^2\} y^{(2m-1)}(0) = \{-(2m-1)^2\}\{-(2m-3)^2\} y^{(2m-3)}(0)$
$\qquad = \{-(2m-1)^2\} \cdots (-1^2) \cdot y'(0) = (-1)^m (2m-1)^2 \cdots 5^2 \cdot 3^2 \cdot 1^2$

$y^{(2m)}(0) = \{-(2m-2)^2\} y^{(2m-2)}(0) = \{-(2m-2)^2\}\{-(2m-4)^2\} y^{(2m-4)}(0)$
$\qquad = \{-(2m-2)^2\} \cdots (-2^2) \cdot y''(0) = 0$

ジャンプ 確認 ▶ライプニッツの微分公式の応用

$y = \cos^{-1} x$ のとき、次の(1)〜(3)を証明せよ。
(1) $(1-x^2)y'' = xy'$
(2) $(1-x^2)y^{(n+2)} - (2n+1)xy^{(n+1)} - n^2 y^{(n)} = 0$
(3) $y^{(2m)}(0) = 0$, $y^{(2m+1)}(0) = -1^2 \cdot 3^2 \cdot 5^2 \cdots (2m-1)^2$ (m は自然数)

(1) $y = \cos^{-1} x$、$y' = -\dfrac{1}{\sqrt{1-x^2}}$、$y'' = \dfrac{1}{2} \cdot \dfrac{1}{(1-x^2)^{\frac{3}{2}}} \cdot (1-x^2)' = \dfrac{-x}{(1-x^2)^{\frac{3}{2}}}$

$\left[u = 1-x^2 \text{ とおくと、} \left(-\dfrac{1}{\sqrt{u}}\right)' = (-u^{-\frac{1}{2}})' = -\left(-\dfrac{1}{2}\right) u^{-\frac{3}{2}} \cdot u' = \dfrac{1}{2u^{\frac{3}{2}}} \cdot u' \right]$

よって、$(1-x^2) y'' = xy' \left(= -\dfrac{x}{\sqrt{1-x^2}} \right)$

(2) (1)の式にライプニッツの微分公式を適用して、n 回微分すると、

$(1-x^2) y^{(n+2)} + {}_n C_1 (1-x^2)' y^{(n+1)}$
$\qquad + {}_n C_2 (1-x^2)^{(2)} y^{(n)} + {}_n C_3 (1-x^2)^{(3)} y^{(n-1)} + \cdots$
$= x \, y^{(n+1)} + {}_n C_1 (x)' y^{(n)} + {}_n C_2 (x)^{(2)} y^{(n-1)} + \cdots \quad \begin{cases} f^{(k)}(x) = 0 & (k \geq 3) \\ h^{(k)}(x) = 0 & (k \geq 2) \end{cases}$

$\left[\text{左辺は、} f(x) = 1-x^2, g(x) = y'' \text{ として、} (f(x)g(x))^{(n)} \text{ にライプニッツの微分公式を適用} \right.$
$\text{する。右辺は } h(x) = x, j(x) = y' \text{ として、} (h(x)j(x))^{(n)} \text{ にライプニッツの微分公式を用い}$
$\left. \text{る。} f(x) \text{ は3階微分以上は0、} h(x) \text{ は2階微分以上は0。} \right]$

$(1-x^2) y^{(n+2)} + {}_n C_1 (-2x) y^{(n+1)} + {}_n C_2 \cdot (-2) y^{(n)} = x y^{(n+1)} + {}_n C_1 y^{(n)}$

∴ $(1-x^2) y^{(n+2)} - (2n+1) xy^{(n+1)} - n^2 y^{(n)} = 0$

$\left[xy^{(n+1)} \text{の係数：} n(-2) - 1 = -(2n+1) \right.$
$\left. y^{(n)} \text{の係数：} {}_n C_2 \cdot (-2) - {}_n C_1 = \dfrac{n(n-1)}{2} \cdot (-2) - n = -n(n-1) - n = -n^2 \right]$

(3) (2)の式で、$x = 0$ とすると、$y^{(n+2)}(0) - n^2 y^{(n)}(0) = 0$ ∴ $y^{(n+2)}(0) = n^2 y^{(n)}(0)$

$y(0) = \cos^{-1} 0 = \dfrac{\pi}{2}$、$y'(0) = -\dfrac{1}{\sqrt{1-0^2}} = -1$、$y''(0) = \dfrac{-0}{(1-0^2)^{\frac{3}{2}}} = 0$

$y^{(2m+1)}(0) = (2m-1)^2 y^{(2m-1)}(0) = (2m-1)^2 (2m-3)^2 y^{(2m-3)}(0)$
$\qquad = (2m-1)^2 \cdots 1^2 \cdot y'(0) = -(2m-1)^2 (2m-3)^2 \cdots 3^2 \cdot 1^2$

$y^{(2m)}(0) = (2m-2)^2 y^{(2m-2)}(0) = (2m-2)^2 (2m-4)^2 y^{(2m-4)}(0)$
$\qquad = (2m-2)^2 \cdots 2^2 \cdot y''(0) = 0$

ステップ 演習 ▶媒介変数表示の微分 （講義編 p.58 参照）

x、y が次で表されるとき、$\dfrac{dy}{dx}$、$\dfrac{d^2y}{dx^2}$ を求めよ。

(1) $\begin{cases} x=a(\theta-\sin\theta) \\ y=a(1-\cos\theta) \end{cases}$ $(a\neq 0)$ 　(2) $\begin{cases} x=\dfrac{3at}{1+t^3} \\ y=\dfrac{3at^2}{1+t^3} \end{cases}$ $(a\neq 0)$

(1) $x=a(\theta-\sin\theta)$、$y=a(1-\cos\theta)$ を θ で微分すると、

$$\frac{dx}{d\theta}=a(1-\cos\theta)、\quad \frac{dy}{d\theta}=a\sin\theta$$

$$\frac{dy}{dx}=\frac{dy}{d\theta}\bigg/\frac{dx}{d\theta}=\frac{a\sin\theta}{a(1-\cos\theta)}=\frac{\sin\theta}{1-\cos\theta}$$

　　　　　　　　　　　　　　　　　　　　$\dfrac{\sin\theta}{1-\cos\theta}$ を θ で微分、商の微分を用いる

$$\frac{d^2y}{dx^2}=\frac{d}{dx}\left(\frac{dy}{dx}\right)=\frac{d}{d\theta}\left(\frac{dy}{dx}\right)\bigg/\frac{dx}{d\theta}=\frac{d}{d\theta}\left(\frac{\sin\theta}{1-\cos\theta}\right)\frac{d\theta}{dx}$$

$$=\frac{\overbrace{\cos\theta}^{(\sin\theta)'}(1-\cos\theta)-\sin\theta\cdot\overbrace{\sin\theta}^{(1-\cos\theta)'}}{(1-\cos\theta)^2}\cdot\frac{1}{a(1-\cos\theta)}$$

$$=\frac{\cos\theta-1}{(1-\cos\theta)^2}\cdot\frac{1}{a(1-\cos\theta)}=\frac{-1}{a(1-\cos\theta)^2}$$

(2) $x=\dfrac{3at}{1+t^3}$、$y=\dfrac{3at^2}{1+t^3}$ を t で微分すると、

$$\frac{dx}{dt}=\frac{3a\{\overbrace{1}^{t'}\cdot(1+t^3)-t\cdot\overbrace{3t^2}^{(1+t^3)'}\}}{(1+t^3)^2}=\frac{3a(1-2t^3)}{(1+t^3)^2}$$

$$\frac{dy}{dt}=\frac{3a\{\overbrace{2t}^{(t^2)'}(1+t^3)-t^2\cdot\overbrace{3t^2}^{(1+t^3)'}\}}{(1+t^3)^2}=\frac{3a(2t-t^4)}{(1+t^3)^2}$$

$$\frac{dy}{dx}=\frac{dy}{dt}\bigg/\frac{dx}{dt}=\frac{2t-t^4}{1-2t^3}$$

　　　　　　　　　　　　　　　　　　　$\dfrac{2t-t^4}{1-2t^3}$ を t で微分、商の微分を用いる

$$\frac{d^2y}{dx^2}=\frac{d}{dx}\left(\frac{dy}{dx}\right)=\frac{d}{dt}\left(\frac{dy}{dx}\right)\bigg/\frac{dx}{dt}=\frac{d}{dt}\left(\frac{2t-t^4}{1-2t^3}\right)\frac{dt}{dx}$$

$$=\frac{\overbrace{(2-4t^3)}^{(2t-t^4)'}(1-2t^3)-(2t-t^4)\overbrace{(-6t^2)}^{(1-2t^3)'}}{(1-2t^3)^2}\cdot\frac{(1+t^3)^2}{3a(1-2t^3)}$$

$$=\frac{2(1+t^3)^2}{(1-2t^3)^2}\cdot\frac{(1+t^3)^2}{3a(1-2t^3)}=\frac{2(1+t^3)^4}{3a(1-2t^3)^3}$$

ジャンプ 確認 ▶媒介変数表示の微分

x、y が次で表されるとき、$\dfrac{dy}{dx}$、$\dfrac{d^2y}{dx^2}$ を求めよ。

(1) $\begin{cases} x = a\cos^3\theta \\ y = a\sin^3\theta \end{cases}$ $(a \neq 0)$

(2) $\begin{cases} x = \dfrac{at^2}{1+t^2} \\ y = \dfrac{at^3}{1+t^2} \end{cases}$ $(a \neq 0)$

---

(1) $x = a\cos^3\theta$、$y = a\sin^3\theta$ を θ で微分すると、

$u = \cos\theta$ とおくと、$x' = (au^3)' = 3au^2 \cdot u'$　　$v = \sin\theta$ とおくと、$y' = (av^3)' = 3av^2 \cdot v'$

$\dfrac{dx}{d\theta} = 3a\underbrace{\cos^2\theta}_{3au^2}\underbrace{(-\sin\theta)}_{u'}$、$\dfrac{dy}{d\theta} = 3a\underbrace{\sin^2\theta}_{3av^2}\underbrace{\cos\theta}_{v'}$

$\dfrac{dy}{dx} = \dfrac{dy}{d\theta} \Big/ \dfrac{dx}{d\theta} = \dfrac{3a\sin^2\theta\cos\theta}{-3a\cos^2\theta\sin\theta} = -\tan\theta$

$-\tan\theta$ を θ で微分、$(\tan\theta)' = \dfrac{1}{\cos^2\theta}$（公式）

$\dfrac{d^2y}{dx^2} = \dfrac{d}{dx}\left(\dfrac{dy}{dx}\right) = \dfrac{d}{d\theta}\left(\dfrac{dy}{dx}\right) \Big/ \dfrac{dx}{d\theta} = \dfrac{d}{d\theta}(-\tan\theta)\dfrac{d\theta}{dx}$

$= \dfrac{-1}{\cos^2\theta} \cdot \dfrac{1}{-3a\cos^2\theta\sin\theta} = \dfrac{1}{3a\cos^4\theta\sin\theta}$

(2) $x = \dfrac{at^2}{1+t^2}$、$y = \dfrac{at^3}{1+t^2}$ を t で微分すると、

$\dfrac{dx}{dt} = \dfrac{a\{2t(1+t^2) - t^2 \cdot 2t\}}{(1+t^2)^2} = \dfrac{2at}{(1+t^2)^2}$

$\dfrac{dy}{dt} = \dfrac{a\{3t^2(1+t^2) - t^3 \cdot 2t\}}{(1+t^2)^2} = \dfrac{a(3t^2+t^4)}{(1+t^2)^2}$

$\dfrac{dy}{dx} = \dfrac{dy}{dt} \Big/ \dfrac{dx}{dt} = \dfrac{a(3t^2+t^4)}{2at} = \dfrac{3}{2}t + \dfrac{1}{2}t^3$

$\dfrac{3}{2}t + \dfrac{1}{2}t^3$ を t で微分

$\dfrac{d^2y}{dx^2} = \dfrac{d}{dx}\left(\dfrac{dy}{dx}\right) = \dfrac{d}{dt}\left(\dfrac{dy}{dx}\right) \Big/ \dfrac{dx}{dt} = \dfrac{d}{dt}\left(\dfrac{3}{2}t + \dfrac{1}{2}t^3\right)\dfrac{dt}{dx}$

$= \dfrac{3}{2}(1+t^2) \cdot \dfrac{(1+t^2)^2}{2at} = \dfrac{3(1+t^2)^3}{4at}$

ステップ 演習 ▶ グラフを描く （講義編 p.64 参照）

関数 $y=\dfrac{x^2}{x^2+3}$ の増減・凹凸を調べて、グラフの概形を描け。

$f(x)=\dfrac{x^2}{x^2+3}$ とおく。$f(-x)=\dfrac{(-x)^2}{(-x)^2+3}=\dfrac{x^2}{x^2+3}=f(x)$ より、$f(x)$ は偶関数。

$y=f(x)$ のグラフは y 軸対称なので、$x \geqq 0$ についてのみ調べる。

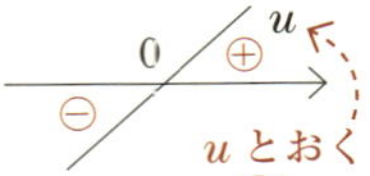

u とおく

$$f'(x)=\left(\dfrac{x^2}{x^2+3}\right)'=\dfrac{(x^2)'(x^2+3)-x^2(x^2+3)'}{(x^2+3)^2}=\dfrac{2x(x^2+3)-x^2\cdot 2x}{(x^2+3)^2}=\dfrac{6x}{(x^2+3)^2}$$

u とおく

$$f''(x)=\left\{\dfrac{6x}{(x^2+3)^2}\right\}'=\dfrac{(6x)'(x^2+3)^2-6x\{(x^2+3)^2\}'}{\{(x^2+3)^2\}^2}$$

$(u^2)'=「2uu'」$

$$=\dfrac{6(x^2+3)^2-6x\cdot 2(x^2+3)\cdot 2x}{(x^2+3)^4}$$

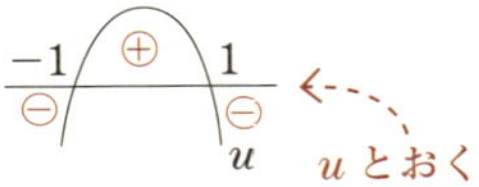

u とおく

$$=\dfrac{\{6(x^2+3)-24x^2\}(x^2+3)}{(x^2+3)^4}=\dfrac{-18x^2+18}{(x^2+3)^3}=\dfrac{-18(x-1)(x+1)}{(x^2+3)^3}$$

$f'(x)=0$ を満たす x は、$x=0$

$f''(x)=0$ を満たす x は、$x=\pm 1$

$x^2+3>0$ であることに注意すると、

$f'(x)$、$f''(x)$ の正負は右表のようになる。

x	0		1		$(+\infty)$
f'	0	$+$	$+$	$+$	$+$
f''	$+$	$+$	0	$-$	$-$
f	0	↗	$\dfrac{1}{4}$	↗	(1)

極小　　　　変曲点

$$\lim_{x\to\infty}f(x)=\lim_{x\to\infty}\dfrac{x^2}{x^2+3}=\lim_{x\to\infty}\dfrac{1}{1+\dfrac{3}{x^2}}=1$$

0に近づく

$y=f(x)$ のグラフは、$x=0$ で極小値、$x=\pm 1$ で変曲点を持つ。

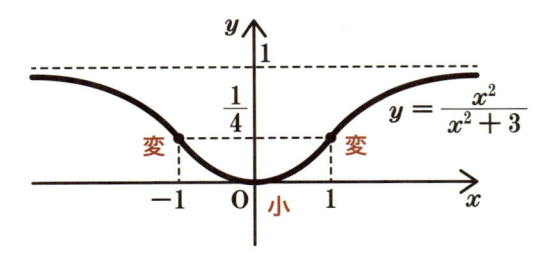

ジャンプ 確認 ▶グラフを描く

関数 $y=\dfrac{x}{x^2+1}$ の増減・凹凸を調べて、グラフの概形を描け。

$f(x)=\dfrac{x}{x^2+1}$ とおく。$f(-x)=\dfrac{(-x)}{(-x)^2+1}=-\dfrac{x}{x^2+1}=-f(x)$ より、$f(x)$ は奇関数。

$y=f(x)$ のグラフは原点対称なので、$x\geqq 0$ についてのみ調べる。

$$f'(x)=\left(\dfrac{x}{x^2+1}\right)'=\dfrac{(x)'(x^2+1)-x(x^2+1)'}{(x^2+1)^2}=\dfrac{1\cdot(x^2+1)-x\cdot 2x}{(x^2+1)^2}=\dfrac{-x^2+1}{(x^2+1)^2}$$

$$f''(x)=\left\{\dfrac{-x^2+1}{(x^2+1)^2}\right\}'=\dfrac{(-x^2+1)'(x^2+1)^2-(-x^2+1)\{(x^2+1)^2\}'}{\{(x^2+1)^2\}^2}$$

$(u^2)'=\lceil 2u\cdot u'\rfloor$

$$=\dfrac{(-2x)(x^2+1)^2-(-x^2+1)\cdot 2(x^2+1)(2x)}{(x^2+1)^4}$$

$$=\dfrac{\{(-2x)(x^2+1)-4x(-x^2+1)\}(x^2+1)}{(x^2+1)^4}$$

$$=\dfrac{2x^3-6x}{(x^2+1)^3}=\dfrac{2x(x-\sqrt{3})(x+\sqrt{3})}{(x^2+1)^3}$$

$f'(x)=0$ を満たす x は、$x=\pm 1$
$f''(x)=0$ を満たす x は、$x=\pm\sqrt{3}$、0
$x^2+1>0$ であることに注意すると、
$f'(x)$、$f''(x)$ の正負は右表のようになる。

x	0		1		$\sqrt{3}$		(∞)
f'	+	+	0	−	−	−	−
f''	0	−	−	−	0	+	+
f	0	↗	$\dfrac{1}{2}$	↘	$\dfrac{\sqrt{3}}{4}$	↘	(0)
	変曲点		極大		変曲点		

$$\lim_{x\to\infty}f(x)=\lim_{x\to\infty}\dfrac{x}{x^2+1}=\lim_{x\to\infty}\dfrac{\dfrac{1}{x}}{1+\dfrac{1}{x^2}}=0$$

$\dfrac{1}{x}\to 0$ に近づく
$\dfrac{1}{x^2}\to 0$ に近づく

演習 ▶ グラフを描く （講義編 p.64 参照）

関数 $y = e^{-\frac{1}{3}x^3}$ の増減・凹凸を調べて、グラフの概形を描け。

$f(x) = e^{-\frac{1}{3}x^3}$ とおく。

$f'(x) = (e^{\overset{u}{-\frac{1}{3}x^3}})' = e^{-\frac{1}{3}x^3} \overset{u'}{\left(-\frac{1}{3}x^3\right)'} = -x^2 e^{-\frac{1}{3}x^3}$

$\left[u = -\frac{1}{3}x^3 \text{ とおくと、} (e^u)' = e^u \cdot u' \right]$

$f''(x) = (-x^2 e^{-\frac{1}{3}x^3})' = (-x^2)' e^{-\frac{1}{3}x^3} + (-x^2)(e^{-\frac{1}{3}x^3})'$
$= (-2x)e^{-\frac{1}{3}x^3} + (-x^2)\cdot(-x^2)e^{-\frac{1}{3}x^3} = (x^4 - 2x)e^{-\frac{1}{3}x^3}$
$= x(x^3 - 2)e^{-\frac{1}{3}x^3}$

$f'(x) = 0$ を満たす x は、$x = 0$

$f''(x) = 0$ を満たす x は、$x(x^3 - 2) = 0$ ∴ $x = 0, 2^{\frac{1}{3}}$

$e^{-\frac{1}{3}x^3} > 0$ より、$f'(x)$、$f''(x)$ の正負は、それぞれ $-x^2$、$x(x^3 - 2)$ の正負に一致する。

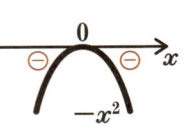

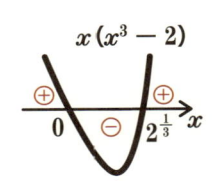

$\lim_{x \to -\infty} f(x) = \lim_{x \to -\infty} e^{-\frac{1}{3}x^3} = \infty$

$\left[x \to -\infty \text{ のとき、} -\frac{1}{3}x^3 \to \infty \right]$

$\lim_{x \to \infty} f(x) = \lim_{x \to \infty} e^{-\frac{1}{3}x^3} = 0$

$f(2^{\frac{1}{3}}) = e^{-\frac{1}{3}(2^{\frac{1}{3}})^3} = e^{-\frac{2}{3}}$

$f(0) = e^0 = 1$

x	$(-\infty)$		0		$2^{\frac{1}{3}}$		(∞)
f'	$-$	$-$	0	$-$	$-$	$-$	$-$
f''	$+$	$+$	0	$-$	0	$+$	$+$
f	(∞)	↘	1	↘	$e^{-\frac{2}{3}}$	↘	(0)
			変曲点		変曲点		

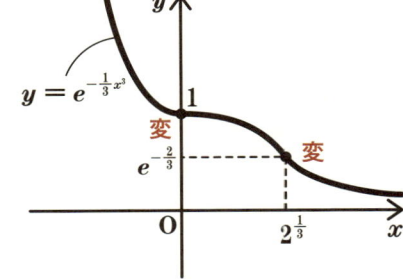

ジャンプ　確認　▶グラフを描く

関数 $y=x^2e^{-x}$ の増減・凹凸を調べてグラフの概形を描け。

$f(x)=x^2e^{-x}$ とおく。

$f'(x)=(x^2)'e^{-x}+x^2(e^{-x})'=2xe^{-x}+x^2(-e^{-x})=(2x-x^2)e^{-x}$

$f''(x)=((2x-x^2)e^{-x})'=(2x-x^2)'e^{-x}+(2x-x^2)(e^{-x})'$
$=(2-2x)e^{-x}+(2x-x^2)(-e^{-x})=(x^2-4x+2)e^{-x}$

$f'(x)=0$ を満たす x は、$2x-x^2=0$　∴　$x(2-x)=0$　∴　$x=0, 2$

$f''(x)=0$ を満たす x は、$x^2-4x+2=0$　∴　$x=\dfrac{4\pm\sqrt{4^2-4\cdot2}}{2}=2\pm\sqrt{2}$

$e^{-x}>0$ より、$f'(x)$、$f''(x)$ の正負は、それぞれ $2x-x^2$、x^2-4x+2 の正負に等しく、右図のようになる。

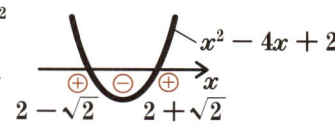

x	$(-\infty)$		0		$2-\sqrt{2}$		2		$2+\sqrt{2}$		(∞)
f'	$-$	$-$	0	$+$	$+$	$+$	0	$-$	$-$	$-$	$-$
f''	$+$	$+$	$+$	$+$	0	$-$	$-$	$-$	0	$+$	$+$
f	↘		0	↗	α	↗	$\dfrac{4}{e^2}$	↘	β	↘	
			極小		変曲点		極大		変曲点		

$\alpha=f(2-\sqrt{2})=(2-\sqrt{2})^2e^{-(2-\sqrt{2})}=(6-4\sqrt{2})e^{-2+\sqrt{2}}$

$\beta=f(2+\sqrt{2})=(2+\sqrt{2})^2e^{-(2+\sqrt{2})}=(6+4\sqrt{2})e^{-2-\sqrt{2}}$

$\displaystyle\lim_{x\to\infty}f(x)=\lim_{x\to\infty}x^2e^{-x}$
$=\displaystyle\lim_{x\to\infty}\dfrac{x^2}{e^x}=\lim_{x\to\infty}\dfrac{2x}{e^x}=\lim_{x\to\infty}\dfrac{2}{e^x}=0$ ……ロピタルの定理

$\displaystyle\lim_{x\to-\infty}f(x)=\lim_{x\to-\infty}x^2e^{-x}$
$[\,t=-x$ とおく、$x\to-\infty$ のとき、$t\to\infty\,]$
$=\displaystyle\lim_{t\to\infty}(-t)^2e^{-(-t)}=\lim_{t\to\infty}t^2e^t=\infty$

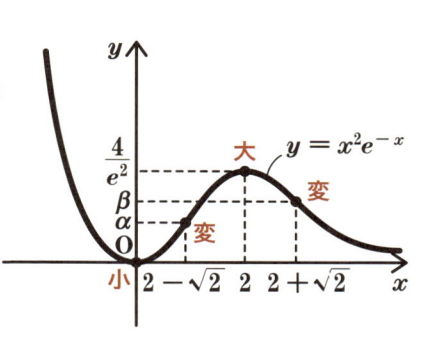

ステップ 演習 ▶ 連続性・微分可能性　（講義編 p.68 参照）

次の関数が $x=0$ で連続であるか、微分可能であるか調べよ。
(1) $f(x)=x|x|$
(2) $f(x)=\begin{cases} 0 & (x\leq 0) \\ e^{-\frac{1}{x}} & (x>0) \end{cases}$

(1) $f(x)=x|x|=\begin{cases} x(-x)=-x^2 & (x\leq 0) \\ x\cdot x=x^2 & (x>0) \end{cases}$

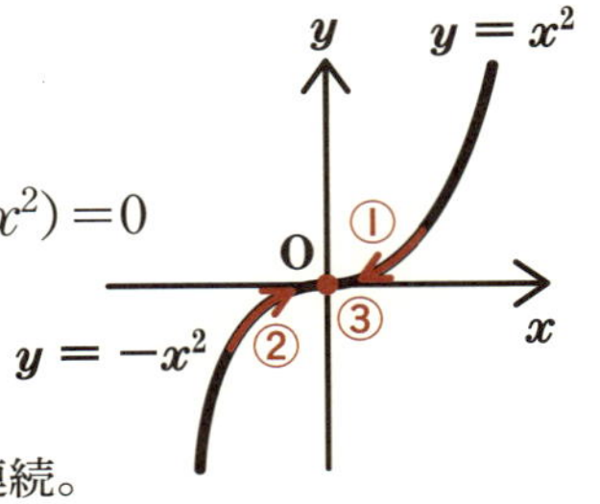

$\lim_{x\to +0} f(x) = \lim_{x\to +0} x^2 = 0$, $\lim_{x\to -0} f(x) = \lim_{x\to -0}(-x^2)=0$
$f(0)=0$

$\lim_{x\to +0} f(x) = \lim_{x\to -0} f(x) = f(0)$ より、$f(x)$ は $x=0$ で連続。

$f'_+(0) = \lim_{h\to +0}\frac{f(0+h)-f(0)}{h} = \lim_{h\to +0}\frac{h^2-0}{h} = \lim_{h\to +0} h = 0$

$f'_-(0) = \lim_{h\to -0}\frac{f(0+h)-f(0)}{h} = \lim_{h\to -0}\frac{(-h^2)-0}{h} = \lim_{h\to -0}(-h) = 0$

$f'_+(0) = f'_-(0)$ より、$f(x)$ は $x=0$ で微分可能。

(2) $\lim_{x\to +0} f(x) = \lim_{x\to +0} e^{-\frac{1}{x}} = 0$, $\lim_{x\to -0} f(x) = \lim_{x\to -0} 0 = 0$, $f(0)=0$

$\lim_{x\to +0} f(x) = \lim_{x\to -0} f(x) = f(0)$ より、$f(x)$ は $x=0$ で連続

$f'_+(0) = \lim_{h\to +0}\frac{f(0+h)-f(0)}{h} = \lim_{h\to +0}\frac{e^{-\frac{1}{h}}-0}{h} = \lim_{h\to +0}\frac{\left(\frac{1}{h}\right)}{e^{\frac{1}{h}}} = \lim_{t\to\infty}\frac{t}{e^t} = 0$

$\frac{1}{h}=t$ とおく　$h\to +0$ のとき、$t\to +\infty$

$\left[\begin{array}{l} t と e^t を比べると、t が十分大きいとき、e^t の方が断然大きい。\\ 正確には、ロピタルの定理で、\lim_{t\to\infty}\frac{t}{e^t} = \lim_{t\to\infty}\frac{1}{e^t} = 0　←ビブン \end{array}\right]$

$f'_-(0) = \lim_{h\to -0}\frac{f(0+h)-f(0)}{h} = \lim_{h\to -0}\frac{0-0}{h} = 0$

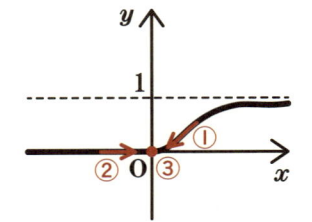

$f'_+(0) = f'_-(0)$ なので、$f(x)$ は $x=0$ で微分可能。

ジャンプ 確認 ▶連続性・微分可能性

次の関数が $x=0$ で連続であるか、微分可能であるか調べよ。ただし、(1) は $f(0)=0$ であり、$x \neq 0$ で次式で表されるものとする。

(1) $f(x) = x \tan^{-1} \dfrac{1}{x}$ (2) $f(x) = \dfrac{x}{1+2^{\frac{1}{x}}}$

(1) $-\dfrac{\pi}{2} < \tan^{-1} \dfrac{1}{x} < \dfrac{\pi}{2}$ なので、$0 \leq \left| x \tan^{-1} \dfrac{1}{x} \right| < \dfrac{\pi}{2} |x|$

$x \to 0$ のとき、$\dfrac{\pi}{2}|x| \to 0$。はさみうちの原理より、$\displaystyle\lim_{x \to 0} x \tan^{-1} \dfrac{1}{x} = 0$

$\displaystyle\lim_{x \to 0} f(x) = f(0)$ を満たすので、$f(x)$ は $x=0$ で連続。

$f_+'(0) = \displaystyle\lim_{h \to +0} \dfrac{f(0+h) - \overset{0}{\boxed{f(0)}}}{h} = \lim_{h \to +0} \dfrac{f(h)}{h} = \lim_{h \to +0} \dfrac{h \tan^{-1} \overset{+\infty}{\boxed{\dfrac{1}{h}}}}{h} = \dfrac{\pi}{2}$

$f_-'(0) = \displaystyle\lim_{h \to -0} \dfrac{f(0+h) - \overset{0}{\boxed{f(0)}}}{h} = \lim_{h \to -0} \dfrac{f(h)}{h} = \lim_{h \to -0} \dfrac{h \tan^{-1} \overset{-\infty}{\boxed{\dfrac{1}{h}}}}{h} = -\dfrac{\pi}{2}$

$f_+'(0) \neq f_-'(0)$ なので、$f(x)$ は $x=0$ で微分不可能。

(2) $0 < \dfrac{1}{1+2^{\frac{1}{x}}} < \dfrac{1}{1+0} = 1$ なので、$0 \leq \left| \dfrac{x}{1+2^{\frac{1}{x}}} \right| \leq |x|$

$x \to 0$ のとき、$|x| \to 0$。はさみうちの原理より、$\displaystyle\lim_{x \to 0} \dfrac{x}{1+2^{\frac{1}{x}}} = 0$

$\displaystyle\lim_{x \to 0} f(x) = f(0)$ を満たすので、$f(x)$ は $x=0$ で連続。

$f_+'(0) = \displaystyle\lim_{h \to +0} \dfrac{f(0+h) - \overset{0}{\boxed{f(0)}}}{h} = \lim_{h \to +0} \dfrac{f(h)}{h} = \lim_{h \to +0} \dfrac{1}{1+\underset{+\infty}{\boxed{2^{\frac{1}{h}}}}} = 0$

$f_-'(0) = \displaystyle\lim_{h \to -0} \dfrac{f(0+h) - \overset{0}{\boxed{f(0)}}}{h} = \lim_{h \to -0} \dfrac{f(h)}{h} = \lim_{h \to -0} \dfrac{1}{1+\underset{0}{\boxed{2^{\frac{1}{h}}}}} = 1$

$\left[\displaystyle\lim_{h \to +0} 2^{\frac{1}{h}} \overset{+\infty}{=} +\infty,\ \lim_{h \to -0} 2^{\frac{1}{h}} \overset{-\infty}{=} 0 \right]$

$f_+'(0) \neq f_-'(0)$ なので、$f(x)$ は $x=0$ で微分不可能。

演習 ▶1次関数と不定積分 （講義編 p.76 参照）

次の関数の不定積分を求めよ。

(1) $(2x-1)^{\frac{1}{3}}$ (2) $\dfrac{1}{4-3x}$ (3) e^{3x+2}

(4) $\sin\left(\dfrac{x}{2}-1\right)$ (5) $\dfrac{1}{\cos^2(3x+1)}$ (6) $\dfrac{1}{9x^2-12x+9}$

(1) $\displaystyle\int \overset{f(2x-1)}{(2x-1)^{\frac{1}{3}}}dx = \dfrac{1}{2}\cdot\overset{F(2x-1)}{\dfrac{3}{4}(2x-1)^{\frac{4}{3}}} = \dfrac{3}{8}(2x-1)^{\frac{4}{3}}$

$\left[\, x^{\frac{1}{3}}\text{の不定積分は、}\dfrac{3}{4}x^{\frac{4}{3}}\; \dfrac{1}{\frac{1}{3}+1}x^{\frac{1}{3}+1}\,\right]$

(2) $\displaystyle\int \overset{f(4-3x)}{\dfrac{1}{4-3x}}dx = -\dfrac{1}{3}\overset{F(4-3x)}{\log|4-3x|}$

$F(x)$ が $f(x)$ の不定積分のとき、
$\displaystyle\int f(ax+b)dx = \dfrac{1}{a}F(ax+b)$

$\left[\, \dfrac{1}{x}\text{の不定積分は、}\log|x|\,\right]$

(3) $\displaystyle\int \overset{f(3x+2)}{e^{3x+2}}dx = \dfrac{1}{3}\overset{F(3x+2)}{e^{3x+2}}$

$[\, e^x\text{の不定積分は、}e^x\,]$

(4) $\displaystyle\int \overset{f\left(\frac{x}{2}-1\right)}{\sin\left(\dfrac{x}{2}-1\right)}dx = -2\overset{F\left(\frac{x}{2}-1\right)}{\cos\left(\dfrac{x}{2}-1\right)}$

$[\, \sin x\text{の不定積分は、}-\cos x\,]$

(5) $\displaystyle\int \overset{f(3x+1)}{\dfrac{1}{\cos^2(3x+1)}}dx = \dfrac{1}{3}\overset{F(3x+1)}{\tan(3x+1)}$

$\left[\, \dfrac{1}{\cos^2 x}\text{の不定積分は、}\tan x\,\right]$

(6) $\displaystyle\int \dfrac{1}{9x^2-12x+9}dx = \int \overset{f(3x-2)}{\dfrac{1}{(3x-2)^2+(\sqrt{5})^2}}dx$

$= \dfrac{1}{3}\cdot\overset{F(3x-2)}{\dfrac{1}{\sqrt{5}}\tan^{-1}\dfrac{3x-2}{\sqrt{5}}} = \dfrac{1}{3\sqrt{5}}\tan^{-1}\dfrac{3x-2}{\sqrt{5}}$

$\left[\, \dfrac{1}{x^2+a^2}\text{の不定積分は、}\dfrac{1}{a}\tan^{-1}\dfrac{x}{a}\,\right]$

ジャンプ 確認 ▶1次関数と不定積分

次の関数の不定積分を求めよ。

(1) $\dfrac{1}{(1-3x)^2}$ (2) 2^{4x+1} (3) $\cos\left(\dfrac{x}{3}+1\right)$

(4) $\dfrac{1}{\sin^2(2x-3)}$ (5) $\dfrac{1}{\sqrt{4x^2+4x+7}}$ (6) $\dfrac{1}{\sqrt{-4x^2+4x+7}}$

(1) $\displaystyle\int \underset{f(1-3x)}{\underline{\dfrac{1}{(1-3x)^2}}}dx = -\dfrac{1}{3}\underset{F(1-3x)}{\underline{\left(-\dfrac{1}{1-3x}\right)}} = \dfrac{1}{3(1-3x)}$

 $\left[\,x^{-2}\text{の不定積分は、}-x^{-1}\,\right]$ 　　$\dfrac{1}{(-2)+1}x^{(-2)+1}$

(2) $\displaystyle\int \underset{f(4x+1)}{\underline{2^{4x+1}}}dx = \dfrac{1}{4}\cdot\underset{F(4x+1)}{\underline{\dfrac{1}{\log 2}\cdot 2^{4x+1}}} = \dfrac{1}{4\log 2}\cdot 2^{4x+1}$

 $\left[\,2^x\text{の不定積分は、}\dfrac{1}{\log 2}\cdot 2^x\,\right]$

(3) $\displaystyle\int \underset{f\left(\frac{x}{3}+1\right)}{\underline{\cos\left(\dfrac{x}{3}+1\right)}}dx = 3\underset{F\left(\frac{x}{3}+1\right)}{\underline{\sin\left(\dfrac{x}{3}+1\right)}}$ 　　$F(x)\text{が}f(x)\text{の不定積分のとき、}$
$\displaystyle\int f(ax+b)\,dx = \dfrac{1}{a}F(ax+b)$

 $[\,\cos x\text{の不定積分は、}\sin x\,]$

(4) $\displaystyle\int \underset{f(2x-3)}{\underline{\dfrac{1}{\sin^2(2x-3)}}}dx = -\dfrac{1}{2}\cdot\underset{F(2x-3)}{\underline{\dfrac{1}{\tan(2x-3)}}}$ 　　$\displaystyle\int\dfrac{1}{\sin^2 x}dx = \int\dfrac{1}{\cos^2\left(x-\frac{\pi}{2}\right)}dx$

 $\left[\,\dfrac{1}{\sin^2 x}\text{の不定積分は、}-\dfrac{1}{\tan x}\,\right]$ 　　$= \tan\left(x-\dfrac{\pi}{2}\right) = -\dfrac{1}{\tan x}$

(5) $\displaystyle\int\dfrac{1}{\sqrt{4x^2+4x+7}}dx = \int\underset{f(2x+1)}{\underline{\dfrac{1}{\sqrt{(2x+1)^2+6}}}}dx$

$= \dfrac{1}{2}\underset{F(2x+1)}{\underline{\log\left|2x+1+\sqrt{4x^2+4x+7}\right|}}$

 $\left[\,\dfrac{1}{\sqrt{x^2+A}}\text{の不定積分は、}\log\left|x+\sqrt{x^2+A}\right|\,\right]$

(6) $\displaystyle\int\dfrac{1}{\sqrt{-4x^2+4x+7}}dx = \int\dfrac{1}{\sqrt{8-(2x-1)^2}}dx$

$= \displaystyle\int\underset{f(2x-1)}{\underline{\dfrac{1}{\sqrt{(2\sqrt{2})^2-(2x-1)^2}}}}dx = \dfrac{1}{2}\underset{F(2x-1)}{\underline{\sin^{-1}\dfrac{2x-1}{2\sqrt{2}}}}$

 $\left[\,a>0\text{のとき、}\dfrac{1}{\sqrt{a^2-x^2}}\text{の不定積分は、}\sin^{-1}\dfrac{x}{a}\,\right]$

ステップ 演習 ▶ 置換積分（見抜く）（講義編 p.76 参照）

次の関数の不定積分を求めよ。

(1) $\dfrac{x^2+1}{\sqrt[3]{x^3+3x+1}}$ (2) $\dfrac{1}{(x^2+1)\tan^{-1}x}$ (3) $\tanh x$

(4) $\dfrac{x}{x^4+4}$ (5) $\sin^5 x$ (6) $\dfrac{1}{\sinh x}$

---

(1) $t=x^3+3x+1$ とおく。$dt=(3x^2+3)dx$

$$\int \dfrac{x^2+1}{\sqrt[3]{x^3+3x+1}}dx = \int \dfrac{1}{\sqrt[3]{t}}\cdot\dfrac{1}{3}dt = \int \dfrac{1}{3}t^{-\frac{1}{3}}dt = \dfrac{1}{2}t^{\frac{2}{3}} = \dfrac{1}{2}(x^3+3x+1)^{\frac{2}{3}}$$

$\dfrac{1}{3}\cdot\dfrac{1}{\left(-\frac{1}{3}\right)+1}t^{-\frac{1}{3}+1}$

(2) $t=\tan^{-1}x$ とおく。$dt=\dfrac{1}{x^2+1}dx$

$$\int \dfrac{1}{(x^2+1)\tan^{-1}x}dx = \int \dfrac{1}{t}dt = \log|t| = \log|\tan^{-1}x|$$

(3) $t=\cosh x$ とおく。$dt=\sinh x\, dx$

$$\int \tanh x\, dx = \int \dfrac{\sinh x}{\cosh x}dx = \int \dfrac{1}{t}dt = \log|t| = \log|\cosh x|$$

(4) $t=x^2$ とおく。$dt=2x\, dx$

$$\int \dfrac{x}{x^4+4}dx = \int \dfrac{1}{t^2+2^2}\cdot\dfrac{1}{2}dt = \dfrac{1}{2}\cdot\dfrac{1}{2}\tan^{-1}\dfrac{t}{2} = \dfrac{1}{4}\tan^{-1}\dfrac{x^2}{2}$$

(5) $t=\cos x$ とおく。$dt=(-\sin x)dx$

$$\int \sin^5 x\, dx = \int (\sin^2 x)^2 \sin x\, dx = \int (1-\cos^2 x)^2 \sin x\, dx$$

$$= \int (1-t^2)^2(-dt) = \int (-1+2t^2-t^4)dt = -t+\dfrac{2}{3}t^3-\dfrac{1}{5}t^5$$

$$= -\cos x+\dfrac{2}{3}\cos^3 x-\dfrac{1}{5}\cos^5 x$$

(6) $\displaystyle\int \dfrac{1}{\sinh x}dx = \int \dfrac{2}{e^x-e^{-x}}dx = \int \dfrac{2e^x}{e^{2x}-1}dx$

[$t=e^x$ とおく。$dt=e^x dx$]   部分分数分解 p.87

$$= \int \dfrac{2}{t^2-1}dt = \int \left(\dfrac{1}{t-1}-\dfrac{1}{t+1}\right)dt = \log|t-1|-\log|t+1|$$

$$= \log\left|\dfrac{t-1}{t+1}\right| = \log\left|\dfrac{e^x-1}{e^x+1}\right| \left(=\log\left|\tanh\dfrac{x}{2}\right|\right)$$

ジャンプ 確認 ▶置換積分（見抜く）

次の関数の不定積分を求めよ。

(1) $\dfrac{x+1}{\sqrt{x^2+2x+3}}$ (2) $\dfrac{1}{x\log x}$ (3) $\dfrac{1}{\tan x}$

(4) $\dfrac{x}{\sqrt{x^4+2}}$ (5) $\cos^5 x$ (6) $\dfrac{1}{\cosh x}$

---

(1) $t=x^2+2x+3$ とおく。$dt=(2x+2)dx$

$$\int \frac{x+1}{\sqrt{x^2+2x+3}}dx = \int \frac{1}{\sqrt{t}}\cdot\frac{1}{2}dt = \int \frac{1}{2}t^{-\frac{1}{2}}dt = t^{\frac{1}{2}} = (x^2+2x+3)^{\frac{1}{2}}$$

$\dfrac{1}{2}\cdot\dfrac{1}{\left(-\dfrac{1}{2}\right)+1}t^{-\frac{1}{2}+1}$

(2) $t=\log x$ とおく。$dt=\dfrac{1}{x}dx$

$$\int \frac{1}{x\log x}dx = \int \frac{1}{t}dt = \log|t| = \log|\log x|$$

(3) $t=\sin x$ とおく。$dt=\cos x\,dx$

$$\int \frac{1}{\tan x}dx = \int \frac{\cos x}{\sin x}dx = \int \frac{1}{t}dt = \log|t| = \log|\sin x|$$

(4) $t=x^2$ とおく。$dt=2x\,dx$

$$\int \frac{x}{\sqrt{x^4+2}}dx = \int \frac{1}{\sqrt{t^2+2}}\cdot\frac{1}{2}dt = \frac{1}{2}\log\left|t+\sqrt{t^2+2}\right| = \frac{1}{2}\log\left|x^2+\sqrt{x^4+2}\right|$$

(5) $t=\sin x$ とおく。$dt=\cos x\,dx$

$$\int \cos^5 x\,dx = \int (\cos^2 x)^2 \cos x\,dx = \int (1-\sin^2 x)^2 \cos x\,dx$$

$$= \int (1-t^2)^2 dt = \int (1-2t^2+t^4)dt = t - \frac{2}{3}t^3 + \frac{1}{5}t^5$$

$$= \sin x - \frac{2}{3}\sin^3 x + \frac{1}{5}\sin^5 x$$

(6) $$\int \frac{1}{\cosh x}dx = \int \frac{2}{e^x+e^{-x}}dx = \int \frac{2e^x}{e^{2x}+1}dx$$

［$t=e^x$ とおく。$dt=e^x dx$］

$$= \int \frac{2}{t^2+1}dt = 2\tan^{-1}t = 2\tan^{-1}(e^x)$$

ステップ　演習　▶ 置換積分（文字でおく）　（講義編 p.78 参照）

次の関数の不定積分を求めよ。

(1) $\dfrac{\sqrt{x-1}}{x+1}$ 　　　　(2) $\dfrac{1}{\sqrt{x}+\sqrt[3]{x}}$

(3) $\sqrt{\dfrac{x-1}{x+1}}$

---

(1) $t=\sqrt{x-1}$ とおく。$x=t^2+1$、$dx=2tdt$、

$$\int \dfrac{\sqrt{x-1}}{x+1}dx = \int \dfrac{t}{t^2+2}\cdot 2t\,dt = \int \dfrac{2t^2}{t^2+2}dt = \int \left(2-\dfrac{4}{t^2+(\sqrt{2})^2}\right)dt$$

$$=2t-4\cdot\dfrac{1}{\sqrt{2}}\tan^{-1}\dfrac{t}{\sqrt{2}} = 2\sqrt{x-1}-2\sqrt{2}\tan^{-1}\dfrac{\sqrt{x-1}}{\sqrt{2}}$$

(2) $t=\sqrt[6]{x}$ とおく。$x=t^6$、$dx=6t^5 dt$、　　分母より分子の次数が高いので次数下げする

$$\int \dfrac{1}{\sqrt{x}+\sqrt[3]{x}}dx = \int \dfrac{1}{t^3+t^2}\cdot 6t^5 dt = \int \boxed{\dfrac{6t^3}{t+1}}dt = \int \dfrac{6\{(t^3+1)-1\}}{t+1}dt$$

$$=\int \left\{6(t^2-t+1)-\dfrac{6}{t+1}\right\}dt = 2t^3-3t^2+6t-6\log|t+1|$$

$$=2\sqrt{x}-3\sqrt[3]{x}+6\sqrt[6]{x}-6\log|\sqrt[6]{x}+1|$$

(3) $t=\sqrt{\dfrac{x-1}{x+1}}$ とおく。$t^2=\dfrac{x-1}{x+1}$　∴ $t^2(x+1)=x-1$ 　　$\left(\dfrac{1}{f}\right)'=\dfrac{(1)'\cdot f-1\cdot f'}{f^2}=-\dfrac{f'}{f^2}$

∴ $x=\dfrac{1+t^2}{1-t^2}=\dfrac{2}{1-t^2}-1$　∴ $dx=-\boxed{\dfrac{2(-2t)}{(1-t^2)^2}}dt=\dfrac{4t}{(1-t^2)^2}dt$

$$\int \sqrt{\dfrac{x-1}{x+1}}dx = \int t\cdot\dfrac{4t}{(1-t^2)^2}dt = \int \dfrac{4t^2}{(1-t^2)^2}dt$$

$$\left[\text{ここで、}\dfrac{4t^2}{(1-t^2)^2}=\dfrac{-1}{1+t}+\dfrac{1}{(1+t)^2}+\dfrac{-1}{1-t}+\dfrac{1}{(1-t)^2}\text{と部分分数分解して}\right]$$

$$=-\log|1+t|-\dfrac{1}{1+t}+\log|1-t|+\dfrac{1}{1-t}=\log\left|\dfrac{1-t}{1+t}\right|+\boxed{\dfrac{2t}{1-t^2}}$$

$$=\log\left|\dfrac{\sqrt{x+1}-\sqrt{x-1}}{\sqrt{x+1}+\sqrt{x-1}}\right|+\boxed{\sqrt{x^2-1}}$$ 　　　　$\dfrac{2}{1-t^2}\cdot t=(x+1)\sqrt{\dfrac{x-1}{x+1}}$

ジャンプ 確認 ▶置換積分（文字でおく）

次の関数の不定積分を求めよ。

(1) $\dfrac{1}{x+\sqrt{x-1}}$ (2) $\dfrac{1}{\sqrt{x}\,(1+\sqrt[3]{x}\,)}$ (3) $\dfrac{1}{x}\sqrt{\dfrac{x+1}{x-1}}$

(1) $t=\sqrt{x-1}$ とおく。$x=t^2+1$、$dx=2tdt$ これを分母の2次式の微分と定数に分ける

$$\int\dfrac{1}{x+\sqrt{x-1}}dx=\int\dfrac{1}{t^2+1+t}\cdot 2tdt=\int\dfrac{2t}{t^2+t+1}dt$$

$$=\int\left(\dfrac{2t+1}{t^2+t+1}-\dfrac{1}{t^2+t+1}\right)dt=\int\dfrac{(t^2+t+1)'}{t^2+t+1}dt-\int\dfrac{1}{(t+\alpha)^2+\beta^2}dt$$

$$\left[\,t^2+t+1=\left(t+\dfrac{1}{2}\right)^2+\left(\dfrac{\sqrt{3}}{2}\right)^2 \text{で} \alpha=\dfrac{1}{2},\ \beta=\dfrac{\sqrt{3}}{2}\text{とおく}\,\right]$$

$$=\log|t^2+t+1|-\dfrac{1}{\beta}\tan^{-1}\dfrac{t+\alpha}{\beta}$$

$$=\log|x+\sqrt{x-1}|-\dfrac{2}{\sqrt{3}}\tan^{-1}\dfrac{2\sqrt{x-1}+1}{\sqrt{3}}$$

(2) $t=\sqrt[6]{x}$ とおく。$x=t^6$、$dx=6t^5dt$

$$\int\dfrac{1}{\sqrt{x}\,(1+\sqrt[3]{x}\,)}dx=\int\dfrac{1}{t^3(1+t^2)}\cdot 6t^5dt=\int\dfrac{6t^2}{1+t^2}dt$$

$$=\int 6\left(1-\dfrac{1}{1+t^2}\right)dt=6t-6\tan^{-1}t=6\sqrt[6]{x}-6\tan^{-1}(\sqrt[6]{x}\,)$$

(3) $t=\sqrt{\dfrac{x+1}{x-1}}$ とおく。$t^2=\dfrac{x+1}{x-1}$ ∴ $t^2(x-1)=x+1$

∴ $x=\dfrac{t^2+1}{t^2-1}=1+\dfrac{2}{t^2-1}$ ∴ $dx=-\dfrac{2\cdot 2t}{(t^2-1)^2}dt=-\dfrac{4t}{(t^2-1)^2}dt$

$$\int\dfrac{1}{x}\sqrt{\dfrac{x+1}{x-1}}dx=\int\dfrac{t^2-1}{t^2+1}\cdot t\cdot\left(-\dfrac{4t}{(t^2-1)^2}\right)dt=\int\dfrac{-4t^2}{(t^2+1)(t^2-1)}dt$$

$$=\int-2\left(\dfrac{1}{t^2-1}+\dfrac{1}{t^2+1}\right)dt=\int\left(\dfrac{1}{t+1}-\dfrac{1}{t-1}-\dfrac{2}{t^2+1}\right)dt$$

$$=\log|t+1|-\log|t-1|-2\tan^{-1}t$$

$$=\log\left|\dfrac{\sqrt{x+1}+\sqrt{x-1}}{\sqrt{x+1}-\sqrt{x-1}}\right|-2\tan^{-1}\sqrt{\dfrac{x+1}{x-1}}$$

演習 ▶ 部分積分 （講義編 p.81 参照）

次の関数の不定積分を求めよ。
(1) $x^2 \log x$
(2) $x^2 \sin x$
(3) $\sin^{-1} x$
(4) $e^{ax} \cos bx$

(1) $\displaystyle \int \underset{f}{x^2} \underset{g}{\log x} \, dx = \underset{F}{\frac{x^3}{3}} \underset{g}{\log x} - \int \underset{F}{\frac{x^3}{3}} \cdot \underset{g'}{\frac{1}{x}} dx$

$\displaystyle = \frac{x^3}{3} \log x - \frac{1}{3} \int x^2 dx = \frac{x^3}{3} \log x - \frac{1}{9} x^3$

(2) $\displaystyle \int \underset{g}{x^2} \underset{f}{\sin x} \, dx = \underset{g}{x^2} \underset{F}{(-\cos x)} - \int \underset{g'}{2x} \underset{F}{(-\cos x)} dx$

部分積分
$\displaystyle \int fg = Fg - \int Fg'$

$= -x^2 \cos x + 2 \int \underset{g}{x} \underset{f}{\cos x} \, dx$

$= -x^2 \cos x + 2 \underset{g}{x} \underset{F}{\sin x} - 2 \int \underset{g'}{1} \cdot \underset{F}{\sin x} \, dx$

$= -x^2 \cos x + 2x \sin x + 2 \cos x$

(3) $\displaystyle \int \sin^{-1} x \, dx = \int \underset{f}{1} \cdot \underset{g}{\sin^{-1} x} \, dx$

$u = 1 - x^2$ とおくと、$du = -2x \, dx$

$\displaystyle \int \frac{x}{\sqrt{1-x^2}} dx = \int \frac{1}{\sqrt{u}} \cdot \left(-\frac{1}{2}\right) du$

$\displaystyle = \underset{F}{x} \underset{g}{\sin^{-1} x} - \int \underset{F}{x} \cdot \frac{1}{\sqrt{1-x^2}} dx = x \sin^{-1} x + \int \frac{1}{2\sqrt{u}} du$ ←積分

$\displaystyle = x \sin^{-1} x + \frac{1}{2} \cdot 2 u^{\frac{1}{2}} = x \sin^{-1} x + \sqrt{1-x^2}$

$\displaystyle = \frac{1}{\left(-\frac{1}{2}\right)+1} u^{-\frac{1}{2}+1}$

(4) $\displaystyle I = \int \underset{f}{e^{ax}} \underset{g}{\cos bx} \, dx = \underset{F}{\frac{e^{ax}}{a}} \underset{g}{\cos bx} - \int \underset{F}{\frac{e^{ax}}{a}} \underset{g'}{(-b \sin bx)} dx$

$\displaystyle = \frac{e^{ax}}{a} \cos bx + \frac{b}{a} \int \underset{f}{e^{ax}} \underset{g}{\sin bx} \, dx$

求める積分を I とおく

$\displaystyle = \frac{e^{ax}}{a} \cos bx + \frac{b}{a} \left(\underset{F}{\frac{e^{ax}}{a}} \underset{g}{\sin bx} - \int \underset{F}{\frac{e^{ax}}{a}} \cdot \underset{g'}{b \cos bx} \, dx \right)$

∴ $\displaystyle I = \frac{1}{a} e^{ax} \cos bx + \frac{b}{a^2} e^{ax} \sin bx - \frac{b^2}{a^2} I$

I の定数倍！

∴ $\displaystyle \left(1 + \frac{b^2}{a^2}\right) I = \frac{1}{a} e^{ax} \cos bx + \frac{b}{a^2} e^{ax} \sin bx$

∴ $\displaystyle I = \frac{a}{a^2+b^2} e^{ax} \cos bx + \frac{b}{a^2+b^2} e^{ax} \sin bx$

ジャンプ 確認 ▶ 部分積分

次の関数の不定積分を求めよ。
(1) $\sqrt{x}\log x$ (2) $x^2\cos x$
(3) $\tan^{-1}x$ (4) $e^{ax}\sin bx$

(1) $\displaystyle\int \underbrace{\sqrt{x}}_{f}\underbrace{\log x}_{g}dx = \underbrace{\frac{2}{3}x^{\frac{3}{2}}}_{F}\underbrace{\log x}_{g} - \int \underbrace{\frac{2}{3}x^{\frac{3}{2}}}_{F}\cdot\underbrace{\frac{1}{x}}_{g'}dx$

$\displaystyle = \frac{2}{3}x^{\frac{3}{2}}\log x - \frac{2}{3}\int x^{\frac{1}{2}}dx = \frac{2}{3}x^{\frac{3}{2}}\log x - \frac{4}{9}x^{\frac{3}{2}}$

部分積分
$\int fg = Fg - \int Fg'$

(2) $\displaystyle\int \underbrace{x^2}_{g}\underbrace{\cos x}_{f}dx = \underbrace{x^2}_{g}\underbrace{\sin x}_{F} - \int \underbrace{2x}_{g'}\underbrace{\sin x}_{F}dx$

$\displaystyle = x^2\sin x - 2\Big(x(-\cos x) - \int 1\cdot(-\cos x)dx\Big)$

$\displaystyle = x^2\sin x + 2x\cos x - 2\int \cos x\, dx$

$\displaystyle = x^2\sin x + 2x\cos x - 2\sin x$

(3) $\displaystyle\int \tan^{-1}x\, dx = \int \underbrace{1}_{f}\underbrace{\tan^{-1}x}_{g}dx$

$u = 1+x^2$ とおくと、$du = 2x\, dx$
$\displaystyle\frac{x}{1+x^2}dx = \frac{1}{u}\cdot\frac{1}{2}du$

$\displaystyle = \underbrace{x}_{F}\underbrace{\tan^{-1}x}_{g} - \int \underbrace{x}_{F}\cdot\underbrace{\frac{1}{1+x^2}}_{g'}dx = x\tan^{-1}x - \int \frac{1}{2u}du$

$\displaystyle = x\tan^{-1}x - \frac{1}{2}\log u = x\tan^{-1}x - \frac{1}{2}\log(1+x^2)$

(4) $\displaystyle I = \int \underbrace{e^{ax}}_{f}\underbrace{\sin bx}_{g}dx = \underbrace{\frac{e^{ax}}{a}}_{F}\underbrace{\sin bx}_{g} - \int \underbrace{\frac{e^{ax}}{a}}_{F}\cdot\underbrace{b\cos bx}_{g'}dx$

$\displaystyle = \frac{e^{ax}}{a}\sin bx - \frac{b}{a}\int \underbrace{e^{ax}}_{f}\underbrace{\cos bx}_{g}dx$

求める積分を I とおく

$\displaystyle = \frac{e^{ax}}{a}\sin bx - \frac{b}{a}\left(\underbrace{\frac{e^{ax}}{a}}_{F}\underbrace{\cos bx}_{g} - \int \underbrace{\frac{e^{ax}}{a}}_{F}\underbrace{(-b\sin bx)}_{g'}dx\right)$

I の定数倍！

∴ $\displaystyle I = \frac{1}{a}e^{ax}\sin bx - \frac{b}{a^2}e^{ax}\cos bx - \frac{b^2}{a^2}I$

∴ $\displaystyle \left(1+\frac{b^2}{a^2}\right)I = \frac{1}{a}e^{ax}\sin bx - \frac{b}{a^2}e^{ax}\cos bx$

∴ $\displaystyle I = \frac{a}{a^2+b^2}e^{ax}\sin bx - \frac{b}{a^2+b^2}e^{ax}\cos bx$

ステップ 演習 ▶ 置換積分（三角関数で置換） （講義編 p.78、83 参照）

次の関数を不定積分せよ。

(1) $\dfrac{1}{(a^2-x^2)^{\frac{5}{2}}}$ $(a>0)$ (2) $\dfrac{1}{x^4(a^2+x^2)^{\frac{1}{2}}}$ $(a>0)$

(1) $x = a\sin\theta$ とおく。微分して、$dx = a\cos\theta\, d\theta$

$$\int \dfrac{1}{(a^2-x^2)^{\frac{5}{2}}} dx = \int \dfrac{1}{(a^2-a^2\sin^2\theta)^{\frac{5}{2}}} \cdot a\cos\theta\, d\theta$$

$\left[\, a^2-x^2 = a^2-a^2\sin^2\theta = a^2(1-\sin^2\theta) = a^2\cos^2\theta \,\right]$

$$= \int \dfrac{a\cos\theta}{a^5\cos^5\theta} d\theta = \int \dfrac{1}{a^4\cos^4\theta} d\theta$$

$\left[\, u=\tan\theta \text{ とおく。微分して、} du = \dfrac{1}{\cos^2\theta} d\theta,\ 1+u^2 = 1+\tan^2\theta = \dfrac{1}{\cos^2\theta} \,\right]$

$$= \int \dfrac{1}{a^4\cos^2\theta} \cdot \dfrac{1}{\cos^2\theta} d\theta = \int \dfrac{1}{a^4}(1+u^2)du = \dfrac{1}{a^4}\left(u + \dfrac{1}{3}u^3\right)$$

$$= \dfrac{1}{a^4}\left(\tan\theta + \dfrac{1}{3}\tan^3\theta\right) = \dfrac{1}{a^4}\left(\dfrac{x}{\sqrt{a^2-x^2}} + \dfrac{x^3}{3(a^2-x^2)^{\frac{3}{2}}}\right)$$

$\left[\, \tan\theta = \dfrac{a\sin\theta}{a\cos\theta} = \dfrac{x}{\sqrt{a^2-x^2}} \,\right]$

(2) $x = a\tan\theta$ とおく。微分して、$dx = \dfrac{a}{\cos^2\theta} d\theta$、

$$a^2+x^2 = a^2+a^2\tan^2\theta = a^2(1+\tan^2\theta) = \dfrac{a^2}{\cos^2\theta}$$

$$\int \dfrac{1}{x^4(a^2+x^2)^{\frac{1}{2}}} dx = \int \dfrac{1}{a^4\tan^4\theta} \cdot \left(\dfrac{\cos^2\theta}{a^2}\right)^{\frac{1}{2}} \cdot \dfrac{a}{\cos^2\theta} d\theta$$

$t = \sin\theta$ とおく。
$dt = \cos\theta\, d\theta$

$$= \int \dfrac{\cos^3\theta}{a^4\sin^4\theta} d\theta = \int \dfrac{1-\sin^2\theta}{a^4\sin^4\theta} \cdot \cos\theta\, d\theta$$

$$= \dfrac{1}{a^4} \int \dfrac{1-t^2}{t^4} dt = \dfrac{1}{a^4} \int \left(\dfrac{1}{t^4} - \dfrac{1}{t^2}\right) dt = \dfrac{1}{a^4}\left(-\dfrac{1}{3t^3} + \dfrac{1}{t}\right)$$

$$= \dfrac{1}{a^4}\left(-\dfrac{1}{3\sin^3\theta} + \dfrac{1}{\sin\theta}\right) = \dfrac{1}{a^4}\left(-\dfrac{(a^2+x^2)^{\frac{3}{2}}}{3x^3} + \dfrac{(a^2+x^2)^{\frac{1}{2}}}{x}\right)$$

$\left[\, \sin\theta = \dfrac{a\sin\theta}{\cos\theta} \Big/ \dfrac{a}{\cos\theta} = \dfrac{x}{(a^2+x^2)^{\frac{1}{2}}} \,\right]$

ジャンプ 確認 ▶ 置換積分（三角関数で置換）

次の関数を不定積分せよ。

(1) $\dfrac{x^4}{(a^2-x^2)^{\frac{3}{2}}}$ $(a>0)$ (2) $\dfrac{x^2}{(a^2+x^2)^{\frac{7}{2}}}$ $(a>0)$

(1) $x=a\sin\theta$ とおく。微分して、$dx=a\cos\theta\,d\theta$

$$\int \dfrac{x^4}{(a^2-x^2)^{\frac{3}{2}}}dx = \int \dfrac{a^4\sin^4\theta}{a^3\cos^3\theta}\cdot a\cos\theta\,d\theta = \int \dfrac{a^2\sin^4\theta}{\cos^2\theta}d\theta$$

$[\;a^2-x^2=a^2-a^2\sin^2\theta=a^2(1-\sin^2\theta)=a^2\cos^2\theta\;]$

$$= \int \dfrac{a^2(1-\cos^2\theta)^2}{\cos^2\theta}d\theta = \int a^2\left(\dfrac{1-2\cos^2\theta+\cos^4\theta}{\cos^2\theta}\right)d\theta$$

$$= \int a^2\left(\dfrac{1}{\cos^2\theta}-2+\cos^2\theta\right)d\theta \quad \text{半角の公式}$$

$$= \int a^2\left(\dfrac{1}{\cos^2\theta}-2+\dfrac{1+\cos 2\theta}{2}\right)d\theta = a^2\left(\tan\theta-\dfrac{3}{2}\theta+\dfrac{1}{4}\sin 2\theta\right)$$

$\left[\;\tan\theta=\dfrac{a\sin\theta}{a\cos\theta}=\dfrac{x}{\sqrt{a^2-x^2}},\;\sin 2\theta=2\sin\theta\cos\theta=2\cdot\dfrac{x}{a}\cdot\dfrac{\sqrt{a^2-x^2}}{a}\;\right]$

$$= a^2\left(\dfrac{x}{\sqrt{a^2-x^2}}-\dfrac{3}{2}\sin^{-1}\dfrac{x}{a}+\dfrac{1}{2}\cdot\dfrac{x}{a}\cdot\dfrac{\sqrt{a^2-x^2}}{a}\right)$$

(2) $x=a\tan\theta$ とおく。微分して、$dx=\dfrac{a}{\cos^2\theta}d\theta$

$$a^2+x^2=a^2+a^2\tan^2\theta=a^2(1+\tan^2\theta)=\dfrac{a^2}{\cos^2\theta}$$

$$\int \dfrac{x^2}{(a^2+x^2)^{\frac{7}{2}}}dx = \int \dfrac{a^2\sin^2\theta}{\cos^2\theta}\cdot\dfrac{\cos^7\theta}{a^7}\cdot\dfrac{a}{\cos^2\theta}d\theta$$

$$= \int \dfrac{1}{a^4}\sin^2\theta\cos^3\theta\,d\theta = \int \dfrac{1}{a^4}\sin^2\theta(1-\sin^2\theta)\cos\theta\,d\theta$$

$$= \dfrac{1}{a^4}\int t^2(1-t^2)dt = \dfrac{1}{a^4}\int(t^2-t^4)dt = \dfrac{1}{a^4}\left(\dfrac{1}{3}t^3-\dfrac{1}{5}t^5\right) \quad \begin{array}{l}t=\sin\theta \text{ とおく}\\ dt=\cos\theta\,d\theta\end{array}$$

$$= \dfrac{1}{a^4}\left(\dfrac{1}{3}\sin^3\theta-\dfrac{1}{5}\sin^5\theta\right) = \dfrac{1}{a^4}\left(\dfrac{x^3}{3(a^2+x^2)^{\frac{3}{2}}}-\dfrac{x^5}{5(a^2+x^2)^{\frac{5}{2}}}\right)$$

$\left[\;\sin\theta=\dfrac{a\sin\theta}{\cos\theta}\Big/\dfrac{a}{\cos\theta}=\dfrac{x}{(a^2+x^2)^{\frac{1}{2}}}\;\right]$

ステップ 演習 ▶ 置換積分（√2次式型） （講義編 p.82、94 参照）

次の関数の不定積分を求めよ。

(1) $\dfrac{1}{(2x-1)\sqrt{2x^2-4x-1}}$ 　　(2) $\dfrac{1}{(x+3)\sqrt{2-x-x^2}}$

(1) $\sqrt{2x^2-4x-1}=t-\sqrt{2}\,x$ ……① とおく。

$2x^2-4x-1=t^2-2\sqrt{2}\,tx+2x^2 \quad \therefore \quad x=\dfrac{t^2+1}{2\sqrt{2}\,(t-\sqrt{2})}$ ← f, g

微分して、$dx=\dfrac{2t(t-\sqrt{2})-(t^2+1)}{2\sqrt{2}\,(t-\sqrt{2})^2}dt=\dfrac{t^2-2\sqrt{2}\,t-1}{2\sqrt{2}\,(t-\sqrt{2})^2}dt$

また、$2x-1=\dfrac{2(t^2+1)-2\sqrt{2}\,(t-\sqrt{2})}{2\sqrt{2}\,(t-\sqrt{2})}=\dfrac{t^2-\sqrt{2}\,t+3}{\sqrt{2}\,(t-\sqrt{2})}$

$\sqrt{2x^2-4x-1}=t-\sqrt{2}\,x=t-\dfrac{t^2+1}{2(t-\sqrt{2})}=\dfrac{t^2-2\sqrt{2}\,t-1}{2(t-\sqrt{2})}$

$\displaystyle\int\dfrac{1}{(2x-1)\sqrt{2x^2-4x-1}}dx=\int\dfrac{\sqrt{2}\,(t-\sqrt{2})}{t^2-\sqrt{2}\,t+3}\cdot\dfrac{2(t-\sqrt{2})}{t^2-2\sqrt{2}\,t-1}\cdot\dfrac{t^2-2\sqrt{2}\,t-1}{2\sqrt{2}\,(t-\sqrt{2})^2}dt$

$\displaystyle=\int\dfrac{1}{t^2-\sqrt{2}\,t+3}dt=\int\dfrac{1}{\left(t-\dfrac{\sqrt{2}}{2}\right)^2+\left(\dfrac{\sqrt{5}}{\sqrt{2}}\right)^2}dt=\dfrac{\sqrt{2}}{\sqrt{5}}\tan^{-1}\dfrac{t-\dfrac{\sqrt{2}}{2}}{\left(\dfrac{\sqrt{5}}{\sqrt{2}}\right)}$

①より $t=\sqrt{2}\,x+\sqrt{2x^2-4x-1}$

$=\dfrac{\sqrt{2}}{\sqrt{5}}\tan^{-1}\left(\dfrac{\sqrt{2}}{\sqrt{5}}\left(\sqrt{2}\,x+\sqrt{2x^2-4x-1}-\dfrac{\sqrt{2}}{2}\right)\right)$

(2) $2-x-x^2=\{x-(-2)\}(1-x)$ なので、$t=\sqrt{\dfrac{x+2}{1-x}}$ とおく。

$t^2=\dfrac{x+2}{1-x} \quad \therefore \quad t^2(1-x)=x+2 \quad \therefore \quad x=\dfrac{t^2-2}{t^2+1}=1-\dfrac{3}{t^2+1}$

微分して、$dx=\dfrac{3\cdot 2t}{(t^2+1)^2}dt=\dfrac{6t}{(t^2+1)^2}dt$ 　また、$x+3=\dfrac{4t^2+1}{t^2+1}$

$\sqrt{2-x-x^2}=(1-x)\sqrt{\dfrac{x+2}{1-x}}=\left\{1-\left(1-\dfrac{3}{t^2+1}\right)\right\}t=\dfrac{3t}{t^2+1}$

$\displaystyle\int\dfrac{1}{(x+3)\sqrt{2-x-x^2}}dx=\int\dfrac{t^2+1}{4t^2+1}\cdot\dfrac{t^2+1}{3t}\cdot\dfrac{6t}{(t^2+1)^2}dt$

$\displaystyle=\int\dfrac{2}{4t^2+1}dt=\int\dfrac{2}{(2t)^2+1}dt=\dfrac{1}{2}\cdot 2\tan^{-1}(2t)=\tan^{-1}\left(2\sqrt{\dfrac{x+2}{1-x}}\right)$

ジャンプ 確認 ▶ 置換積分（√2次式型）

次の関数の不定積分を求めよ。

(1) $\dfrac{1}{(x+1)\sqrt{4x^2+x+1}}$ (2) $\dfrac{1}{(x-1)\sqrt{2+x-x^2}}$

(1) $\sqrt{4x^2+x+1}=t-2x$ ……① とおく。

$4x^2+x+1=t^2-4tx+4x^2$ ∴ $x=\dfrac{t^2-1}{4t+1}$

微分して、$dx=\dfrac{2t(4t+1)-(t^2-1)\cdot 4}{(4t+1)^2}dt=\dfrac{2(2t^2+t+2)}{(4t+1)^2}dt$

$\sqrt{4x^2+x+1}=t-2x=t-\dfrac{2(t^2-1)}{4t+1}=\dfrac{2t^2+t+2}{4t+1}$

$x+1=\dfrac{t^2-1}{4t+1}+1=\dfrac{t^2+4t}{4t+1}$

$\displaystyle\int\dfrac{1}{(x+1)\sqrt{4x^2+x+1}}dx=\int\dfrac{4t+1}{t^2+4t}\cdot\dfrac{4t+1}{2t^2+t+2}\cdot\dfrac{2(2t^2+t+2)}{(4t+1)^2}dt$

$\displaystyle=\int\dfrac{2}{t(t+4)}dt=\int\dfrac{1}{2}\left(\dfrac{1}{t}-\dfrac{1}{t+4}\right)dt=\dfrac{1}{2}\Big(\log|t|-\log|t+4|\Big)$

$=\dfrac{1}{2}\log\left|\dfrac{t}{t+4}\right|=\dfrac{1}{2}\log\left|\dfrac{2x+\sqrt{4x^2+x+1}}{2x+\sqrt{4x^2+x+1}+4}\right|$

①より、$2x+\sqrt{4x^2+x+1}$

(2) $2+x-x^2=(x+1)(2-x)$ であるから、$t=\sqrt{\dfrac{x+1}{2-x}}$ とおく。

$t^2=\dfrac{x+1}{2-x}$ ∴ $t^2(2-x)=x+1$ ∴ $x=\dfrac{2t^2-1}{t^2+1}=2-\dfrac{3}{t^2+1}$

微分して、$dx=\dfrac{3}{(t^2+1)^2}(2t)dt=\dfrac{6t}{(t^2+1)^2}dt$ また、$x-1=\dfrac{t^2-2}{t^2+1}$

$\sqrt{2+x-x^2}=(2-x)\sqrt{\dfrac{x+1}{2-x}}=\left\{2-\left(2-\dfrac{3}{t^2+1}\right)\right\}t=\dfrac{3t}{t^2+1}$

$\displaystyle\int\dfrac{1}{(x-1)\sqrt{2+x-x^2}}dx=\int\dfrac{t^2+1}{t^2-2}\cdot\dfrac{t^2+1}{3t}\cdot\dfrac{6t}{(t^2+1)^2}dt=\int\dfrac{2}{t^2-2}dt$

$\displaystyle=\int\dfrac{1}{\sqrt{2}}\left(\dfrac{1}{t-\sqrt{2}}-\dfrac{1}{t+\sqrt{2}}\right)dt=\dfrac{1}{\sqrt{2}}\Big(\log|t-\sqrt{2}|-\log|t+\sqrt{2}|\Big)$

$=\dfrac{1}{\sqrt{2}}\log\left|\dfrac{t-\sqrt{2}}{t+\sqrt{2}}\right|=\dfrac{1}{\sqrt{2}}\log\left|\dfrac{\sqrt{\dfrac{x+1}{2-x}}-\sqrt{2}}{\sqrt{\dfrac{x+1}{2-x}}+\sqrt{2}}\right|=\dfrac{1}{\sqrt{2}}\log\left|\dfrac{\sqrt{x+1}-\sqrt{2(2-x)}}{\sqrt{x+1}+\sqrt{2(2-x)}}\right|$

ステップ 演習 ▶有理関数の積分 （講義編 p.89 参照）

次の関数の不定積分を求めよ。
$$\frac{1}{x^3+1}$$

$\dfrac{1}{x^3+1}=\dfrac{a}{x+1}+\dfrac{bx+c}{x^2-x+1}$ を満たす a、b、c を求める。

分母を払って、$1=a(x^2-x+1)+(bx+c)(x+1)$ ……①
$x^3+1=(x+1)(x^2-x+1)$ を両辺にかける
$x=-1$ のとき、$1=3a$ ∴ $a=\dfrac{1}{3}$

①は x がどんな数でも成り立つ式(恒等式)なので
両辺の 2 次の係数を比べて、$0=a+b$ ∴ $b=-a=-\dfrac{1}{3}$

定数項を比べて、$1=a+c$ ∴ $c=1-a=1-\dfrac{1}{3}=\dfrac{2}{3}$

$$\frac{1}{x^3+1}=\frac{1}{3}\cdot\frac{1}{x+1}-\frac{1}{3}\cdot\boxed{\frac{x-2}{x^2-x+1}}$$

$\left[\;\int\dfrac{f'(x)}{f(x)}dx=\log|f(x)|\text{ が使えるように、分子から}(x^2-x+1)'=2x-1\text{ を括り出す。}\right.$
$\left.x-2=A(2x-1)+B\text{ となる }A,B\text{ を求める。1次の係数を比べて、}A=\dfrac{1}{2}\text{、次に }B=-\dfrac{3}{2}\right]$

$$=\frac{1}{3}\cdot\frac{1}{x+1}-\frac{1}{3}\left(\underbrace{\boxed{\frac{1}{2}}}_{A}\cdot\frac{2x-1}{x^2-x+1}-\underbrace{\boxed{\frac{3}{2}}}_{B}\cdot\frac{1}{x^2-x+1}\right)$$

$$=\frac{1}{3}\cdot\frac{1}{x+1}-\frac{1}{6}\cdot\frac{2x-1}{x^2-x+1}+\frac{1}{2}\cdot\frac{1}{\left(x-\frac{1}{2}\right)^2+\underbrace{\left(\boxed{\frac{\sqrt{3}}{2}}\right)^2}_{=a}}$$

積分

$\left[\;\int\dfrac{1}{x^2+a^2}dx=\dfrac{1}{a}\tan^{-1}\dfrac{x}{a}\text{ が使えるように、分母を平方完成する。}\right]$

$$\int\frac{1}{x^3+1}dx=\frac{1}{3}\log|x+1|-\frac{1}{6}\log|x^2-x+1|+\frac{1}{\sqrt{3}}\tan^{-1}\frac{2x-1}{\sqrt{3}}$$

$$\left[\frac{1}{2}\cdot\underbrace{\frac{1}{\left(\frac{\sqrt{3}}{2}\right)}}_{a}\cdot\tan^{-1}\underbrace{\frac{\left(x-\frac{1}{2}\right)}{\left(\frac{\sqrt{3}}{2}\right)}}_{a}\right]$$

ジャンプ 確認 ▶有理関数の積分

次の関数の不定積分を求めよ。
$$\frac{x}{x^3-1}$$

$\dfrac{x}{x^3-1}=\dfrac{a}{x-1}+\dfrac{bx+c}{x^2+x+1}$ を満たす a、b、c を求める。

分母を払って、$x=a(x^2+x+1)+(bx+c)(x-1)$ ……①
$x^3-1=(x-1)(x^2+x+1)$ を両辺にかける
$x=1$ のとき、$1=3a$ ∴ $a=\dfrac{1}{3}$

①は、x がどんな数でも成り立つ式(恒等式)なので
両辺の 2 次の係数を比べて、$0=a+b$ ∴ $b=-a=-\dfrac{1}{3}$

定数項を比べて、$0=a-c$ ∴ $c=a=\dfrac{1}{3}$

$$\frac{x}{x^3-1}=\frac{1}{3}\cdot\frac{1}{x-1}-\frac{1}{3}\cdot\boxed{\frac{x-1}{x^2+x+1}}$$

$\left[\begin{array}{l}\int\dfrac{f'(x)}{f(x)}dx=\log|f(x)| \text{ が使えるように、分子から、}(x^2+x+1)'=2x+1 \text{ を括り出す。}\\ x-1=A(2x+1)+B \text{ となる } A、B \text{ を求める。1 次の係数を比べて、}A=\dfrac{1}{2}\text{、次に }B=-\dfrac{3}{2}\end{array}\right]$

$$=\frac{1}{3}\cdot\frac{1}{x-1}-\frac{1}{3}\left(\underbrace{\boxed{\frac{1}{2}}}_{A}\cdot\frac{2x+1}{x^2+x+1}-\underbrace{\boxed{\frac{3}{2}}}_{B}\cdot\frac{1}{x^2+x+1}\right)$$

$$=\frac{1}{3}\cdot\frac{1}{x-1}-\frac{1}{6}\cdot\frac{2x+1}{x^2+x+1}+\frac{1}{2}\cdot\frac{1}{\left(x+\frac{1}{2}\right)^2+\underbrace{\left(\frac{\sqrt{3}}{2}\right)^2}_{=a}}$$

積分

$\left[\int\dfrac{1}{x^2+a^2}dx=\dfrac{1}{a}\tan^{-1}\dfrac{x}{a} \text{ が使えるように、分母を平方完成する。}\right]$

$$\int\frac{x}{x^3-1}dx=\frac{1}{3}\log|x-1|-\frac{1}{6}\log|x^2+x+1|+\frac{1}{\sqrt{3}}\tan^{-1}\frac{2x+1}{\sqrt{3}}$$

$\left[\dfrac{1}{2}\cdot\dfrac{1}{\underbrace{\left(\frac{\sqrt{3}}{2}\right)}_{a}}\cdot\tan^{-1}\dfrac{\left(x+\frac{1}{2}\right)}{\underbrace{\left(\frac{\sqrt{3}}{2}\right)}_{a}}\right]$

演習 ▶ 置換積分（三角関数について）　（講義編 p.92 参照）

次の関数の不定積分を求めよ。
(1) $\dfrac{1+\sin x}{\sin x(1+\cos x)}$ 　　(2) $\dfrac{1}{\sin^2 x + 9\cos^2 x}$

(1) $t=\tan\dfrac{x}{2}$ とおく。$dx=\dfrac{2}{1+t^2}dt$、$\cos x=\dfrac{1-t^2}{1+t^2}$、$\sin x=\dfrac{2t}{1+t^2}$

$$\int \dfrac{1+\sin x}{\sin x(1+\cos x)}dx = \int \dfrac{1+\dfrac{2t}{1+t^2}}{\dfrac{2t}{1+t^2}\left(1+\dfrac{1-t^2}{1+t^2}\right)} \cdot \dfrac{2}{t^2+1}dt$$

$$= \int \dfrac{t^2+2t+1}{2t}dt = \int \left(\dfrac{1}{2}t+1+\dfrac{1}{2t}\right)dt = \dfrac{1}{4}t^2+t+\dfrac{1}{2}\log|t|$$

$$= \dfrac{1}{4}\tan^2\dfrac{x}{2}+\tan\dfrac{x}{2}+\dfrac{1}{2}\log\left|\tan\dfrac{x}{2}\right|$$

(2) $t=\tan x$ とおく。$dx=\dfrac{1}{1+t^2}dt$、$\cos^2 x=\dfrac{1}{1+t^2}$、$\sin^2 x=\dfrac{t^2}{1+t^2}$

$$\int \dfrac{1}{\sin^2 x+9\cos^2 x}dx = \int \dfrac{1}{\left(\dfrac{t^2}{1+t^2}\right)+\left(\dfrac{9}{1+t^2}\right)} \cdot \dfrac{1}{1+t^2}dt = \int \dfrac{1}{t^2+3^2}dt$$

$$= \dfrac{1}{3}\tan^{-1}\dfrac{t}{3} = \dfrac{1}{3}\tan^{-1}\left(\dfrac{\tan x}{3}\right)$$

$\int \dfrac{1}{x^2+a^2}dx = \dfrac{1}{a}\tan^{-1}\dfrac{x}{a}$

ジャンプ 確認 ▶置換積分（三角関数について）

次の関数の不定積分を求めよ。
(1) $\dfrac{\sin x}{1+\sin x}$ (2) $\dfrac{\sin^2 x}{1+3\sin^2 x}$

(1) $t=\tan\dfrac{x}{2}$ とおく。$dx=\dfrac{2}{1+t^2}dt$、$\sin x=\dfrac{2t}{1+t^2}$

$$\int \frac{\sin x}{1+\sin x}dx = \int \frac{\left(\dfrac{2t}{1+t^2}\right)}{1+\left(\dfrac{2t}{1+t^2}\right)}\cdot\frac{2}{1+t^2}dt = \int \frac{4t}{(1+t^2)(1+2t+t^2)}dt$$

$$=\int 2\left(\frac{1}{1+t^2}-\frac{1}{1+2t+t^2}\right)dt = \int 2\left(\frac{1}{1+t^2}-\frac{1}{(1+t)^2}\right)dt = 2\tan^{-1}t+\frac{2}{1+t}$$

$$=2\underbrace{\tan^{-1}\left(\tan\frac{x}{2}\right)}_{\frac{x}{2}}+\frac{2}{1+\tan\dfrac{x}{2}}=x+\frac{2}{1+\tan\dfrac{x}{2}}$$

(2) $t=\tan x$ とおく。$dx=\dfrac{1}{1+t^2}dt$、$\sin^2 x=\dfrac{t^2}{1+t^2}$

$$\int \frac{\sin^2 x}{1+3\sin^2 x}dx = \int \frac{\left(\dfrac{t^2}{1+t^2}\right)}{1+\left(\dfrac{3t^2}{1+t^2}\right)}\cdot\frac{1}{1+t^2}dt = \int \frac{t^2}{(1+t^2)(1+4t^2)}dt$$

$$=\int \frac{1}{3}\left(\frac{1}{1+t^2}-\frac{1}{1+4t^2}\right)dt = \int \frac{1}{3}\left(\frac{1}{1+t^2}-\frac{1}{4}\cdot\frac{1}{t^2+\left(\dfrac{1}{2}\right)^2}\right)dt$$

$$=\frac{1}{3}\tan^{-1}t-\frac{1}{3}\cdot\frac{1}{4}\cdot 2\tan^{-1}2t = \frac{1}{3}x-\frac{1}{6}\tan^{-1}(2\tan x)$$

$\int\dfrac{1}{x^2+a^2}dx=\dfrac{1}{a}\tan^{-1}\dfrac{x}{a}$

$\tan^{-1}t=\tan^{-1}(\tan x)=x$

演習 ▶ 積分と漸化式 （講義編 p.97 参照）

(1) $I_n = \int (\log x)^n dx$ とおく。I_n を I_{n-1} で表せ。I_4 を求めよ。

(2) $I_n = \int x^n \sqrt{x+a}\, dx$ とおく。I_n を I_{n-1} で表せ。

(1) $I_n = \int (\log x)^n dx = \int \underset{f}{1} \cdot \underset{g}{(\log x)^n} dx$

$\quad = \underset{F}{x} \underset{g}{(\log x)^n} - \int \underset{F}{x} \cdot \underset{g'}{n(\log x)^{n-1} \cdot \dfrac{1}{x}} dx = x(\log x)^n - n I_{n-1}$

$\qquad\qquad\qquad\qquad\qquad\qquad\qquad\qquad\qquad\quad I_0 = \int 1\, dx = x$

$I_1 = x(\log x)^1 - 1 \cdot x = x \log x - x$

$I_2 = x(\log x)^2 - 2I_1 = x(\log x)^2 - 2x \log x + 2x$

$I_3 = x(\log x)^3 - 3I_2 = x(\log x)^3 - 3x(\log x)^2 + 6x \log x - 6x$

$I_4 = x(\log x)^4 - 4I_3$

$\quad = x(\log x)^4 - 4x(\log x)^3 + 12x(\log x)^2 - 24x \log x + 24x$

(2) $I_n = \int \underset{g}{x^n} \underset{f}{\sqrt{x+a}}\, dx = \underset{g}{x^n} \cdot \underset{F}{\dfrac{2}{3}(x+a)^{\frac{3}{2}}} - \int \underset{g'}{n x^{n-1}} \cdot \underset{F}{\dfrac{2}{3}(x+a)^{\frac{3}{2}}} dx$

$= \dfrac{2}{3} x^n (x+a)^{\frac{3}{2}} - \dfrac{2n}{3} \int x^{n-1} (x+a)(x+a)^{\frac{1}{2}} dx$

$= \dfrac{2}{3} x^n (x+a)^{\frac{3}{2}} - \dfrac{2n}{3} \left(\int x^n (x+a)^{\frac{1}{2}} dx + a \int x^{n-1} (x+a)^{\frac{1}{2}} dx \right)$

$\therefore\quad I_n = \dfrac{2}{3} x^n (x+a)^{\frac{3}{2}} - \dfrac{2n}{3} I_n - \dfrac{2na}{3} I_{n-1}$

$\therefore\quad \left(1 + \dfrac{2n}{3}\right) I_n = \dfrac{2}{3} x^n (x+a)^{\frac{3}{2}} - \dfrac{2na}{3} I_{n-1}$

$\therefore\quad I_n = \dfrac{2}{2n+3} x^n (x+a)^{\frac{3}{2}} - \dfrac{2na}{2n+3} I_{n-1} \quad (n \geq 1)$

確認 ▶積分と漸化式

(1) $I_n = \int (\sin^{-1} x)^n dx$ とおく。$n \geq 2$ のとき、I_n を I_{n-2} で表せ。

(2) $I_n = \int \dfrac{1}{(x^2+a^2)^n} dx$ とおく。I_{n+1} を I_n で表せ。I_3 を求めよ。

(1) $I_n = \int (\sin^{-1} x)^n dx = \int 1 \cdot (\sin^{-1} x)^n dx$

$= x(\sin^{-1} x)^n - \int x \cdot n(\sin^{-1} x)^{n-1} \cdot \dfrac{1}{\sqrt{1-x^2}} dx$

$= x(\sin^{-1} x)^n - n \int \dfrac{x}{\sqrt{1-x^2}} \cdot (\sin^{-1} x)^{n-1} dx$

$= x(\sin^{-1} x)^n - n \cdot \{-\sqrt{1-x^2}(\sin^{-1} x)^{n-1}$

$\qquad - \int (-\sqrt{1-x^2})(n-1)(\sin^{-1} x)^{n-2} \cdot \dfrac{1}{\sqrt{1-x^2}} dx\}$

$= x(\sin^{-1} x)^n + n\sqrt{1-x^2}(\sin^{-1} x)^{n-1} - n(n-1) I_{n-2}$

$(\sqrt{1-x^2})' = ((1-x^2)^{\frac{1}{2}})'$
$= \dfrac{1}{2}(1-x^2)^{-\frac{1}{2}}(-2x)$
$= -\dfrac{x}{\sqrt{1-x^2}}$

(2) $I_n = \int \dfrac{1}{(x^2+a^2)^n} dx = \int 1 \cdot \dfrac{1}{(x^2+a^2)^n} dx$

$= x \cdot \dfrac{1}{(x^2+a^2)^n} - \int x \cdot (-n) \cdot \dfrac{2x}{(x^2+a^2)^{n+1}} dx$

$= \dfrac{x}{(x^2+a^2)^n} + 2n \int \dfrac{(x^2+a^2)-a^2}{(x^2+a^2)^{n+1}} dx$

$= \dfrac{x}{(x^2+a^2)^n} + 2n \left(\int \dfrac{1}{(x^2+a^2)^n} dx - a^2 \int \dfrac{1}{(x^2+a^2)^{n+1}} dx \right)$

$\therefore \quad I_n = \dfrac{x}{(x^2+a^2)^n} + 2n I_n - 2na^2 I_{n+1}$

$\therefore \quad I_{n+1} = \dfrac{x}{2na^2(x^2+a^2)^n} + \dfrac{2n-1}{2na^2} I_n \quad (n \geq 1)$

$I_1 = \int \dfrac{1}{x^2+a^2} dx = \dfrac{1}{a} \tan^{-1} \dfrac{x}{a}$

$I_2 = \dfrac{x}{2a^2(x^2+a^2)} + \dfrac{1}{2a^2} I_1 = \dfrac{x}{2a^2(x^2+a^2)} + \dfrac{1}{2a^3} \tan^{-1} \dfrac{x}{a}$

$I_3 = \dfrac{x}{4a^2(x^2+a^2)^2} + \dfrac{3}{4a^2} I_2$

$\quad = \dfrac{x}{4a^2(x^2+a^2)^2} + \dfrac{3x}{8a^4(x^2+a^2)} + \dfrac{3}{8a^5} \tan^{-1} \dfrac{x}{a}$

ステップ 演習 ▶広義積分 （講義編 p.103 参照）

次の定積分を求めよ。

(1) $\displaystyle\int_0^\infty x^3 e^{-x} dx$

(2) $\displaystyle\int_0^1 (\log x)^2 dx$

(3) $\displaystyle\int_{-\infty}^\infty \frac{1}{a^2 e^x + b^2 e^{-x}} dx \quad \binom{a>0}{b>0}$

(4) $\displaystyle\int_0^2 \frac{1}{\sqrt[3]{(x-1)^2}} dx$

---

(1) $\displaystyle\int_0^\infty x^3 e^{-x} dx = \Big[-(x^3+3x^2+6x+6)e^{-x}\Big]_0^\infty = 0-(-6) = 6$

$\left[\displaystyle\int y e^{-x} dx = -(y+y'+y^{(2)}+\cdots)e^{-x}, \; \lim_{x\to\infty}\frac{(x\text{の多項式})}{e^x} = 0 \text{ なので } x\to\infty \text{ のとき } 0 \text{ になる。}\right]$

部分積分をくり返すといえる ／ ロピタルをくり返すといえる

(2) $\displaystyle\int_0^1 (\log x)^2 dx = \int_0^1 \underbrace{1}_{f} \cdot \underbrace{(\log x)^2}_{g} dx = \Big[\underbrace{x}_{F}\underbrace{(\log x)^2}_{g}\Big]_0^1 - \int_0^1 \underbrace{x}_{F} \cdot \underbrace{2\log x \cdot \frac{1}{x}}_{g'} dx$

$\left[t = -\log x \text{ とおくと、} x\to +0 \text{ のとき、} t\to\infty, \; x(\log x)^2 = \dfrac{t^2}{e^t} \to 0\right]$

$= -2\displaystyle\int_0^1 \underbrace{1}_{f} \cdot \underbrace{\log x}_{g} dx = -2\left\{\Big[\underbrace{x}_{F}\underbrace{\log x}_{g}\Big]_0^1 - \int_0^1 \underbrace{x}_{F} \cdot \underbrace{\frac{1}{x}}_{g'} dx\right\} = -2(0-1) = 2$

(3) $t = e^x$ とおく。

x	$-\infty \to \infty$
t	$0 \to \infty$

$dt = e^x dx \qquad \displaystyle\int \frac{1}{x^2+k^2} dx = \frac{1}{k}\tan^{-1}\frac{x}{k}$

$\displaystyle\int_{-\infty}^\infty \frac{1}{a^2 e^x + b^2 e^{-x}} dx = \int_{-\infty}^\infty \frac{e^x}{a^2 e^{2x} + b^2} dx = \int_0^\infty \frac{1}{a^2 t^2 + b^2} dt$

$= \displaystyle\int_0^\infty \frac{1}{a^2} \cdot \frac{1}{t^2 + \left(\frac{b}{a}\right)^2} dt = \left[\frac{1}{a^2} \cdot \frac{a}{b}\tan^{-1}\frac{at}{b}\right]_0^\infty = \frac{1}{ab}\left(\frac{\pi}{2} - 0\right) = \frac{\pi}{2ab}$

$\left(\dfrac{b}{a}\right)^2 \leftarrow k$

(4) 被積分関数は $x=1$ で特異点を持つので積分区間を $[0,1)$、$(1,2]$ に分ける。
（$0 \leq x < 1$、$-1 < x \leq 2$）

$\displaystyle\int_0^2 \frac{1}{\sqrt[3]{(x-1)^2}} dx = \int_0^1 \frac{1}{(1-x)^{\frac{2}{3}}} dx + \int_1^2 \frac{1}{(x-1)^{\frac{2}{3}}} dx$

$\big[\;[0,1)\text{ のとき、} 1-x>0, \; (1,2] \text{ のとき、} x-1>0 \text{ であることに着目}\;\big]$

$= \Big[-3(1-x)^{\frac{1}{3}}\Big]_0^1 + \Big[3(x-1)^{\frac{1}{3}}\Big]_1^2 = \{0-(-3)\} + (3-0) = 6$

ジャンプ 確認 ▶広義積分

次の定積分を求めよ。

(1) $\int_0^\infty x^4 e^{-x} dx$

(2) $\int_0^\infty \dfrac{\log(1+x^2)}{x^2} dx$

(3) $\int_0^{\frac{\pi}{2}} \dfrac{1}{a^2\cos^2 x + b^2\sin^2 x} dx \quad \begin{pmatrix} a>0 \\ b>0 \end{pmatrix}$

(4) $\int_0^2 \dfrac{1}{\sqrt{|x(1-x)|}} dx$

---

(1) $\int_0^\infty x^4 e^{-x} dx = \Big[-(x^4+4x^3+12x^2+24x+24)e^{-x}\Big]_0^\infty = 0-(-24) = 24$

$\left[\int y e^{-x} dx = -(y+y'+y^{(2)}+\cdots)e^{-x}、\lim_{x\to\infty}\dfrac{(x\text{の多項式})}{e^x} = 0 \text{ なので } x\to\infty \text{ のとき } 0 \text{ になる}\right]$

部分積分をくり返すといえる / ロピタルをくり返すといえる

(2) $\int_0^\infty \overset{g}{\overbrace{\dfrac{\log(1+x^2)}{x^2}}^{f}} dx = \left[\overset{F}{\boxed{-\dfrac{1}{x}}}\overset{g}{\log(1+x^2)}\right]_0^\infty - \int_0^\infty \overset{F}{\boxed{-\dfrac{1}{x}}}\cdot \overset{g'}{\boxed{\dfrac{2x}{1+x^2}}} dx$

$\left[\text{ロピタルの定理(p.159)より、}\lim_{x\to\infty}\dfrac{\log(1+x^2)}{x} = \lim_{x\to\infty}\dfrac{2x}{1+x^2} = 0,\ \lim_{x\to 0}\dfrac{\log(1+x^2)}{x} = \lim_{x\to 0}\dfrac{2x}{1+x^2} = 0\right]$

$= \int_0^\infty \dfrac{2}{1+x^2} dx = \Big[2\tan^{-1} x\Big]_0^\infty = 2\left(\dfrac{\pi}{2}-0\right) = \pi \qquad \color{red}{\int\dfrac{1}{a^2+x^2}dx = \dfrac{1}{a}\tan^{-1}\dfrac{x}{a}}$

(3) $t = \tan x$ とおくと、$\dfrac{1}{1+t^2}dt = dx$、$\cos^2 x = \dfrac{1}{1+t^2}$、$\sin^2 x = \dfrac{t^2}{1+t^2}$

$\int_0^{\frac{\pi}{2}} \dfrac{1}{a^2\cos^2 x + b^2\sin^2 x} dx = \int_0^\infty \dfrac{1}{a^2\cdot\dfrac{1}{1+t^2} + b^2\cdot\dfrac{t^2}{1+t^2}}\cdot\dfrac{1}{1+t^2} dt$

$\begin{array}{c|c} x & 0 \to \pi/2 \\ \hline t & 0 \to \infty \end{array}$

$= \int_0^\infty \dfrac{1}{a^2+b^2 t^2} dt = \int_0^\infty \dfrac{1}{b^2}\cdot\dfrac{1}{\dfrac{a^2}{b^2}+t^2} dt = \left[\dfrac{1}{b^2}\cdot\dfrac{b}{a}\tan^{-1}\dfrac{bt}{a}\right]_0^\infty = \dfrac{\pi}{2ab}$

(4) p.53 に掲載

演習 ▶ 鏡像定積分　（講義編 p.110 参照）

次の定積分を求めよ。

(1) $\displaystyle\int_0^\pi \frac{x\sin x}{1+\cos^2 x}dx$

(2) $\displaystyle\int_0^{\frac{\pi}{4}} \log(1+\tan x)dx$

---

(1) $x=\pi-t$ とおくと、$dx=-dt$、

x	$0 \to \pi$
t	$\pi \to 0$

求める積分を I とおく

$\displaystyle I=\int_0^\pi \frac{x\sin x}{1+\cos^2 x}dx = \int_\pi^0 \frac{(\pi-t)\sin(\pi-t)}{1+\cos^2(\pi-t)}(-dt)=\int_0^\pi \frac{(\pi-t)\sin t}{1+\cos^2 t}dt$

$\displaystyle =\pi\int_0^\pi \frac{\sin t}{1+\cos^2 t}dt - \int_0^\pi \frac{t\sin t}{1+\cos^2 t}dt = \pi\int_0^\pi \frac{-(\cos t)'}{1+\cos^2 t}dt - I$

同じ値

$\displaystyle =\pi\Big[-\tan^{-1}(\cos t)\Big]_0^\pi - I = \pi\left\{\frac{\pi}{4}-\left(-\frac{\pi}{4}\right)\right\}-I = \frac{\pi^2}{2}-I$

$\therefore\ I=\dfrac{\pi^2}{2}-I\ \ \therefore\ I=\dfrac{\pi^2}{4}$

(2) $x=\dfrac{\pi}{4}-t$ とおく。$dx=-dt$

x	$0 \to \dfrac{\pi}{4}$
t	$\dfrac{\pi}{4} \to 0$

$1+\tan x = 1+\tan\left(\dfrac{\pi}{4}-t\right)=1+\dfrac{\tan\dfrac{\pi}{4}-\tan t}{1+\tan\dfrac{\pi}{4}\cdot\tan t}=\dfrac{2}{1+\tan t}$

求める積分を I とおく

$\displaystyle I=\int_0^{\frac{\pi}{4}} \log(1+\tan x)dx = \int_{\frac{\pi}{4}}^0 \log\frac{2}{1+\tan t}(-dt) = \int_0^{\frac{\pi}{4}} \log\frac{2}{1+\tan t}dt$

$\displaystyle =\int_0^{\frac{\pi}{4}}(\log 2 - \log(1+\tan t))dt = \int_0^{\frac{\pi}{4}}\log 2\,dt - \int_0^{\frac{\pi}{4}}\log(1+\tan t)dt$

同じ値

$\displaystyle =\Big[(\log 2)t\Big]_0^{\frac{\pi}{4}} - I = \frac{\pi}{4}\log 2 - I$

$\therefore\ I=\dfrac{\pi}{4}\log 2 - I \ \ \therefore\ I=\dfrac{\pi}{8}\log 2$

ジャンプ 確認 ▶鏡像定積分

次の定積分を求めよ。
(1) $\displaystyle\int_0^\pi \frac{x\sin x}{1+|\cos x|}dx$ (2) $\displaystyle\int_0^{\frac{\pi}{2}} \log(\cos x)dx$

(1) 積分区分を $x=\dfrac{\pi}{2}$ で分け、後半で $x=\pi-t$ と変数変換します。

$$\int_0^\pi \frac{x\sin x}{1+|\cos x|}dx = \int_0^{\frac{\pi}{2}}\frac{x\sin x}{1+|\cos x|}dx + \int_{\frac{\pi}{2}}^\pi \frac{x\sin x}{1+|\cos x|}dx$$

$$=\int_0^{\frac{\pi}{2}}\frac{x\sin x}{1+|\cos x|}dx + \int_{\frac{\pi}{2}}^0 \frac{(\pi-t)\sin(\pi-t)}{1+|\cos(\pi-t)|}\cdot(-dt) \quad \begin{array}{l}x=\pi-t \text{ とおく}\\ dx=-dt\end{array}$$

$\sin(\pi-t)=\sin t$ また、$0\le t\le \dfrac{\pi}{2}$ のとき、$\cos t\ge 0$ なので、$|\cos(\pi-t)|=|-\cos t|=\cos t$

$$=\int_0^{\frac{\pi}{2}}\frac{x\sin x}{1+\cos x}dx + \int_0^{\frac{\pi}{2}}\frac{(\pi-t)\sin t}{1+\cos t}dt \quad \text{同じ値}$$

$$=\underline{\int_0^{\frac{\pi}{2}}\frac{x\sin x}{1+\cos x}dx} + \pi\int_0^{\frac{\pi}{2}}\frac{\sin t}{1+\cos t}dt - \underline{\int_0^{\frac{\pi}{2}}\frac{t\sin t}{1+\cos t}dt}$$

$$=\pi\int_0^{\frac{\pi}{2}}\frac{-1}{1+\cos t}(\cos t)'dt = \pi\Big[-\log|1+\cos t|\Big]_0^{\frac{\pi}{2}} = \pi\log 2$$

(2) $x=\dfrac{\pi}{2}-t$ とおくと、$dx=-dt$ $\begin{array}{c|c}x & 0\to\pi/2\\ \hline t & \pi/2\to 0\end{array}$ 厳密には広義積分だがここでは気にしない

求める積分を I とおく

$$I=\int_0^{\frac{\pi}{2}}\log(\cos x)dx = \int_{\frac{\pi}{2}}^0 \log\Big(\cos\Big(\frac{\pi}{2}-t\Big)\Big)(-dt) = \int_0^{\frac{\pi}{2}}\log(\sin t)dt$$

$$2I=\int_0^{\frac{\pi}{2}}\log(\cos x)dx + \int_0^{\frac{\pi}{2}}\log(\sin x)dx = \int_0^{\frac{\pi}{2}}\log(\cos x\sin x)dx$$

$$=\int_0^{\frac{\pi}{2}}\log\Big(\frac{1}{2}\sin 2x\Big)dx = \int_0^{\frac{\pi}{2}}\{\log(\sin 2x)-\log 2\}dx$$

$$=\int_0^{\frac{\pi}{2}}\log(\sin 2x)dx - \int_0^{\frac{\pi}{2}}\log 2\, dx = \underline{\int_0^{\pi}\log(\sin u)\cdot\frac{1}{2}du}_{Ⓐ} - \Big[(\log 2)x\Big]_0^{\frac{\pi}{2}}$$

[$y=\log(\sin x)$ は $x=\pi/2$ に関して対称なので、Ⓐ$=2I$]

$$=\frac{1}{2}\cdot 2I - \frac{\pi}{2}\log 2 \quad \text{これより、}\quad I=-\frac{\pi}{2}\log 2$$

ステップ 演習 ▶ベータ関数 （講義編 p.114 参照）

$B(p,q) = \int_0^1 x^{p-1}(1-x)^{q-1}dx$ とおくとき、次を示せ。

(1) $B(p,q) = \dfrac{q-1}{p}B(p+1, q-1)$

(2) p、q が正の整数のとき、$B(p,q) = \dfrac{(p-1)!(q-1)!}{(p+q-1)!}$

(3) m、n は自然数、α、$\beta(\alpha<\beta)$ は実数とする。$y=(x-\alpha)^n(\beta-x)^m$ と x 軸で囲まれた部分の面積 S を求めよ。

---

(1) $B(p,q) = \int_0^1 \underbrace{x^{p-1}}_{f}\underbrace{(1-x)^{q-1}}_{g}dx$ ←--- 部分積分

$= \left[\underbrace{\dfrac{1}{p}x^p}_{F}\underbrace{(1-x)^{q-1}}_{g}\right]_0^1 - \int_0^1 \underbrace{\dfrac{1}{p}x^p}_{F}\underbrace{\{-(q-1)(1-x)^{q-2}\}}_{g'}dx$

$= \dfrac{q-1}{p}\int_0^1 x^{(p+1)-1}(1-x)^{(q-1)-1}dx = \dfrac{q-1}{p}B(p+1, q-1)$

(2) $B(p,q) = \dfrac{q-1}{p}B(p+1, q-1) = \dfrac{q-1}{p}\cdot\dfrac{q-2}{p+1}B(p+2, q-2)$

$= \dfrac{q-1}{p}\cdot\dfrac{q-2}{p+1}\cdot\dfrac{q-3}{p+2}B(p+3, q-3) = \cdots\cdots$

$= \dfrac{(q-1)\cdot(q-2)\cdots\cdots 1}{p\cdot(p+1)\cdots\cdots(p+q-2)}B(p+q-1, 1)\cdots\cdots$ ①

ここで、$B(p+q-1, 1) = \int_0^1 x^{p+q-2}(1-x)^0 dx = \left[\dfrac{x^{p+q-1}}{p+q-1}\right]_0^1 = \dfrac{1}{p+q-1}$

① $= \dfrac{(q-1)!}{p\cdots\cdots(p+q-2)}\cdot\dfrac{1}{p+q-1} = \dfrac{(p-1)!(q-1)!}{(p+q-1)!}$

(3) 囲まれた部分は図のようになる。

$S = \int_\alpha^\beta (x-\alpha)^n(\beta-x)^m dx$

ここで、$t=\dfrac{x-\alpha}{\beta-\alpha}$ とおく。微分して、$dt=\dfrac{1}{\beta-\alpha}dx$、

x	$\alpha \to \beta$
t	$0 \to 1$

$x-\alpha = (\beta-\alpha)t$, $1-t = \dfrac{\beta-x}{\beta-\alpha}$ ∴ $(\beta-x) = (\beta-\alpha)(1-t)$

よって、$S = \int_0^1 \{(\beta-\alpha)t\}^n\{(\beta-\alpha)(1-t)\}^m \cdot (\beta-\alpha)dt$

$= (\beta-\alpha)^{n+m+1}\int_0^1 t^{(n+1)-1}(1-t)^{(m+1)-1}dt = \dfrac{n!m!}{(n+m+1)!}(\beta-\alpha)^{n+m+1}$

ジャンプ 確認 ▶ ガンマ関数

$\Gamma(s) = \int_0^\infty x^{s-1} e^{-x} dx$ $(s>0)$ とおくとき、次を示せ。
(1) $\Gamma(s+1) = s\Gamma(s)$
(2) s が正の整数のとき、$\Gamma(s) = (s-1)!$

(1) $\Gamma(s+1) = \int_0^\infty \overset{g}{x^s} \overset{f}{e^{-x}} dx$ ←--- 部分積分

$= \left[\overset{g}{x^s} \overset{F}{(-e^{-x})} \right]_0^\infty - \int_0^\infty \overset{g'}{sx^{s-1}} \overset{F}{(-e^{-x})} dx = s \int_0^\infty x^{s-1} e^{-x} dx = s\Gamma(s)$

$\left[\lim_{x \to \infty} x^s e^{-x} = \lim_{x \to \infty} \frac{x^s}{e^x} = 0,\ s>0\ のとき、\lim_{x \to 0} x^s e^{-x} = 0 \right]$

(2) $\Gamma(s) = (s-1)\Gamma(s-1) = (s-1)(s-2)\Gamma(s-2) = \cdots\cdots$
$= (s-1)(s-2)\cdots\cdots 2 \cdot 1 \cdot \Gamma(1) = (s-1)! \Gamma(1) \cdots\cdots ①$

ここで、$\Gamma(1) = \int_0^\infty x^{1-1} e^{-x} dx = \left[-e^{-x} \right]_0^\infty = 1$、

よって、$① = (s-1)!$

【p.49(4)の解答】
(4) 被積分関数は $x=0,\ 1$ で特異点を持つので積分区間を $(0, 1)$、$(1, 2]$ に分ける。
($0<x<1$、$1<x\leq 2$)

$(0, 1)$ のとき、$|x(1-x)| = x(1-x)$、$(1, 2]$ のとき、$|x(1-x)| = x(x-1)$

$\int_0^2 \frac{1}{\sqrt{|x(1-x)|}} dx = \int_0^1 \frac{1}{\sqrt{x(1-x)}} dx + \int_1^2 \frac{1}{\sqrt{x(x-1)}} dx$

$= \int_0^1 \frac{1}{\sqrt{\left(\frac{1}{2}\right)^2 - \left(x - \frac{1}{2}\right)^2}} dx + \int_1^2 \frac{1}{\sqrt{\left(x - \frac{1}{2}\right)^2 - \frac{1}{4}}} dx$

$a>0$ のとき、
$\int \frac{1}{\sqrt{a^2-x^2}} dx = \sin^{-1} \frac{x}{a}$

$\int \frac{1}{\sqrt{x^2+A}} dx = \log|x + \sqrt{x^2+A}|$

$= \left[\sin^{-1} \frac{x - \frac{1}{2}}{\left(\frac{1}{2}\right)} \right]_0^1 + \left[\log \left| x - \frac{1}{2} + \sqrt{\left(x - \frac{1}{2}\right)^2 - \frac{1}{4}} \right| \right]_1^2$

$= \left\{ \frac{\pi}{2} - \left(-\frac{\pi}{2} \right) \right\} + \left(\log \left| \frac{3}{2} + \sqrt{2} \right| - \log \left| \frac{1}{2} + 0 \right| \right) = \pi + \log(3 + 2\sqrt{2})$

> **演習** ▶ ベータ関数・ガンマ関数　（講義編 p.114 参照）
>
> 次の定積分を求めよ。
>
> (1) $\displaystyle\int_0^\infty \sqrt[3]{\dfrac{x}{(1+x)^{10}}}\,dx$ 　$\left(t=\dfrac{x}{x+1} \text{とおく}\right)$
>
> (2) $\displaystyle\int_0^1 (\log x)^n\,dx$ 　（n は非負整数）　$(t=-\log x \text{ とおく})$

(1) 　$t=\dfrac{x}{x+1}$ とおくと、　$(x+1)t=x$ 　∴ 　$(1-t)x=t$

$x=\dfrac{1}{1-t}=-1+\dfrac{1}{1-t},\; x+1=\dfrac{1}{1-t},\; dx=\dfrac{1}{(1-t)^2}dt$ 　$\begin{array}{c|c} x & 0 \to \infty \\ \hline t & 0 \to 1 \end{array}$

$\displaystyle\int_0^\infty \sqrt[3]{\dfrac{x}{(1+x)^{10}}}\,dx = \int_0^\infty x^{\frac{1}{3}}(1+x)^{-\frac{10}{3}}dx$

$\displaystyle = \int_0^1 \left(\dfrac{t}{1-t}\right)^{\frac{1}{3}}\left(\dfrac{1}{1-t}\right)^{-\frac{10}{3}} \cdot \dfrac{1}{(1-t)^2}dt$ 　　$B(p,q)=\dfrac{q-1}{p}B(p+1,q-1)$

$\displaystyle = \int_0^1 t^{\frac{1}{3}}(1-t)\,dt = \int_0^1 t^{\frac{4}{3}-1}(1-t)^{2-1}dt = B\left(\dfrac{4}{3},2\right) = \dfrac{2-1}{\dfrac{4}{3}} B\left(\dfrac{7}{3},1\right)$

$\displaystyle = \dfrac{3}{4}\int_0^1 t^{\frac{7}{3}-1}(1-t)^{1-1}dt = \dfrac{3}{4}\int_0^1 t^{\frac{4}{3}}dt = \dfrac{3}{4}\left[\dfrac{3}{7}t^{\frac{7}{3}}\right]_0^1 = \dfrac{9}{28}$

(2) 　$t=-\log x$ とおくと、　$e^{-t}=x$ 　$-e^{-t}dt = dx$ 　$\begin{array}{c|c} x & 0 \to 1 \\ \hline t & \infty \to 0 \end{array}$

$\displaystyle\int_0^1 (\log x)^n\,dx = \int_\infty^0 (-t)^n(-e^{-t})\,dt = (-1)^n \int_0^\infty t^n e^{-t}\,dt$

$= (-1)^n \Gamma(n+1) = (-1)^n n!$
　　　　↑
　　　前々問の結果

ジャンプ 確認 ▶ベータ関数・ガンマ関数

次の定積分を求めよ。
(1) $\int_0^{\frac{\pi}{2}} (\sin x)^{\frac{3}{2}} \cos^5 x \, dx$ （$t=\sin^2 x$ とおく）
(2) $\int_0^\infty x^4 e^{-x^2} dx$ （$t=x^2$ とおく）

(1) $t=\sin^2 x$ とおく。$dt = 2\sin x \cos x \, dx$

x	$0 \to \frac{\pi}{2}$
t	$0 \to 1$

$$\int_0^{\frac{\pi}{2}} (\sin x)^{\frac{3}{2}} \cos^5 x \, dx = \int_0^{\frac{\pi}{2}} \frac{1}{2}(\sin x)^{\frac{1}{2}} \cos^4 x (2\sin x \cos x) dx$$

$$= \frac{1}{2}\int_0^1 t^{\frac{1}{4}}(1-t)^2 dt = \frac{1}{2}\int_0^1 t^{\frac{5}{4}-1}(1-t)^{3-1} dt = \frac{1}{2} B\left(\frac{5}{4}, 3\right)$$

$$= \frac{1}{2} \cdot \frac{3-1}{\frac{5}{4}} \cdot B\left(\frac{9}{4}, 2\right) = \frac{1}{2} \cdot \frac{2}{\frac{5}{4}} \cdot \frac{2-1}{\frac{9}{4}} \cdot B\left(\frac{13}{4}, 1\right) \quad \begin{array}{l} B(p,q) \\ = \frac{q-1}{p} B(p+1, q-1) \end{array}$$

$$= \frac{16}{45}\int_0^1 t^{\frac{13}{4}-1}(1-t)^{1-1} dt = \frac{16}{45}\int_0^1 t^{\frac{9}{4}} dt = \frac{16}{45}\left[\frac{4}{13}t^{\frac{13}{4}}\right]_0^1 = \frac{64}{585}$$

(2) $t=x^2$ とおく。$dt=2xdx$、$dx=\dfrac{1}{2\sqrt{t}}dt$、

x	$0 \to \infty$
t	$0 \to \infty$

$$\int_0^\infty x^4 e^{-x^2} dx = \int_0^\infty t^2 e^{-t} \cdot \frac{1}{2\sqrt{t}} dt = \frac{1}{2}\int_0^\infty t^{\frac{5}{2}-1} e^{-t} dt \quad \Gamma(s+1) = s\Gamma(s)$$

$$= \frac{1}{2}\Gamma\left(\frac{5}{2}\right) = \frac{1}{2} \cdot \frac{3}{2}\Gamma\left(\frac{3}{2}\right) = \frac{1}{2} \cdot \frac{3}{2} \cdot \boxed{\Gamma\left(\frac{1}{2}\right)} = \frac{1}{2} \cdot \frac{3}{2} \cdot \frac{1}{2}\boxed{\sqrt{\pi}} = \frac{3}{8}\sqrt{\pi}$$

$\Gamma\left(\dfrac{1}{2}\right)=\sqrt{\pi}$ であることの説明

$$\Gamma\left(\frac{1}{2}\right) = \int_0^\infty x^{\frac{1}{2}-1} e^{-x} dx = \int_0^\infty x^{-\frac{1}{2}} e^{-x} dx = \int_0^\infty t^{-1} e^{-t^2} (2t \, dt)$$

$x=t^2$ とおく

$$= 2\int_0^\infty e^{-t^2} dt = 2 \cdot \frac{\sqrt{\pi}}{2} = \sqrt{\pi}$$

p.262、263

演習 ▶面積 （講義編 p.117、128 参照）

次の曲線で囲まれた部分の面積 S を求めよ。ただし、$a>0$ とする。

(1) $\begin{cases} x=a\cos^3 t \\ y=a\sin^3 t \end{cases}$ $(0\leq t\leq 2\pi)$ (2) $r=a\cos\theta$ $\left(-\dfrac{\pi}{2}\leq\theta\leq\dfrac{\pi}{2}\right)$

(1) 曲線は右図のようになる。

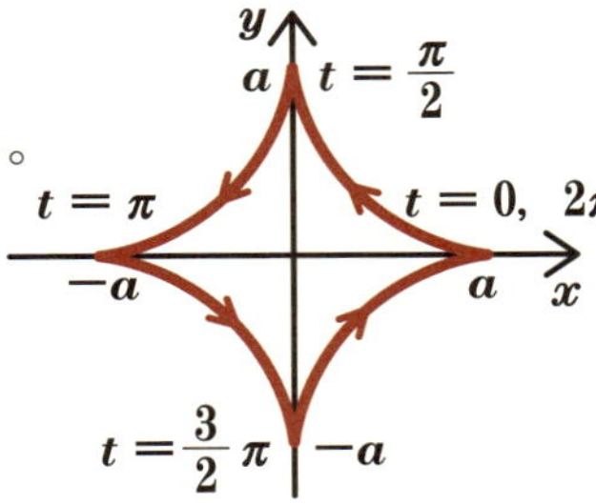

対称性を考えて、$0\leq t\leq\dfrac{\pi}{2}$ の部分の面積を 4 倍する。

$$\dfrac{dx}{dt}=3a\cos^2 t(-\sin t)$$

$$S=4\int_0^a y\,dx=4\int_{\frac{\pi}{2}}^0 y\dfrac{dx}{dt}dt$$

$$=4\int_{\frac{\pi}{2}}^0 a\sin^3 t\cdot(-3a\cos^2 t\sin t)dt=12a^2\int_0^{\frac{\pi}{2}}\sin^4 t\cos^2 t\,dt$$

$$=12a^2\int_0^{\frac{\pi}{2}}\sin^4 t(1-\sin^2 t)dt=12a^2\int_0^{\frac{\pi}{2}}(\sin^4 t-\sin^6 t)dt$$

　　　　　　　　　　　　　　　　　　　　　　　ウォリスの公式

$$=12a^2\left(\dfrac{3}{4}\cdot\dfrac{1}{2}\cdot\dfrac{\pi}{2}-\dfrac{5}{6}\cdot\dfrac{3}{4}\cdot\dfrac{1}{2}\cdot\dfrac{\pi}{2}\right)=\dfrac{3}{8}\pi a^2$$

(2) $S=\int_{-\frac{\pi}{2}}^{\frac{\pi}{2}}\dfrac{1}{2}r^2 d\theta=\int_{-\frac{\pi}{2}}^{\frac{\pi}{2}}\dfrac{1}{2}a^2\cos^2\theta\,d\theta$

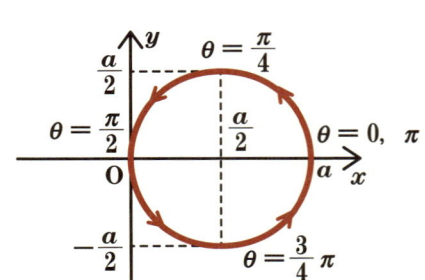

$$=\dfrac{a^2}{2}\int_{-\frac{\pi}{2}}^{\frac{\pi}{2}}\dfrac{1+\cos 2\theta}{2}d\theta$$

$$=\dfrac{a^2}{2}\left[\dfrac{1}{2}\theta+\dfrac{1}{4}\sin 2\theta\right]_{-\frac{\pi}{2}}^{\frac{\pi}{2}}=\dfrac{1}{4}\pi a^2$$

ジャンプ 確認 ▶面積

次の曲線で囲まれた部分の面積 S を求めよ。ただし、$a>0$ とする。

(1) $\begin{cases} x=a\cos^5 t \\ y=a\sin^5 t \end{cases}$ $(0\leq t\leq 2\pi)$ (2) $r=a(1+\cos\theta)$ $(0\leq\theta\leq 2\pi)$

(1) 曲線は右図のようになる。

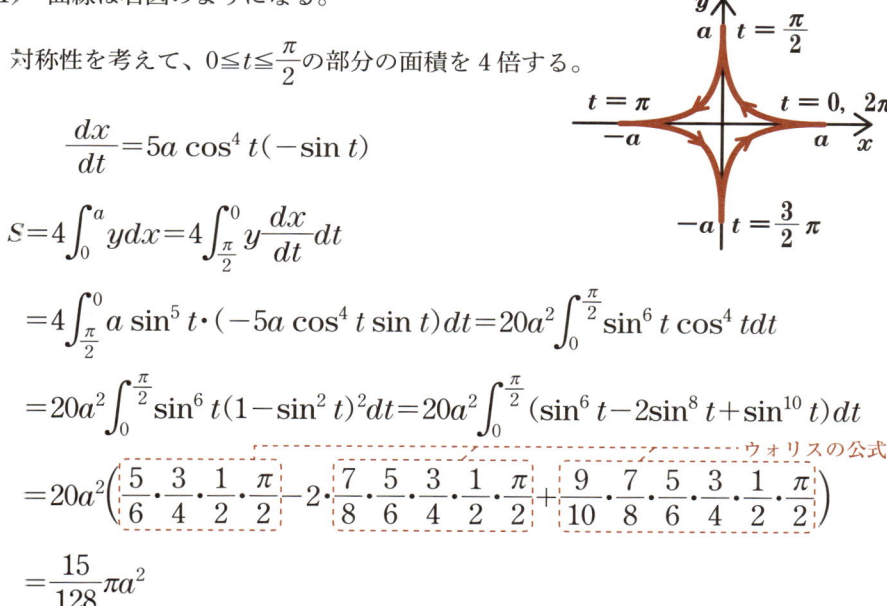

対称性を考えて、$0\leq t\leq \dfrac{\pi}{2}$ の部分の面積を 4 倍する。

$$\dfrac{dx}{dt}=5a\cos^4 t(-\sin t)$$

$$S=4\int_0^a y\,dx=4\int_{\frac{\pi}{2}}^0 y\dfrac{dx}{dt}dt$$

$$=4\int_{\frac{\pi}{2}}^0 a\sin^5 t\cdot(-5a\cos^4 t\sin t)dt=20a^2\int_0^{\frac{\pi}{2}}\sin^6 t\cos^4 t\,dt$$

$$=20a^2\int_0^{\frac{\pi}{2}}\sin^6 t(1-\sin^2 t)^2 dt=20a^2\int_0^{\frac{\pi}{2}}(\sin^6 t-2\sin^8 t+\sin^{10} t)dt$$

$$=20a^2\left(\dfrac{5}{6}\cdot\dfrac{3}{4}\cdot\dfrac{1}{2}\cdot\dfrac{\pi}{2}-2\cdot\dfrac{7}{8}\cdot\dfrac{5}{6}\cdot\dfrac{3}{4}\cdot\dfrac{1}{2}\cdot\dfrac{\pi}{2}+\dfrac{9}{10}\cdot\dfrac{7}{8}\cdot\dfrac{5}{6}\cdot\dfrac{3}{4}\cdot\dfrac{1}{2}\cdot\dfrac{\pi}{2}\right)$$

ウォリスの公式

$$=\dfrac{15}{128}\pi a^2$$

(2) $S=\displaystyle\int_0^{2\pi}\dfrac{1}{2}r^2 d\theta=\int_0^{2\pi}\dfrac{1}{2}\cdot a^2(1+\cos\theta)^2 d\theta$

$$=\dfrac{a^2}{2}\int_0^{2\pi}(1+2\cos\theta+\cos^2\theta)d\theta=\dfrac{a^2}{2}\int_0^{2\pi}\left(1+2\cos\theta+\dfrac{1+\cos 2\theta}{2}\right)d\theta$$

$$=\dfrac{a^2}{2}\left[\dfrac{3}{2}\theta+2\sin\theta+\dfrac{1}{4}\sin 2\theta\right]_0^{2\pi}$$

$$=\dfrac{3}{2}\pi a^2$$

ステップ 演習 ▶ 回転体の体積　（講義編 p.122 参照）

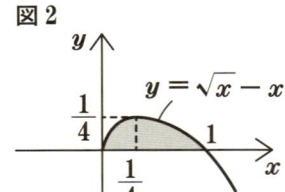

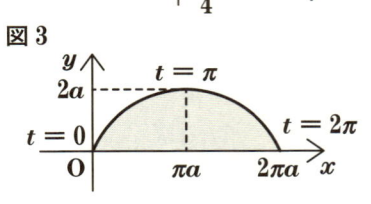

次の回転体の体積 V を求めよ。

(1) $y=\sin x$、$y=1-\cos x \left(0\leq x\leq \dfrac{\pi}{2}\right)$ で囲まれる部分を x 軸に関して回転

(2) $y=\sqrt{x}-x$ と x 軸で囲まれる部分を y 軸に関して回転

(3) $x=a(t-\sin t)$、$y=a(1-\cos t)(0\leq t\leq 2\pi)$ と x 軸で囲まれる部分を x 軸に関して回転

---

(1) 囲まれる部分は図1のようになる。

$$\begin{aligned}V&=\pi\int_0^{\frac{\pi}{2}}\{\sin^2 x-(1-\cos x)^2\}dx\\&=\pi\int_0^{\frac{\pi}{2}}(\sin^2 x-\cos^2 x+2\cos x-1)dx\\&=\pi\int_0^{\frac{\pi}{2}}(-\cos 2x+2\cos x-1)dx=\pi\left[-\frac{1}{2}\sin 2x+2\sin x-x\right]_0^{\frac{\pi}{2}}\\&=\pi\left(2-\frac{\pi}{2}\right)\end{aligned}$$

図1

(2) 囲まれる部分は図2のようになる。

$$\begin{aligned}V&=2\pi\int_0^1 x(\sqrt{x}-x)dx=2\pi\int_0^1(x^{\frac{3}{2}}-x^2)dx\\&=2\pi\left[\frac{2}{5}x^{\frac{5}{2}}-\frac{1}{3}x^3\right]_0^1=\frac{2}{15}\pi\end{aligned}$$

図2

(3) 囲まれる部分は図3のようになる。

$x=\pi a$ に関して対称なので、$[0, \pi a]$ までの部分の回転体の体積を求めて、2倍する。

$x=a(t-\sin t)$ より、$dx=a(1-\cos t)dt$

$$\begin{aligned}V&=2\pi\int_0^{\pi a}y^2 dx\\&=2\pi\int_0^{\pi}\{a(1-\cos t)\}^2 a(1-\cos t)dt\\&=2\pi a^3\int_0^{\pi}\left(2\sin^2\frac{t}{2}\right)^3 dt=16\pi a^3\int_0^{\pi}\sin^6\frac{t}{2}dt=16\pi a^3\int_0^{\frac{\pi}{2}}\sin^6 u\cdot 2du\\&=32\pi a^3\cdot\left(\frac{5}{6}\cdot\frac{3}{4}\cdot\frac{1}{2}\cdot\frac{\pi}{2}\right)=5\pi^2 a^3\end{aligned}$$

$\dfrac{t}{2}=u$ とおく。$dt=2du$

ウォリスの公式

図3

確認 ▶回転体の体積

次の回転体の体積 V を求めよ。
(1) $y=x(2-x)$ と $y=x^2$ で囲まれる部分を x 軸に関して回転
(2) $y=x-x^3(0\leq x\leq 1)$ と x 軸で囲まれる部分を y 軸に関して回転
(3) $x=a\cos^3 t$、$y=a\sin^3 t(0\leq t\leq 2\pi)$ で囲まれる部分を x 軸に関して回転。ただし、$a>0$ とする。

(1) 囲まれる部分は図1のようになる。

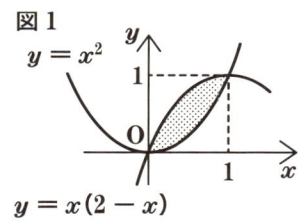

$$V=\pi\int_0^1 [\{x(2-x)\}^2-(x^2)^2]dx$$
$$=\pi\int_0^1 (4x^2-4x^3)dx=\pi\left[\frac{4}{3}x^3-x^4\right]_0^1=\frac{\pi}{3}$$

図1

(2) 囲まれる部分は図2のようになる。

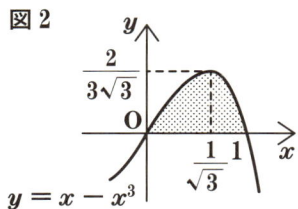

$$V=2\pi\int_0^1 x(x-x^3)dx=2\pi\int_0^1 (x^2-x^4)dx$$
$$=2\pi\left[\frac{1}{3}x^3-\frac{1}{5}x^5\right]_0^1=\frac{4}{15}\pi$$

図2

(3) 囲まれる部分は図3のようになる。

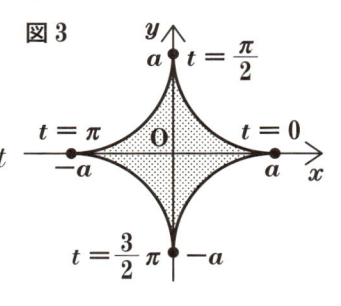

x 軸、y 軸に関して対称なので、第1象限の部分を回転した立体の体積を求めて2倍する。

$x=a\cos^3 t$ より、$dx=(-3a\cos^2 t\sin t)dt$

$$V=2\pi\int_0^a y^2 dx$$
$$=2\pi\int_{\frac{\pi}{2}}^0 (a\sin^3 t)^2(-3a\cos^2 t\sin t)dt$$
$$=6\pi a^3\int_0^{\frac{\pi}{2}}\sin^7 t\cos^2 t dt=6\pi a^3\int_0^{\frac{\pi}{2}}\sin^7 t(1-\sin^2 t)dt$$
$$=6\pi a^3\left(\int_0^{\frac{\pi}{2}}\sin^7 t dt-\int_0^{\frac{\pi}{2}}\sin^9 t dt\right)$$
$$=6\pi a^3\left(\frac{6}{7}\cdot\frac{4}{5}\cdot\frac{2}{3}-\frac{8}{9}\cdot\frac{6}{7}\cdot\frac{4}{5}\cdot\frac{2}{3}\right)=\frac{32}{105}\pi a^3$$

ウォリスの公式

図3

演習 ▶ 曲線の長さ （講義編 p.131 参照）

次の曲線の長さ L を求めよ。ただし，$a>0$ とする。

(1) $\begin{cases} x=a(t-\sin t) \\ y=a(1-\cos t) \end{cases}$ $(0\leqq t\leqq 2\pi)$

(2) $y=x^2$ $(0\leqq x\leqq 1)$

(3) $r=a\cos^3\dfrac{\theta}{3}$ $\left(0\leqq \theta\leqq \dfrac{3}{2}\pi\right)$

---

(1) $\dfrac{dx}{dt}=a(1-\cos t)$、$\dfrac{dy}{dt}=a\sin t$

$\sqrt{\left(\dfrac{dx}{dt}\right)^2+\left(\dfrac{dy}{dt}\right)^2}=\sqrt{a^2(1-\cos t)^2+a^2\sin^2 t}=\sqrt{a^2(2-2\cos t)}$

$=\sqrt{4a^2\cdot\dfrac{1-\cos t}{2}}=\sqrt{4a^2\sin^2\dfrac{t}{2}}=2a\left|\sin\dfrac{t}{2}\right|$

$L=\displaystyle\int_0^{2\pi}\sqrt{\left(\dfrac{dx}{dt}\right)^2+\left(\dfrac{dy}{dt}\right)^2}dt$ $\left[y=\sin\dfrac{t}{2}\text{のグラフは} \text{なので}\right]$

$=\displaystyle\int_0^{2\pi}2a\left|\sin\dfrac{t}{2}\right|dt=\int_0^{2\pi}2a\sin\dfrac{t}{2}dt=2a\left[-2\cos\dfrac{t}{2}\right]_0^{2\pi}=8a$

(2) $y'=2x$

$L=\displaystyle\int_0^1\sqrt{1+(y')^2}dx=\int_0^1\sqrt{1+(2x)^2}dx$

$\displaystyle\int\sqrt{1+x^2}dx$
$=\dfrac{1}{2}\left\{x\sqrt{1+x^2}+\log|x+\sqrt{1+x^2}|\right\}$

$=\left[\dfrac{1}{2}\cdot\dfrac{1}{2}\left(2x\sqrt{1+(2x)^2}+\log|2x+\sqrt{1+(2x)^2}|\right)\right]_0^1$

$2x$ の x の係数 2 の逆数

$=\dfrac{\sqrt{5}}{2}+\dfrac{1}{4}\log(2+\sqrt{5})$

(3) $\dfrac{dr}{d\theta}=3a\cos^2\dfrac{\theta}{3}\cdot\left(-\dfrac{1}{3}\sin\dfrac{\theta}{3}\right)=-a\cos^2\dfrac{\theta}{3}\sin\dfrac{\theta}{3}$

$\sqrt{r^2+\left(\dfrac{dr}{d\theta}\right)^2}=\sqrt{a^2\cos^6\dfrac{\theta}{3}+a^2\cos^4\dfrac{\theta}{3}\sin^2\dfrac{\theta}{3}}$

$=\sqrt{a^2\cos^4\dfrac{\theta}{3}\left(\cos^2\dfrac{\theta}{3}+\sin^2\dfrac{\theta}{3}\right)}=a\cos^2\dfrac{\theta}{3}=\dfrac{a}{2}\left(1+\cos\dfrac{2}{3}\theta\right)$

$L=\displaystyle\int_0^{\frac{3}{2}\pi}\sqrt{r^2+\left(\dfrac{dr}{d\theta}\right)^2}d\theta=\int_0^{\frac{3}{2}\pi}\dfrac{a}{2}\left(1+\cos\dfrac{2}{3}\theta\right)d\theta$

$=\dfrac{a}{2}\left[\theta+\dfrac{3}{2}\sin\dfrac{2}{3}\theta\right]_0^{\frac{3}{2}\pi}=\dfrac{3}{4}\pi a$

ジャンプ 確認 ▶曲線の長さ

次の曲線の長さ L を求めよ。ただし、$a>0$ とする。

(1) $\begin{cases} x=a\cos^3 t \\ y=a\sin^3 t \end{cases}$ $(0\leq t\leq 2\pi)$

(2) $y=a\cosh\dfrac{x}{a}$ $(0\leq x\leq a)$

(3) $r=a(1+\cos\theta)$ $(0\leq\theta\leq 2\pi)$

(1) $\dfrac{dx}{dt}=3a\cos^2 t(-\sin t)$、$\dfrac{dy}{dt}=3a\sin^2 t\cos t$

$\sqrt{\left(\dfrac{dx}{dt}\right)^2+\left(\dfrac{dy}{dt}\right)^2}=\sqrt{9a^2\cos^4 t\sin^2 t+9a^2\sin^4 t\cos^2 t}$

$=3a\sqrt{\cos^2 t\sin^2 t(\cos^2 t+\sin^2 t)}=3a|\cos t\sin t|=\dfrac{3a}{2}|\sin 2t|$

$L=\displaystyle\int_0^{2\pi}\sqrt{\left(\dfrac{dx}{dt}\right)^2+\left(\dfrac{dy}{dt}\right)^2}dt$ $\left[\begin{array}{l} y=\sin 2t \text{ の}\\ \text{グラフは} \end{array}\right.$ なので $\Big]$

$=\displaystyle\int_0^{2\pi}\dfrac{3a}{2}|\sin 2t|dt=4\int_0^{\frac{\pi}{2}}\dfrac{3a}{2}\sin 2t\,dt=4\left[-\dfrac{3a}{4}\cos 2t\right]_0^{\frac{\pi}{2}}=6a$

(2) $y'=\sinh\dfrac{x}{a}$、$\sqrt{1+(y')^2}=\sqrt{1+\left(\sinh\dfrac{x}{a}\right)^2}=\cosh\dfrac{x}{a}$ $\sinh x=\dfrac{e^x-e^{-x}}{2}$

$L=\displaystyle\int_0^a\sqrt{1+(y')^2}dx=\int_0^a\cosh\dfrac{x}{a}dx=\left[a\sinh\dfrac{x}{a}\right]_0^a=a\cdot\dfrac{e-e^{-1}}{2}$

(3) $r'=-a\sin\theta$、

$\sqrt{r^2+(r')^2}=\sqrt{a^2(1+\cos\theta)^2+a^2\sin^2\theta}=\sqrt{a^2(2+2\cos\theta)}$

$=\sqrt{4a^2\cdot\dfrac{1+\cos\theta}{2}}=\sqrt{4a^2\cos^2\dfrac{\theta}{2}}=2a\left|\cos\dfrac{\theta}{2}\right|$

$L=\displaystyle\int_0^{2\pi}\sqrt{r^2+(r')^2}d\theta=\int_0^{2\pi}2a\left|\cos\dfrac{\theta}{2}\right|d\theta=2\int_0^{\pi}2a\cos\dfrac{\theta}{2}d\theta$

$=2\left[4a\sin\dfrac{\theta}{2}\right]_0^{\pi}=8a$ $\left[\begin{array}{l} y=\cos\dfrac{\theta}{2} \text{ の}\\ \text{グラフは} \end{array}\right.$ なので $\Big]$

ステップ 演習 ▶ はさみうちの原理 （講義編 p.140 参照）

次の極限を求めよ。

(1) $\displaystyle\lim_{n\to\infty}\frac{5^n}{n!}$ (2) $\displaystyle\lim_{n\to\infty}(3^n+5^n)^{\frac{1}{n}}$ (3) $\displaystyle\lim_{n\to\infty}\sqrt[n]{n}$

(1) $n \geqq 6$ のとき、

$$0 \leqq \frac{5^n}{n!} = \underbrace{\frac{5\cdot 5\cdot 5\cdot 5\cdot 5}{1\cdot 2\cdot 3\cdot 4\cdot 5}}_{\text{まとめた}} \cdot \underbrace{\frac{5\cdot 5\cdots\cdots 5}{6\cdot 7\cdots\cdots n}}_{} \leqq \frac{5^5}{5!}\cdot\frac{5\cdot 5\cdots\cdots 5}{6\cdot 6\cdots\cdots 6} = \frac{5^5}{5!}\cdot\left(\frac{5}{6}\right)^{n-5}$$

（6以上の数をすべて6でおきかえた）

$\displaystyle\lim_{n\to\infty}\frac{5^5}{5!}\cdot\left(\frac{5}{6}\right)^{n-5}=0$ なので、はさみうちの原理により、$\displaystyle\lim_{n\to\infty}\frac{5^n}{n!}=0$

(2) $5^n \leqq 3^n+5^n \leqq 5^n+5^n=2\cdot 5^n$ の n 分の1乗をとると、

$(5^n)^{\frac{1}{n}}=5 \leqq (3^n+5^n)^{\frac{1}{n}} \leqq (2\cdot 5^n)^{\frac{1}{n}} = 2^{\frac{1}{n}}\cdot (5^n)^{\frac{1}{n}}=2^{\frac{1}{n}}\cdot 5$

∴ $5 \leqq (3^n+5^n)^{\frac{1}{n}} \leqq 2^{\frac{1}{n}}\cdot 5$

$\displaystyle\lim_{n\to\infty}2^{\frac{1}{n}}\cdot 5=5$ なので、はさみうちの原理により、$\displaystyle\lim_{n\to\infty}(3^n+5^n)^{\frac{1}{n}}=5$

(3) $\sqrt[n]{n}=1+\lambda_n$ ……① とおき、$\displaystyle\lim_{n\to\infty}\lambda_n=0$ を示す。

①を n 乗する。右辺は二項定理を用いて展開する。

$n=(1+\lambda_n)^n$
$= 1^n + {}_n C_1 \cdot 1^{n-1}\cdot\lambda_n + {}_n C_2\cdot 1^{n-2}\cdot\lambda_n{}^2 + {}_n C_3\cdot 1^{n-3}\cdot\lambda_n{}^3 + \cdots\cdots$
$= 1 + n\lambda_n + \dfrac{n(n-1)}{2!}\lambda_n{}^2 + \dfrac{n(n-1)(n-2)}{3!}\lambda_n{}^3 + \cdots\cdots$ ……②

$> \dfrac{n(n-1)}{2}\lambda_n{}^2$ （左辺より n の次数が高い第3項だけを残す）

[$\lambda_n > 0$ なので、②の項はすべて正である。これらを取り除くと値は小さくなる]

∴ $n > \dfrac{n(n-1)}{2}\lambda_n{}^2$ ∴ $\dfrac{2}{n-1} > \lambda_n{}^2$ ∴ $\lambda_n < \sqrt{\dfrac{2}{n-1}}$

$0 < \lambda_n < \sqrt{\dfrac{2}{n-1}}$ で $\displaystyle\lim_{n\to\infty}\sqrt{\dfrac{2}{n-1}}=0$ なので、

はさみうちの原理により、$\displaystyle\lim_{n\to\infty}\lambda_n=0$

よって、$\displaystyle\lim_{n\to\infty}\sqrt[n]{n}=\lim_{n\to\infty}(1+\lambda_n)=1$

log をとって、ロピタルでもよい

$\log\sqrt[x]{x}=\dfrac{\log x}{x} \xrightarrow{\text{ロピタル}} \dfrac{1/x}{1} (\to 0) \; (x\to\infty)$

ジャンプ 確認 ▶はさみうちの原理

次の極限を求めよ。
(1) $\displaystyle\lim_{n\to\infty}\frac{n}{2^n}$　　(2) $\displaystyle\lim_{n\to\infty}(3^{-n}+5^{-n})^{-\frac{1}{n}}$　　(3) $\displaystyle\lim_{n\to\infty}\sqrt[n]{n(n+1)}$

(1) 　　　　　　　　　　　　　　n のかきかえ　　　　　　　　　　$n-2$ 個

$$0\leqq\frac{n}{2^n}=\left(\frac{2}{1}\cdot\frac{3}{2}\cdot\frac{4}{3}\cdot\frac{5}{4}\cdot\cdots\cdot\frac{n}{n-1}\right)\left(\frac{1}{2}\right)^n\leqq\left(\frac{2}{1}\cdot\frac{3}{2}\cdot\frac{3}{2}\cdot\frac{3}{2}\cdot\cdots\cdot\frac{3}{2}\right)\left(\frac{1}{2}\right)^n$$

$\frac{3}{2}$ 以降をすべて $\frac{3}{2}$ におきかえ

$\left[\,n\geqq 3\text{ のとき }\dfrac{n}{n-1}\leqq\dfrac{3}{2}\left(\because\ 1+\dfrac{1}{n-1}\leqq 1+\dfrac{1}{2}\right)\text{を用いて、}\dfrac{3}{2}\text{におきかえる}\,\right]$

$$=\frac{2}{1}\cdot\left(\frac{1}{2}\right)^2\left(\frac{3}{2}\cdot\frac{1}{2}\right)^{n-2}=\frac{1}{2}\left(\frac{3}{4}\right)^{n-2}\quad\therefore\quad 0\leqq\frac{n}{2^n}\leqq\frac{1}{2}\left(\frac{3}{4}\right)^{n-2}\quad(n\geqq 3)$$

$\displaystyle\lim_{n\to\infty}\frac{1}{2}\left(\frac{3}{4}\right)^{n-2}=0$ なので、はさみうちの原理より、$\displaystyle\lim_{n\to\infty}\frac{n}{2^n}=0$

(2) 　　　　　$3^{-n}\leqq 3^{-n}+5^{-n}\leqq 2\cdot 3^{-n}$ のマイナス n 分の 1 乗をとると、

$$(3^{-n})^{-\frac{1}{n}}=3\geqq(3^{-n}+5^{-n})^{-\frac{1}{n}}\geqq(2\cdot 3^{-n})^{-\frac{1}{n}}=2^{-\frac{1}{n}}(3^{-n})^{-\frac{1}{n}}=2^{-\frac{1}{n}}\cdot 3$$

$\therefore\quad 2^{-\frac{1}{n}}\cdot 3\leqq(3^{-n}+5^{-n})^{-\frac{1}{n}}\leqq 3$

$\displaystyle\lim_{n\to\infty}2^{-\frac{1}{n}}\cdot 3=3$ なので、はさみうちの原理より、$\displaystyle\lim_{n\to\infty}(3^{-n}+5^{-n})^{-\frac{1}{n}}=3$

(3) $\sqrt[n]{n(n+1)}=1+\lambda_n$ ……① とおき、$\displaystyle\lim_{n\to\infty}\lambda_n=0$ を示す。

①を n 乗する。右辺は二項定理を用いて展開する。

$$n(n+1)=(1+\lambda_n)^n$$
$$=1^n+{}_nC_1\cdot 1^{n-1}\cdot\lambda_n+{}_nC_2\cdot 1^{n-2}\cdot\lambda_n{}^2+{}_nC_3\cdot 1^{n-3}\cdot\lambda_n{}^3+\cdots\cdots$$
$$=1+n\lambda_n+\frac{n(n-1)}{2!}\lambda_n{}^2+\frac{n(n-1)(n-2)}{3!}\lambda_n{}^3+\cdots\cdots\quad\cdots\cdots②$$
$$>\frac{n(n-1)(n-2)}{6}\lambda_n{}^3\ \text{(左辺より次数が高い第 4 項だけ残す)}$$

$[\,\lambda_n>0$ なので、②の項はすべて正である $\,]$

$\therefore\quad n(n+1)>\dfrac{n(n-1)(n-2)}{6}\lambda_n{}^3\quad\therefore\quad\sqrt[3]{\dfrac{6(n+1)}{(n-1)(n-2)}}>\lambda_n$

$0<\lambda_n<\sqrt[3]{\dfrac{6(n+1)}{(n-1)(n-2)}}$ で $\displaystyle\lim_{n\to\infty}\sqrt[3]{\dfrac{6(n+1)}{(n-1)(n-2)}}=\displaystyle\lim_{n\to\infty}\sqrt[3]{\dfrac{6\left(\dfrac{1}{n}+\dfrac{1}{n^2}\right)}{\left(1-\dfrac{1}{n}\right)\left(1-\dfrac{2}{n}\right)}}=0$

よって、はさみうちの原理より、$\displaystyle\lim_{n\to\infty}\lambda_n=0,\ \displaystyle\lim_{n\to\infty}\sqrt[n]{n(n+1)}=\displaystyle\lim_{n\to\infty}(1+\lambda_n)=1$

演習 ▶有界単調数列の収束 （講義編 p.143 参照）

$a_1=4$、$a_{n+1}=2^{a_n-3}+\dfrac{3}{2}$ を満たす数列 $\{a_n\}$ で、$\displaystyle\lim_{n\to\infty} a_n$ を求めよ。

$y=2^{x-3}+\dfrac{3}{2}$ のグラフは図1のようになる。

定義域が $2\leq x\leq 4$ のとき、

値域が $2\leq y\leq \dfrac{7}{2}(<4)$ となるので、

$2\leq a_n\leq 4$ であれば、

$2\leq a_{n+1}=2^{a_n-3}+\dfrac{3}{2}\leq 4$ である。

$a_1=4$ なので、すべての n について $2\leq a_{n+1}\leq 4$
<u>$\{a_n\}$ は有界である。</u>

図1 $y=2^{x-3}+\dfrac{3}{2}$, $y=x$

また、$z=x-\left(2^{x-3}+\dfrac{3}{2}\right)$ ……① を考える。

$z'=1-(\log 2)2^{x-3}$、$z''=-(\log 2)^2 2^{x-3}<0$

$z(2)=0$、$z(4)=\dfrac{1}{2}$ であり、①のグラフは

図2のようになり、$2\leq x\leq 4$ のとき、$z\geq 0$

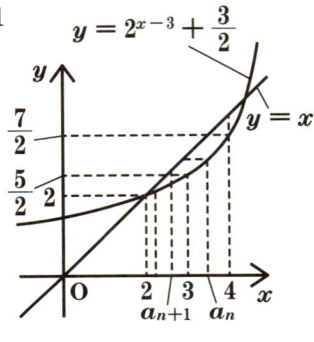

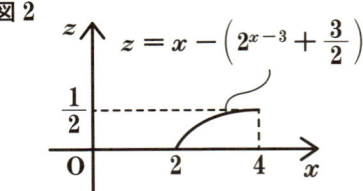

図2 $z=x-\left(2^{x-3}+\dfrac{3}{2}\right)$

$z''<0$ より、グラフは $(2,0)$、$\left(4,\dfrac{1}{2}\right)$ を結ぶ線分より上にある。

よって、$a_{n+1}-a_n=\left(2^{a_n-3}+\dfrac{3}{2}\right)-a_n\leq 0$ であり、
<u>$\{a_n\}$ は単調減少数列である。</u>

$\{a_n\}$ は下に有界で単調減少する数列なので収束する。$\displaystyle\lim_{n\to\infty} a_n=\alpha$ とすると、

$a_{n+1}=2^{a_n-3}+\dfrac{3}{2}$ より、$\alpha=2^{\alpha-3}+\dfrac{3}{2}$

α は $y=2^{x-3}+\dfrac{3}{2}$ と $y=x$ の交点の x 座標である。$2\leq\alpha\leq 4$ なので、

交点のうち、$2\leq x\leq 4$ にあるものを考えて、$\alpha=2$

よって、$\displaystyle\lim_{n\to\infty} a_n=2$

$\left[\begin{array}{l}y=2^{x-3}+\dfrac{3}{2} \text{の凸性を既知とすれば、}y=2^{x-3}+\dfrac{3}{2} \text{のグラフが、}2\leq x\leq 4 \text{の範囲で、}y=x\\ \text{のグラフより下にあることより、}x-\left(2^{x-3}+\dfrac{3}{2}\right)\geq 0 \text{として、単調性を示すと早い}\end{array}\right]$

ジャンプ 確認 ▶有界単調数列の収束

$a_1 = \dfrac{1}{2}$、$a_{n+1} = \log_2 a_n + 2$ を満たす数列 $\{a_n\}$ で、$\displaystyle\lim_{n\to\infty} a_n$ を求めよ。

$y = \log_2 x + 2$ のグラフは図1のようになる。

定義域が $\dfrac{1}{2} \leqq x \leqq 4$ のとき、

値域は、$\dfrac{1}{2} < 1 \leqq y \leqq 4$ となるので、

$\dfrac{1}{2} \leqq a_n \leqq 4$ であれば、

$\dfrac{1}{2} \leqq a_{n+1} = \log_2 a_n + 2 \leqq 4$ である。

$a_1 = \dfrac{1}{2}$ なので、すべての n について $\dfrac{1}{2} \leqq a_n \leqq 4$

$\{a_n\}$ は有界である。

また、$z = (\log_2 x + 2) - x$ ……① を考える

$z' = \dfrac{1}{\log 2} \cdot \dfrac{1}{x} - 1$、$z'' = -\dfrac{1}{\log 2} \cdot \dfrac{1}{x^2} < 0$

$z\left(\dfrac{1}{2}\right) = \dfrac{1}{2}$、$z(4) = 0$ であり、①のグラフは

右図のようになり、$\dfrac{1}{2} \leqq x \leqq 4$ のとき、$z \geqq 0$

図1

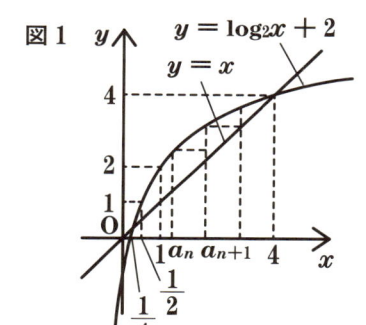

図2

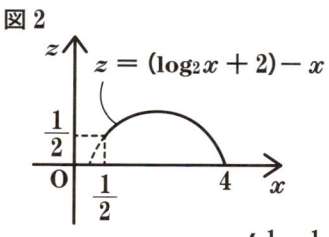

$z'' < 0$ より、グラフは $\left(\dfrac{1}{2}, \dfrac{1}{2}\right)$ と $(4, 0)$ を結ぶ線分より上にある。

よって、$a_{n+1} - a_n = (\log_2 a_n + 2) - a_n \geqq 0$ であり、

$\{a_n\}$ は単調増加数列である。

$\{a_n\}$ は上に有界で単調増加する数列なので収束する。$\displaystyle\lim_{n\to\infty} a_n = \alpha$ とすると、

$a_{n+1} = \log_2 a_n + 2$ より、$\alpha = \log_2 \alpha + 2$

α は、$y = \log_2 x + 2$ と $y = x$ の交点の x 座標である。図1で $y = \log_2 x + 2$ と

$y = x$ の交点のうち $\dfrac{1}{2} \leqq x \leqq 4$ にあるものを考えて、$\alpha = 4$

よって、$\displaystyle\lim_{n\to\infty} a_n = 4$

$\Big[$ $y = \log_2 x + 2$ の凸性を既知とすれば、$y = \log_2 x + 2$ のグラフが、$\dfrac{1}{2} \leqq x \leqq 4$ の範囲で、
$y = x$ のグラフより上にあることより、$\log_2 x + 2 - x \geqq 0$ として、単調性を示すと早い $\Big]$

ステップ 演習 ▶ 無限級数の和　（講義編 p.144 参照）

次の無限級数の和を求めよ。

(1) $\displaystyle\sum_{n=1}^{\infty}\frac{n}{2^n}$　　　　(2) $\displaystyle\sum_{n=1}^{\infty}\frac{1}{n(n+2)}$

---

(1) $S_k=\displaystyle\sum_{n=1}^{k}\frac{n}{2^n}$ とおいて、これを求める。S_k と $\dfrac{1}{2}S_k$ の差を考える。

$$S_k=\frac{1}{2^1}+\frac{2}{2^2}+\frac{3}{2^3}+\cdots\cdots+\frac{(k-1)}{2^{k-1}}+\frac{k}{2^k}$$

$$-)\ \ \frac{1}{2}S_k=\quad\ \ \frac{1}{2^2}+\frac{2}{2^3}+\cdots\cdots+\frac{(k-2)}{2^{k-1}}+\frac{(k-1)}{2^k}+\frac{k}{2^{k+1}}$$

$$\left(1-\frac{1}{2}\right)S_k=\frac{1}{2}+\frac{1}{2^2}+\frac{1}{2^3}+\quad+\frac{1}{2^{k-1}}+\frac{1}{2^k}-\frac{k}{2^{k+1}}$$

初項 $\dfrac{1}{2}$、公比 $\dfrac{1}{2}$ の等比級数

$$\frac{1}{2}S_k=\frac{1}{2}\cdot\frac{1-\left(\dfrac{1}{2}\right)^k}{1-\dfrac{1}{2}}-\frac{k}{2^{k+1}}\quad\therefore\ S_k=2\left\{1-\left(\frac{1}{2}\right)^k\right\}-\frac{k}{2^k}$$

［等比数列の和の公式、$a+ar+ar^2+\cdots+ar^{n-1}=a\dfrac{1-r^n}{1-r}$ を用いた］

$$\sum_{n=1}^{\infty}\frac{n}{2^n}=\lim_{k\to\infty}S_k=\lim_{k\to\infty}\left[2\left\{1-\left(\frac{1}{2}\right)^k\right\}-\frac{k}{2^k}\right]=2$$

ロピタルの定理より
$\displaystyle\lim_{x\to\infty}\frac{x}{2^x}=\lim_{x\to\infty}\frac{1}{(\log 2)2^x}=0$

(2) $S_k=\displaystyle\sum_{n=1}^{k}\frac{1}{n(n+2)}$ とおいて、これを求める。$\dfrac{1}{n(n+2)}=\dfrac{1}{2}\left(\dfrac{1}{n}-\dfrac{1}{n+2}\right)$ を用いる。

$$S_k=\sum_{n=1}^{k}\frac{1}{n(n+2)}=\frac{1}{1\cdot 3}+\frac{1}{2\cdot 4}+\frac{1}{3\cdot 5}+\frac{1}{4\cdot 6}+$$

$$\cdots+\frac{1}{(k-1)(k+1)}+\frac{1}{k(k+2)}$$

$$=\frac{1}{2}\left(\frac{1}{1}-\frac{1}{3}\right)+\frac{1}{2}\left(\frac{1}{2}-\frac{1}{4}\right)+\frac{1}{2}\left(\frac{1}{3}-\frac{1}{5}\right)+\frac{1}{2}\left(\frac{1}{4}-\frac{1}{6}\right)+$$

$$\cdots\cdots+\frac{1}{2}\left(\frac{1}{k-1}-\frac{1}{k+1}\right)+\frac{1}{2}\left(\frac{1}{k}-\frac{1}{k+2}\right)$$

$$=\frac{1}{2}\left(1+\frac{1}{2}-\frac{1}{k+1}-\frac{1}{k+2}\right)$$

$$\sum_{n=1}^{\infty}\frac{1}{n(n+2)}=\lim_{k\to\infty}S_k=\lim_{k\to\infty}\frac{1}{2}\left(1+\frac{1}{2}-\frac{1}{k+1}-\frac{1}{k+2}\right)=\frac{3}{4}$$

ジャンプ 確認 ▶無限級数の和

次の無限級数の和を求めよ。

(1) $\displaystyle\sum_{n=1}^{\infty}\frac{n(n+1)}{2^n}$ (2) $\displaystyle\sum_{n=1}^{\infty}\frac{1}{n(n+1)(n+2)}$

(1) $T_k=\displaystyle\sum_{n=1}^{k}\frac{n(n+1)}{2^n}$ とおいて、これを求める。T_k と $\dfrac{1}{2}T_k$ の差を考える。

$$T_k=\frac{1\cdot 2}{2}+\frac{2\cdot 3}{2^2}+\frac{3\cdot 4}{2^3}+\cdots+\frac{(k-1)k}{2^{k-1}}+\frac{k(k+1)}{2^k}$$

$$-)\quad \frac{1}{2}T_k=\qquad\frac{1\cdot 2}{2^2}+\frac{2\cdot 3}{2^3}+\cdots+\frac{(k-2)(k-1)}{2^{k-1}}+\frac{(k-1)k}{2^k}+\frac{k(k+1)}{2^{k+1}}$$

$$\left(1-\frac{1}{2}\right)T_k=\frac{1\cdot 2}{2}+\frac{2\cdot 2}{2^2}+\frac{2\cdot 3}{2^3}+\cdots+\frac{2(k-1)}{2^{k-1}}+\frac{2k}{2^k}-\frac{k(k+1)}{2^{k+1}}$$

$\underbrace{\qquad\qquad\qquad\qquad}_{2S_k}$ …①

ここで、$S_k=\displaystyle\sum_{n=1}^{k}\frac{n}{2^n}$ とおくと、①は、

$$\frac{1}{2}T_k=2\cdot S_k-\frac{k(k+1)}{2^{k+1}} \quad\therefore\quad T_k=4S_k-\frac{k(k+1)}{2^k}$$

前問より 2 に近づく

$$\sum_{n=1}^{\infty}\frac{n(n+1)}{2^n}=\lim_{k\to\infty}\left(4S_k-\frac{k(k+1)}{2^k}\right)=8$$

ロピタルの定理より
$$\lim_{x\to\infty}\frac{x(x+1)}{2^x}$$
$$=\lim_{x\to\infty}\frac{2x+1}{(\log 2)2^x}$$
$$=\lim_{x\to\infty}\frac{2}{(\log 2)^2 2^x}=0$$

(2) $S_k=\displaystyle\sum_{n=1}^{k}\frac{1}{n(n+1)(n+2)}$ とおいて、これを求める。

$\dfrac{1}{n(n+1)(n+2)}=\dfrac{1}{2}\left(\dfrac{1}{n(n+1)}-\dfrac{1}{(n+1)(n+2)}\right)$ を用いる。

$$S_k=\sum_{n=1}^{k}\frac{1}{n(n+1)(n+2)}=\frac{1}{1\cdot 2\cdot 3}+\frac{1}{2\cdot 3\cdot 4}+\frac{1}{3\cdot 4\cdot 5}+\cdots+\frac{1}{k(k+1)(k+2)}$$

$$=\frac{1}{2}\left(\frac{1}{1\cdot 2}-\frac{1}{2\cdot 3}\right)+\frac{1}{2}\left(\frac{1}{2\cdot 3}-\frac{1}{3\cdot 4}\right)+\frac{1}{2}\left(\frac{1}{3\cdot 4}-\frac{1}{4\cdot 5}\right)$$

$$+\cdots+\frac{1}{2}\left(\frac{1}{(k-1)k}-\frac{1}{k(k+1)}\right)+\frac{1}{2}\left(\frac{1}{k(k+1)}-\frac{1}{(k+1)(k+2)}\right)$$

$$=\frac{1}{2}\left(\frac{1}{2}-\frac{1}{(k+1)(k+2)}\right)$$

$$\sum_{n=1}^{\infty}\frac{1}{n(n+1)(n+2)}=\lim_{k\to\infty}S_k=\lim_{k\to\infty}\frac{1}{2}\left(\frac{1}{2}-\frac{1}{(k+1)(k+2)}\right)=\frac{1}{4}$$

演習 ▶ 無限級数の収束・発散　（講義編 p.151 参照）

次の無限級数の収束・発散を判定せよ。

(1) $\displaystyle\sum_{n=1}^{\infty} \frac{n^k}{n!}$

(2) $\displaystyle\sum_{n=1}^{\infty} \frac{1\cdot 2\cdot 3\cdots\cdots n}{1\cdot 3\cdot 5\cdots\cdots(2n-1)}$

(3) $\displaystyle\sum_{n=1}^{\infty} \left(\frac{n+1}{2n+3}\right)^n$

(1) ダランベールの判定法を用いる。$a_n = \dfrac{n^k}{n!}$ とおく。

$$\lim_{n\to\infty} \frac{a_{n+1}}{a_n} = \lim_{n\to\infty} \frac{\left(\dfrac{(n+1)^k}{(n+1)!}\right)}{\left(\dfrac{n^k}{n!}\right)} = \lim_{n\to\infty} \left(\frac{n+1}{n}\right)^k \cdot \frac{1}{n+1} = \lim_{n\to\infty} \underbrace{\left(1+\frac{1}{n}\right)^k}_{\to 1} \underbrace{\frac{1}{n+1}}_{\to 0} = 0$$

$\displaystyle\lim_{n\to\infty} \frac{a_{n+1}}{a_n} = 0 < 1$ より、無限級数は収束する。

(2) ダランベールの判定法を用いる。$a_n = \dfrac{1\cdot 2\cdot 3\cdots\cdots n}{1\cdot 3\cdot 5\cdots\cdots(2n-1)}$ とおく。

$$\lim_{n\to\infty} \frac{a_{n+1}}{a_n} = \lim_{n\to\infty} \frac{\left(\dfrac{1\cdot 2\cdot 3\cdots\cdots n\cdot(n+1)}{1\cdot 3\cdot 5\cdots\cdots(2n-1)\cdot\{2(n+1)-1\}}\right)}{\left(\dfrac{1\cdot 2\cdot 3\cdots\cdots n}{1\cdot 3\cdot 5\cdots\cdots(2n-1)}\right)} = \lim_{n\to\infty} \frac{n+1}{2n+1}$$

$$= \lim_{n\to\infty} \frac{1+\dfrac{1}{n}}{2+\dfrac{1}{n}} = \frac{1}{2} \qquad \lim_{n\to\infty} \frac{a_{n+1}}{a_n} = \frac{1}{2} < 1 \text{ より、無限級数は収束する。}$$

(3) コーシーの判定条件を用いる。$a_n = \left(\dfrac{n+1}{2n+3}\right)^n$ とおく。

$$\lim_{n\to\infty} \sqrt[n]{a_n} = \lim_{n\to\infty} \sqrt[n]{\left(\frac{n+1}{2n+3}\right)^n} = \lim_{n\to\infty} \frac{n+1}{2n+3} = \lim_{n\to\infty} \frac{1+\dfrac{1}{n}}{2+\dfrac{3}{n}} = \frac{1}{2}$$

$\displaystyle\lim_{n\to\infty} \sqrt[n]{a_n} = \frac{1}{2} < 1$ より、無限級数は収束する。

確認 ▶ 無限級数の収束・発散

次の無限級数の収束・発散を判定せよ。

(1) $\displaystyle\sum_{n=1}^{\infty} \frac{n^n}{n!}$

(2) $\displaystyle\sum_{n=1}^{\infty} \frac{1 \cdot 3 \cdot 5 \cdots (2n-1)}{3 \cdot 6 \cdot 9 \cdots 3n}$

(3) $\displaystyle\sum_{n=1}^{\infty} \left(1+\frac{1}{n}\right)^{-n^2}$

---

(1) ダランベールの判定法を用いる。$a_n = \dfrac{n^n}{n!}$ とおく。

$$\lim_{n\to\infty} \frac{a_{n+1}}{a_n} = \lim_{n\to\infty} \frac{\left(\dfrac{(n+1)^{n+1}}{(n+1)!}\right)}{\left(\dfrac{n^n}{n!}\right)} = \lim_{n\to\infty} \frac{(n+1)^{n+1}}{(n+1)!} \cdot \frac{n!}{n^n} = \lim_{n\to\infty} \left(\frac{n+1}{n}\right)^n$$

$$= \lim_{n\to\infty} \left(1+\frac{1}{n}\right)^n = e \quad \lim_{n\to\infty} \frac{a_{n+1}}{a_n} = e > 1 \text{ より、無限級数は発散する。}$$

(2) ダランベールの判定法を用いる。$a_n = \dfrac{1 \cdot 3 \cdot 5 \cdots (2n-1)}{3 \cdot 6 \cdot 9 \cdots 3n}$ とおく。

$$\lim_{n\to\infty} \frac{a_{n+1}}{a_n} = \lim_{n\to\infty} \frac{\left(\dfrac{1 \cdot 3 \cdot 5 \cdots (2n-1)\{2(n+1)-1\}}{3 \cdot 6 \cdot 9 \cdots 3n \cdot 3(n+1)}\right)}{\left(\dfrac{1 \cdot 3 \cdot 5 \cdots (2n-1)}{3 \cdot 6 \cdot 9 \cdots 3n}\right)} = \lim_{n\to\infty} \frac{2n+1}{3n+3}$$

$$= \lim_{n\to\infty} \frac{2+\dfrac{1}{n}}{3+\dfrac{3}{n}} = \frac{2}{3} \quad \lim_{n\to\infty} \frac{a_{n+1}}{a_n} = \frac{2}{3} < 1 \text{ より、無限級数は収束する。}$$

(3) コーシーの判定条件を用いる。$a_n = \left(1+\dfrac{1}{n}\right)^{-n^2}$ とおく。

$$\lim_{n\to\infty} \sqrt[n]{a_n} = \lim_{n\to\infty} \sqrt[n]{\left(1+\frac{1}{n}\right)^{-n^2}} = \lim_{n\to\infty} \sqrt[n]{\left\{\left(1+\frac{1}{n}\right)^{-n}\right\}^n} = \lim_{n\to\infty} \left(1+\frac{1}{n}\right)^{-n}$$

$$= \lim_{n\to\infty} \frac{1}{\left(1+\dfrac{1}{n}\right)^n} = \frac{1}{e} \quad \lim_{n\to\infty} \sqrt[n]{a_n} = \frac{1}{e} < 1 \text{ より、無限級数は収束する。}$$

演習 ▶ 絶対収束・条件収束 （講義編 p.153 参照）

次の無限級数は収束か発散か、収束ならば絶対収束か条件収束か。

(1) $\displaystyle\sum_{n=2}^{\infty}(-1)^n \frac{1}{\log n}$

(2) $\displaystyle\sum_{n=1}^{\infty}(-1)^{n-1} \frac{1}{\sqrt{n(n+1)}}$

(3) $\displaystyle\sum_{n=1}^{\infty}(-1)^{n-1} \frac{\sqrt{n}}{n^2+1}$

(1) 十分に大きい n で、$\log n < n$ であることから、$\underbrace{\frac{1}{\log n}}_{b_n} > \underbrace{\frac{1}{n}}_{a_n}$ で、$\displaystyle\sum_{n=2}^{\infty}\underbrace{\frac{1}{n}}_{a_n}$ が発散するので、$\displaystyle\sum_{n=2}^{\infty}\underbrace{\frac{1}{\log n}}_{b_n}$ も発散する。絶対収束はしない。（下から持ち上げパターン）

$\left[\text{ある自然数 }N\text{ があり、}N\text{ より大きい整数 }n\text{ で }0<a_n<b_n\text{ が成り立つとき、}\displaystyle\sum_{n=1}^{\infty}a_n\text{ が発散すれば、}\displaystyle\sum_{n=1}^{\infty}b_n\text{ も発散する。}\right]$

$\left\{\dfrac{1}{\log n}\right\}$ は単調減少数列で、$\displaystyle\lim_{n\to\infty}\frac{1}{\log n}=0$ なので、$\displaystyle\sum_{n=2}^{\infty}(-1)^n\frac{1}{\log n}$ は収束する。この無限級数は条件収束する。

(2) $\underbrace{\dfrac{1}{\sqrt{n(n+1)}}}_{b_n} > \dfrac{1}{\sqrt{(n+1)^2}} = \underbrace{\dfrac{1}{n+1}}_{a_n}$ で $\displaystyle\sum_{n=1}^{\infty}\underbrace{\dfrac{1}{n+1}}_{a_n}$ が発散するので、$\displaystyle\sum_{n=1}^{\infty}\underbrace{\dfrac{1}{\sqrt{n(n+1)}}}_{b_n}$ も発散する。絶対収束はしない。（下から持ち上げパターン）

$\left\{\dfrac{1}{\sqrt{n(n+1)}}\right\}$ は単調減少数列で、$\displaystyle\lim_{n\to\infty}\dfrac{1}{\sqrt{n(n+1)}}=0$ なので、

$\displaystyle\sum_{n=1}^{\infty}(-1)^{n-1}\cdot\frac{1}{\sqrt{n(n+1)}}$ は収束する。この無限級数は条件収束する。

(3) $\underbrace{\dfrac{\sqrt{n}}{n^2+1}}_{a_n} < \dfrac{\sqrt{n}}{n^2} = \underbrace{\dfrac{1}{n^{\frac{3}{2}}}}_{b_n}$ で $\displaystyle\sum_{n=1}^{\infty}\underbrace{\dfrac{1}{n^{\frac{3}{2}}}}_{b_n}$ が収束するので、$\displaystyle\sum_{n=1}^{\infty}\underbrace{\dfrac{\sqrt{n}}{n^2+1}}_{a_n}$ も収束する。

$\displaystyle\sum_{n=1}^{\infty}(-1)^{n-1}\frac{\sqrt{n}}{n^2+1}$ は絶対収束する。（上から押えるパターン）

$\left[\text{ある自然数 }N\text{ があり、}N\text{ より大きい整数 }n\text{ で、}0<a_n<b_n\text{ が成り立つとき、}\displaystyle\sum_{n=1}^{\infty}b_n\text{ が収束すれば、}\displaystyle\sum_{n=1}^{\infty}a_n\text{ も収束する}\right]$

ジャンプ 確認 ▶絶対収束・条件収束

次の無限級数は収束か発散か、収束ならば絶対収束か条件収束か。

(1) $\displaystyle\sum_{n=2}^{\infty}(-1)^n \cdot \frac{\log n}{n}$　　(2) $\displaystyle\sum_{n=1}^{\infty}(-1)^{n-1} \cdot \frac{1}{2n+1}$

(3) $\displaystyle\sum_{n=1}^{\infty}(-1)^{n-1} \cdot \frac{\log n}{n^2}$

(1) $n \geq 3$ のとき、$\underset{b_n}{\underline{\dfrac{\log n}{n}}} > \underset{a_n}{\underline{\dfrac{1}{n}}}$ であり、$\displaystyle\sum_{n=1}^{\infty} \underset{a_n}{\underline{\dfrac{1}{n}}}$ が発散するので、$\displaystyle\sum_{n=1}^{\infty} \underset{b_n}{\underline{\dfrac{\log n}{n}}}$ も発散する。
（下から持ち上げパターン）

$\left[\text{ある自然数 } N \text{ があり、} N \text{ より大きい整数 } n \text{ で } 0<a_n<b_n \text{ が成り立つとき、} \displaystyle\sum_{n=1}^{\infty} a_n \text{ が発散すれば、} \displaystyle\sum_{n=1}^{\infty} b_n \text{ も発散する。}\right]$

$y=\dfrac{\log x}{x}$ とおくと、$y'=\dfrac{\dfrac{1}{x} \cdot x - \log x \cdot 1}{x^2}=\dfrac{1-\log x}{x^2}$　$x>e$ のとき、$y'<0$ なので、y は $x>e$ で単調減少する。$\left\{\dfrac{\log n}{n}\right\}$ は $n \geq 3$ で単調減少数列で、$\displaystyle\lim_{n\to\infty}\dfrac{\log n}{n}=0$ なので、$\displaystyle\sum_{n=2}^{\infty}(-1)^n \cdot \dfrac{\log n}{n}$ は収束する。この無限数列は条件収束する。

(2) $\underset{b_n}{\underline{\dfrac{1}{2n+1}}} > \underset{a_n}{\underline{\dfrac{1}{2(n+1)}}}$ であり、$\displaystyle\sum_{n=1}^{\infty} \underset{a_n}{\underline{\dfrac{1}{2(n+1)}}}$ が発散するので、$\displaystyle\sum_{n=1}^{\infty} \underset{b_n}{\underline{\dfrac{1}{2n+1}}}$ も発散する。
（下から持ち上げパターン）

$\left\{\dfrac{1}{2n+1}\right\}$ は単調減少数列で、$\displaystyle\lim_{n\to\infty}\dfrac{1}{2n+1}=0$ なので、$\displaystyle\sum_{n=1}^{\infty}(-1)^{n-1}\dfrac{1}{2n+1}$ は収束する。この無限級数は条件収束する。

(3) 十分に大きい n で、$\log n < \sqrt{n}$ なので、$\underset{a_n}{\underline{\dfrac{\log n}{n^2}}} < \dfrac{\sqrt{n}}{n^2} = \underset{b_n}{\underline{\dfrac{1}{n^{\frac{3}{2}}}}}$ であり、$\displaystyle\sum_{n=1}^{\infty} \underset{b_n}{\underline{\dfrac{1}{n^{\frac{3}{2}}}}}$ が収束するので、$\displaystyle\sum_{n=1}^{\infty} \underset{a_n}{\underline{\dfrac{\log n}{n^2}}}$ も収束する。
（上から押えるパターン）

$\left[\text{ある自然数 } N \text{ があり、} N \text{ より大きい整数 } n \text{ で、} 0<a_n<b_n \text{ が成り立つとき、} \displaystyle\sum_{n=1}^{\infty} b_n \text{ が収束すれば、} \displaystyle\sum_{n=1}^{\infty} a_n \text{ も収束する}\right]$

$\displaystyle\sum_{n=1}^{\infty}(-1)^{n-1} \cdot \dfrac{\log n}{n^2}$ は絶対収束する。

演習 ▶収束半径 （講義編 p.155 参照）

次の整級数の収束半径 R を求めよ。

(1) $\displaystyle\sum_{n=1}^{\infty}\frac{2^n}{n^2}x^n$ (2) $\displaystyle\sum_{n=1}^{\infty}\frac{2^n}{n!}x^n$

(3) $\displaystyle\sum_{n=1}^{\infty}\frac{n!}{(n+1)^n}x^n$ (4) $\displaystyle\sum_{n=1}^{\infty}(2n)^n x^{n^2}$

---

(1) $a_n=\dfrac{2^n}{n^2}$ とおく。

$$r=\lim_{n\to\infty}\frac{a_{n+1}}{a_n}=\lim_{n\to\infty}\frac{2^{n+1}}{(n+1)^2}\cdot\frac{n^2}{2^n}=\lim_{n\to\infty}2\cdot\frac{1}{\left(1+\frac{1}{n}\right)^2}=2 \quad \text{よって、}R=\frac{1}{r}=\frac{1}{2}$$

$\to 0$

(2) $a_n=\dfrac{2^n}{n!}$ とおく。

$$r=\lim_{n\to\infty}\frac{a_{n+1}}{a_n}=\lim_{n\to\infty}\frac{2^{n+1}}{(n+1)!}\cdot\frac{n!}{2^n}=\lim_{n\to\infty}\frac{2}{n+1}=0 \quad \text{よって、}R=\infty$$

(3) $a_n=\dfrac{n!}{(n+1)^n}$ とおく。

$$r=\lim_{n\to\infty}\frac{a_{n+1}}{a_n}=\lim_{n\to\infty}\frac{(n+1)!}{(n+2)^{n+1}}\cdot\frac{(n+1)^n}{n!}=\lim_{n\to\infty}\frac{(n+1)^{n+1}}{(n+2)^{n+1}}$$

$$=\lim_{n\to\infty}\frac{1}{\left(\frac{n+2}{n+1}\right)^{n+1}}=\lim_{n\to\infty}\frac{1}{\left(1+\frac{1}{n+1}\right)^{n+1}}=\frac{1}{e} \quad \text{よって、}R=\frac{1}{r}=e$$

$\lim_{n\to\infty}\left(1+\dfrac{1}{n}\right)^n=e$

(4) $a_{n^2}=(2n)^n$ とおく。

$$r=\varlimsup_{k\to\infty}\sqrt[k]{a_k}=\lim_{n\to\infty}\sqrt[n^2]{a_{n^2}}=\lim_{n\to\infty}\{(2n)^n\}^{\frac{1}{n^2}}=\lim_{n\to\infty}(2n)^{\frac{1}{n}}=\lim_{n\to\infty}2^{\frac{1}{n}}n^{\frac{1}{n}}=2^0\cdot 1=1$$

よって、$R=\dfrac{1}{r}=1$

問題演習 p.62(3) より $\lim_{n\to\infty}\sqrt[n]{n}=1$

ジャンプ 確認 ▶収束半径

次の整級数の収束半径 R を求めよ。

(1) $\displaystyle\sum_{n=1}^{\infty}\frac{1}{(3n+1)2^n}\cdot x^n$

(2) $\displaystyle\sum_{n=1}^{\infty}\frac{(2n)!}{(n!)^2}x^n$

(3) $\displaystyle\sum_{n=1}^{\infty}\frac{n^n}{(n+1)^{n+1}}x^n$

(4) $\displaystyle\sum_{n=1}^{\infty}n^{2n+1}x^{n^2}$

---

(1) $a_n=\dfrac{1}{(3n+1)2^n}$ とおく。

$$r=\lim_{n\to\infty}\frac{a_{n+1}}{a_n}=\lim_{n\to\infty}\frac{(3n+1)2^n}{\{3(n+1)+1\}\cdot 2^{n+1}}=\lim_{n\to\infty}\frac{\left(3+\dfrac{1}{n}\right)}{\left(3+\dfrac{4}{n}\right)\cdot 2}=\frac{1}{2} \quad \text{よって、}R=\frac{1}{r}=2$$

(2) $a_n=\dfrac{(2n)!}{(n!)^2}$ とおく。

$$r=\lim_{n\to\infty}\frac{a_{n+1}}{a_n}=\lim_{n\to\infty}\frac{\{2(n+1)\}!}{\{(n+1)!\}^2}\cdot\frac{(n!)^2}{(2n)!}=\lim_{n\to\infty}\frac{(2n+2)(2n+1)}{(n+1)^2}=\lim_{n\to\infty}\frac{2(2n+1)}{n+1}$$

$$=\lim_{n\to\infty}\frac{2\left(2+\dfrac{1}{n}\right)}{\left(1+\dfrac{1}{n}\right)}=4 \quad \text{よって、}R=\frac{1}{r}=\frac{1}{4}$$

(3) $a_n=\dfrac{n^n}{(n+1)^{n+1}}$

$$r=\lim_{n\to\infty}\frac{a_{n+1}}{a_n}=\lim_{n\to\infty}\frac{(n+1)^{n+1}}{(n+2)^{n+2}}\cdot\frac{(n+1)^{n+1}}{n^n}=\lim_{n\to\infty}\frac{\left(\dfrac{n+1}{n}\right)^n(n+1)}{\left(\dfrac{n+2}{n+1}\right)^{n+1}(n+2)}$$

$$=\lim_{n\to\infty}\frac{\left(1+\dfrac{1}{n}\right)^n\left(1+\dfrac{1}{n}\right)}{\left(1+\dfrac{1}{n+1}\right)^{n+1}\left(1+\dfrac{2}{n}\right)}=\frac{e\cdot 1}{e\cdot 1}=1 \quad \text{よって、}R=\frac{1}{r}=1$$

$\displaystyle\lim_{n\to\infty}\left(1+\frac{1}{n}\right)^n=e$

(4) $a_{n^2}=n^{2n+1}$ とおく。

$$r=\varlimsup_{k\to\infty}\sqrt[k]{a_k}=\lim_{n\to\infty}\sqrt[n^2]{a_{n^2}}=\lim_{n\to\infty}\{n^{2n+1}\}^{\frac{1}{n^2}}=\lim_{n\to\infty}n^{\frac{2n+1}{n^2}}=\lim_{n\to\infty}(n^{\frac{1}{n}})^2(n^{\frac{1}{n}})^{\frac{1}{n}}$$

$=1^2\cdot 1^0=1 \quad $ よって、$R=\dfrac{1}{r}=1$

問題演習 p.62(3)より $\displaystyle\lim_{n\to\infty}\sqrt[n]{n}=1$

ステップ 演習 ▶ 関数の極限　（講義編 p.137 参照）

次の極限を求めよ。
(1) $\displaystyle\lim_{x\to 1}\frac{3x^2-5x+2}{2x^2-x-1}$
(2) $\displaystyle\lim_{x\to\infty}\frac{3x^2-5x+2}{2x^2-x-1}$
(3) $\displaystyle\lim_{x\to\infty}(\sqrt{x^2+6x}-x)$

(1) $\left[\begin{array}{l}x\to 1 \text{ のとき、分母・分子が } 0 \text{ に近づくので、このままでは求まらない。因数定理より、}\\ \text{分母・分子は } (x-1) \text{ を因数に持つことがわかる。}\end{array}\right]$

$$\lim_{x\to 1}\frac{3x^2-5x+2}{2x^2-x-1}=\lim_{x\to 1}\frac{(3x-2)(x-1)}{(2x+1)(x-1)}=\lim_{x\to 1}\frac{3x-2}{2x+1}=\frac{1}{3}$$

(2) $$\lim_{x\to\infty}\frac{3x^2-5x+2}{2x^2-x-1}=\lim_{x\to\infty}\frac{x^2\left(3-\dfrac{5}{x}+\dfrac{2}{x^2}\right)}{x^2\left(2-\dfrac{1}{x}-\dfrac{1}{x^2}\right)}=\lim_{x\to\infty}\frac{3-\dfrac{5}{x}+\dfrac{2}{x^2}}{2-\dfrac{1}{x}-\dfrac{1}{x^2}}=\frac{3}{2}$$

$\left[\begin{array}{l}x\to\infty \text{ のとき、} x \text{ は } x^2 \text{ に比べて非常に小さい。よって、1次以下の項は無視して分子は}\\ 3x^2\text{、分母は } 2x^2 \text{ と見て、} \dfrac{3x^2}{2x^2}=\dfrac{3}{2} \text{ と暗算できる。}\end{array}\right]$

(3) $\displaystyle\lim_{x\to\infty}(\sqrt{x^2+6x}-x)=\lim_{x\to\infty}\frac{(\sqrt{x^2+6x}-x)(\sqrt{x^2+6x}+x)}{\sqrt{x^2+6x}+x}$

$\left[\sqrt{} \text{ の入った式の極限では、有理化の要領}\left(\dfrac{1}{\sqrt{2}-1}=\dfrac{\sqrt{2}+1}{(\sqrt{2}-1)(\sqrt{2}+1)}=\dfrac{\sqrt{2}+1}{2-1}=\sqrt{2}+1\right)\right.$
$\left.\text{を用いる。}\right.$

$=\displaystyle\lim_{x\to\infty}\frac{(x^2+6x)-x^2}{\sqrt{x^2+6x}+x}=\lim_{x\to\infty}\frac{6x}{\sqrt{x^2+6x}+x}=\lim_{x\to\infty}\frac{6}{\sqrt{1+\dfrac{6}{x}}+1}=3$

分母・分子を x で割る

ジャンプ 確認 ▶関数の極限

次の極限を求めよ。

(1) $\displaystyle\lim_{x\to 2}\frac{x^2+2x-8}{2x^2-3x-2}$

(2) $\displaystyle\lim_{x\to\infty}\frac{x^2+2x-8}{2x^2-3x-2}$

(3) $\displaystyle\lim_{x\to\infty}(\sqrt{x^2+5x}-\sqrt{x^2+x})$

---

(1) $\left[\begin{array}{l} x\to 2 \text{ のとき、分母・分子が 0 に近づくので、このままでは求まらない。因数定理より、}\\ \text{分母・分子は}(x-2)\text{を因数に持つことがわかる。} \end{array}\right]$

$$\lim_{x\to 2}\frac{x^2+2x-8}{2x^2-3x-2}=\lim_{x\to 2}\frac{(x+4)(x-2)}{(2x+1)(x-2)}=\lim_{x\to 2}\frac{x+4}{2x+1}=\frac{6}{5}$$

(2) $$\lim_{x\to\infty}\frac{x^2+2x-8}{2x^2-3x-2}=\lim_{x\to\infty}\frac{x^2\left(1+\dfrac{2}{x}-\dfrac{8}{x^2}\right)}{x^2\left(2-\dfrac{3}{x}-\dfrac{2}{x^2}\right)}=\lim_{x\to\infty}\frac{1+\dfrac{2}{x}-\dfrac{8}{x^2}}{2-\dfrac{3}{x}-\dfrac{2}{x^2}}=\frac{1}{2}$$

$\left[\begin{array}{l} x\to\infty \text{ のとき、}x\text{ は }x^2 \text{ に比べて非常に小さい。よって、分子は }x^2\text{、分母は }2x^2 \text{ と見て、}\\ \dfrac{x^2}{2x^2}=\dfrac{1}{2}\text{ と暗算できる。} \end{array}\right]$

(3) $\displaystyle\lim_{x\to\infty}(\sqrt{x^2+5x}-\sqrt{x^2+x})=\lim_{x\to\infty}\frac{(\sqrt{x^2+5x}-\sqrt{x^2+x})(\sqrt{x^2+5x}+\sqrt{x^2+x})}{\sqrt{x^2+5x}+\sqrt{x^2+x}}$

$\left[\begin{array}{l} \sqrt{}\text{ の入った式の極限では、有理化の要領}\left(\dfrac{1}{\sqrt{3}-\sqrt{2}}=\dfrac{\sqrt{3}+\sqrt{2}}{(\sqrt{3}-\sqrt{2})(\sqrt{3}+\sqrt{2})}=\sqrt{3}+\sqrt{2}\right)\\ \text{を用いる。} \qquad\qquad\qquad\qquad\qquad\qquad\qquad\qquad (\sqrt{3})^2-(\sqrt{2})^2=1 \end{array}\right]$

$$=\lim_{x\to\infty}\frac{(x^2+5x)-(x^2+x)}{\sqrt{x^2+5x}+\sqrt{x^2+x}}=\lim_{x\to\infty}\frac{4x}{\sqrt{x^2+5x}+\sqrt{x^2+x}}$$

$$=\lim_{x\to\infty}\frac{4}{\sqrt{1+\dfrac{5}{x}}+\sqrt{1+\dfrac{1}{x}}}=\frac{4}{2}=2$$

分母・分子を x で割る

演習 ▶関数の極限 （講義編 p.158 参照）

次の極限を求めよ。
(1) $\displaystyle\lim_{x\to 0}\frac{1-\cos(1-\cos x)}{\sin^4 x}$ (2) $\displaystyle\lim_{x\to 0}\frac{\tan^2 x-\sin^2 x}{x^4}$

(1) $\left[\begin{array}{l}\text{ロピタルの定理では解きづらい。そこで、式変形によって、}\displaystyle\lim_{x\to 0}\frac{\sin x}{x}=1、\\ \displaystyle\lim_{x\to 0}\frac{1-\cos x}{x^2}=\frac{1}{2}\text{が使える形にする。}\end{array}\right]$

$\displaystyle\lim_{x\to 0}\frac{1-\cos(1-\cos x)}{\sin^4 x} = \lim_{x\to 0}\frac{1-\cos(1-\cos x)}{x^4}\cdot\frac{x^4}{\sin^4 x}$

$\displaystyle =\lim_{x\to 0}\frac{1-\cos(1-\cos x)}{(1-\cos x)^2}\cdot\left(\frac{1-\cos x}{x^2}\right)^2\cdot\left(\frac{x}{\sin x}\right)^4$

[$x\to 0$ のとき $1-\cos(1-\cos x)$ の赤線部が 0 に近づくことに着目。$t=1-\cos x$ とおく。]

$\displaystyle =\lim_{\substack{x\to 0\\ t\to 0}}\frac{1-\cos t}{t^2}\cdot\left(\frac{1-\cos x}{x^2}\right)^2\cdot\left(\frac{x}{\sin x}\right)^4$
$\searrow\frac{1}{2}\quad\searrow\frac{1}{2}\quad\searrow 1$

$\displaystyle =\frac{1}{2}\left(\frac{1}{2}\right)^2\cdot 1^4=\frac{1}{8}$

(2) $\displaystyle\lim_{x\to 0}\frac{\tan^2 x-\sin^2 x}{x^4}$ ……①

[ロピタルの定理で解くには、4 回微分しなければならない。式変形で解く。]

ここで、

$\tan^2 x-\sin^2 x=\left(\dfrac{\sin x}{\cos x}\right)^2-\sin^2 x=\left(\dfrac{1}{\cos^2 x}-1\right)\sin^2 x=\dfrac{(1-\cos^2 x)\sin^2 x}{\cos^2 x}$

となることを用いて、①は、

$\displaystyle\lim_{x\to 0}\frac{(1-\cos^2 x)\sin^2 x}{x^4\cos^2 x}=\lim_{x\to 0}\left(\frac{\sin x}{x}\right)^4\frac{1}{\cos^2 x}=1$
$\searrow 1$

確認 ▶関数の極限

次の極限を求めよ。

(1) $\displaystyle\lim_{x\to\frac{\pi}{2}}\frac{1-\cos(1-\sin x)}{\sin^4(\cos x)}$ (2) $\displaystyle\lim_{x\to 0}\frac{\tan^3 x-\sin^3 x}{x^5}$

---

(1) $\displaystyle\lim_{x\to\frac{\pi}{2}}\frac{1-\cos(1-\sin x)}{\sin^4(\cos x)}$ $\left[\displaystyle\lim_{x\to 0}\frac{\sin x}{x}=1,\ \lim_{x\to 0}\frac{1-\cos x}{x^2}=\frac{1}{2}\text{を使いたい。}\right]$

$=\displaystyle\lim_{x\to\frac{\pi}{2}}\frac{1-\cos(1-\sin x)}{(1-\sin x)^2}\cdot\frac{\cos^4 x}{\sin^4(\cos x)}\cdot\frac{(1-\sin x)^2}{\cos^4 x}$ …①

$\left[x\to\dfrac{\pi}{2}\text{のとき、}1-\sin x\to 0\text{、}\cos x\to 0\text{となることに着目。}\right]$

ここで、

$\dfrac{(1-\sin x)^2}{\cos^4 x}=\dfrac{\overbrace{(1-\sin x)^2(1+\sin x)^2}^{(1-\sin^2 x)^2}}{\cos^4 x(1+\sin x)^2}=\dfrac{1}{(1+\sin x)^2}$、

$s=1-\sin x$、$u=\cos x$ とおくと、$x\to\dfrac{\pi}{2}$ のとき、$s\to 0$、$u\to 0$。①は

$\displaystyle\lim_{\substack{s\to 0,\, x\to\frac{\pi}{2},\\ u\to 0}}\frac{1-\cos s}{s^2}\cdot\left(\frac{u}{\sin u}\right)^4\cdot\frac{1}{(1+\sin x)^2}=\frac{1}{2}\cdot 1^4\cdot\left(\frac{1}{2}\right)^2=\frac{1}{8}$

(2) $\displaystyle\lim_{x\to 0}\frac{\tan^3 x-\sin^3 x}{x^5}$ $\left[\text{ロピタルの定理で解くには、5回微分しなければならない。式変形で解く。}\right]$

$=\displaystyle\lim_{x\to 0}\frac{\tan x-\sin x}{x^3}\cdot\frac{\tan^2 x+\tan x\cdot\sin x+\sin^2 x}{x^2}$ ……①

ここで、

$\tan x-\sin x=\dfrac{\sin x}{\cos x}-\sin x=\left(\dfrac{1}{\cos x}-1\right)\sin x=\dfrac{(1-\cos x)\sin x}{\cos x}$

となることを用いて、①は、

$\displaystyle\lim_{x\to 0}\frac{1-\cos x}{x^2}\cdot\frac{\sin x}{x}\cdot\frac{1}{\cos x}\left\{\left(\frac{\tan x}{x}\right)^2+\left(\frac{\tan x}{x}\right)\left(\frac{\sin x}{x}\right)+\left(\frac{\sin x}{x}\right)^2\right\}$

$=\dfrac{1}{2}\cdot 1\cdot 1(1^2+1\cdot 1+1^2)=\dfrac{3}{2}$ $\dfrac{\tan x}{x}=\dfrac{\sin x}{x}\cdot\dfrac{1}{\cos x}$

演習 ▶ロピタルの定理　（講義編 p.161 参照）

次の極限値を求めよ。

(1) $\displaystyle\lim_{x\to 0}\frac{\log\cos(ax)}{\log\cos(bx)}$　　　(2) $\displaystyle\lim_{x\to\infty} x\left(\frac{\pi}{2}-\tan^{-1}x\right)$

(1) $\left[\begin{array}{l} x\to 0 \text{ のとき、}\log\cos(ax)\to 0\text{、}\log\cos(bx)\to 0\text{ なのでロピタルの定理が使える。}\\ (\log\cos(ax))'=\dfrac{1}{\cos(ax)}(\cos(ax))'=-\dfrac{a\sin(ax)}{\cos(ax)} \end{array}\right]$

$$\lim_{x\to 0}\frac{\log\cos(ax)}{\log\cos(bx)}=\lim_{x\to 0}\frac{\dfrac{a\sin(ax)}{\cos(ax)}}{\dfrac{b\sin(bx)}{\cos(bx)}}$$

（ビブン）

$(\log f)'=\dfrac{f'}{f}$

$(\cos x)'=-\sin x$

$\left[\displaystyle\lim_{\square\to 0}\dfrac{\sin\square}{\square}=1\text{ が使えるように}\dfrac{a}{a}\text{、}\dfrac{b}{b}\text{をかけた。}\right]$

$$=\lim_{x\to 0}\frac{\sin(ax)}{ax}\cdot a^2\cdot\frac{bx}{\sin(bx)}\cdot\frac{1}{b^2}\cdot\frac{\cos(bx)}{\cos(ax)}=\frac{a^2}{b^2}$$

(2) $\left[x\to\infty \text{ のとき、}x\to\infty\text{、}\dfrac{\pi}{2}-\tan^{-1}x\to 0\text{ なので、}x\text{ の逆数をとり、}\dfrac{1}{x}\to 0\text{ として、ロピタルの定理が使える形にする。}\right]$

$$\lim_{x\to\infty}x\left(\frac{\pi}{2}-\tan^{-1}x\right)=\lim_{x\to\infty}\frac{\dfrac{\pi}{2}-\tan^{-1}x}{\left(\dfrac{1}{x}\right)}=\lim_{x\to\infty}\frac{-\dfrac{1}{1+x^2}}{-\dfrac{1}{x^2}}$$

[分母・分子を x^2 で割った。]

$$=\lim_{x\to\infty}\frac{x^2}{1+x^2}=\lim_{x\to\infty}\frac{1}{\dfrac{1}{x^2}+1}=1$$

確認 ▶ロピタルの定理

次の極限値を求めよ。
(1) $\displaystyle\lim_{x\to 0}\frac{a^x-b^x}{x}$
(2) $\displaystyle\lim_{x\to\frac{\pi}{2}}(\tan^2 x)(\log\sin x)$

(1) ［$x\to 0$ のとき、$x\to 0$、$a^x-b^x\to 0$ なので、ロピタルの定理を用いる。］

$$\lim_{x\to 0}\frac{a^x-b^x}{x}=\lim_{x\to 0}\frac{(\log a)a^x-(\log b)b^x}{1}=\log a-\log b=\log\frac{a}{b}$$

（ビブン／ビブン）

(2) ［$x\to\dfrac{\pi}{2}$ のとき、$\tan^2 x\to\infty$、$\log\sin x\to 0$ なので、このままではロピタルの定理は使えない。そこで、$\tan^2 x$ の逆数をとり、$\dfrac{1}{\tan^2 x}\to 0$ とすれば、ロピタルの定理が使える。］

$$\lim_{x\to\frac{\pi}{2}}(\tan^2 x)(\log\sin x)=\lim_{x\to\frac{\pi}{2}}\frac{\log\sin x}{\left(\dfrac{1}{\tan^2 x}\right)}$$

$$=\lim_{x\to\frac{\pi}{2}}\frac{\left(\dfrac{1}{\sin x}\right)(\sin x)'}{\left(-\dfrac{2}{\tan^3 x}\right)(\tan x)'}=\lim_{x\to\frac{\pi}{2}}-\frac{\cos x\tan^3 x\cdot\cos^2 x}{2\sin x}$$

$$=\lim_{x\to\frac{\pi}{2}}\left(-\frac{\sin^2 x}{2}\right)=-\frac{1}{2}$$

$(\tan x)'=\dfrac{1}{\cos^2 x}$

演習 ▶ ロピタルの定理　（講義編 p.161 参照）

次の極限値を求めよ。

(1) $\displaystyle\lim_{x\to 0}\left(\dfrac{1}{x(x+1)}-\dfrac{\log(1+x)}{x^2}\right)$　　(2) $\displaystyle\lim_{x\to 1}x^{\frac{1}{1-x}}$

$\left[\begin{array}{l}x\to 0\text{ のとき、}\dfrac{1}{x(x+1)}\to\pm\infty、\dfrac{\log(1+x)}{x^2}\to\pm\infty\text{ なので、このままでは極限が求まらな}\\\text{い。通分して、ロピタルの定理が使える形にする。}\end{array}\right]$

(1) $\displaystyle\lim_{x\to 0}\left(\dfrac{1}{x(x+1)}-\dfrac{\log(1+x)}{x^2}\right)=\lim_{x\to 0}\dfrac{x-(x+1)\log(1+x)}{x^2(x+1)}$　　ビブン

$[\,x\to 0\text{ のとき、}x-(x+1)\log(1+x)\to 0、x^2(x+1)\to 0\text{ なので}\underline{\text{ロピタルの定理}}\text{が使える。}\,]$

$=\displaystyle\lim_{x\to 0}\dfrac{1-\log(1+x)-(x+1)\cdot\dfrac{1}{x+1}}{3x^2+2x}=\lim_{x\to 0}\dfrac{-\log(1+x)}{3x^2+2x}$　　ビブン

$[\,x\to 0\text{ のとき，}-\log(1+x)\to 0,\ 3x^2+2x\to 0\text{ なので、}\underline{\text{ロピタルの定理}}\text{を用いる。}\,]$

$=\displaystyle\lim_{x\to 0}\dfrac{-\dfrac{1}{x+1}}{6x+2}=-\dfrac{1}{2}$

(2)　$x\to 1$ のとき、$x\to 1$、$\dfrac{1}{1-x}\to\pm\infty$ なのでこのままでは極限が求まらない。

$y=x^{\frac{1}{1-x}}$ とおいて、$\log y$ の極限を取る。

$\displaystyle\lim_{x\to 1}\log y=\lim_{x\to 1}\dfrac{\log x}{1-x}=\lim_{x\to 1}\dfrac{\left(\dfrac{1}{x}\right)}{-1}=-1$　　ビブン

$[\,x\to 1\text{ のとき、}1-x\to 0,\ \log x\to 0\text{ なので、}\underline{\text{ロピタルの定理}}\text{を用いる。}\,]$

$\displaystyle\lim_{x\to 1}y=\lim_{x\to 1}e^{\log y}=e^{-1}$

$t=x-1$ とおいて
（与式）$=\displaystyle\lim_{t\to 0}(1+t)^{-\frac{1}{t}}=\lim_{t\to 0}\dfrac{1}{(1+t)^{\frac{1}{t}}}=\dfrac{1}{e}$
でもよい

ジャンプ 確認 ▶ ロピタルの定理

次の極限値を求めよ。
(1) $\lim_{x\to 0}\left(\dfrac{1}{x^2}-\dfrac{1}{\tan^2 x}\right)$ (2) $\lim_{x\to 0}\left(\dfrac{a^x+b^x+c^x}{3}\right)^{\frac{1}{x}}$ （a、b、c は正）

$\left[\; x\to 0 \text{ のとき、}\dfrac{1}{x^2}\to\infty\text{、}\dfrac{1}{\tan^2 x}\to\infty \text{ なので、このままでは極限は求まらない。通分する。}\;\right]$

(1) $\lim_{x\to 0}\left(\dfrac{1}{x^2}-\dfrac{1}{\tan^2 x}\right)=\lim_{x\to 0}\dfrac{\tan^2 x-x^2}{x^2\tan^2 x}$

$=\lim_{x\to 0}\dfrac{(\tan x+x)}{x}\cdot\dfrac{\tan x-x}{x^3}\cdot\left(\dfrac{x}{\tan x}\right)^2$

$\left[\;\lim_{x\to 0}\dfrac{\tan x+x}{x}=\lim_{x\to 0}\left(\dfrac{\tan x}{x}+1\right)=2\text{、}\lim_{x\to 0}\left(\dfrac{x}{\tan x}\right)^2=1 \text{ なので、残りの }\lim_{x\to 0}\dfrac{\tan x-x}{x^3}\text{ を}\right.$
$\left.\text{考える。}\tan x-x\to 0\text{、}x^3\to 0\text{ なのでロピタルの定理を使う。}\;\right]$

（ビブン）

$\lim_{x\to 0}\dfrac{\tan x-x}{x^3}=\lim_{x\to 0}\dfrac{\dfrac{1}{\cos^2 x}-1}{3x^2}=\lim_{x\to 0}\dfrac{1-\cos^2 x}{3x^2\cos^2 x}$

（ビブン）

$=\lim_{x\to 0}\left(\dfrac{\sin x}{x}\right)^2\dfrac{1}{3\cos^2 x}=\dfrac{1}{3}$ よって、$\lim_{x\to 0}\left(\dfrac{1}{x^2}-\dfrac{1}{\tan^2 x}\right)=2\cdot\dfrac{1}{3}\cdot 1=\dfrac{2}{3}$

(2) $\left[\; x\to 0 \text{ のとき、}\dfrac{a^x+b^x+c^x}{3}\to 1\text{、}\dfrac{1}{x}\to\pm\infty \text{ なのでこのままでは極限は求まらない。}\;\right]$

$y=\left(\dfrac{a^x+b^x+c^x}{3}\right)^{\frac{1}{x}}$ とおく。

$(\log f)'=\dfrac{f'}{f}$, $(a^x)'=(\log a)a^x$

$\lim_{x\to 0}\log y=\lim_{x\to 0}\dfrac{\log\left(\dfrac{a^x+b^x+c^x}{3}\right)}{x}=\lim_{x\to 0}\dfrac{\log(a^x+b^x+c^x)-\log 3}{x}$

（ビブン → ビブン）

$\left[\; x\to 0 \text{ のとき、}x\to 0\text{、}\log(a^x+b^x+c^x)-\log 3\to 0 \text{ なのでロピタルの定理を用いる。}\;\right]$

$=\lim_{x\to 0}\dfrac{\left(\dfrac{(\log a)a^x+(\log b)b^x+(\log c)c^x}{a^x+b^x+c^x}\right)}{1}=\dfrac{\log a+\log b+\log c}{3}$

$=\log\sqrt[3]{abc}$

よって、$\lim_{x\to 0}y=\lim_{x\to 0}e^{\log y}=e^{\log\sqrt[3]{abc}}=\sqrt[3]{abc}$

演習 ▶ マクローリン展開　（講義編 p.176 参照）

次の関数の n 次導関数を計算し、マクローリン展開せよ。また、収束半径 R を求めよ。

(1) $\dfrac{1}{\sqrt{1+x}}$ 　　　　　(2) $\cosh x$

(1) $f(x)=\dfrac{1}{\sqrt{1+x}}=(1+x)^{-\frac{1}{2}}$ とおく。$f'(x)=\left(-\dfrac{1}{2}\right)(1+x)^{-\frac{3}{2}}$

$f^{(2)}(x)=\left(-\dfrac{1}{2}\right)\left(-\dfrac{3}{2}\right)(1+x)^{-\frac{5}{2}}$, $f^{(3)}(x)=\left(-\dfrac{1}{2}\right)\left(-\dfrac{3}{2}\right)\left(-\dfrac{5}{2}\right)(1+x)^{-\frac{7}{2}}$、…

$f^{(n)}(x)=(-1)^n\cdot\dfrac{1\cdot 3\cdot\cdots\cdot(2n-1)}{2^n}(1+x)^{-\left(n+\frac{1}{2}\right)}$

よって、$f(0)=1$、$\dfrac{f^{(n)}(0)}{n!}=\dfrac{(-1)^n\cdot 1\cdot 3\cdot\cdots\cdot(2n-1)}{2^n\cdot n!}=\dfrac{(-1)^n\cdot 1\cdot 3\cdot\cdots\cdot(2n-1)}{2\cdot 4\cdot\cdots\cdot 2n}$

マクローリン展開は、

$\dfrac{1}{\sqrt{1+x}}=1-\dfrac{1}{2}x+\dfrac{1\cdot 3}{2\cdot 4}x^2-\dfrac{1\cdot 3\cdot 5}{2\cdot 4\cdot 6}x^3+\cdots+\dfrac{(-1)^n\cdot 1\cdot 3\cdot\cdots\cdot(2n-1)}{2\cdot 4\cdot\cdots\cdot 2n}x^n+\cdots\cdots$

$a_n=\dfrac{(-1)^n\cdot 1\cdot 3\cdot\cdots\cdot(2n-1)}{2\cdot 4\cdot\cdots\cdot 2n}$ とおくと、

$r=\lim_{n\to\infty}\left|\dfrac{a_{n+1}}{a_n}\right|=\lim_{n\to\infty}\left|\dfrac{1\cdot 3\cdot\cdots\cdot(2n+1)}{2\cdot 4\cdot\cdots\cdot 2(n+1)}\cdot\dfrac{2\cdot 4\cdot\cdots\cdot 2n}{1\cdot 3\cdot\cdots\cdot(2n-1)}\right|$

$=\lim_{n\to\infty}\left|\dfrac{2n+1}{2(n+1)}\right|=1$　　よって、収束半径 R は、$R=\dfrac{1}{r}=1$

(2) $f(x)=\cosh x$ とおく。$f'(x)=\sinh x$、$f^{(2)}(x)=\cosh x$、$f^{(3)}(x)=\sinh x$、…

n が奇数のとき、$f^{(n)}(x)=\sinh x$、$f^{(n)}(0)=0$

n が偶数のとき、$f^{(n)}(x)=\cosh x$、$f^{(n)}(0)=1$

マクローリン展開は、

$\cosh x=1+\dfrac{1}{2!}x^2+\dfrac{1}{4!}x^4+\cdots+\dfrac{1}{(2n)!}x^{2n}+\cdots$

$\cosh x=\dfrac{e^x+e^{-x}}{2}$ であり、e^x のマクローリン展開の収束半径が ∞ なので、$\cosh x$ の収束半径 R も、$R=\infty$

$\left[\, a_{2n}=\dfrac{1}{(2n)!} \text{とおいて、} r=\overline{\lim_{k\to\infty}}\sqrt[k]{a_k}=\lim_{n\to\infty}\sqrt[2n]{a_{2n}}=\lim_{n\to\infty}\dfrac{1}{\sqrt[2n]{(2n)!}}=0 \text{から、} R=\infty \text{としてもよい}\,\right]$

ジャンプ 確認 ▶マクローリン展開

次の関数の n 次導関数を計算し、マクローリン展開せよ。また、収束半径 R を求めよ。
(1) a^x 　　　　　　　　　(2) $\log(1+3x+2x^2)$

(1) $f(x)=a^x$ とおくと、$f'(x)=(\log a)a^x$、$f^{(2)}(x)=(\log a)^2 a^x$、…、$f^{(n)}(x)=(\log a)^n a^x$　よって、$f(0)=1$、$f^{(n)}(0)=(\log a)^n$

マクローリン展開は、
$$\underbrace{a^x}_{f(x)}=\underbrace{1}_{f(0)}+\underbrace{(\log a)}_{f'(0)}x+\underbrace{\frac{(\log a)^2}{2!}}_{f^{(2)}(0)}x^2+\underbrace{\frac{(\log a)^3}{3!}}_{f^{(3)}(0)}x^3+\cdots+\underbrace{\frac{(\log a)^n}{n!}}_{f^{(n)}(0)}x^n+\cdots$$

$a_n=\dfrac{(\log a)^n}{n!}$ とおくと、

$r=\displaystyle\lim_{n\to\infty}\frac{a_{n+1}}{a_n}=\lim_{n\to\infty}\frac{(\log a)^{n+1}}{(n+1)!}\cdot\frac{n!}{(\log a)^n}=\lim_{n\to\infty}\frac{\log a}{n+1}=0$

$R=\dfrac{1}{r}$ より、収束半径は、$R=\infty$　　[公式による解法: $a^x=e^{(\log a)x}$ なので、e^x のマクローリン展開で x を $(\log a)x$ におきかえる]

(2) $f(x)=\log(1+3x+2x^2)$ とおく。

$\log(1+3x+2x^2)=\log\{(1+x)(1+2x)\}=\log(1+x)+\log(1+2x)$ を用いて、
$f^{(n)}(x)=(\log(1+x)+\log(1+2x))^{(n)}=\dfrac{(-1)^{n-1}(n-1)!}{(1+x)^n}+\dfrac{(-1)^{n-1}(n-1)!\cdot 2^n}{(1+2x)^n}$

[$(g(ax+b))^{(n)}=a^n g^{(n)}(ax+b)$ で、$a=2$、$b=1$、$g(x)=\log x$ とする。$(\log x)^{(n)}=\dfrac{(-1)^{n-1}(n-1)!}{x^n}$]

$f(0)=0$、$f^{(n)}(0)=(-1)^{n-1}(n-1)!(1+2^n)$

マクローリン展開は、
$$\underbrace{\log(1+3x+2x^2)}_{f(x)}=\underbrace{3x}_{f'(0)}-\underbrace{\frac{5}{2!}}_{f^{(2)}(0)}x^2+\underbrace{\frac{18}{3!}}_{f^{(3)}(0)}x^3+\cdots+\underbrace{\frac{(-1)^{n-1}(n-1)!(1+2^n)}{n!}}_{f^{(n)}(0)}x^n+\cdots$$

$a_n=\dfrac{(-1)^{n-1}(1+2^n)}{n}$ とおくと、

$r=\displaystyle\lim_{n\to\infty}\left|\frac{a_{n+1}}{a_n}\right|=\lim_{n\to\infty}\left|\frac{1+2^{n+1}}{n+1}\cdot\frac{n}{1+2^n}\right|=\lim_{n\to\infty}\left|\frac{\frac{1}{2^n}+2}{\frac{1}{2^n}+1}\cdot\frac{1}{1+\frac{1}{n}}\right|=2$

収束半径は、$R=\dfrac{1}{r}=\dfrac{1}{2}$　　[$\log(1+x)$ の収束半径は 1、$\log(1+2x)$ の収束半径は $\dfrac{1}{2}$、和の関数はこのうち小さい方の収束半径を持つ]

演習 ▶ マクローリン展開　（講義編 p.176 参照）

次の関数を p.179 の公式を用いて、マクローリン展開せよ。

(1) $\dfrac{1}{\sqrt{1-x^2}}$　　　(2) $\sin^{-1} x$

---

(1) $\dfrac{1}{\sqrt{1+x}} = (1+x)^{-\frac{1}{2}}$

$= 1 + \left(-\dfrac{1}{2}\right)x + \dfrac{\left(-\dfrac{1}{2}\right)\left(-\dfrac{1}{2}-1\right)}{2!}x^2 + \dfrac{\left(-\dfrac{1}{2}\right)\left(-\dfrac{1}{2}-1\right)\left(-\dfrac{1}{2}-2\right)}{3!}x^3 + \cdots$

$= 1 - \dfrac{1}{2}x + \dfrac{1\cdot 3}{2^2 \cdot 2!}x^2 - \dfrac{1\cdot 3\cdot 5}{2^3 \cdot 3!}x^3 + \cdots + (-1)^n \dfrac{1\cdot 3\cdots (2n-1)}{2^n \cdot n!}x^n + \cdots$

この式の x を $-x^2$ でおきかえて、

$\dfrac{1}{\sqrt{1-x^2}} = 1 + \dfrac{1}{2}x^2 + \dfrac{1\cdot 3}{2^2\cdot 2!}x^4 + \dfrac{1\cdot 3\cdot 5}{2^3\cdot 3!}x^6 + \cdots + \dfrac{1\cdot 3\cdots (2n-1)}{2^n \cdot n!}x^{2n} + \cdots$

(2) $y = \sin^{-1} x$、$z = \dfrac{1}{\sqrt{1-x^2}}$ とおくと、$y' = z$、(1) を書き直して、

$z = \dfrac{1}{\sqrt{1-x^2}} = 1 + \underbrace{\dfrac{2!}{2}\cdot \dfrac{x^2}{2!}}_{z^{(2)}(0)} + \underbrace{\dfrac{1\cdot 3\cdot 4!}{2^2\cdot 2!}\cdot \dfrac{x^4}{4!}}_{z^{(4)}(0)} + \cdots + \underbrace{\dfrac{1\cdot 3\cdots (2n-1)\cdot (2n)!}{2^n\cdot n!}}_{z^{(2n)}(0)}\cdot \dfrac{x^{2n}}{(2n)!} + \cdots$

これより、$z^{(i)}(0)$ の値がわかるので、

$y(0) = 0$、$y'(0) = z(0) = 1$、$y^{(2)}(0) = z'(0) = 0$、$y^{(3)}(0) = z^{(2)}(0) = \dfrac{2!}{2}$、

$y^{(4)}(0) = z^{(3)}(0) = 0$、$y^{(5)}(0) = z^{(4)}(0) = \dfrac{1\cdot 3\cdot 4!}{2^2\cdot 2!}$、……

$y^{(2n)}(0) = z^{(2n-1)}(0) = 0$、$y^{(2n+1)}(0) = z^{(2n)}(0) = \dfrac{1\cdot 3\cdots (2n-1)\cdot (2n)!}{2^n\cdot n!}$

よって、y のマクローリン展開は、

$\sin^{-1} x = y = y(0) + \dfrac{y'(0)}{1!}x + \dfrac{y^{(2)}(0)}{2!}x^2 + \dfrac{y^{(3)}(0)}{3!}x^3 + \cdots$

$= x + \dfrac{2!}{2}\cdot \dfrac{x^3}{3!} + \dfrac{1\cdot 3\cdot 4!}{2^2\cdot 2!}\cdot \dfrac{x^5}{5!} + \cdots$
$\quad + \dfrac{1\cdot 3\cdots (2n-1)\cdot (2n)!}{2^n\cdot n!}\cdot \dfrac{x^{2n+1}}{(2n+1)!} + \cdots$

$= x + \dfrac{1}{2}\cdot \dfrac{x^3}{3} + \dfrac{1\cdot 3}{2^2\cdot 2!}\cdot \dfrac{x^5}{5} + \cdots + \dfrac{1\cdot 3\cdots (2n-1)}{2^n\cdot n!}\cdot \dfrac{x^{2n+1}}{2n+1} + \cdots$

［ 結局、(1) の答えを項別に積分した式になる ］

ジャンプ 確認 ▶ マクローリン展開

次の関数を p.179 の公式を用いて、マクローリン展開せよ。
(1) $\sin^3 x$ (2) $\dfrac{x^2}{1+x^2}$ (3) $\tan^{-1} x$

(1) 3倍角の公式より、$\sin 3x = 3\sin x - 4\sin^3 x$ ∴ $\sin^3 x = \dfrac{1}{4}(3\sin x - \sin 3x)$

$$\sin x = x - \dfrac{x^3}{3!} + \dfrac{x^5}{5!} - \cdots + (-1)^n \dfrac{x^{2n+1}}{(2n+1)!} + \cdots$$

$$\sin 3x = 3x - \dfrac{(3x)^3}{3!} + \dfrac{(3x)^5}{5!} - \cdots + (-1)^n \dfrac{(3x)^{2n+1}}{(2n+1)!} + \cdots\cdots$$

（x を $3x$ におきかえ）

$$\sin^3 x = \dfrac{1}{4}(3\sin x - \sin 3x)$$
$$= \dfrac{1}{4}\left(-\dfrac{3-3^3}{3!}x^3 + \dfrac{3-3^5}{5!}x^5 + \cdots + (-1)^n \cdot \dfrac{3-3^{2n+1}}{(2n+1)!}x^{2n+1} + \cdots\cdots\right)$$

(2) $\dfrac{1}{1+x} = 1 - x + x^2 - \cdots + (-1)^n x^n + \cdots\cdots$

$\dfrac{1}{1+x^2} = 1 - x^2 + x^4 - \cdots + (-1)^n x^{2n} + \cdots\cdots$ ……①

（x を x^2 におきかえ）

$\dfrac{x^2}{1+x^2} = x^2 - x^4 + x^6 - \cdots + (-1)^n x^{2n+2} + \cdots\cdots$

(3) $y = \tan^{-1} x$、$z = \dfrac{1}{1+x^2}$ とおくと、$y' = z$ $y(0) = 0$ ①より、

$$z = \dfrac{1}{1+x^2} = 1 - \underbrace{\dfrac{2!}{2!}}_{z^{(2)}(0)} x^2 + \underbrace{\dfrac{4!}{4!}}_{z^{(4)}(0)} x^4 - \cdots + \underbrace{(-1)^n \dfrac{(2n)!}{(2n)!}}_{z^{(2n)}(0)} x^{2n} + \cdots$$

これから $z^{(i)}(0)$ の値がわかるので、

$y'(0) = z(0) = 1$, $y^{(2)}(0) = z'(0) = 0$, $y^{(3)}(0) = z^{(2)}(0) = -2!$

$y^{(4)}(0) = z^{(3)}(0) = 0$, $y^{(5)}(0) = z^{(4)}(0) = 4!$、

$y^{(2n)}(0) = z^{(2n-1)}(0) = 0$, $y^{(2n+1)}(0) = z^{(2n)}(0) = (-1)^n (2n)!$

よって、y のマクローリン展開は、

$$\tan^{-1} x = y = y(0) + \dfrac{y^{(1)}(0)}{1!}x + \dfrac{y^{(2)}(0)}{2!}x^2 + \dfrac{y^{(3)}(0)}{3!}x^3 + \cdots\cdots$$
$$= x + \dfrac{0}{2!}x^2 + \dfrac{(-2!)}{3!}x^3 + \dfrac{0}{4!}x^4 + \dfrac{4!}{5!}x^5 + \cdots + \dfrac{(-1)^n (2n)!}{(2n+1)!}x^{2n+1} + \cdots$$
$$= x - \dfrac{1}{3}x^3 + \dfrac{1}{5}x^5 - \cdots + (-1)^n \dfrac{1}{2n+1}x^{2n+1} + \cdots$$

［結局、①を項別に積分した式になる］

ステップ 演習 ▶ マクローリン展開を利用した近似式 (講義編 p.176 参照)

p.179 の公式を用いて、x の絶対値が小さいときの次の近似式を示せ。

(1) $\sqrt{1-x+x^2} \fallingdotseq 1-\dfrac{1}{2}x+\dfrac{3}{8}x^2+\dfrac{3}{16}x^3$

(2) $\tan x \fallingdotseq x+\dfrac{1}{3}x^3+\dfrac{2}{15}x^5$

---

(1) $\sqrt{1+x}=(1+x)^{\frac{1}{2}}$

$=1+\dfrac{1}{2}x+\dfrac{1}{2}\left(\dfrac{1}{2}-1\right)\dfrac{1}{2!}x^2+\dfrac{1}{2}\left(\dfrac{1}{2}-1\right)\left(\dfrac{1}{2}-2\right)\dfrac{1}{3!}x^3+\cdots\cdots$

$=1+\dfrac{1}{2}x-\dfrac{1}{8}x^2+\dfrac{1}{16}x^3+\cdots\cdots$

$\sqrt{1-x+x^2}=\sqrt{1+(-x+x^2)}$　　　上の式の x を $(-x+x^2)$ に置きかえ

$=1+\dfrac{1}{2}(-x+x^2)-\dfrac{1}{8}(-x+x^2)^2+\dfrac{1}{16}(-x+x^2)^3+\cdots\cdots$

ここにくる項は展開すると4次以上になるのでいらない

$=1-\dfrac{1}{2}x+\left(\dfrac{1}{2}-\dfrac{1}{8}\right)x^2+\left(\dfrac{2}{8}-\dfrac{1}{16}\right)x^3+\cdots\cdots$

$=1-\dfrac{1}{2}x+\dfrac{3}{8}x^2+\dfrac{3}{16}x^3+\cdots\cdots$

これより、$\sqrt{1-x+x^2}\fallingdotseq 1-\dfrac{1}{2}x+\dfrac{3}{8}x^2+\dfrac{3}{16}x^3$

(2) $\sin x=x-\dfrac{1}{3!}x^3+\dfrac{1}{5!}x^5-\cdots=x-\dfrac{1}{6}x^3+\dfrac{1}{120}x^5-\cdots$

$\cos x=1-\dfrac{1}{2!}x^2+\dfrac{1}{4!}x^4-\cdots=1-\dfrac{1}{2}x^2+\dfrac{1}{24}x^4-\cdots$

$\tan x=\dfrac{\sin x}{\cos x}=\dfrac{x-\dfrac{1}{6}x^3+\dfrac{1}{120}x^5-\cdots}{1-\dfrac{1}{2}x^2+\dfrac{1}{24}x^4-\cdots}$

$\dfrac{1}{1-a}=1+a+a^2+\cdots\cdots$ を用いる

$=\left(x-\dfrac{1}{6}x^3+\dfrac{1}{120}x^5-\cdots\right)\left\{1+\left(\dfrac{1}{2}x^2-\dfrac{1}{24}x^4+\cdots\right)+\left(\dfrac{1}{2}x^2-\dfrac{1}{24}x^4+\cdots\right)^2+\cdots\right\}$

$=\left(x-\dfrac{1}{6}x^3+\dfrac{1}{120}x^5-\cdots\right)\left(1+\dfrac{1}{2}x^2+\dfrac{5}{24}x^4+\cdots\right)$　　$\left(-\dfrac{1}{24}\right)+\left(\dfrac{1}{2}\right)^2$　　$\left(-\dfrac{1}{6}\right)\cdot\dfrac{1}{2}$

$=x+\left(\dfrac{1}{2}-\dfrac{1}{6}\right)x^3+\left(\dfrac{5}{24}-\dfrac{1}{12}+\dfrac{1}{120}\right)x^5+\cdots\cdots=x+\dfrac{1}{3}x^3+\dfrac{2}{15}x^5+\cdots$

これより、$\tan x\fallingdotseq x+\dfrac{1}{3}x^3+\dfrac{2}{15}x^5$

ジャンプ 確認 ▶マクローリン展開を利用した近似式

p.179 の公式を用いて、x の絶対値が小さいときの近似式を示せ。

(1) $\log(1+\sin x) \fallingdotseq x - \dfrac{1}{2}x^2 + \dfrac{1}{6}x^3$

(2) $(1+x)^{\frac{1}{x}} \fallingdotseq e - \dfrac{e}{2}x + \dfrac{11e}{24}x^2$

---

(1) $\log(1+x) = x - \dfrac{1}{2}x^2 + \dfrac{1}{3}x^3 - \cdots$ ……①

$\sin x = x - \dfrac{1}{3!}x^3 + \dfrac{1}{5!}x^5 - \cdots = x - \dfrac{1}{6}x^3 + \dfrac{1}{120}x^5 - \cdots$ ……②

$\log(1+\sin x) = \sin x - \dfrac{1}{2}\sin^2 x + \dfrac{1}{3}\sin^3 x - \cdots$ ←①の x を $\sin x$ でおきかえ

$= \left(x - \dfrac{1}{6}x^3 + \cdots\right) - \dfrac{1}{2}\left(x - \dfrac{1}{6}x^3 + \cdots\right)^2 + \dfrac{1}{3}\left(x - \dfrac{1}{6}x^3 + \cdots\right)^3 \cdots$ ②を代入

$= x - \dfrac{1}{2}x^2 + \left(-\dfrac{1}{6} + \dfrac{1}{3}\right)x^3 + \cdots$

$= x - \dfrac{1}{2}x^2 + \dfrac{1}{6}x^3 + \cdots$

これより、$\log(1+\sin x) \fallingdotseq x - \dfrac{1}{2}x^2 + \dfrac{1}{6}x^3$

(2) $(1+x)^{\frac{1}{x}} = e^{\log\left[(1+x)^{\frac{1}{x}}\right]} = \exp\left[\log(1+x)^{\frac{1}{x}}\right]$ ←$e^x = \exp x$ とかく。

$= \exp\left[\dfrac{1}{x}\log(1+x)\right] = \exp\left\{\dfrac{1}{x}\left(x - \dfrac{1}{2}x^2 + \dfrac{1}{3}x^3 - \cdots\right)\right\}$

$= \exp\left(1 - \dfrac{1}{2}x + \dfrac{1}{3}x^2 - \cdots\right) = e^{1-\frac{1}{2}x+\frac{1}{3}x^2-\cdots} = e \cdot e^{-\frac{1}{2}x+\frac{1}{3}x^2-\cdots}$ ←これが 0 に近いので e^x のマクローリン展開が使える

$= e\left\{1 + \left(-\dfrac{1}{2}x + \dfrac{1}{3}x^2 - \cdots\right) + \dfrac{1}{2!}\left(-\dfrac{1}{2}x + \dfrac{1}{3}x^2 - \cdots\right)^2 + \cdots\right\}$

$= e\left(1 - \dfrac{1}{2}x + \left(\dfrac{1}{3} + \dfrac{1}{8}\right)x^2 + \cdots\right)$

$= e - \dfrac{e}{2}x + \dfrac{11e}{24}x^2 + \cdots$

これより、$(1+x)^{\frac{1}{x}} \fallingdotseq e - \dfrac{e}{2}x + \dfrac{11e}{24}x^2$

演習 ▶ 偏導関数 （講義編 p.187 参照）

次の関数の偏導関数 f_x、f_y を求めよ。
(1) $f(x, y) = x^2 \tan^{-1} \dfrac{y}{x} - y^2 \tan^{-1} \dfrac{x}{y}$ (2) $f(x, y) = \log_y x$

(1) $\left[x^2 \times \tan^{-1} \dfrac{y}{x} \text{と見て関数の積の微分の公式を用いる。} \tan^{-1} \dfrac{y}{x} \text{は} \dfrac{y}{x} = u \text{とおいて、合成関数の微分の公式を用いる。} (\tan^{-1} u)' = \dfrac{1}{1+u^2} \cdot u' \quad (fg)' = f'g + fg' \right]$

$f_x = \dfrac{\partial}{\partial x}\left(x^2 \tan^{-1} \dfrac{y}{x} - y^2 \tan^{-1} \dfrac{x}{y} \right)$ （x でビブン、y は定数扱い）

$= 2x \tan^{-1} \dfrac{y}{x} + x^2 \cdot \dfrac{1}{1+\left(\dfrac{y}{x}\right)^2} \cdot \left(-\dfrac{y}{x^2}\right) - y^2 \cdot \dfrac{1}{1+\left(\dfrac{x}{y}\right)^2} \cdot \left(\dfrac{1}{y}\right)$

$= 2x \tan^{-1} \dfrac{y}{x} - \dfrac{x^2 y}{x^2+y^2} - \dfrac{y^2 \cdot y}{x^2+y^2} = 2x \tan^{-1} \dfrac{y}{x} - \dfrac{(x^2+y^2)y}{x^2+y^2}$

$= 2x \tan^{-1} \dfrac{y}{x} - y$

$f_y = \dfrac{\partial}{\partial y}\left(x^2 \tan^{-1} \dfrac{y}{x} - y^2 \tan^{-1} \dfrac{x}{y} \right)$ （y でビブン、x は定数扱い）

$= x^2 \cdot \dfrac{1}{1+\left(\dfrac{y}{x}\right)^2} \cdot \left(\dfrac{1}{x}\right) - 2y \tan^{-1} \dfrac{x}{y} - y^2 \cdot \dfrac{1}{1+\left(\dfrac{x}{y}\right)^2} \cdot \left(-\dfrac{x}{y^2}\right)$

$= \dfrac{x^2 \cdot x}{x^2+y^2} + \dfrac{y^2 x}{x^2+y^2} - 2y \tan^{-1} \dfrac{x}{y} = \dfrac{(x^2+y^2)x}{x^2+y^2} - 2y \tan^{-1} \dfrac{x}{y}$

$= x - 2y \tan^{-1} \dfrac{x}{y}$

(2) $\log_y x = \dfrac{\log x}{\log y}$ ［底の変換公式で、底を e にそろえた］

$f_x = \dfrac{\partial}{\partial x}\left(\dfrac{\log x}{\log y} \right) = \dfrac{1}{x(\log y)}$ $\quad (\log x)' = \dfrac{1}{x},\ \left(\dfrac{1}{f}\right)' = -\dfrac{f'}{f^2}$

$f_y = \dfrac{\partial}{\partial y}\left(\dfrac{\log x}{\log y} \right) = -\dfrac{\log x}{(\log y)^2} \cdot (\log y)' = -\dfrac{\log x}{y(\log y)^2}$

$\left[\dfrac{1}{\log y} \text{は、} u = \log y \text{とおいて、} \left(\dfrac{1}{u}\right)' = -\dfrac{1}{u^2} \cdot u' \right]$

確認 ▶偏導関数

次の関数の偏導関数 f_x、f_y を求めよ。

(1) $f(x, y) = x \sin^{-1} \dfrac{y}{x}$ 　　(2) $f(x, y) = \dfrac{x^2 - y^2}{x^2 + y^2}$

(1) $\left[\sin^{-1} \dfrac{y}{x} \text{の微分は、} u = \dfrac{y}{x} \text{とおいて、合成関数の微分を用いる。} (\sin^{-1} u)' = \dfrac{1}{\sqrt{1-u^2}} \cdot u' \right]$

$f_x = \dfrac{\partial}{\partial x}\left(x \sin^{-1} \dfrac{y}{x} \right)$

（x でビブン／x でビブン／y は定数扱い）

$= 1 \cdot \sin^{-1} \dfrac{y}{x} + x \cdot \dfrac{1}{\sqrt{1-\left(\dfrac{y}{x}\right)^2}} \left(-\dfrac{y}{x^2} \right) = \sin^{-1} \dfrac{y}{x} - \dfrac{y}{\sqrt{x^2 - y^2}}$ 　($x > 0$ のとき)

$f_y = \dfrac{\partial}{\partial y}\left(x \sin^{-1} \dfrac{y}{x} \right) = x \cdot \dfrac{1}{\sqrt{1-\left(\dfrac{y}{x}\right)^2}} \left(\dfrac{1}{x} \right) = \dfrac{1}{\sqrt{1-\left(\dfrac{y}{x}\right)^2}} = \dfrac{x}{\sqrt{x^2 - y^2}}$

（x は定数扱い）　　　　　　　　　　　　　　　　　　　　　($x > 0$ のとき)

(2) $\left[u = x^2 - y^2,\ v = x^2 + y^2 \text{とおいて、商の微分} \left(\dfrac{u}{v} \right)' = \dfrac{u'v - uv'}{v^2} \text{を用いる} \right]$

$f_x = \dfrac{\partial}{\partial x}\left(\dfrac{x^2 - y^2}{x^2 + y^2} \right)$ 　（y は定数扱い）

x でビブン／x でビブン

$= \dfrac{2x(x^2 + y^2) - (x^2 - y^2) \cdot 2x}{(x^2 + y^2)^2} = \dfrac{4xy^2}{(x^2 + y^2)^2}$

$f_y = \dfrac{\partial}{\partial y}\left(\dfrac{x^2 - y^2}{x^2 + y^2} \right)$ 　（x は定数扱い）

y でビブン／y でビブン

$= \dfrac{(-2y)(x^2 + y^2) - (x^2 - y^2)(2y)}{(x^2 + y^2)^2} = \dfrac{-4x^2 y}{(x^2 + y^2)^2}$

演習 ▶ 全微分と接平面 （講義編 p.191、204 参照）

(1) 曲面 $S: z=\cos(x+2y)$ の $\left(\dfrac{\pi}{6},\dfrac{\pi}{6}\right)$ での全微分、接平面の式を求めよ。

(2) 曲面 $S: xy+2yz+3zx=1$ の $(1,-1,2)$ での全微分、接平面の式を求めよ。

(1) $f(x,y)=\cos(x+2y)$ とおくと、

$f_x=-\sin(x+2y)$、$f_y=-2\sin(x+2y)$

$f_x\left(\dfrac{\pi}{6},\dfrac{\pi}{6}\right)=-\sin\left(\dfrac{\pi}{6}+2\cdot\dfrac{\pi}{6}\right)=-\sin\dfrac{\pi}{2}=-1$

$f_y\left(\dfrac{\pi}{6},\dfrac{\pi}{6}\right)=-2\sin\left(\dfrac{\pi}{6}+2\cdot\dfrac{\pi}{6}\right)=-2$

$(\cos x)'=-\sin x$

$z=f(x,y)$ の $(a,b,f(a,b))$ での接平面の式は、
$z-f(a,b)$
$=f_x(a,b)(x-a)$
$+f_y(a,b)(y-b)$

よって、全微分は、

$$dz=f_x\left(\dfrac{\pi}{6},\dfrac{\pi}{6}\right)dx+f_y\left(\dfrac{\pi}{6},\dfrac{\pi}{6}\right)dy=-dx-2dy$$

接平面の式は、

$$z-f\left(\dfrac{\pi}{6},\dfrac{\pi}{6}\right)=-1\left(x-\dfrac{\pi}{6}\right)-2\left(y-\dfrac{\pi}{6}\right)$$

$\phantom{z-f\left(\dfrac{\pi}{6},\dfrac{\pi}{6}\right)}\|$
$\phantom{z-f\left(\dfrac{\pi}{6},\dfrac{\pi}{6}\right)}0$

$\therefore\ z=-x-2y+\dfrac{\pi}{2}$

$g(x,y,z)=0$ の (a,b,c) での接平面の式は

$\begin{pmatrix}g_x(a,b,c)\\g_y(a,b,c)\\g_z(a,b,c)\end{pmatrix}\cdot\begin{pmatrix}x-a\\y-b\\z-c\end{pmatrix}=0$

(2) $f(x,y,z)=xy+2yz+3zx-1$ とおくと、

$f_x=y+3z$、$f_y=x+2z$、$f_z=2y+3x$

$f_x(1,-1,2)=5$、$f_y(1,-1,2)=5$、$f_z(1,-1,2)=1$

よって、全微分は、

$f_x(1,-1,2)dx+f_y(1,-1,2)dy+f_z(1,-1,2)dz=0$

$5dx+5dy+dz=0$

接平面の式は、

$5(x-1)+5(y+1)+(z-2)=0$

ジャンプ 確認 ▶全微分と接平面

(1) 曲面 $S: z = \tan^{-1}\left(\dfrac{y}{x}\right)$ の $(1, \sqrt{3})$ での全微分、接平面の式を求めよ。

(2) 曲面 $S: x^2 + \dfrac{y^2}{2} + \dfrac{z^2}{3} = 1$ の $\left(\dfrac{1}{\sqrt{6}}, 1, -1\right)$ での全微分、接平面の式を求めよ。

(1) $f(x, y) = \tan^{-1}\underbrace{\left(\dfrac{y}{x}\right)}_{u}$ とおくと、 $\quad (\tan^{-1}x)' = \dfrac{1}{1+x^2}$

$f_x = \dfrac{1}{1+\underbrace{\left(\dfrac{y}{x}\right)^2}_{u}} \cdot \underbrace{\left(-\dfrac{y}{x^2}\right)}_{u_x} = \dfrac{-y}{x^2+y^2}$、 $f_y = \dfrac{1}{1+\underbrace{\left(\dfrac{y}{x}\right)^2}_{u}} \cdot \underbrace{\dfrac{1}{x}}_{u_y} = \dfrac{x}{x^2+y^2}$

$f_x(1, \sqrt{3}) = -\dfrac{\sqrt{3}}{4}$、 $f_y(1, \sqrt{3}) = \dfrac{1}{4}$、 $f(1, \sqrt{3}) = \dfrac{\pi}{3}$

よって、全微分は、

$$dz = f_x(1, \sqrt{3})dx + f_y(1, \sqrt{3})dy \quad \therefore \quad dz = -\dfrac{\sqrt{3}}{4}dx + \dfrac{1}{4}dy$$

接平面の式は、

$$z - \dfrac{\pi}{3} = -\dfrac{\sqrt{3}}{4}(x-1) + \dfrac{1}{4}(y-\sqrt{3}) \quad \therefore \quad z = -\dfrac{\sqrt{3}}{4}x + \dfrac{1}{4}y + \dfrac{\pi}{3}$$

(2) $f(x, y, z) = x^2 + \dfrac{y^2}{2} + \dfrac{z^2}{3} - 1$ とおくと、

$f_x = 2x$、 $f_y = y$、 $f_z = \dfrac{2}{3}z$

$f_x\left(\dfrac{1}{\sqrt{6}}, 1, -1\right) = \dfrac{2}{\sqrt{6}}$、 $f_y\left(\dfrac{1}{\sqrt{6}}, 1, -1\right) = 1$、 $f_z\left(\dfrac{1}{\sqrt{6}}, 1, -1\right) = -\dfrac{2}{3}$

よって、全微分は、

$$f_x\left(\dfrac{1}{\sqrt{6}}, 1, -1\right)dx + f_y\left(\dfrac{1}{\sqrt{6}}, 1, -1\right)dy + f_z\left(\dfrac{1}{\sqrt{6}}, 1, -1\right)dz = 0$$

$$\dfrac{2}{\sqrt{6}}dx + dy - \dfrac{2}{3}dz = 0$$

接平面の式は、

$$\dfrac{2}{\sqrt{6}}\left(x - \dfrac{1}{\sqrt{6}}\right) + (y-1) - \dfrac{2}{3}(z+1) = 0$$

演習 ▶ 全微分の変数変換 （講義編 p.199 参照）

全微分可能な関数 $z=e^x \cosh y$ について、

(1) $x=\cos\theta$, $y=\sin\theta$ のとき、$\dfrac{dz}{d\theta}$ を求めよ。

(2) $x=u+v$, $y=uv$ のとき、$\dfrac{\partial z}{\partial u}$, $\dfrac{\partial z}{\partial v}$ を求めよ。

$$\left. \begin{aligned} \frac{\partial z}{\partial x} &= \frac{\partial}{\partial x}(e^x \cosh y) = e^x \cosh y \\ \frac{\partial z}{\partial y} &= \frac{\partial}{\partial y}(e^x \cosh y) = e^x \sinh y \end{aligned} \right\} \quad \cdots\cdots ①$$

(1) $\dfrac{dx}{d\theta} = \dfrac{d}{d\theta}(\cos\theta) = -\sin\theta$、$\dfrac{dy}{d\theta} = \dfrac{d}{d\theta}(\sin\theta) = \cos\theta$　……②

①、②を公式に代入すると、

$$\begin{aligned}\frac{dz}{d\theta} &= \frac{\partial z}{\partial x}\cdot\frac{dx}{d\theta} + \frac{\partial z}{\partial y}\cdot\frac{dy}{d\theta} \\ &= e^x \cosh y(-\sin\theta) + e^x \sinh y \cdot \cos\theta \\ &= -e^{\cos\theta}(\cosh(\sin\theta))\sin\theta + e^{\cos\theta}(\sinh(\sin\theta))\cos\theta\end{aligned}$$

(2) $\dfrac{\partial x}{\partial u}=1$、$\dfrac{\partial y}{\partial u}=v$、$\dfrac{\partial x}{\partial v}=1$、$\dfrac{\partial y}{\partial v}=u$　……③

①、③を公式に代入すると、

$$\begin{aligned}\frac{\partial z}{\partial u} &= \frac{\partial z}{\partial x}\cdot\frac{\partial x}{\partial u} + \frac{\partial z}{\partial y}\cdot\frac{\partial y}{\partial u} \\ &= e^x \cosh y \cdot 1 + e^x(\sinh y)\cdot v \\ &= e^{u+v}\cosh(uv) + e^{u+v}(\sinh(uv))\cdot v\end{aligned}$$

$$\begin{aligned}\frac{\partial z}{\partial v} &= \frac{\partial z}{\partial x}\cdot\frac{\partial x}{\partial v} + \frac{\partial z}{\partial y}\cdot\frac{\partial y}{\partial v} \\ &= e^x \cosh y \cdot 1 + e^x \sinh y \cdot u \\ &= e^{u+v}\cosh(uv) + e^{u+v}(\sinh(uv))\cdot u\end{aligned}$$

ジャンプ 確認 ▶ 全微分の変数変換

全微分可能な関数 $z = x^y$ について、

(1) $x = \cosh t$、$y = \sinh t$ のとき、$\dfrac{dz}{dt}$ を求めよ。

(2) $x = 2u + v$、$y = uv^2$ のとき、$\dfrac{\partial z}{\partial u}$、$\dfrac{\partial z}{\partial v}$ を求めよ。

$\dfrac{\partial z}{\partial x} = \dfrac{\partial}{\partial x}(x^y) = y \cdot x^{y-1}$、$\dfrac{\partial z}{\partial y} = \dfrac{\partial}{\partial y}(x^y) = (\log x) x^y$ ……①

(1) $\dfrac{dx}{dt} = \dfrac{d}{dt}(\cosh t) = \sinh t$、$\dfrac{dy}{dt} = \dfrac{d}{dt}(\sinh t) = \cosh t$ ……②

①、②を公式に代入すると、

$\dfrac{dz}{dt} = \dfrac{\partial z}{\partial x} \cdot \dfrac{dx}{dt} + \dfrac{\partial z}{\partial y} \cdot \dfrac{dy}{dt}$

$= y \cdot x^{y-1} \sinh t + (\log x) x^y \cosh t$

$= (\sinh t)^2 (\cosh t)^{\sinh t - 1} + (\log(\cosh t))(\cosh t)^{\sinh t + 1}$

(2) $\dfrac{\partial x}{\partial u} = 2$、$\dfrac{\partial y}{\partial u} = v^2$、$\dfrac{\partial x}{\partial v} = 1$、$\dfrac{\partial y}{\partial v} = 2uv$ ……③

①、③を公式に代入すると、

$\dfrac{\partial z}{\partial u} = \dfrac{\partial z}{\partial x} \cdot \dfrac{\partial x}{\partial u} + \dfrac{\partial z}{\partial y} \cdot \dfrac{\partial y}{\partial u}$

$= y \cdot x^{y-1} \cdot 2 + (\log x) x^y \cdot v^2$

$= 2(uv^2)(2u+v)^{uv^2 - 1} + (\log(2u+v))(2u+v)^{uv^2} \cdot v^2$

$\dfrac{\partial z}{\partial v} = \dfrac{\partial z}{\partial x} \cdot \dfrac{\partial x}{\partial v} + \dfrac{\partial z}{\partial y} \cdot \dfrac{\partial y}{\partial v}$

$= y \cdot x^{y-1} \cdot 1 + (\log x) \cdot x^y \cdot (2uv)$

$= (uv^2)(2u+v)^{uv^2 - 1} + (\log(2u+v))(2u+v)^{uv^2}(2uv)$

演習 ▶ 2階の偏導関数 （講義編 p.205 参照）

関数 $f(x,y) = \sin^{-1}\dfrac{y}{x}$ $(y>0)$ の 2階の偏導関数 f_{xx}、f_{xy}、f_{yx}、f_{yy} を求めよ。

$u = \dfrac{y}{x}$ とおいて、合成関数の微分 $\dfrac{\partial f}{\partial x} = \dfrac{df}{du} \cdot \dfrac{\partial u}{\partial x}$ を用いる。

$$f_x = \underbrace{(\sin^{-1} u)_u}_{\frac{df}{du}} \cdot \dfrac{\partial u}{\partial x} = \dfrac{1}{\sqrt{1-u^2}} \cdot \dfrac{\partial}{\partial x}\left(\dfrac{y}{x}\right) = \dfrac{1}{\sqrt{1-\left(\dfrac{y}{x}\right)^2}} \cdot \left(-\dfrac{y}{x^2}\right) = -\dfrac{y}{x\sqrt{x^2-y^2}}$$
$(x>0$ のとき$)$

$$f_y = \underbrace{(\sin^{-1} u)_u} \cdot \dfrac{\partial u}{\partial y} = \dfrac{1}{\sqrt{1-u^2}} \cdot \dfrac{\partial}{\partial y}\left(\dfrac{y}{x}\right) = \dfrac{1}{\sqrt{1-\left(\dfrac{y}{x}\right)^2}} \cdot \left(\dfrac{1}{x}\right) = \dfrac{1}{\sqrt{x^2-y^2}}$$
$(x>0$ のとき$)$

$$f_{xx} = \dfrac{\partial}{\partial x}\left(-\dfrac{y}{x\sqrt{x^2-y^2}}\right) = \dfrac{y(x\sqrt{x^2-y^2})_x}{(x\sqrt{x^2-y^2})^2}$$
$\cdots x\sqrt{x^2-y^2}$ の x による偏微分
$(\sqrt{u})_x = (u^{\frac{1}{2}})_x = \dfrac{1}{2\sqrt{u}} \cdot u_x \quad (x^2-y^2)_x$

この分子は、
$$y\{(x)_x\sqrt{x^2-y^2} + x(\underbrace{\sqrt{x^2-y^2}}_{\sqrt{u}})_x\} = y\left\{\sqrt{x^2-y^2} + x \cdot \dfrac{1}{2\sqrt{x^2-y^2}} \cdot 2x\right\}$$

$$= \dfrac{y\{(x^2-y^2)+x^2\}}{\sqrt{x^2-y^2}} = \dfrac{y(2x^2-y^2)}{\sqrt{x^2-y^2}} \text{ より、}$$

$$f_{xx} = \dfrac{1}{(x\sqrt{x^2-y^2})^2} \cdot \dfrac{y(2x^2-y^2)}{\sqrt{x^2-y^2}} = \dfrac{y(2x^2-y^2)}{x^2(x^2-y^2)^{\frac{3}{2}}}$$

$$f_{xy} = \dfrac{\partial}{\partial y}\left(-\underbrace{\dfrac{y}{x\sqrt{x^2-y^2}}}_{f_x}\right) = -\dfrac{(y)_y x\sqrt{x^2-y^2} - y(x\sqrt{x^2-y^2})_y}{(x\sqrt{x^2-y^2})^2}$$

この分子は、$(\sqrt{u})_y = \dfrac{1}{2\sqrt{u}} u_y \quad (x^2-y^2)_y$

$$x\sqrt{x^2-y^2} - yx \cdot \dfrac{1}{2\sqrt{x^2-y^2}} \cdot (-2y) = \dfrac{x(x^2-y^2)+xy^2}{\sqrt{x^2-y^2}} = \dfrac{x^3}{\sqrt{x^2-y^2}} \text{ より、}$$

$$f_{xy} = -\dfrac{1}{(x\sqrt{x^2-y^2})^2} \cdot \dfrac{x^3}{\sqrt{x^2-y^2}} = -\dfrac{x}{(x^2-y^2)^{\frac{3}{2}}}$$

$$f_{yx} = \dfrac{\partial}{\partial x}\left(\underbrace{\dfrac{1}{\sqrt{x^2-y^2}}}_{f_y}\right) = -\dfrac{1}{2} \cdot \dfrac{1}{(x^2-y^2)^{\frac{3}{2}}} \cdot 2x = -\dfrac{x}{(x^2-y^2)^{\frac{3}{2}}}$$

$$\left[\left(\dfrac{1}{\sqrt{v}}\right)_x = (v^{-\frac{1}{2}})_x = -\dfrac{1}{2}v^{-\frac{3}{2}} \cdot v_x = -\dfrac{1}{2v^{\frac{3}{2}}} \cdot v_x\right]$$

$$f_{yy} = \dfrac{\partial}{\partial y}\left(\dfrac{1}{\sqrt{x^2-y^2}}\right) = -\dfrac{1}{2} \cdot \dfrac{1}{(x^2-y^2)^{\frac{3}{2}}} \cdot (-2y) = \dfrac{y}{(x^2-y^2)^{\frac{3}{2}}}$$

確認 ▶ 2階の偏導関数

関数 $f(x, y) = \tan^{-1}\dfrac{y}{x}$ の2階の偏導関数 f_{xx}、f_{xy}、f_{yx}、f_{yy} をそれぞれ求めよ。

$u = \dfrac{y}{x}$ とおいて、合成関数の微分 $\dfrac{\partial f}{\partial x} = \dfrac{df}{du} \cdot \dfrac{\partial u}{\partial x}$ を用いる。

$f_x = \underbrace{(\tan^{-1} u)_u}_{\frac{df}{du}} \dfrac{\partial u}{\partial x} = \dfrac{1}{1+u^2} \cdot \dfrac{\partial}{\partial x}\left(\dfrac{y}{x}\right) = \dfrac{1}{1+\left(\dfrac{y}{x}\right)^2} \cdot \left(-\dfrac{y}{x^2}\right) = \dfrac{-y}{x^2+y^2}$

$f_y = (\tan^{-1} u)_u \dfrac{\partial u}{\partial y} = \dfrac{1}{1+u^2} \cdot \dfrac{\partial}{\partial y}\left(\dfrac{y}{x}\right) = \dfrac{1}{1+\left(\dfrac{y}{x}\right)^2} \cdot \left(\dfrac{1}{x}\right) = \dfrac{x}{x^2+y^2}$

$f_{xx} = \dfrac{\partial f_x}{\partial x} = \dfrac{\partial}{\partial x}\left(\dfrac{-y}{x^2+y^2}\right) = (-y) \cdot \left\{-\dfrac{1}{(x^2+y^2)^2}\right\} \cdot 2x = \dfrac{2xy}{(x^2+y^2)^2}$

$\left[\, u = x^2+y^2 \text{ とおくと、} \dfrac{\partial}{\partial x}\left(\dfrac{1}{u}\right) = -\dfrac{1}{u^2} \cdot \dfrac{\partial u}{\partial x} = -\dfrac{1}{u^2} \cdot 2x \text{ となる} \,\right]$

$f_{xy} = \dfrac{\partial f_x}{\partial y} = \dfrac{\partial}{\partial y}\left(\dfrac{-y}{x^2+y^2}\right) \quad \left(\dfrac{f}{g}\right)_y = \dfrac{f_y \cdot g - f \cdot g_y}{g^2} \text{ を用いる}$

$= \dfrac{(-y)_y(x^2+y^2) - (-y)(x^2+y^2)_y}{(x^2+y^2)^2} = \dfrac{-(x^2+y^2) + y(2y)}{(x^2+y^2)^2}$

$= \dfrac{-x^2+y^2}{(x^2+y^2)^2}$

$f_{yx} = \dfrac{\partial f_y}{\partial x} = \dfrac{\partial}{\partial x}\left(\dfrac{x}{x^2+y^2}\right) \quad \left(\dfrac{f}{g}\right)_x = \dfrac{f_x \cdot g - f \cdot g_x}{g^2} \text{ を用いる}$

$= \dfrac{(x)_x(x^2+y^2) - x(x^2+y^2)_x}{(x^2+y^2)^2} = \dfrac{x^2+y^2 - x(2x)}{(x^2+y^2)^2} = \dfrac{-x^2+y^2}{(x^2+y^2)^2}$

$f_{yy} = \dfrac{\partial f_y}{\partial y} = \dfrac{\partial}{\partial y}\left(\dfrac{x}{x^2+y^2}\right) = x \cdot \left(-\dfrac{1}{(x^2+y^2)^2}\right)(x^2+y^2)_y = \dfrac{-2xy}{(x^2+y^2)^2}$

演習 ▶2変数関数の極値 （講義編 p.212 参照）

次の関数の極値を求めよ。
$$f(x, y) = x^4 + 6x^2 - 8xy + 2y^2$$

$f_x = 4x^3 + 12x - 8y = 4(x^3 + 3x - 2y)$

$f_y = -8x + 4y = 4(-2x + y)$

$f_{xx} = 12x^2 + 12 = 12(x^2 + 1)$、$f_{xy} = -8$、$f_{yy} = 4$

$f_x = 0$、$f_y = 0$ のときの (x, y) を求める。

$f_y = 0$ より、$y = 2x$

$f_x = 0$ より、$x^3 + 3x - 2y = 0$

これに、$y = 2x$ を代入して、

$x^3 + 3x - 2(2x) = 0 \quad \therefore \quad x^3 - x = 0 \quad \therefore \quad x(x+1)(x-1) = 0$

$x = 0$、± 1　　よって、$(x, y) = (0, 0)$、$(-1, -2)$、$(1, 2)$

以上の3点について、f_{xx}、f_{yy}、f_{xy}、$D = f_{xy}^2 - f_{xx}f_{yy}$ を調べると、右表のようになる。

$(-1, -2)$、$(1, 2)$ のとき、

$f_{xx} > 0$、$D < 0$ なので極小値をとる。

極小値は、$f(-1, -2) = f(1, 2) = -1$

(x, y)	f_{xx}	f_{yy}	f_{xy}	D
$(0, 0)$	12	4	-8	16
$(-1, -2)$	24	4	-8	-32
$(1, 2)$	24	4	-8	-32

ジャンプ 確認 ▶2変数関数の極値

次の関数の極値を求めよ。
$$f(x, y) = xy(x^2 + y^2 - 1)$$

$f(x, y) = x^3 y + xy^3 - xy$

$\quad f_x = 3x^2 y + y^3 - y = (3x^2 + y^2 - 1)y$

$\quad f_y = x^3 + 3xy^2 - x = (x^2 + 3y^2 - 1)x$

$\quad f_{xx} = 6xy$、$f_{xy} = f_{yx} = 3x^2 + 3y^2 - 1$、$f_{yy} = 6xy$

$f_x = 0$、$f_y = 0$ のときの、(x, y) を求める。

$x = 0$ のとき、$f_y = 0$ であり、$f_x = 0$ より、$(y^2 - 1)y = 0$　∴　$y = 0, \pm 1$

$x \neq 0$、$y = 0$ のとき、$f_x = 0$ であり、$f_y = 0$ より、$(x^2 - 1)x = 0$　∴　$x = \pm 1$

$x \neq 0$、$y \neq 0$ のとき、$f_x = 0$、$f_y = 0$ より、

$\quad 3x^2 + y^2 - 1 = 0$ ……①　　$x^2 + 3y^2 - 1 = 0$ ……②

①×3 − ② より　$8x^2 - 2 = 0$　∴　$x^2 = 0.25$　∴　$x = \pm 0.5$

① より、$y^2 = 0.25$　∴　$y = \pm 0.5$

よって、$f_x = 0$、$f_y = 0$ を満たす (x, y) は、　複号任意

$(x, y) = (0, 0)$、$(0, \pm 1)$、$(\pm 1, 0)$、$(\pm 0.5, \pm 0.5)$ の9個

以上9個の点について、f_{xx}、f_{xy}、

$D = f_{xy}{}^2 - f_{xx}f_{yy} (= f_{xy}{}^2 - f_{xx}{}^2)$ を調べると、

右表のようになる。

(x, y)	$f_{xx} = f_{yy}$	f_{xy}	D
$(0, 0)$	0	-1	1
$(\pm 1, 0)$	0	2	4
$(0, \pm 1)$	0	2	4
$(\pm 0.5, \pm 0.5)$	1.5	0.5	-2
$(\pm 0.5, \mp 0.5)$	-1.5	0.5	-2

$(\pm 0.5, \pm 0.5)$（複号同順）のとき、$f_{xx} > 0$、$D < 0$ で、極小値 $f(\pm 0.5, \pm 0.5) = -0.125$

$(\pm 0.5, \mp 0.5)$（複号同順）のとき、$f_{xx} < 0$、$D < 0$ で極大値 $f(\pm 0.5, \mp 0.5) = 0.125$ をとる。

$(0, 0)$、$(0, \pm 1)$、$(\pm 1, 0)$ のとき、$D > 0$ より、極値をとらない。

ステップ 演習 ▶ ラグランジュの未定乗数法 （講義編 p.214 参照）

x、y が $x^2+xy+y^2=1$ を満たしながら動くとき、$2x^2+y^2$ の極値の候補を求めよ。

$f(x,y)=2x^2+y^2$、$g(x,y)=x^2+xy+y^2-1$ とおく。

(a,b) が極値の候補であるとすると、λ があって次を満たす。

$[\ f_x=4x,\ f_y=2y,\ g_x=2x+y,\ g_y=x+2y\ ]$

$$\begin{cases} g(a,b)=0 \\ \begin{pmatrix} f_x(a,b) \\ f_y(a,b) \end{pmatrix} = \lambda \begin{pmatrix} g_x(a,b) \\ g_y(a,b) \end{pmatrix} \end{cases} \text{より、} \begin{cases} a^2+ab+b^2=1 & \cdots\cdots① \\ 4a=\lambda(2a+b) & \cdots\cdots② \\ 2b=\lambda(a+2b) & \cdots\cdots③ \end{cases}$$

②$\times(a+2b)-$③$\times(2a+b)$ より、

$$4a^2+4ab-2b^2=0 \quad \therefore \quad 2a^2+2ab-b^2=0 \quad \therefore \quad b=(1\pm\sqrt{3})a$$

$$\left[\ b \text{について解の公式で解くと、} b=\frac{2a\pm\sqrt{(2a)^2-4(-2a^2)}}{2}=(1\pm\sqrt{3})a\ \right]$$

$b=(1+\sqrt{3})a$ のとき、①に代入して、

$$a^2+a\cdot(1+\sqrt{3})a+\{(1+\sqrt{3})a\}^2=1 \quad \therefore \quad (6+3\sqrt{3})a^2=1$$

$$\therefore \quad a^2=\frac{1}{6+3\sqrt{3}}=\frac{6-3\sqrt{3}}{36-27}=\frac{2-\sqrt{3}}{3}$$

$$\therefore \quad a=\pm\sqrt{\frac{2-\sqrt{3}}{3}}=\pm\sqrt{\frac{4-2\sqrt{3}}{6}}=\pm\sqrt{\frac{(\sqrt{3}-1)^2}{6}}=\pm\frac{\sqrt{3}-1}{\sqrt{6}}$$

$$\therefore \quad b=(1+\sqrt{3})a=\pm(\sqrt{3}+1)\cdot\frac{\sqrt{3}-1}{\sqrt{6}}=\pm\frac{2}{\sqrt{6}} \quad \therefore \quad b^2=\frac{2}{3}$$

$$f(a,b)=2a^2+b^2=\frac{2(2-\sqrt{3})}{3}+\frac{2}{3}=2-\frac{2}{3}\sqrt{3}$$

よって、$x=\pm\dfrac{\sqrt{3}-1}{\sqrt{6}}$、$y=\pm\dfrac{2}{\sqrt{6}}$（複号同順）のとき、$2-\dfrac{2}{3}\sqrt{3}$

$b=(1-\sqrt{3})a$ のときも、同様にして、

$$x=\pm\frac{\sqrt{3}+1}{\sqrt{6}}、y=\mp\frac{2}{\sqrt{6}}\text{（複号同順）のとき、} 2+\frac{2}{3}\sqrt{3}$$

ジャンプ 確認 ▶ ラグランジュの未定乗数法

x、y が、$x^2+y^2=1$ を満たしながら動くとき、$2x^2-xy+y^2$ の極値の候補を求めよ。

$f(x,y)=2x^2-xy+y^2$、$g(x,y)=x^2+y^2-1$ とおく。

(a,b) が極値の候補であるとすると、λ があって次を満たす。

$[\ f_x=4x-y,\ f_y=-x+2y,\ g_x=2x,\ g_y=2y\ ]$

$$\begin{cases} g(a,b)=0 \\ \begin{pmatrix} f_x(a,b) \\ f_y(a,b) \end{pmatrix} = \lambda \begin{pmatrix} g_x(a,b) \\ g_y(a,b) \end{pmatrix} \end{cases} \text{より、} \begin{cases} a^2+b^2=1 & \cdots\cdots ① \\ 4a-b=2a\lambda & \cdots\cdots ② \\ -a+2b=2b\lambda & \cdots\cdots ③ \end{cases}$$

②$\times b$ − ③$\times a$ より、

$$a^2+2ab-b^2=0 \quad \therefore \quad a=(-1-\sqrt{2})b,\ (-1+\sqrt{2})b$$

$\left[\ 解の公式を用いて、a=\dfrac{-2b\pm\sqrt{(2b)^2-4\cdot(-b^2)}}{2}=(-1\pm\sqrt{2})b\ \right]$

$a=(-1-\sqrt{2})b$ のとき、①に代入して、

$$\{(-1-\sqrt{2})b\}^2+b^2=1 \quad \therefore \quad (4+2\sqrt{2})b^2=1$$

$$\therefore\quad b^2=\dfrac{1}{4+2\sqrt{2}} \quad \therefore\quad b^2=\dfrac{2-\sqrt{2}}{4} \quad \therefore\quad b=\pm\sqrt{\dfrac{2-\sqrt{2}}{4}}$$

（2重根号は外せない）

$$\therefore\quad a=(-1-\sqrt{2})b=\mp\sqrt{\dfrac{(2-\sqrt{2})(1+\sqrt{2})^2}{4}}=\mp\sqrt{\dfrac{2+\sqrt{2}}{4}}$$

$f(a,b)=2a^2-ab+b^2=2\{(-1-\sqrt{2})b\}^2-\{(-1-\sqrt{2})b\}b+b^2$

$=(8+5\sqrt{2})b^2=(8+5\sqrt{2})\cdot\dfrac{2-\sqrt{2}}{4}=\dfrac{3+\sqrt{2}}{2}$

よって、$x=\mp\sqrt{\dfrac{2+\sqrt{2}}{4}}$、$y=\pm\sqrt{\dfrac{2-\sqrt{2}}{4}}$（複号同順）のとき、$\dfrac{3+\sqrt{2}}{2}$

$a=(-1+\sqrt{2})b$ のときから、同様にして、

$x=\pm\sqrt{\dfrac{2-\sqrt{2}}{4}}$、$y=\pm\sqrt{\dfrac{2+\sqrt{2}}{4}}$（複号同順）のとき、$\dfrac{3-\sqrt{2}}{2}$

演習 ▶ラグランジュの未定乗数法　（講義編 p.218 参照）

x、y、z が $x+y+z=6$（x, y, z は正）を満たしながら動くとき、xy^2z^3 の極値の候補を求めよ。

$f(x, y, z) = xy^2z^3$、$g(x, y, z) = x+y+z-6$ とおく。

(a, b, c) が極値であるとすると、λ があって次を満たす。

$$\begin{cases} g(a,b,c)=0 \\ \begin{pmatrix} f_x(a,b,c) \\ f_y(a,b,c) \\ f_z(a,b,c) \end{pmatrix} = \lambda \begin{pmatrix} g_x(a,b,c) \\ g_y(a,b,c) \\ g_z(a,b,c) \end{pmatrix} \end{cases} \text{より、} \begin{cases} a+b+c-6=0 & \cdots\cdots ① \\ b^2c^3=\lambda & \cdots\cdots ② \\ 2abc^3=\lambda & \cdots\cdots ③ \\ 3ab^2c^2=\lambda & \cdots\cdots ④ \end{cases}$$

②、③より、$b^2c^3=2abc^3$　　$\therefore\ b=2a$　……⑤

②、④より、$b^2c^3=3ab^2c^2$　　$\therefore\ c=3a$　……⑥

⑤、⑥を①に代入して、

$a+2a+3a-6=0$　　$\therefore\ 6a=6$　　$\therefore\ a=1$

$b=2a=2$、$c=3a=3$

極値の候補は、

$(x, y, z) = (1, 2, 3)$ のとき、$xy^2z^3 = 1 \cdot 2^2 \cdot 3^3 = 108$

ジャンプ 確認 ▶ラグランジュの未定乗数法

x、y、z が $\dfrac{x^2}{2}+\dfrac{y^2}{3}+\dfrac{z^2}{4}=1$ を満たしながら動くとき、xyz の極値の候補を求めよ。

$f(x, y, z)=xyz$、$g(x, y, z)=\dfrac{x^2}{2}+\dfrac{y^2}{3}+\dfrac{z^2}{4}-1$ とおく。

(a, b, c) が極値であるとすると、λ があって次を満たす。

$$\begin{cases} g(a,b,c)=0 \\ \begin{pmatrix} f_x(a,b,c) \\ f_y(a,b,c) \\ f_z(a,b,c) \end{pmatrix} = \lambda \begin{pmatrix} g_x(a,b,c) \\ g_y(a,b,c) \\ g_z(a,b,c) \end{pmatrix} \end{cases} \text{より、} \begin{cases} \dfrac{a^2}{2}+\dfrac{b^2}{3}+\dfrac{c^2}{4}-1=0 & \cdots\cdots① \\ bc=\lambda a & \cdots\cdots② \\ ca=\dfrac{2}{3}\lambda b & \cdots\cdots③ \\ ab=\dfrac{1}{2}\lambda c & \cdots\cdots④ \end{cases}$$

[$\lambda \neq 0$ のとき、a、b、c は1つが0であるとすべて0になり①を満たさないので、どれも0でない。]

②×③より、$abc^2=\dfrac{2}{3}\lambda^2 ab$ $\quad\therefore\quad c^2=\dfrac{2}{3}\lambda^2$ $\quad\therefore\quad c=\pm\dfrac{\sqrt{2}}{\sqrt{3}}\lambda$

③×④より、$a^2bc=\dfrac{1}{3}\lambda^2 bc$ $\quad\therefore\quad a^2=\dfrac{1}{3}\lambda^2$ $\quad\therefore\quad a=\pm\dfrac{1}{\sqrt{3}}\lambda$

④×②より、$ab^2c=\dfrac{1}{2}\lambda^2 ac$ $\quad\therefore\quad b^2=\dfrac{1}{2}\lambda^2$ $\quad\therefore\quad b=\pm\dfrac{1}{\sqrt{2}}\lambda$

(a, b, c) の符号は全部で $2^3=8$ 通りある。このうち1通りを決めれば、②より λ の符号が定まる。②で定まる λ の符号は、③で定まる λ の符号、④で定まる λ の符号に一致する。

$$(a, b, c)=\left(\pm\dfrac{1}{\sqrt{3}}\lambda,\ \pm\dfrac{1}{\sqrt{2}}\lambda,\ \pm\dfrac{\sqrt{2}}{\sqrt{3}}\lambda\right)$$

これを①に代入して、

$$\dfrac{1}{2}\left(\dfrac{1}{\sqrt{3}}\lambda\right)^2+\dfrac{1}{3}\left(\dfrac{1}{\sqrt{2}}\lambda\right)^2+\dfrac{1}{4}\left(\dfrac{\sqrt{2}}{\sqrt{3}}\lambda\right)^2-1=0 \quad\therefore\quad \dfrac{1}{2}\lambda^2-1=0 \quad\therefore\quad \lambda=\pm\sqrt{2}$$

極値の候補は、$(x, y, z)=\left(\pm\dfrac{\sqrt{2}}{\sqrt{3}},\ \pm 1,\ \pm\dfrac{2}{\sqrt{3}}\right)$(複号任意)のとき、$xyz=\pm\dfrac{2\sqrt{2}}{3}$

演習 ▶ 2変数関数の連続性　（講義編 p.221 参照）

次の関数は $(0,0)$ で連続であるか調べよ。
(1)
$$f(x,y) = \begin{cases} \dfrac{x^2-y^2}{x^2+y^2} & ((x,y) \neq (0,0)) \\ 0 & ((x,y) = (0,0)) \end{cases}$$

(2)
$$f(x,y) = \begin{cases} \dfrac{xy^2}{x^2+y^2} & ((x,y) \neq (0,0)) \\ 0 & ((x,y) = (0,0)) \end{cases}$$

(1)　(x,y) が $y=mx$ (m は定数)を満たしながら $(0,0)$ に近づくときの極限を求める。

$$\lim_{(x,y)\to(0,0)} \frac{x^2-y^2}{x^2+y^2} = \lim_{x\to 0} \frac{x^2-m^2x^2}{x^2+m^2x^2} = \lim_{x\to 0} \frac{1-m^2}{1+m^2} = \frac{1-m^2}{1+m^2}$$

m のとり方によって極限値が異なるので、連続ではない。

(2)　$\Bigg[$ (x,y) が $y=mx$ を満たしながら $(0,0)$ に近づくときの極限を求める。

$$\lim_{(x,y)\to(0,0)} \frac{xy^2}{x^2+y^2} = \lim_{x\to 0} \frac{x(mx)^2}{x^2+m^2x^2} = \lim_{x\to 0} \frac{m^2 x}{1+m^2} = 0$$

連続になりそうなので、はさみうちの原理で連続性を証明してみる。$\Bigg]$

x, y を極座標表示して、$x = r\cos\theta$、$y = r\sin\theta$ とおく。

$$0 < \left|\frac{xy^2}{x^2+y^2}\right| = \left|\frac{(r\cos\theta)(r\sin\theta)^2}{(r\cos\theta)^2+(r\sin\theta)^2}\right| = \left|\frac{r^3\cos\theta\sin^2\theta}{r^2(\cos^2\theta+\sin^2\theta)}\right|$$

$$= |r\cos\theta\sin^2\theta| \leq r \quad \cdots\cdots ①$$

$|\cos\theta| \leq 1$、$|\sin\theta| \leq 1$

(x,y) が $(0,0)$ に近づくとき、$r \to 0$ なので、

①にはさみうちの原理を用いて、

$$\lim_{(x,y)\to(0,0)} \left|\frac{xy^2}{x^2+y^2}\right| = 0 \quad \text{よって、} \quad \lim_{(x,y)\to(0,0)} \frac{xy^2}{x^2+y^2} = 0$$

$f(x,y)$ は $(0,0)$ で連続である。

確認 ▶ 2変数関数の連続性

次の関数は $(0, 0)$ で連続であるか調べよ。
(1)
$$f(x, y) = \begin{cases} \dfrac{xy}{x^2+y^2} & ((x, y) \neq (0, 0)) \\ 0 & ((x, y) = (0, 0)) \end{cases}$$

(2)
$$f(x, y) = \begin{cases} \dfrac{xy}{\sqrt{x^2+y^2}} & ((x, y) \neq (0, 0)) \\ 0 & ((x, y) = (0, 0)) \end{cases}$$

(1) (x, y) が $y = mx$ (m は定数)を満たしながら、$(0, 0)$ に近づくときの極限を求める。

$$\lim_{(x, y) \to (0, 0)} \frac{xy}{x^2+y^2} = \lim_{x \to 0} \frac{x(mx)}{x^2+(mx)^2} = \lim_{x \to 0} \frac{m}{1+m^2} = \frac{m}{1+m^2}$$

m のとり方によって極限値が異なるので、連続ではない。

(2) $\Bigg[$ (x, y) が $y = mx$ (m は定数)を満たしながら $(0, 0)$ に近づくときの極限を求める。

$$\lim_{(x, y) \to (0, 0)} \frac{xy}{\sqrt{x^2+y^2}} = \lim_{x \to 0} \frac{x(mx)}{\sqrt{x^2+m^2x^2}} = \lim_{x \to 0} \frac{m|x|^2}{|x|\sqrt{1+m^2}} = \lim_{x \to 0} \frac{m|x|}{\sqrt{1+m^2}} = 0$$

連続になりそうなので、はさみうちの原理で連続性を証明してみる。 $\Bigg]$

x, y を極座標表示して、$x = r\cos\theta$、$y = r\sin\theta$ とおく。

$$0 < \left|\frac{xy}{\sqrt{x^2+y^2}}\right| = \left|\frac{(r\cos\theta)(r\sin\theta)}{\sqrt{(r\cos\theta)^2+(r\sin\theta)^2}}\right| = \left|\frac{r^2\cos\theta\sin\theta}{\sqrt{r^2(\cos^2\theta+\sin^2\theta)}}\right|$$
$$= |r\cos\theta\sin\theta| \leq r \quad \cdots\cdots ①$$

$|\cos\theta| \leq 1$、$|\sin\theta| \leq 1$

(x, y) が $(0, 0)$ に近づくとき、$r \to 0$ なので、

① にはさみうちの原理を用いて、

$$\lim_{(x, y) \to (0, 0)} \left|\frac{xy}{\sqrt{x^2+y^2}}\right| = 0 \quad \text{よって、} \quad \lim_{(x, y) \to (0, 0)} \frac{xy}{\sqrt{x^2+y^2}} = 0$$

$f(x, y)$ は $(0, 0)$ で連続である。

ステップ　演習 ▶累次積分　（講義編 p.224、226 参照）

次の累次積分を計算せよ。
(1) $\displaystyle\int_0^{\frac{\pi}{2}}\int_0^{\frac{\pi}{2}}\cos(2x-y)dxdy$　(2) $\displaystyle\int_1^2\int_1^{y^2}\frac{y}{x^2}dxdy$

(1) $\displaystyle\int_0^{\frac{\pi}{2}}\underline{\int_0^{\frac{\pi}{2}}\cos(2x-y)dx}dy$　　はじめに x で積分

$\displaystyle =\int_0^{\frac{\pi}{2}}\left[\frac{1}{2}\sin(2x-y)\right]_0^{\frac{\pi}{2}}dy$　　$\int\cos x\,dx=-\sin x$

$\displaystyle =\int_0^{\frac{\pi}{2}}\frac{1}{2}\{\sin(\pi-y)-\sin(-y)\}dy=\int_0^{\frac{\pi}{2}}\frac{1}{2}(\sin y+\sin y)dy$

$\displaystyle =\int_0^{\frac{\pi}{2}}\sin y\,dy=\left[-\cos y\right]_0^{\frac{\pi}{2}}=0-(-1)=1$

(2) $\displaystyle\int_1^2\int_1^{y^2}\frac{y}{x^2}dxdy=\int_1^2\left[-\frac{y}{x}\right]_1^{y^2}dy$　　$\int\frac{1}{x^2}dx=-\frac{1}{x}$

$\displaystyle =\int_1^2\left(-\frac{1}{y}+y\right)dy$　　$\int\frac{1}{x}dx=\log|x|$

$\displaystyle =\left[-\log y+\frac{1}{2}y^2\right]_1^2$

$\displaystyle =(-\log 2+2)-\frac{1}{2}=-\log 2+\frac{3}{2}$

ジャンプ 確認 ▶累次積分

次の累次積分を計算せよ。
(1) $\displaystyle\int_0^{\frac{\pi}{6}}\int_0^{\frac{\pi}{6}}\frac{1}{\cos^2(2x-y)}dxdy$ (2) $\displaystyle\int_1^2\int_y^{y^2}\frac{1}{x+y}dxdy$

(1) $\displaystyle\int_0^{\frac{\pi}{6}}\underbrace{\int_0^{\frac{\pi}{6}}\frac{1}{\cos^2(2x-y)}dx}_{\text{はじめに }x\text{ で積分}}dy$

$\displaystyle =\int_0^{\frac{\pi}{6}}\left[\frac{1}{2}\tan(2x-y)\right]_0^{\frac{\pi}{6}}dy$ $\qquad\displaystyle\int\frac{1}{\cos^2 x}dx=\tan x$

$\displaystyle =\int_0^{\frac{\pi}{6}}\frac{1}{2}\left\{\tan\left(\frac{\pi}{3}-y\right)-\underbrace{\tan(-y)}_{=\,-\tan y}\right\}dy$ $\qquad\displaystyle\int\tan x\,dx=\int\frac{-1}{\cos x}(\cos x)'dx$
$\qquad\qquad\qquad\qquad\qquad\qquad\qquad\qquad\qquad =-\log|\cos x|$

$\displaystyle =\left[\frac{1}{2}\left\{\log\cos\left(\frac{\pi}{3}-y\right)-\log\cos y\right\}\right]_0^{\frac{\pi}{6}}$

$\displaystyle =\frac{1}{2}\left(\log\frac{\sqrt{3}}{2}-\log\frac{\sqrt{3}}{2}\right)-\frac{1}{2}\left(\log\frac{1}{2}-\log 1\right)=\frac{1}{2}\log 2$

(2) $\displaystyle\int_1^2\int_y^{y^2}\frac{1}{x+y}dxdy=\int_1^2\Big[\log(x+y)\Big]_y^{y^2}dy$ $\qquad\displaystyle\int\frac{1}{x}dx=\log|x|$

$\displaystyle =\int_1^2(\log(y^2+y)-\log 2y)dy=\int_1^2\log\frac{y(y+1)}{2y}dy$

$\displaystyle =\int_1^2(\log(y+1)-\log 2)dy$ $\qquad\displaystyle\int\log x\,dx=x\log x-x$

$\displaystyle =\Big[(y+1)\log(y+1)-(y+1)-(\log 2)y\Big]_1^2$

$=(3\log 3-3-2\log 2)-(2\log 2-2-\log 2)$
$=3\log 3-3\log 2-1$

演習 ▶ 重積分 （講義編 p.233 参照）

次の重積分を求めよ。

(1) $\iint_D \sqrt{4x^2-y^2}\,dxdy \qquad D: 0 \leq y \leq x \leq 1$

(2) $\iint_D xy\,dxdy \qquad D: x^2+y^2 \leq x,\ y \geq 0$

---

(1) D を図示すると右図のようになる。

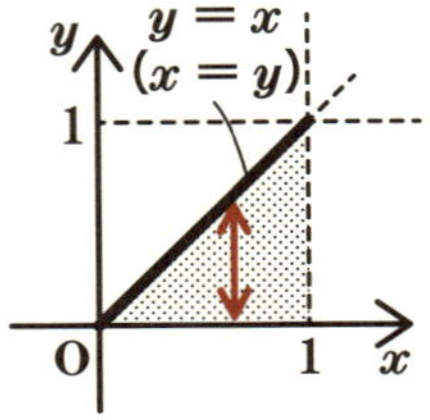

y から先に積分して、

$$\int_0^1 \int_0^x \sqrt{4x^2-y^2}\,dydx \qquad \begin{array}{l} \int\sqrt{a^2-x^2}dx \\ =\dfrac{1}{2}x\sqrt{a^2-x^2}+\dfrac{1}{2}a^2\sin^{-1}\dfrac{x}{a} \end{array}$$

$$= \int_0^1 \left[\dfrac{1}{2}y\sqrt{(2x)^2-y^2}+\dfrac{4x^2}{2}\sin^{-1}\dfrac{y}{2x}\right]_0^x dx$$

$$= \int_0^1 \left(\dfrac{1}{2}x\sqrt{4x^2-x^2}+\dfrac{4x^2}{2}\sin^{-1}\dfrac{x}{2x}\right)dx \qquad \sin^{-1}\dfrac{1}{2}=\dfrac{\pi}{6}$$

$$= \int_0^1 \left(\dfrac{\sqrt{3}}{2}x^2+\dfrac{\pi}{3}x^2\right)dx = \left[\left(\dfrac{3\sqrt{3}+2\pi}{6}\right)\cdot\dfrac{x^3}{3}\right]_0^1 = \dfrac{3\sqrt{3}+2\pi}{18}$$

(2) D を図示すると右図のようになる。

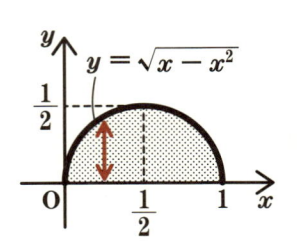

y から先に積分して、

$$\int_0^1 \int_0^{\sqrt{x-x^2}} xy\,dydx$$

$$= \int_0^1 \left[\dfrac{1}{2}xy^2\right]_0^{\sqrt{x-x^2}} dx = \int_0^1 \dfrac{1}{2}x(x-x^2)dx$$

$$= \left[\dfrac{1}{6}x^3-\dfrac{1}{8}x^4\right]_0^1 = \dfrac{1}{24}$$

確認 ▶重積分

次の重積分を求めよ。

(1) $\iint_D \sqrt{3x^2+y^2}\,dydx \qquad D: 0 \leq y \leq x \leq 1$

(2) $\iint_D (x+2y)\,dxdy \qquad D: x^2+y^2 \leq 1,\ y \geq 0,\ x \geq 0$

---

(1) D を図示すると右図のようになる。

y から先に積分して、

$\displaystyle\int_0^1 \int_0^x \sqrt{3x^2+y^2}\,dydx$

$\displaystyle \int \sqrt{x^2+a}\,dx = \frac{1}{2}x\sqrt{x^2+a}+\frac{1}{2}a\log|x+\sqrt{x^2+a}|$

$= \displaystyle\int_0^1 \left[\frac{1}{2}y\sqrt{3x^2+y^2}+\frac{3x^2}{2}\log\left|y+\sqrt{3x^2+y^2}\right|\right]_0^x dx$

$= \displaystyle\int_0^1 \left(\frac{1}{2}x\sqrt{3x^2+x^2}+\frac{3x^2}{2}\log\left|\underbrace{x+\sqrt{3x^2+x^2}}_{3x}\right|-\frac{3x^2}{2}\log\underbrace{\sqrt{3x^2}}_{\sqrt{3}\,x}\right)dx$

$= \displaystyle\int_0^1 \left(x^2+\frac{3x^2}{2}\log\sqrt{3}\right)dx = \left[\frac{2+3\log\sqrt{3}}{2}\cdot\frac{x^3}{3}\right]_0^1 = \frac{2+3\log\sqrt{3}}{6}$

(2) D を図示すると右図のようになる。

y から先に積分して、

$\displaystyle\int_0^1 \int_0^{\sqrt{1-x^2}} (x+2y)\,dydx$

$= \displaystyle\int_0^1 \left[xy+y^2\right]_0^{\sqrt{1-x^2}} dx$

$= \displaystyle\int_0^1 \left\{x\sqrt{1-x^2}+(1-x^2)\right\}dx \qquad ((1-x^2)^{\frac{3}{2}})' = \frac{3}{2}(1-x^2)^{\frac{1}{2}}(-2x) = -3x(1-x^2)^{\frac{1}{2}}$

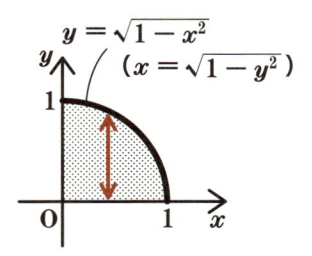

$= \left[-\dfrac{1}{3}(1-x^2)^{\frac{3}{2}}+x-\dfrac{1}{3}x^3\right]_0^1 = \left(1-\dfrac{1}{3}\right)-\left(-\dfrac{1}{3}\right)=1$

演習 ▶積分順序の変更 （講義編 p.239 参照）

次の累次積分の順序を変更せよ。
(1) $\int_1^2 \int_y^{2y} f(x,y)\,dx\,dy$ (2) $\int_0^{\frac{1}{\sqrt{2}}} \int_y^{\sqrt{1-y^2}} f(x,y)\,dx\,dy$
(3) $\int_0^1 \int_{\sqrt{1-x^2}}^{3-\sqrt{1-x^2}} f(x,y)\,dy\,dx$

(1) $y \leq x \leq 2y$、$1 \leq y \leq 2$ を図示すると、右図の のようになる。y から先に積分するためには、領域を D_1、D_2 に分けて、

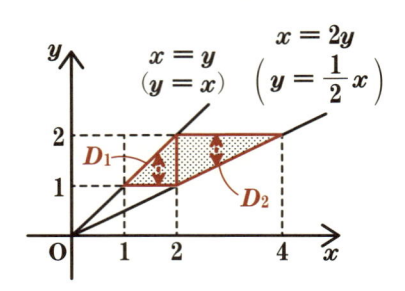

$$\int_1^2 \int_y^{2y} f(x,y)\,dx\,dy$$
$$= \int_1^2 \int_1^x f(x,y)\,dy\,dx + \int_2^4 \int_{\frac{1}{2}x}^2 f(x,y)\,dy\,dx$$

(2) $y \leq x \leq \sqrt{1-y^2}$、$0 \leq y \leq \dfrac{1}{\sqrt{2}}$ を図示すると、右図の のようになる。y から先に積分するためには、領域を D_1、D_2 に分けて、

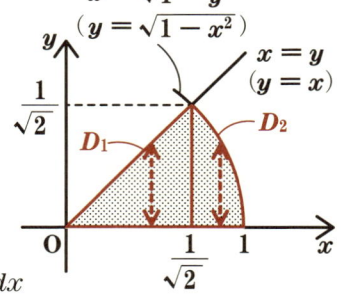

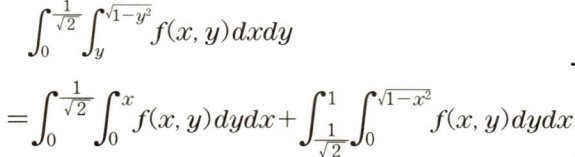

$$\int_0^{\frac{1}{\sqrt{2}}} \int_y^{\sqrt{1-y^2}} f(x,y)\,dx\,dy$$
$$= \int_0^{\frac{1}{\sqrt{2}}} \int_0^x f(x,y)\,dy\,dx + \int_{\frac{1}{\sqrt{2}}}^1 \int_0^{\sqrt{1-x^2}} f(x,y)\,dy\,dx$$

(3) $\sqrt{1-x^2} \leq y \leq 3-\sqrt{1-x^2}$、$0 \leq x \leq 1$ を図示すると右図の のようになる。x から先に積分するためには、領域を D_1、D_2、D_3 に分けて、

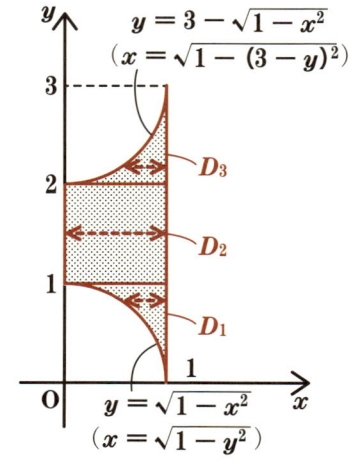

$$\int_0^1 \int_{\sqrt{1-x^2}}^{3-\sqrt{1-x^2}} f(x,y)\,dy\,dx$$
$$= \int_0^1 \int_{\sqrt{1-y^2}}^1 f(x,y)\,dx\,dy$$
$$+ \int_1^2 \int_0^1 f(x,y)\,dx\,dy$$
$$+ \int_2^3 \int_{\sqrt{1-(3-y)^2}}^1 f(x,y)\,dx\,dy$$

ジャンプ　確認 ▶積分順序の変更

次の累次積分の順序を変更せよ。
(1) $\int_{-1}^{2}\int_{y^2}^{2+y} f(x,y)\,dxdy$　　(2) $\int_{0}^{2}\int_{\frac{x^2}{4}}^{3-x} f(x,y)\,dydx$
(3) $\int_{0}^{1}\int_{\sqrt{x-x^2}}^{\sqrt{x}} f(x,y)\,dydx$

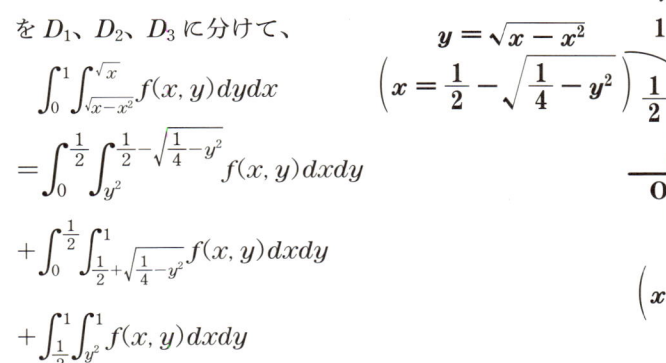

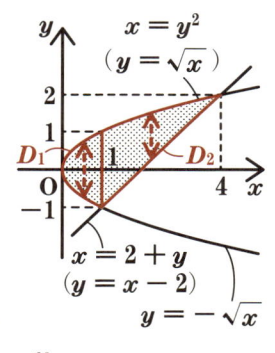

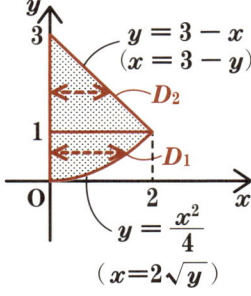

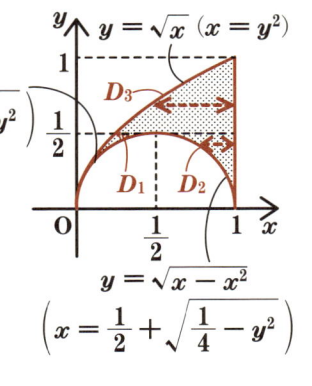

(1) $y^2 \leqq x \leqq y+2$、$-1 \leqq y \leqq 2$ を図示すると、右図の のようになる。y から先に積分するためには、領域を D_1、D_2 に分けて、

$\int_{-1}^{2}\int_{y^2}^{2+y} f(x,y)\,dxdy$
$= \int_{0}^{1}\int_{-\sqrt{x}}^{\sqrt{x}} f(x,y)\,dydx + \int_{1}^{4}\int_{x-2}^{\sqrt{x}} f(x,y)\,dydx$

(2) $\dfrac{x^2}{4} \leqq y \leqq 3-x$、$0 \leqq x \leqq 2$ を図示すると、右図の のようになる。x から先に積分するためには、領域を D_1、D_2 に分けて、

$\int_{0}^{2}\int_{\frac{x^2}{4}}^{3-x} f(x,y)\,dydx$
$= \int_{0}^{1}\int_{0}^{2\sqrt{y}} f(x,y)\,dxdy + \int_{1}^{3}\int_{0}^{3-y} f(x,y)\,dxdy$

(3) $\sqrt{x-x^2} \leqq y \leqq \sqrt{x}$、$0 \leqq x \leqq 1$ を図示すると、右図の のようになる。x から先に積分するために領域を D_1、D_2、D_3 に分けて、

$\int_{0}^{1}\int_{\sqrt{x-x^2}}^{\sqrt{x}} f(x,y)\,dydx$
$= \int_{0}^{\frac{1}{2}}\int_{y^2}^{\frac{1}{2}-\sqrt{\frac{1}{4}-y^2}} f(x,y)\,dxdy$
$+ \int_{0}^{\frac{1}{2}}\int_{\frac{1}{2}+\sqrt{\frac{1}{4}-y^2}}^{1} f(x,y)\,dxdy$
$+ \int_{\frac{1}{2}}^{1}\int_{y^2}^{1} f(x,y)\,dxdy$

演習 ▶累次積分の工夫　（講義編 p.240 参照）

次の累次積分を工夫して計算せよ。
(1) $\int_0^{\frac{\pi}{2}} \int_x^{\frac{\pi}{2}} \dfrac{\cos y}{y} \, dy dx$　　(2) $\int_{\frac{1}{2}}^1 \int_1^{\frac{1}{y}} xe^{xy} \, dx dy$

(1) $\dfrac{\cos y}{y}$ の y による不定積分が見つからない。

そこで、積分順序を変更する。

$\int_0^{\frac{\pi}{2}} \int_x^{\frac{\pi}{2}} \dfrac{\cos y}{y} \, dy dx = \int_0^{\frac{\pi}{2}} \int_0^{y} \dfrac{\cos y}{y} \, dx dy$

$= \int_0^{\frac{\pi}{2}} \left[\dfrac{x \cos y}{y} \right]_0^y dy = \int_0^{\frac{\pi}{2}} \cos y \, dy$

$= \left[\sin y \right]_0^{\frac{\pi}{2}} = 1$

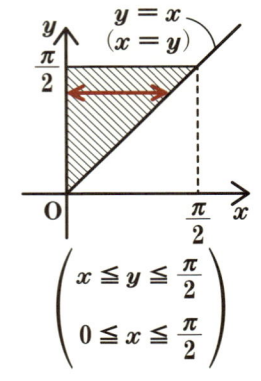

$\begin{pmatrix} x \leq y \leq \dfrac{\pi}{2} \\ 0 \leq x \leq \dfrac{\pi}{2} \end{pmatrix}$

(2) このまま計算すると行き詰まるので積分順序を変更する。

$\int_{\frac{1}{2}}^1 \int_1^{\frac{1}{y}} xe^{xy} \, dx dy$

$= \int_1^2 \int_{\frac{1}{2}}^{\frac{1}{x}} xe^{xy} \, dy dx$　　$\int e^{ay} dy = \dfrac{1}{a} e^{ay}$

$= \int_1^2 \left[x \cdot \dfrac{1}{x} e^{xy} \right]_{\frac{1}{2}}^{\frac{1}{x}} dx = \int_1^2 (e - e^{\frac{1}{2}x}) dx$

$= \left[ex - 2e^{\frac{1}{2}x} \right]_1^2 = 2e - 2e - (e - 2e^{\frac{1}{2}}) = 2e^{\frac{1}{2}} - e$

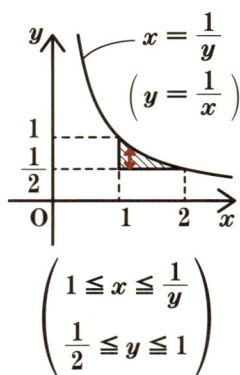

$\begin{pmatrix} 1 \leq x \leq \dfrac{1}{y} \\ \dfrac{1}{2} \leq y \leq 1 \end{pmatrix}$

確認 ▶ 累次積分の工夫

次の累次積分を工夫をして計算せよ。

(1) $\displaystyle\int_0^{\frac{\pi}{4}}\int_x^{\frac{\pi}{4}} \tan(y^2)\,dy\,dx$ 　　(2) $\displaystyle\int_0^1\int_{\sqrt{y}}^1 \sqrt{x^3+1}\,dx\,dy$

(1) $\tan(y^2)$ の y による不定積分は見つからない。
そこで積分順序を入れかえる。

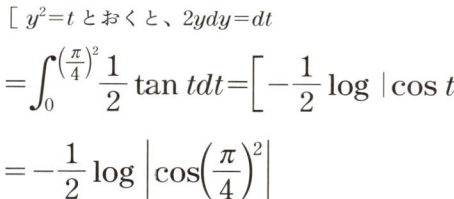

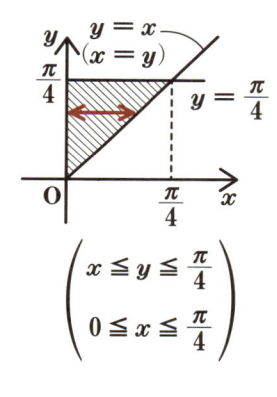

$$\int_0^{\frac{\pi}{4}}\int_x^{\frac{\pi}{4}}\tan(y^2)\,dy\,dx=\int_0^{\frac{\pi}{4}}\int_0^y \tan(y^2)\,dx\,dy$$

$$=\int_0^{\frac{\pi}{4}}\Big[x\tan(y^2)\Big]_0^y dy=\int_0^{\frac{\pi}{4}} y\tan(y^2)\,dy$$

[$y^2=t$ とおくと、$2y\,dy=dt$]

$$=\int_0^{\left(\frac{\pi}{4}\right)^2}\frac{1}{2}\tan t\,dt=\Big[-\frac{1}{2}\log|\cos t|\Big]_0^{\left(\frac{\pi}{4}\right)^2}$$

$$=-\frac{1}{2}\log\left|\cos\left(\frac{\pi}{4}\right)^2\right|$$

$\begin{pmatrix} x \leqq y \leqq \dfrac{\pi}{4} \\ 0 \leqq x \leqq \dfrac{\pi}{4} \end{pmatrix}$

(2) $\sqrt{x^3+1}$ の x による不定積分は見つからない。
そこで積分順序を入れかえる。

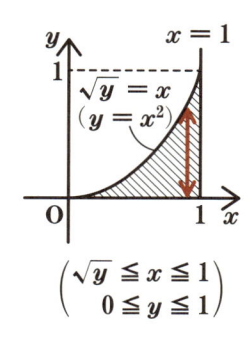

$$\int_0^1\int_{\sqrt{y}}^1 \sqrt{x^3+1}\,dx\,dy=\int_0^1\int_0^{x^2}\sqrt{x^3+1}\,dy\,dx$$

$$=\int_0^1\Big[y\sqrt{x^3+1}\Big]_0^{x^2}dx=\int_0^1 x^2\sqrt{x^3+1}\,dx$$

[$x^3+1=t$ とおくと、$3x^2\,dx=dt$]

$$=\int_1^2 \frac{1}{3}\sqrt{t}\,dt=\Big[\frac{1}{3}\cdot\frac{2}{3}t^{\frac{3}{2}}\Big]_1^2=\frac{2}{9}(2\sqrt{2}-1)$$

$\begin{pmatrix} \sqrt{y} \leqq x \leqq 1 \\ 0 \leqq y \leqq 1 \end{pmatrix}$

演習 ▶ 重積分の変数変換 （講義編 p.245 参照）

次の重積分を計算せよ。

(1) $\iint_D \sqrt{\dfrac{a^2-x^2-y^2}{a^2+x^2+y^2}}\,dxdy \qquad D: x^2+y^2 \leq a^2,\ y \geq 0$ （a は正の定数）

(2) $\iint_D y^2\,dxdy \qquad D: x^2+y^2 \leq ax$ （a は正の定数）

---

(1) D を極座標系で表すと、

$D': 0 \leq r \leq a,\ 0 \leq \theta \leq \pi$

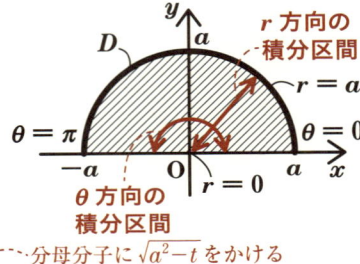

$x = r\cos\theta、y = r\sin\theta$ より、

$x^2 + y^2 = (r\cos\theta)^2 + (r\sin\theta)^2 = r^2$

$\iint_D \sqrt{\dfrac{a^2-x^2-y^2}{a^2+x^2+y^2}}\,dxdy$ ← $r^2 = t$ とおく　$2rdr = dt$

$= \int_0^\pi \int_0^a \sqrt{\dfrac{a^2-r^2}{a^2+r^2}}\,rdrd\theta = \int_0^\pi \int_0^{a^2} \dfrac{1}{2}\cdot\dfrac{\sqrt{a^2-t}}{\sqrt{a^2+t}}\,dtd\theta$ ← 分母分子に $\sqrt{a^2-t}$ をかける

$= \int_0^\pi \int_0^{a^2} \dfrac{a^2-t}{2\sqrt{a^4-t^2}}\,dtd\theta \qquad \int \dfrac{1}{\sqrt{a^2-x^2}}\,dx = \sin^{-1}\dfrac{x}{a} \qquad \int \dfrac{-x}{\sqrt{a^2-x^2}}\,dx = \sqrt{a^2-x^2}$

$= \dfrac{1}{2}\int_0^\pi \left[a^2\sin^{-1}\dfrac{t}{a^2} + \sqrt{a^4-t^2}\right]_0^{a^2} d\theta = \dfrac{1}{2}\int_0^\pi \left(\dfrac{\pi}{2}a^2 - a^2\right)d\theta$

$= \left(\dfrac{\pi}{4} - \dfrac{1}{2}\right)a^2 \int_0^\pi d\theta = \left(\dfrac{\pi}{4} - \dfrac{1}{2}\right)a^2 \Big[\theta\Big]_0^\pi = \left(\dfrac{\pi^2}{4} - \dfrac{\pi}{2}\right)a^2$

(2) D を極座標系で表すと、

$D': 0 \leq r \leq a\cos\theta,\ -\dfrac{\pi}{2} \leq \theta \leq \dfrac{\pi}{2}$ （講義編 p.246 参照）

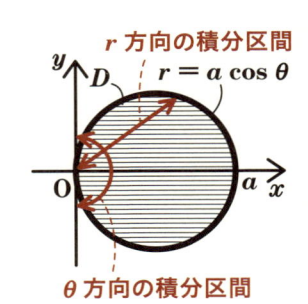

$\iint_D y^2\,dxdy = \int_{-\frac{\pi}{2}}^{\frac{\pi}{2}} \int_0^{a\cos\theta} (r\sin\theta)^2\,rdrd\theta$

$= \int_{-\frac{\pi}{2}}^{\frac{\pi}{2}} \int_0^{a\cos\theta} r^3\sin^2\theta\,drd\theta = \int_{-\frac{\pi}{2}}^{\frac{\pi}{2}} \left[\dfrac{r^4}{4}\sin^2\theta\right]_0^{a\cos\theta} d\theta$

$= \int_{-\frac{\pi}{2}}^{\frac{\pi}{2}} \dfrac{a^4}{4}\cos^4\theta \sin^2\theta\,d\theta = \dfrac{a^4}{4}\int_{-\frac{\pi}{2}}^{\frac{\pi}{2}} \cos^4\theta(1-\cos^2\theta)\,d\theta$

ウォリスの公式

$= \dfrac{a^4}{4}\cdot 2\left(\int_0^{\frac{\pi}{2}} \cos^4\theta\,d\theta - \int_0^{\frac{\pi}{2}} \cos^6\theta\,d\theta\right) = \dfrac{a^4}{2}\left(\dfrac{3}{4}\cdot\dfrac{1}{2} - \dfrac{5}{6}\cdot\dfrac{3}{4}\cdot\dfrac{1}{2}\right)\dfrac{\pi}{2} = \dfrac{\pi}{64}a^4$

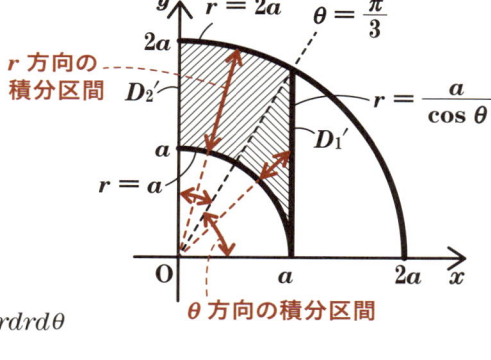

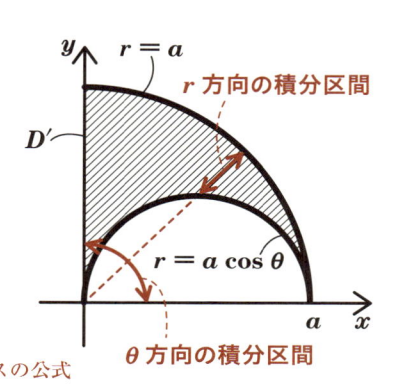

ジャンプ 確認 ▶重積分の変数変換

次の重積分を計算せよ。

(1) $\iint_D \dfrac{1}{\sqrt{x^2+y^2}}\,dxdy \qquad D: a^2 \leq x^2+y^2 \leq 4a^2,\ 0 \leq x \leq a$

(2) $\iint_D \sqrt{x^2+y^2}\,dxdy \qquad D: x \geq 0,\ y \geq 0,\ x^2+y^2 \leq a^2,\ x^2+y^2 \geq ax$

---

(1) D を次の2つに分けて考える。

$D_1': a \leq r \leq \dfrac{a}{\cos\theta},\ 0 \leq \theta \leq \dfrac{\pi}{3}$

$D_2': a \leq r \leq 2a,\ \dfrac{\pi}{3} \leq \theta \leq \dfrac{\pi}{2}$

$\iint_D \dfrac{1}{\sqrt{x^2+y^2}}\,dxdy$

$= \displaystyle\int_0^{\frac{\pi}{3}} \int_a^{\frac{a}{\cos\theta}} \dfrac{1}{r}\cdot r\,drd\theta + \int_{\frac{\pi}{3}}^{\frac{\pi}{2}} \int_a^{2a} \dfrac{1}{r}\cdot r\,drd\theta$

$= \displaystyle\int_0^{\frac{\pi}{3}} \Big[r\Big]_a^{\frac{a}{\cos\theta}} d\theta + \int_{\frac{\pi}{3}}^{\frac{\pi}{2}} \Big[r\Big]_a^{2a} d\theta = \int_0^{\frac{\pi}{3}} a\Big(\dfrac{1}{\cos\theta} - 1\Big) d\theta + \int_{\frac{\pi}{3}}^{\frac{\pi}{2}} a\,d\theta$

$= a\Big[\dfrac{1}{2}\log\dfrac{1+\sin\theta}{1-\sin\theta} - \theta\Big]_0^{\frac{\pi}{3}} + a\Big[\theta\Big]_{\frac{\pi}{3}}^{\frac{\pi}{2}} = \Big(\dfrac{1}{2}\log\dfrac{2+\sqrt{3}}{2-\sqrt{3}} - \dfrac{\pi}{3} + \dfrac{\pi}{2} - \dfrac{\pi}{3}\Big)a$

　　　　講義編 p.92 参照　　　　　　　　　　分母の有理化

$= \Big(\log(2+\sqrt{3}) - \dfrac{\pi}{6}\Big)a$

(2) D を極座標系で表すと、

$D': a\cos\theta \leq r \leq a,\ 0 \leq \theta \leq \dfrac{\pi}{2}$

$\iint_D \sqrt{x^2+y^2}\,dxdy$

$= \displaystyle\int_0^{\frac{\pi}{2}} \int_{a\cos\theta}^{a} r\cdot r\,drd\theta = \int_0^{\frac{\pi}{2}} \Big[\dfrac{r^3}{3}\Big]_{a\cos\theta}^{a} d\theta$

　　　　　　　　　　　　　　　　　　　　ウォリスの公式

$= \dfrac{a^3}{3} \displaystyle\int_0^{\frac{\pi}{2}} (1-\cos^3\theta)\,d\theta = \dfrac{a^3}{3}\Big(\dfrac{\pi}{2} - \dfrac{2}{3}\Big)$

ステップ 演習 ▶重積分の変数変換 （講義編 p.245、255 参照）

次の重積分を計算せよ。

(1) $\iint_D (2x+3y)e^x dxdy \qquad D: 0\leq 2x+3y\leq 1,\ -1\leq 3x+5y\leq 1$

(2) $\iint_D \dfrac{1}{\sqrt{x}} dxdy \qquad D: \sqrt{\dfrac{x}{a}}+\sqrt{\dfrac{y}{b}}\leq 1,\ x\geq 0,\ y\geq 0$

---

(1) $u=2x+3y$、$v=3x+5y$ とおくと、
$x=5u-3v,\ y=-3u+2v$

$J=\begin{vmatrix} \dfrac{\partial x}{\partial u} & \dfrac{\partial x}{\partial v} \\ \dfrac{\partial y}{\partial u} & \dfrac{\partial y}{\partial v} \end{vmatrix} = \begin{vmatrix} 5 & -3 \\ -3 & 2 \end{vmatrix} = 1$

$\begin{vmatrix} a & b \\ c & a \end{vmatrix}$ で $\det\begin{pmatrix} a & b \\ c & d \end{pmatrix}=ad-bc$ を表すものとする

$\iint_D (2x+3y)e^x dxdy$

$= \int_0^1 \int_{-1}^1 u e^{5u-3v} \underbrace{|J|}_{=1} dvdu$

$= \left(\int_0^1 \underbrace{ue^{5u}}_{\text{部分積分}} du\right)\left(\int_{-1}^1 e^{-3v} dv\right)$

$= \left[\dfrac{1}{5}ue^{5u} - \dfrac{1}{25}e^{5u}\right]_0^1 \cdot \left[-\dfrac{1}{3}e^{-3v}\right]_{-1}^1$

$= \left(\dfrac{4}{25}e^5 + \dfrac{1}{25}\right)\left(\dfrac{1}{3}e^3 - \dfrac{1}{3}e^{-3}\right)$

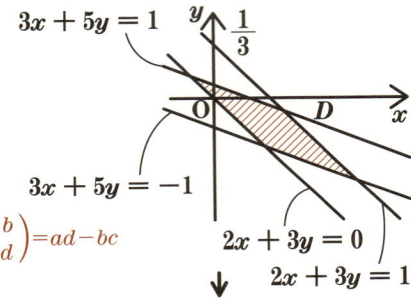

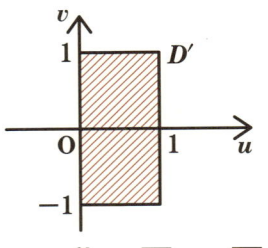

(2) $x=ar\cos^4\theta,\ y=br\sin^4\theta$ とおくと、

$J=\begin{vmatrix} \dfrac{\partial x}{\partial r} & \dfrac{\partial x}{\partial \theta} \\ \dfrac{\partial y}{\partial r} & \dfrac{\partial y}{\partial \theta} \end{vmatrix} = \begin{vmatrix} a\cos^4\theta & -4ar\cos^3\theta\sin\theta \\ b\sin^4\theta & 4br\sin^3\theta\cos\theta \end{vmatrix}$

$= 4abr(\cos^5\theta\sin^3\theta + \sin^5\theta\cos^3\theta) = 4abr\cos^3\theta\sin^3\theta$

$\iint_D \dfrac{1}{\sqrt{x}} dxdy \qquad \sqrt{\dfrac{x}{a}}+\sqrt{\dfrac{y}{b}}\leq 1$ より、$\sqrt{r}\leq 1$

$= \int_0^{\frac{\pi}{2}} \int_0^1 \dfrac{1}{\sqrt{ar\cos^4\theta}} \cdot \underbrace{4abr\cos^3\theta\sin^3\theta}_{|J|} drd\theta$

$= 4a^{\frac{1}{2}}b\left(\int_0^1 r^{\frac{1}{2}} dr\right)\left(\int_0^{\frac{\pi}{2}} \sin^3\theta\cos\theta d\theta\right) = 4a^{\frac{1}{2}}b\left[\dfrac{2}{3}r^{\frac{3}{2}}\right]_0^1 \left[\dfrac{1}{4}\sin^4\theta\right]_0^{\frac{\pi}{2}} = \dfrac{2}{3}a^{\frac{1}{2}}b$

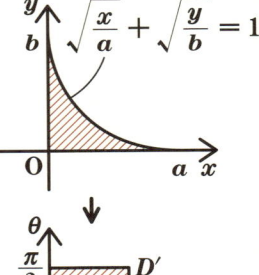

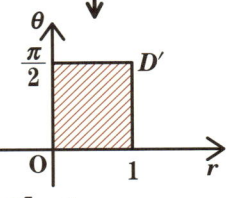

ジャンプ 確認 ▶重積分の変数変換

次の重積分を求めよ。

(1) $\iint_D (x-2y)\sin(2x+y)dxdy \quad D:\begin{cases} 0 \leq x-2y \leq \dfrac{\pi}{2} \\ 0 \leq 2x+y \leq \dfrac{\pi}{2} \end{cases}$

(2) $\iint_D xy^2 dxdy \quad D: \dfrac{x^2}{a^2}+\dfrac{y^2}{b^2} \leq 1, x \geq 0, y \geq 0$

---

(1) $u=x-2y, v=2x+y$ とおくと、

$x=\dfrac{1}{5}(u+2v), y=\dfrac{1}{5}(-2u+v)$

$J=\begin{vmatrix} \dfrac{\partial x}{\partial u} & \dfrac{\partial x}{\partial v} \\ \dfrac{\partial y}{\partial u} & \dfrac{\partial y}{\partial v} \end{vmatrix} = \begin{vmatrix} \dfrac{1}{5} & \dfrac{2}{5} \\ -\dfrac{2}{5} & \dfrac{1}{5} \end{vmatrix} = \dfrac{1}{5}$

$\begin{vmatrix} a & b \\ c & d \end{vmatrix}$ で $\det\begin{pmatrix} a & b \\ c & d \end{pmatrix}$
$=ad-bc$ を表すものとする

$\iint_D (x-2y)\sin(2x+y)dxdy$

$= \int_0^{\frac{\pi}{2}} \int_0^{\frac{\pi}{2}} u \sin v |J| du dv$

$= \left(\int_0^{\frac{\pi}{2}} u du\right)\left(\int_0^{\frac{\pi}{2}} \sin v dv\right)|J| = \dfrac{1}{5}\left[\dfrac{1}{2}u^2\right]_0^{\frac{\pi}{2}} \cdot \left[-\cos v\right]_0^{\frac{\pi}{2}} = \dfrac{\pi^2}{40}$

(2) $x=ar\cos\theta, y=br\sin\theta$ とおくと、

$J=\begin{vmatrix} \dfrac{\partial x}{\partial r} & \dfrac{\partial x}{\partial \theta} \\ \dfrac{\partial y}{\partial r} & \dfrac{\partial y}{\partial \theta} \end{vmatrix} = \begin{vmatrix} a\cos\theta & -ar\sin\theta \\ b\sin\theta & br\cos\theta \end{vmatrix}$

$= abr\cos^2\theta + abr\sin^2\theta = abr$

$\iint_D xy^2 dxdy$

$= \int_0^{\frac{\pi}{2}} \int_0^1 (ar\cos\theta)(br\sin\theta)^2 \underset{=|J|}{abr} dr d\theta$

$= a^2 b^3 \left(\int_0^{\frac{\pi}{2}} \cos\theta \sin^2\theta d\theta\right)\left(\int_0^1 r^4 dr\right)$

$= a^2 b^3 \left[\dfrac{1}{3}\sin^3\theta\right]_0^{\frac{\pi}{2}} \left[\dfrac{1}{5}r^5\right]_0^1 = \dfrac{a^2 b^3}{15}$

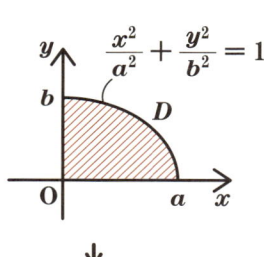

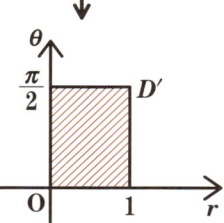

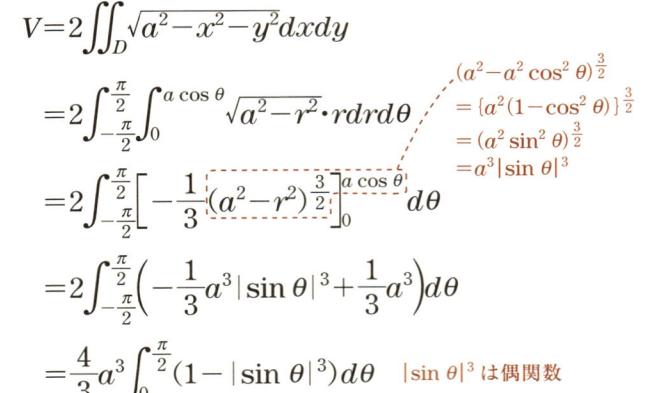

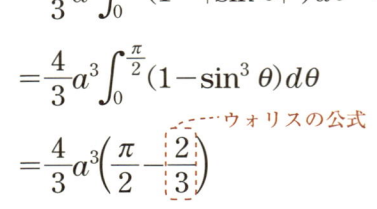

演習 ▶体積(立体の交わり) (講義編 p.245 参照)

球 $x^2+y^2+z^2 \leq a^2$ と直円柱 $x^2+y^2 \leq ax$ の交わりの部分の体積 V を求めよ。

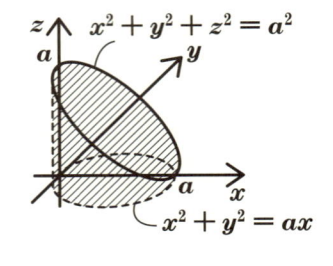

交わりの部分は xy 平面に関して対称であるので、$z \geq 0$ の部分を求めて、2倍する。

$x^2+y^2+z^2=a^2$ より、$z=\sqrt{a^2-x^2-y^2}$

これを領域 $D: x^2+y^2 \leq ax$ に関して、重積分する。D を極座標で示すと、

$$D': 0 \leq r \leq a\cos\theta, \ -\frac{\pi}{2} \leq \theta \leq \frac{\pi}{2}$$

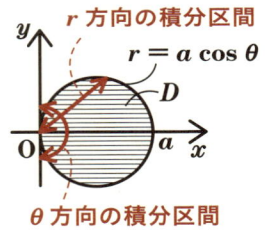

$$V = 2\iint_D \sqrt{a^2-x^2-y^2}\,dxdy$$

$$= 2\int_{-\frac{\pi}{2}}^{\frac{\pi}{2}} \int_0^{a\cos\theta} \sqrt{a^2-r^2} \cdot r\,drd\theta$$

$(a^2-a^2\cos^2\theta)^{\frac{3}{2}}$
$= \{a^2(1-\cos^2\theta)\}^{\frac{3}{2}}$
$= (a^2\sin^2\theta)^{\frac{3}{2}}$
$= a^3|\sin\theta|^3$

$$= 2\int_{-\frac{\pi}{2}}^{\frac{\pi}{2}} \left[-\frac{1}{3}(a^2-r^2)^{\frac{3}{2}}\right]_0^{a\cos\theta} d\theta$$

$$= 2\int_{-\frac{\pi}{2}}^{\frac{\pi}{2}} \left(-\frac{1}{3}a^3|\sin\theta|^3 + \frac{1}{3}a^3\right) d\theta$$

$$= \frac{4}{3}a^3 \int_0^{\frac{\pi}{2}} (1-|\sin\theta|^3)\,d\theta \quad |\sin\theta|^3 \text{ は偶関数}$$

$$= \frac{4}{3}a^3 \int_0^{\frac{\pi}{2}} (1-\sin^3\theta)\,d\theta$$

ウォリスの公式

$$= \frac{4}{3}a^3 \left(\frac{\pi}{2} - \frac{2}{3}\right)$$

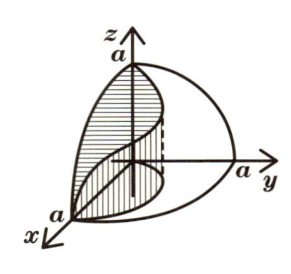

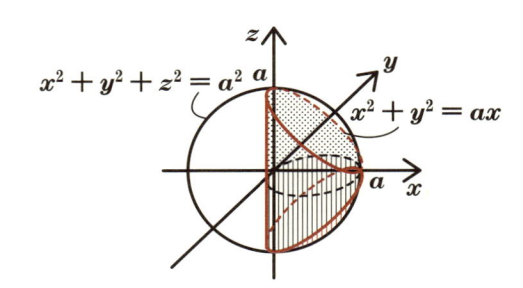

ジャンプ 確認 ▶ 体積（立体の交わり）

直円柱 $x^2+y^2\leq a^2$, $y^2+z^2\leq a^2$, $z^2+x^2\leq a^2$ の共通部分の体積 V を求めよ。

初めに $x^2+z^2\leq a^2$ と $y^2+z^2\leq a^2$ の交わりを考える。$z=k(0\leq k\leq a)$ での切断面は図1、立体は図2のようになる。

これと $x^2+y^2\leq a^2$ の共通部分は、図2の立体を z 軸を軸とする円柱の筒で型抜きすることを考えて、図3（$x\geq 0, y\geq 0, z\geq 0$ を図示）になる。

図3は $y=x$ に関して対称なので、V を求めるには、$0\leq y\leq x$ の部分の体積を求め16倍すればよい。$z=\sqrt{a^2-x^2}$ を

$$D': 0\leq r\leq a, \ 0\leq\theta\leq\frac{\pi}{4}$$

で重積分する。

$$V=16\iint_D \sqrt{a^2-x^2}\,dxdy$$

$$=16\int_0^{\frac{\pi}{4}}\int_0^a \sqrt{a^2-r^2\cos^2\theta}\cdot r\,drd\theta$$

$$=16\int_0^{\frac{\pi}{4}}\left[-\frac{1}{3\cos^2\theta}(a^2-r^2\cos^2\theta)^{\frac{3}{2}}\right]_0^a d\theta$$

$$=16\int_0^{\frac{\pi}{4}}\left(-\frac{a^3\sin^3\theta}{3\cos^2\theta}+\frac{a^3}{3\cos^2\theta}\right)d\theta$$

$$=16\cdot\frac{a^3}{3}\int_0^{\frac{\pi}{4}}\left(\frac{(1-\cos^2\theta)}{\cos^2\theta}\underbrace{(-\sin\theta)}_{(\cos\theta)'}+\frac{1}{\cos^2\theta}\right)d\theta$$

$$=\frac{16a^3}{3}\left[-\frac{1}{\cos\theta}-\cos\theta+\tan\theta\right]_0^{\frac{\pi}{4}}$$

$$=\frac{16a^3}{3}\left\{\left(-\sqrt{2}-\frac{1}{\sqrt{2}}+1\right)-(-2)\right\}$$

$$=(16-8\sqrt{2})a^3$$

図1：$z=k$ での切断面、$y=\sqrt{a^2-k^2}$、$x=\sqrt{a^2-k^2}$

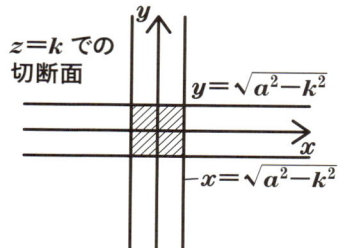

図2

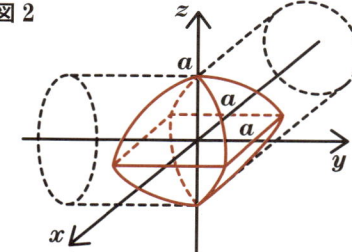

図3：$x^2+z^2=a^2$、$y^2+z^2=a^2$、$x^2+y^2=a^2$

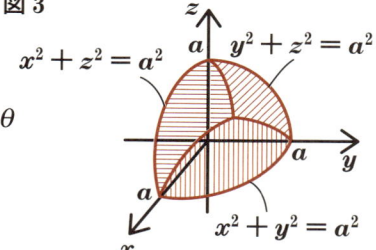

図4：$y=x$ $\left(\theta=\frac{\pi}{4}\right)$、$x^2+y^2=a^2$ $(r=a)$、$(\theta=0)$

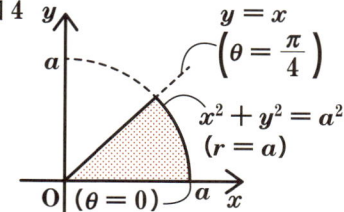

演習 ▶広義積分 （講義編 p.258 参照）

次の重積分を広義積分で計算せよ。

(1) $\iint_D \dfrac{x+y}{x^2+y^2}\,dxdy \qquad D : 0 \leq y \leq x \leq 1$

(2) $\iint_D \dfrac{1}{\sqrt{1-x-y}}\,dxdy \qquad D : x \geq 0,\, y \geq 0,\, x+y \leq 1$

(1) 被積分関数は原点で特異点を持つので、ここを外した領域
$$D_\varepsilon : 0 \leq y \leq x,\ \varepsilon \leq x \leq 1$$
で重積分を求め $\varepsilon \to +0$ とする。

$\displaystyle\int \dfrac{1}{x^2+a^2}dx = \dfrac{1}{a}\tan^{-1}\dfrac{x}{a}$

$\displaystyle\int \dfrac{2x}{x^2+A}dx = \log|x^2+A|$

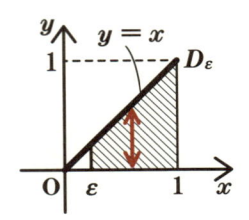

$\displaystyle\int_\varepsilon^1 \int_0^x \dfrac{x+y}{x^2+y^2}\,dydx$

$= \displaystyle\int_\varepsilon^1 \left[x \cdot \dfrac{1}{x}\tan^{-1}\dfrac{y}{x} + \dfrac{1}{2}\log(x^2+y^2) \right]_0^x dx$

$= \displaystyle\int_\varepsilon^1 \left\{ \left(\dfrac{\pi}{4} + \dfrac{1}{2}\log(2x^2)\right) - \dfrac{1}{2}\log x^2 \right\} dx = \int_\varepsilon^1 \left(\dfrac{\pi}{4} + \dfrac{1}{2}\log 2 \right) dx$

$= \left[\left(\dfrac{\pi}{4} + \dfrac{1}{2}\log 2\right)x\right]_\varepsilon^1 = \left(\dfrac{\pi}{4} + \dfrac{1}{2}\log 2\right)(1-\varepsilon) \to \dfrac{\pi}{4} + \dfrac{1}{2}\log 2 \quad (\varepsilon \to +0)$

(2) 被積分関数は $x+y=1$ で特異点を持つので、ここを外した領域
$$D_\varepsilon : 0 \leq y \leq 1-\varepsilon-x,\ 0 \leq x \leq 1-\varepsilon$$
で重積分を求め、$\varepsilon \to +0$ とする。

$\displaystyle\int \dfrac{1}{\sqrt{x}}dx = 2\sqrt{x}$

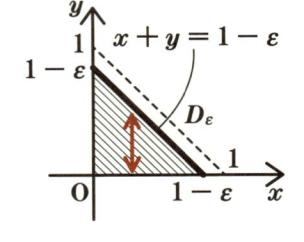

$\displaystyle\int_0^{1-\varepsilon} \int_0^{1-\varepsilon-x} \dfrac{1}{\sqrt{1-x-y}}\,dydx$

$= \displaystyle\int_0^{1-\varepsilon} \left[-2(1-x-y)^{\frac{1}{2}} \right]_0^{1-\varepsilon-x} dx = \int_0^{1-\varepsilon} \left\{ -2\varepsilon^{\frac{1}{2}} + 2(1-x)^{\frac{1}{2}} \right\} dx$

$= \left[-2\varepsilon^{\frac{1}{2}}x - \dfrac{4}{3}(1-x)^{\frac{3}{2}} \right]_0^{1-\varepsilon}$

$= -2\varepsilon^{\frac{1}{2}}(1-\varepsilon) - \dfrac{4}{3}\varepsilon^{\frac{3}{2}} + \dfrac{4}{3} \to \dfrac{4}{3} \quad (\varepsilon \to +0)$

確認 ▶広義積分

次の重積分を広義積分で計算せよ。

(1) $\iint_D \dfrac{x+y}{\sqrt{x^2+y^2}}\,dxdy \qquad D : 0 \leq y \leq x \leq 1$

(2) $\iint_D \dfrac{1}{\sqrt{x^2-y^2}}\,dxdy \qquad D : 0 \leq y \leq x \leq 1$

---

(1) 被積分関数は原点で特異点を持つので

$D_\varepsilon : 0 \leq y \leq x,\ \varepsilon \leq x \leq 1$

で重積分を求め、$\varepsilon \to +0$ とする。

$\displaystyle\int \dfrac{1}{\sqrt{x^2+A}}dx = \log|x+\sqrt{x^2+A}|$

$\displaystyle\int \dfrac{x}{\sqrt{x^2+A}}dx = \sqrt{x^2+A}$

$\displaystyle\int_\varepsilon^1 \int_0^x \dfrac{x+y}{\sqrt{x^2+y^2}}\,dydx$

$= \displaystyle\int_\varepsilon^1 \left[x\log\left|y+\sqrt{x^2+y^2}\right| + \sqrt{x^2+y^2} \right]_0^x dx$

$= \displaystyle\int_\varepsilon^1 \{x\log\{(1+\sqrt{2})x\} + \sqrt{2}\,x - x\log x - x\}\,dx$

$= \displaystyle\int_\varepsilon^1 (\log(1+\sqrt{2}) + \sqrt{2} - 1)x\,dx = \left[(\log(1+\sqrt{2}) + \sqrt{2} - 1)\dfrac{1}{2}x^2\right]_\varepsilon^1$

$= \dfrac{1}{2}(\log(1+\sqrt{2}) + \sqrt{2} - 1)(1-\varepsilon^2)$

$\to \dfrac{1}{2}(\log(1+\sqrt{2}) + \sqrt{2} - 1) \quad (\varepsilon \to +0)$

(2) 被積分関数は $y=x$ で特異点を持つので、

$D_\varepsilon : 0 \leq y \leq x-\varepsilon,\ \varepsilon \leq x \leq 1$

で重積分を求め、$\varepsilon \to +0$ とする。

$\displaystyle\int \dfrac{1}{\sqrt{a^2-x^2}}dx = \sin^{-1}\dfrac{x}{a}$

$\displaystyle\int_\varepsilon^1 \int_0^{x-\varepsilon} \dfrac{1}{\sqrt{x^2-y^2}}\,dydx$

$= \displaystyle\int_\varepsilon^1 \left[\sin^{-1}\dfrac{y}{x}\right]_0^{x-\varepsilon} dx = \int_\varepsilon^1 \sin^{-1}\dfrac{x-\varepsilon}{x}\,dx$

（1があると考え）t

$(\sin^{-1} t)_x = \dfrac{1}{\sqrt{1-t^2}}\left(\dfrac{\varepsilon}{x^2}\right)$

部分積分

$= \left[x\sin^{-1}\dfrac{x-\varepsilon}{x}\right]_\varepsilon^1 - \displaystyle\int_\varepsilon^1 x \cdot \dfrac{1}{\sqrt{1-\left(\dfrac{x-\varepsilon}{x}\right)^2}} \cdot \left(\dfrac{\varepsilon}{x^2}\right) dx$

$\left(\dfrac{x-\varepsilon}{x}\right)' = \left(1 - \dfrac{\varepsilon}{x}\right)' = \dfrac{\varepsilon}{x^2}$

$= \sin^{-1}(1-\varepsilon) - \displaystyle\int_\varepsilon^1 \dfrac{\varepsilon}{\sqrt{2\varepsilon x - \varepsilon^2}} dx = \sin^{-1}(1-\varepsilon) - \left[\sqrt{2\varepsilon x - \varepsilon^2}\right]_\varepsilon^1$

$= \sin^{-1}(1-\varepsilon) - \sqrt{2\varepsilon - \varepsilon^2} + \varepsilon \to \dfrac{\pi}{2} \quad (\varepsilon \to +0)$

ステップ 演習 ▶無限積分 （講義編 p.260 参照）

次の重積分を無限積分で計算せよ。

(1) $\iint_D e^{-x-y}\,dxdy \qquad D: 0\leq x, 0\leq y$

(2) $\iint_D \dfrac{1}{x(x^2+y^2)}\,dxdy \qquad D: 1\leq x, 0\leq y\leq x$

(1) 閉じた領域
$$D_{p,q}: 0\leq x\leq p, 0\leq y\leq q$$
で重積分を求め、$p\to\infty$, $q\to\infty$ とする。

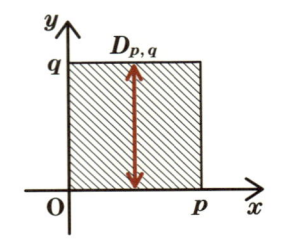

$\displaystyle\int_0^p \int_0^q e^{-x-y}\,dydx$

$\displaystyle =\int_0^p \Big[-e^{-x-y}\Big]_0^q dx =\int_0^p \{-e^{-x-q}+e^{-x}\}dx$

$\displaystyle =\int_0^p (1-e^{-q})e^{-x}dx = (1-e^{-q})\Big[-e^{-x}\Big]_0^p$

$\displaystyle =(1-e^{-q})(1-e^{-p}) \to 1 \quad \begin{pmatrix} p\to\infty \\ q\to\infty \end{pmatrix}$

(2) 閉じた領域
$$D_p: 0\leq y\leq x, 1\leq x\leq p$$
で重積分を求め、$p\to\infty$ とする。

$\displaystyle \int \dfrac{1}{x^2+a^2}dx = \dfrac{1}{a}\tan^{-1}\dfrac{x}{a}$

$\tan^{-1}1 = \dfrac{\pi}{4}$

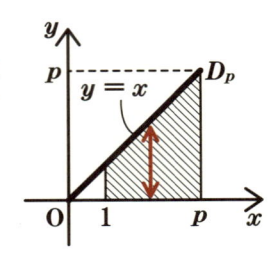

$\displaystyle\int_1^p \int_0^x \dfrac{1}{x(x^2+y^2)}dydx$

$\displaystyle =\int_1^p \Big[\dfrac{1}{x}\cdot\dfrac{1}{x}\tan^{-1}\dfrac{y}{x}\Big]_0^x dx = \int_1^p \dfrac{\pi}{4x^2}dx$

$\displaystyle =\dfrac{\pi}{4}\Big[-\dfrac{1}{x}\Big]_1^p = \dfrac{\pi}{4}\left(1-\dfrac{1}{p}\right) \to \dfrac{\pi}{4} \quad (p\to\infty)$

ジャンプ 確認 ▶無限積分

次の重積分を無限積分で計算せよ。

(1) $\iint_D xye^{-x^2-y^2}\,dxdy \qquad D: 0\leqq x, 0\leqq y$

(2) $\iint_D \dfrac{1}{x^2+y^4}\,dxdy \qquad D: 1\leqq y, 0\leqq x\leqq y^2$

---

(1) 閉じた領域

$\qquad D_{p,q} : 0\leqq x \leqq p, 0\leqq y \leqq q$

で重積分を求め、$p\to\infty$, $q\to\infty$ とする。

$\displaystyle\int_0^p \int_0^q xye^{-x^2-y^2}\,dydx$

$\displaystyle =\int_0^p \left[-\frac{1}{2}xe^{-x^2-y^2}\right]_0^q dx$

$\displaystyle =\int_0^p \left\{-\frac{1}{2}xe^{-x^2-q^2}+\frac{1}{2}xe^{-x^2}\right\}dx = \int_0^p \frac{1}{2}(1-e^{-q^2})xe^{-x^2}\,dx$

$\displaystyle =\frac{1}{2}(1-e^{-q^2})\left[-\frac{1}{2}e^{-x^2}\right]_0^p = \frac{1}{2}(1-e^{-q^2})\cdot\frac{1}{2}(1-e^{-p^2}) \to \frac{1}{4} \quad \begin{pmatrix}p\to\infty\\q\to\infty\end{pmatrix}$

(2) 閉じた領域

$\qquad D_p : 0\leqq x\leqq y^2, 1\leqq y\leqq p$

で重積分を求め、$p\to\infty$ とする。

$\displaystyle \int\frac{1}{x^2+a^2}\,dx = \frac{1}{a}\tan^{-1}\frac{x}{a}$

$\tan^{-1} 1 = \dfrac{\pi}{4}$

$\displaystyle\int_1^p \int_0^{y^2} \frac{1}{x^2+y^4}\,dxdy$

$\displaystyle =\int_1^p \left[\frac{1}{y^2}\tan^{-1}\frac{x}{y^2}\right]_0^{y^2} dy = \int_1^p \frac{\pi}{4y^2}\,dy$

$\displaystyle =\frac{\pi}{4}\left[-\frac{1}{y}\right]_1^p = \frac{\pi}{4}\left(1-\frac{1}{p}\right) \to \frac{\pi}{4} \quad (p\to\infty)$

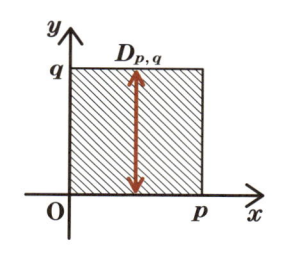

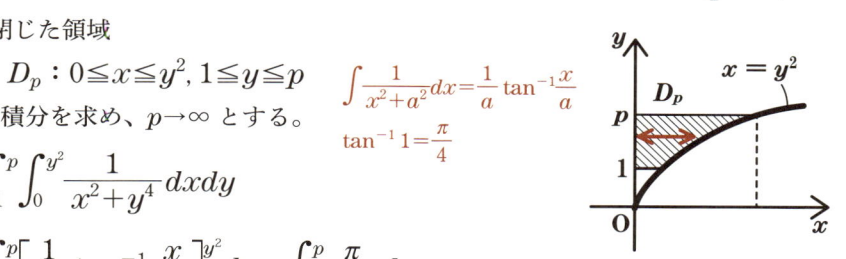

ステップ 演習 ▶ 3重積分 （講義編 p.266 参照）

次の3重積分を計算せよ

(1) $\iiint_D e^{x+y+z} dxdydz \qquad D: x \geq 0, y \geq 0, z \geq 0, x+y+z \leq 1$

(2) $\iiint_D xyz\, dxdydz \qquad D: 0 \leq x \leq y \leq z \leq 1$

(1) 領域 D は三角錐 OABC となる。

$\begin{bmatrix} z \text{方向の積分は、面} z=0 \text{から面} z=1-x-y \text{まで} \\ \qquad\qquad\qquad (\text{OAB}) \qquad (\text{ABC}) \\ y \text{方向の積分は、直線} y=0 \text{から直線} y=1-x \text{まで} \\ \qquad\qquad\qquad (\text{OA}) \qquad\quad (\text{AB}) \end{bmatrix}$

$\iiint_D e^{x+y+z} dxdydz$

$= \int_0^1 \int_0^{1-x} \int_0^{1-x-y} e^{x+y+z} dzdydx$

$= \int_0^1 \int_0^{1-x} \left[e^{x+y+z}\right]_0^{1-x-y} dydx = \int_0^1 \int_0^{1-x} e - e^{x+y} dydx$

$= \int_0^1 \left[ye - e^{x+y}\right]_0^{1-x} dx = \int_0^1 (1-x)e - e + e^x dx = \left[-\frac{1}{2}x^2 e + e^x\right]_0^1 = \frac{e-2}{2}$

(2) 領域 D は三角錐 OABC となる。

$\begin{bmatrix} z \text{方向の積分は、面} z=y \text{から面} z=1 \text{まで} \\ \qquad\qquad\qquad (\text{OAB}) \qquad (\text{ABC}) \\ y \text{方向の積分は、直線} y=x \text{から直線} y=1 \text{まで} \\ \qquad\qquad\qquad (\text{OA}') \qquad\quad (\text{A}'\text{B}') \end{bmatrix}$

$\iiint_D xyz\, dxdydz$

$= \int_0^1 \int_x^1 \int_y^1 xyz\, dzdydx$

$= \int_0^1 \int_x^1 \left[\frac{1}{2}xyz^2\right]_y^1 dydx = \int_0^1 \int_x^1 \left(\frac{1}{2}xy - \frac{1}{2}xy^3\right) dydx$

$= \int_0^1 \left[\frac{1}{4}xy^2 - \frac{1}{8}xy^4\right]_x^1 dx = \int_0^1 \left\{\left(\frac{1}{4}x - \frac{1}{8}x\right) - \left(\frac{1}{4}x^3 - \frac{1}{8}x^5\right)\right\} dx$

$= \left[\frac{1}{16}x^2 - \frac{1}{16}x^4 + \frac{1}{48}x^6\right]_0^1 = \frac{1}{48}$

ジャンプ 確認 ▶3重積分

次の3重積分を計算せよ。

(1) $\iiint_D \sin(x+y+z)dxdydz \quad D: x\geq 0, y\geq 0, z\geq 0, x+y+z\leq \dfrac{\pi}{2}$

(2) $\iiint_D \dfrac{1}{(x+y+z+1)^3}dxdydz \quad D: 0\leq z\leq y\leq x\leq 1$

---

(1) 領域 D は三角錐 OABC となる。

$\begin{bmatrix} z\text{ 方向の積分は } z=0 \text{ から } z=\dfrac{\pi}{2}-x-y \text{ まで} \\ \text{(面 OAB)} \qquad \text{(面 ABC)} \\ y\text{ 方向の積分は } y=0 \text{ から } y=\dfrac{\pi}{2}-x \text{ まで} \\ \text{(直線 OA)} \qquad \text{(直線 AB)} \end{bmatrix}$

$\begin{pmatrix} x\geq 0, y\geq 0, z\geq 0 \\ x+y+z\leq \dfrac{\pi}{2} \end{pmatrix}$

$\iiint_D \sin(x+y+z)dxdydz$

$= \int_0^{\frac{\pi}{2}} \int_0^{\frac{\pi}{2}-x} \int_0^{\frac{\pi}{2}-x-y} \sin(x+y+z)dzdydx$

$= \int_0^{\frac{\pi}{2}} \int_0^{\frac{\pi}{2}-x} \Big[-\cos(x+y+z)\Big]_0^{\frac{\pi}{2}-x-y} dydx = \int_0^{\frac{\pi}{2}} \int_0^{\frac{\pi}{2}-x} \cos(x+y)dydx$

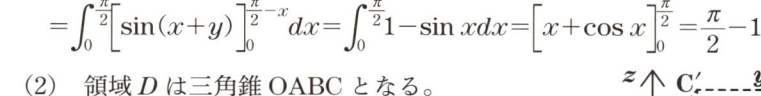

$= \int_0^{\frac{\pi}{2}} \Big[\sin(x+y)\Big]_0^{\frac{\pi}{2}-x} dx = \int_0^{\frac{\pi}{2}} 1-\sin x dx = \Big[x+\cos x\Big]_0^{\frac{\pi}{2}} = \dfrac{\pi}{2}-1$

(2) 領域 D は三角錐 OABC となる。

$\begin{bmatrix} z\text{ 方向の積分は } z=0 \text{ から } z=y \text{ まで} \\ \text{(面 OAB)(面 OAC)} \\ y\text{ 方向の積分は } y=0 \text{ から } y=x \text{ まで} \\ \text{(直線 OA)(直線 OB)} \end{bmatrix}$

$\begin{pmatrix} 0\leq z\leq y\leq x\leq 1 \\ \text{立方体 OABB}'-\text{D}'\text{DCC}' \text{の} \\ \text{頂点を結んだ三角錐の内部} \end{pmatrix}$

$\iiint_D \dfrac{1}{(x+y+z+1)^3}dxdydz$

$= \int_0^1 \int_0^x \int_0^y \dfrac{1}{(x+y+z+1)^3}dzdydx$

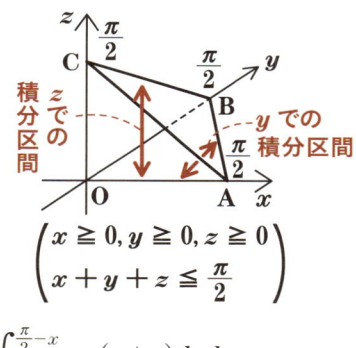

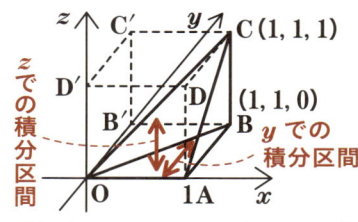

$= \int_0^1 \int_0^x \Big[-\dfrac{1}{2(x+y+z+1)^2}\Big]_0^y dydx = \int_0^1 \int_0^x -\dfrac{1}{2(x+2y+1)^2}+\dfrac{1}{2(x+y+1)^2}dydx$

$= \int_0^1 \Big[\dfrac{1}{4(x+2y+1)}-\dfrac{1}{2(x+y+1)}\Big]_0^x dx = \int_0^1 \dfrac{1}{4(3x+1)}-\dfrac{1}{2(2x+1)}+\dfrac{1}{4(x+1)}dx$

$= \Big[\dfrac{1}{12}\log(12x+4)-\dfrac{1}{4}\log(4x+2)+\dfrac{1}{4}\log(4x+4)\Big]_0^1$

$\log\dfrac{16}{4}=\log 4=2\log 2$

$= \dfrac{1}{12}(\log 16-\log 4)-\dfrac{1}{4}(\log 6-\log 2)+\dfrac{1}{4}(\log 8-\log 4) = \dfrac{5}{12}\log 2-\dfrac{1}{4}\log 3$

演習 ▶3 重積分と体積　（講義編 p.268 参照）

xyz 空間中の領域 $D: \dfrac{x^2}{a^2}+\dfrac{y^2}{b^2}+\dfrac{z^2}{c^2} \leq 1, x \geq 0, y \geq 0, z \geq 0$ の体積を求めよ。

D は図の O−ABC のようになる。図の AB、BC、CA を結ぶ曲線は、それぞれ xy 平面、yz 平面、zx 平面にある。z 方向の積分区間は、$z=0$ から $z=c\sqrt{1-\dfrac{x^2}{a^2}-\dfrac{y^2}{b^2}}$、$y$ 方向の積分区間は $y=0$ から $y=b\sqrt{1-\dfrac{x^2}{a^2}}$

（z について解く）

求める体積は、

$$\int_0^a \int_0^{b\sqrt{1-\frac{x^2}{a^2}}} \int_0^{c\sqrt{1-\frac{x^2}{a^2}-\frac{y^2}{b^2}}} dz\,dy\,dx = \int_0^a \int_0^{b\sqrt{1-\frac{x^2}{a^2}}} \Big[z\Big]_0^{c\sqrt{1-\frac{x^2}{a^2}-\frac{y^2}{b^2}}} dy\,dx$$

$$= \int_0^a \int_0^{b\sqrt{1-\frac{x^2}{a^2}}} c\sqrt{1-\frac{x^2}{a^2}-\frac{y^2}{b^2}}\,dy\,dx$$

$\left[\dfrac{y}{b}=t \text{ とおく，} dy=b\,dt。\right]$

$$= \int_0^a \int_0^{\sqrt{1-\frac{x^2}{a^2}}} c\sqrt{\underbrace{1-\frac{x^2}{a^2}}_{A^2}-t^2} \cdot b\,dt\,dx$$

$\int \sqrt{A^2-t^2}\,dt = \dfrac{1}{2}\left(t\sqrt{A^2-t^2}+A^2\sin^{-1}\dfrac{t}{A}\right)$ より

$$= \int_0^a bc\left[\dfrac{1}{2}\left\{t\sqrt{1-\dfrac{x^2}{a^2}-t^2}+\left(1-\dfrac{x^2}{a^2}\right)\sin^{-1}\dfrac{t}{\sqrt{1-\dfrac{x^2}{a^2}}}\right\}\right]_0^{\sqrt{1-\frac{x^2}{a^2}}} dx$$

$$= \dfrac{bc}{2}\int_0^a \dfrac{\pi}{2}\left(1-\dfrac{x^2}{a^2}\right)dx = \dfrac{1}{4}\pi bc\left[x-\dfrac{x^3}{3a^2}\right]_0^a = \dfrac{1}{6}\pi abc$$

確認 ▶3重積分と体積

xyz 空間中の領域 $D: \sqrt{x}+\sqrt{y}+\sqrt{z} \leq \sqrt{a}, x\geq 0, y\geq 0, z\geq 0$ の体積を求めよ。

不等式を満たす領域は、図の O−ABC のようになる。図の AB、BC、CA を結ぶ曲線は、それぞれ xy 平面、yz 平面、zx 平面にある。
z 方向の積分は、$z=0$ から $z=(\sqrt{a}-\sqrt{x}-\sqrt{y})^2$ まで。
y 方向の積分は、$y=0$ から $y=(\sqrt{a}-\sqrt{x})^2$ まで。

求める体積は

$$\int_0^a \int_0^{(\sqrt{a}-\sqrt{x})^2} \int_0^{(\sqrt{a}-\sqrt{x}-\sqrt{y})^2} dz\,dy\,dx$$

$$= \int_0^a \int_0^{(\sqrt{a}-\sqrt{x})^2} \Big[z\Big]_0^{(\sqrt{a}-\sqrt{x}-\sqrt{y})^2} dy\,dx$$

$$= \int_0^a \int_0^{(\sqrt{a}-\sqrt{x})^2} (\sqrt{a}-\sqrt{x}-\sqrt{y})^2 dy\,dx$$

$$= \int_0^a \int_0^{(\sqrt{a}-\sqrt{x})^2} \{y - 2(\sqrt{a}-\sqrt{x})\sqrt{y} + (\sqrt{a}-\sqrt{x})^2\} dy\,dx$$

$$= \int_0^a \Big[\frac{1}{2}y^2 - \frac{4}{3}(\sqrt{a}-\sqrt{x})y^{\frac{3}{2}} + (\sqrt{a}-\sqrt{x})^2 y\Big]_0^{(\sqrt{a}-\sqrt{x})^2} dx$$

$$= \int_0^a \Big(\frac{1}{2} - \frac{4}{3} + 1\Big)(\sqrt{a}-\sqrt{x})^4 dx = \int_0^a \frac{1}{6}(\sqrt{a}-\sqrt{x})^4 dx$$

$\sqrt{a}-\sqrt{x}=t$ とおく。$(t-\sqrt{a})^2 = x$ $2(t-\sqrt{a})dt = dx$

x	$0 \to a$
t	$\sqrt{a} \to 0$

$$= \int_{\sqrt{a}}^0 \frac{1}{6}t^4 \cdot 2(t-\sqrt{a})dt$$

$$= \frac{1}{3}\int_{\sqrt{a}}^0 (t^5 - \sqrt{a}\,t^4) dt = \frac{1}{3}\Big[\frac{1}{6}t^6 - \frac{1}{5}\sqrt{a}\,t^5\Big]_{\sqrt{a}}^0 = \frac{1}{90}a^3$$

> **演習** ▶ 曲面積 （講義編 p.273 参照）
> (1) 曲面 $z=xy$ の $x^2+y^2\leq a^2(a>0)$ にある部分の面積 S を求めよ。
> (2) 曲面 $x^2+y^2+z^2=a^2$ の $x^2+y^2\leq ax(a>0)$ にある部分の面積 S を求めよ。

(1) $f(x,y)=xy$ とおいて、極座標で計算する。

$$S=\iint_D \sqrt{f_x^2+f_y^2+1}\,dxdy=\iint_D \sqrt{y^2+x^2+1}\,dxdy=\int_0^{2\pi}\int_0^a \sqrt{r^2+1}\,r\,drd\theta$$

$\left[\,x^2+y^2\leq a^2 \text{ は極座標で、}0\leq r\leq a,\,0\leq\theta\leq 2\pi\,\right]$

$$=\int_0^{2\pi}d\theta\int_0^a r\sqrt{r^2+1}\,dr=2\pi\left[\frac{1}{3}(r^2+1)^{\frac{3}{2}}\right]_0^a=\frac{2\pi}{3}\{(a^2+1)^{\frac{3}{2}}-1\}$$

(2) 求める部分は、xy 平面、zx 平面に関して対称である。$z\geq 0, y\geq 0$ の部分を求めて 4 倍する。$f(x,y)=\sqrt{a^2-x^2-y^2}$ とおく。

$$S=4\iint_D \sqrt{f_x^2+f_y^2+1}\,dxdy$$

$$=4\iint_D \sqrt{\left(-\frac{x}{\sqrt{a^2-x^2-y^2}}\right)^2+\left(-\frac{y}{\sqrt{a^2-x^2-y^2}}\right)^2+1}\,dxdy$$

$$=4\iint_D \sqrt{\frac{x^2+y^2+(a^2-x^2-y^2)}{a^2-x^2-y^2}}\,dxdy$$

$$=4\iint_D \frac{a}{\sqrt{a^2-x^2-y^2}}\,dxdy$$

$\left[\begin{array}{l}x^2+y^2\leq ax, y\geq 0 \text{ は極座標で、}0\leq r\leq a\cos\theta,\\ 0\leq\theta\leq\frac{\pi}{2}\end{array}\right]$

$$=4\int_0^{\frac{\pi}{2}}\int_0^{a\cos\theta}\frac{ar}{\sqrt{a^2-r^2}}\,drd\theta=4a\int_0^{\frac{\pi}{2}}\int_0^{a\cos\theta}-\frac{(a^2-r^2)'}{2\sqrt{a^2-r^2}}\,drd\theta$$

$$=4a\int_0^{\frac{\pi}{2}}\left[-\sqrt{a^2-r^2}\right]_0^{a\cos\theta}d\theta \qquad \int\frac{1}{2\sqrt{x}}dx=\sqrt{x}$$

$$=4a\int_0^{\frac{\pi}{2}}a(1-\sin\theta)d\theta=4a^2\left[\theta+\cos\theta\right]_0^{\frac{\pi}{2}}=4a^2\left(\frac{\pi}{2}-1\right)$$

確 認 ▶曲面積

(1) 曲面 $z=\tan^{-1}\dfrac{y}{x}$ の $x\geq 0, y\geq 0, x^2+y^2\leq 1$ を満たす部分の面積 S を求めよ。

(2) 曲面 $z^2=4ax$ の $x^2+y^2\leq ax(a>0)$ にある部分の面積 S を求めよ。

(1) $f(x,y)=\tan^{-1}\dfrac{y}{x}$ とおく。

$$\left[f_x=\dfrac{1}{1+\left(\dfrac{y}{x}\right)^2}\cdot\left(-\dfrac{y}{x^2}\right)=\dfrac{-y}{x^2+y^2},\ f_y=\dfrac{1}{1+\left(\dfrac{y}{x}\right)^2}\cdot\dfrac{1}{x}=\dfrac{x}{x^2+y^2}\quad \text{なので}\right]$$

$$S=\iint_D\sqrt{f_x^2+f_y^2+1}\,dxdy=\iint_D\sqrt{\left(\dfrac{-y}{x^2+y^2}\right)^2+\left(\dfrac{x}{x^2+y^2}\right)^2+1}\,dxdy$$

$$=\iint_D\sqrt{\dfrac{x^2+y^2+(x^2+y^2)^2}{(x^2+y^2)^2}}\,dxdy$$

$$=\iint_D\sqrt{\dfrac{x^2+y^2+1}{x^2+y^2}}\,dxdy \quad \text{講義編p.225}$$

$$=\int_0^{\frac{\pi}{2}}\int_0^1\sqrt{\dfrac{r^2+1}{r^2}}\,rdrd\theta=\left(\int_0^{\frac{\pi}{2}}d\theta\right)\left(\int_0^1\sqrt{r^2+1}\,dr\right)$$

$$=\dfrac{\pi}{2}\left[\dfrac{1}{2}r\sqrt{r^2+1}+\dfrac{1}{2}\log\left|r+\sqrt{r^2+1}\right|\right]_0^1=\dfrac{\pi}{4}\{\sqrt{2}+\log(1+\sqrt{2})\}$$

(2) 求める部分は xy 平面、zx 平面に関して対称である。$z\geq 0, y\geq 0$ の部分を求めて4倍する。$f(x,y)=2\sqrt{a}\sqrt{x}$ とおく。

$$S=4\iint_D\sqrt{f_x^2+f_y^2+1}\,dxdy$$

$$=4\iint_D\sqrt{\left(\dfrac{\sqrt{a}}{\sqrt{x}}\right)^2+0^2+1}\,dxdy$$

$$=4\int_0^a\int_0^{\sqrt{ax-x^2}}\sqrt{\dfrac{a+x}{x}}\,dydx$$

$$=4\int_0^a\left[\sqrt{\dfrac{a+x}{x}}y\right]_0^{\sqrt{x(a-x)}}dx=4\int_0^a\sqrt{a^2-x^2}\,dx$$

$$=4\left[\dfrac{1}{2}x\sqrt{a^2-x^2}+\dfrac{1}{2}a^2\sin^{-1}\dfrac{x}{a}\right]_0^a=\pi a^2$$

ステップ 演習 ▶関数の極限と連続 (講義編 p.281、287、295 参照)

(1) $\lim_{x \to 8} \log_2 x = 3$ を $\varepsilon-\delta$ 論法で示せ。
(2) $f(x)=x^3+2x$ が $x=1$ で連続であることを $\varepsilon-\delta$ 論法で示せ。

(1) $\varepsilon(>0)$ が十分小さいとき、$|\log_2 x - 3| < \varepsilon$ ……① を x について解く。

$-\varepsilon < \log_2 x - 3 < \varepsilon$ ∴ $3-\varepsilon < \log_2 x < 3+\varepsilon$

∴ $2^{3-\varepsilon} < x < 2^{3+\varepsilon}$

$\delta = \min(2^{3+\varepsilon}-8,\ 8-2^{3-\varepsilon})$
　　　　　　　　　こちらの方が小さい

とおく。

$0 < |x-8| < \delta$ となるすべての x に対し、

①が成り立つので、$\lim_{x \to 8} \log_2 x = 3$ が成り立っている。

(2) 任意の $\varepsilon(>0)$ に対して、$\delta(>0)$ をうまく選び、

$$|x-1| < \delta \cdots\cdots ① \Longrightarrow |\underbrace{x^3+2x}_{f(x)} - \underbrace{3}_{f(1)}| < \varepsilon \cdots\cdots ②$$

となればよい。①が成り立つ x に対し、②の左辺を δ で評価する。

$|x^3+2x-3| = |(x-1)(x^2+x+3)| = |x-1||x^2+x+3|$

$[\ X=x-1$ とおくと、$x^2+x+3=(X+1)^2+(X+1)+3=X^2+3X+5\ ]$

$= |x-1||(x-1)^2+3(x-1)+5|$

$< |x-1|\{|x-1|^2+3|x-1|+5\} < \delta(\delta^2+3\delta+5)$

ここで、$0 < \delta \leq 1$ であれば、$\delta(\delta^2+3\delta+5) \leq \delta(1+3+5) = 9\delta$

よって、$\delta = \min\left(1, \dfrac{\varepsilon}{9}\right)$ とおけば、①を満たす x に対し、

$|x^3+2x-3| < \delta(\delta^2+3\delta+5) \leq 9\delta \leq \varepsilon$

となり、②が成り立つ。

よって、$f(x)$ は、$x=1$ で連続である。

ジャンプ 確認 ▶関数の極限と連続

(1) $\displaystyle\lim_{x\to\frac{\pi}{3}}\sin x=\frac{\sqrt{3}}{2}$ を $\varepsilon-\delta$ 論法で示せ。

(2) $f(x)=x^2+2x$ が $x=1$ で連続であることを $\varepsilon-\delta$ 論法で示せ。

(1) $\varepsilon(>0)$ が十分小さいとき、$\left|\sin x-\dfrac{\sqrt{3}}{2}\right|<\varepsilon$ ……① を x について解く。

$$-\varepsilon<\sin x-\frac{\sqrt{3}}{2}<\varepsilon \quad \therefore \quad \sin^{-1}\left(\frac{\sqrt{3}}{2}-\varepsilon\right)<x<\sin^{-1}\left(\frac{\sqrt{3}}{2}+\varepsilon\right)$$

$$\delta=\min\left(\sin^{-1}\left(\frac{\sqrt{3}}{2}+\varepsilon\right)-\frac{\pi}{3},\ \frac{\pi}{3}-\sin^{-1}\left(\frac{\sqrt{3}}{2}-\varepsilon\right)\right)$$

こちらの方が小さい

とおく。任意の十分小さな ε に対し、このように δ をおくと、

$0<\left|x-\dfrac{\pi}{3}\right|<\delta$ となるすべての x に対して、①が成り立つので、

$\displaystyle\lim_{x\to\frac{\pi}{3}}\sin x=\frac{\sqrt{3}}{2}$ が成り立っている。

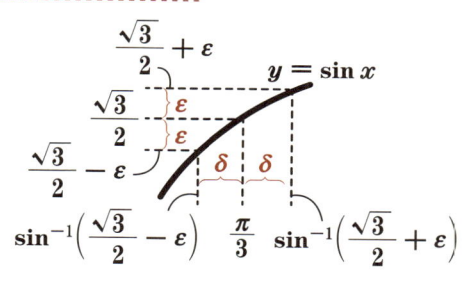

(2) 任意の $\varepsilon(>0)$ に対して、$\delta(>0)$ をうまく選び、

$$|x-1|<\delta \cdots\cdots① \Longrightarrow |\underbrace{x^2+2x}_{f(x)}-\underbrace{3}_{f(1)}|<\varepsilon \cdots\cdots②$$

となればよい。①が成り立つ x に対し、②の左辺を δ で評価する。

$|x^2+2x-3|=|x-1||x+3|=|x-1||(x-1)+4|$

$\leq |x-1|\{|x-1|+4\}<\delta(\delta+4)$

よって、$\delta(\delta+4)<\varepsilon\cdots\cdots③$ となる δ を取れば、①のとき、

$|x^2+2x-3|<\delta(\delta+4)<\varepsilon$

となり、① $\Longrightarrow$ ②が成り立つ。③を δ について解くと、

$\delta^2+4\delta-\varepsilon<0 \quad \therefore \quad -2-\sqrt{4+\varepsilon}<\delta<-2+\sqrt{4+\varepsilon}$

δ は正なので、$\delta<-2+\sqrt{4+\varepsilon}$ と取れば、① $\Longrightarrow$ ②が成り立つ。

よって、$f(x)$ は、$x=1$ で連続である。

演習 ▶数列の極限　（講義編 p.293 参照）

(1) $a_n = \dfrac{n^3-2}{2n^3+1}$ のとき、$\displaystyle\lim_{n\to\infty} a_n = \dfrac{1}{2}$ を $\varepsilon - N$ 論法で示せ。

(2) $a_n = n(\sqrt{n^2+1} - n)$ のとき、$\displaystyle\lim_{n\to\infty} a_n = \dfrac{1}{2}$ を $\varepsilon - N$ 論法で示せ。

(1) $\varepsilon(>0)$ が十分小さいとき、$\left|\dfrac{n^3-2}{2n^3+1} - \dfrac{1}{2}\right| < \varepsilon$ ……① を $n(>0)$ について解く。

$\dfrac{n^3-2}{2n^3+1} - \dfrac{1}{2} = \dfrac{2(n^3-2)-(2n^3+1)}{2(2n^3+1)} = \dfrac{-5}{2(2n^3+1)}$ より、①は、

$\dfrac{5}{2(2n^3+1)} < \varepsilon \quad \therefore \quad \dfrac{5}{2\varepsilon} < 2n^3 + 1 \quad \therefore \quad \sqrt[3]{\dfrac{1}{2}\left(\dfrac{5}{2\varepsilon}-1\right)} < n$

よって、$N > \sqrt[3]{\dfrac{1}{2}\left(\dfrac{5}{2\varepsilon}-1\right)}$ となる自然数 N をとると、$n > N$ となるすべての自然数 n について、①が成り立つ。

よって、$\displaystyle\lim_{n\to\infty} a_n = \dfrac{1}{2}$

(2) $\varepsilon(>0)$ が十分小さいとき、$\left|n(\sqrt{n^2+1}-n) - \dfrac{1}{2}\right| < \varepsilon$ ……② を $n(>0)$ について解く。

$n(\sqrt{n^2+1}-n) = \dfrac{n(\sqrt{n^2+1}-n)(\sqrt{n^2+1}+n)}{\sqrt{n^2+1}+n} = \dfrac{n}{\sqrt{n^2+1}+n} < \dfrac{n}{n+n} = \dfrac{1}{2}$

よって、②は、

$\dfrac{1}{2} - \dfrac{n}{\sqrt{n^2+1}+n} < \varepsilon \quad \therefore \quad \dfrac{1}{2} - \varepsilon < \dfrac{n}{\sqrt{n^2+1}+n}$

$\therefore \quad \dfrac{2}{1-2\varepsilon} > \dfrac{\sqrt{n^2+1}+n}{n} = \sqrt{1+\dfrac{1}{n^2}} + 1$

$\therefore \quad \dfrac{2}{1-2\varepsilon} - 1 > \sqrt{1+\dfrac{1}{n^2}} \quad \therefore \quad \left(\dfrac{1+2\varepsilon}{1-2\varepsilon}\right)^2 > 1 + \dfrac{1}{n^2}$

$\therefore \quad \left(\dfrac{1+2\varepsilon}{1-2\varepsilon}\right)^2 - 1 > \dfrac{1}{n^2} \quad \therefore \quad \sqrt{\dfrac{(1-2\varepsilon)^2}{8\varepsilon}} < n$

$\left(\dfrac{1+2\varepsilon}{1-2\varepsilon}\right)^2 - 1 = \dfrac{(1+2\varepsilon)^2-(1-2\varepsilon)^2}{(1-2\varepsilon)^2} = \dfrac{8\varepsilon}{(1-2\varepsilon)^2}$

よって、$N > \sqrt{\dfrac{(1-2\varepsilon)^2}{8\varepsilon}}$ となる自然数 N をとると、$n > N$ となるすべての自然数 n について、②が成り立つ。

よって、$\displaystyle\lim_{n\to\infty} a_n = \dfrac{1}{2}$

ジャンプ　確認　▶数列の極限

(1) $a_n = \dfrac{2^n+1}{3\cdot 2^n -1}$ のとき、$\displaystyle\lim_{n\to\infty} a_n = \dfrac{1}{3}$ を $\varepsilon-N$ 論法で示せ。

(2) $a_n = \sqrt{n^2+2n} - n$ のとき、$\displaystyle\lim_{n\to\infty} a_n = 1$ を $\varepsilon-N$ 論法で示せ。

(1) $\varepsilon(>0)$ が十分小さいとき、$\left|\dfrac{2^n+1}{3\cdot 2^n -1} - \dfrac{1}{3}\right| < \varepsilon$ ……① を $n(>0)$ について解く。

$\dfrac{2^n+1}{3\cdot 2^n -1} - \dfrac{1}{3} = \dfrac{3(2^n+1)-(3\cdot 2^n -1)}{3(3\cdot 2^n -1)} = \dfrac{4}{3(3\cdot 2^n -1)}$ より、①は、

$\dfrac{4}{3(3\cdot 2^n -1)} < \varepsilon \quad \therefore\quad \dfrac{4}{3\varepsilon} < 3\cdot 2^n -1 \quad \therefore\quad \log_2 \dfrac{1}{3}\left(\dfrac{4}{3\varepsilon}+1\right) < n$

よって、$N > \log_2 \dfrac{1}{3}\left(\dfrac{4}{3\varepsilon}+1\right)$ となる自然数 N をとると、$n>N$ となるすべての自然数 n について、①が成り立つ。

よって、$\displaystyle\lim_{n\to\infty} a_n = \dfrac{1}{3}$

(2) $\varepsilon(>0)$ が十分小さいとき、$|\sqrt{n^2+2n} - n - 1| < \varepsilon$ ……② を $n(>0)$ について解く。

$\sqrt{n^2+2n} < \sqrt{n^2+2n+1} = n+1$ よって、②は

$n+1 - \sqrt{n^2+2n} < \varepsilon \quad \therefore\quad n+1-\varepsilon < \sqrt{n^2+2n}$

$\therefore\quad n^2 + 2(1-\varepsilon)n + (1-\varepsilon)^2 < n^2 + 2n$

$\therefore\quad (1-\varepsilon)^2 < 2\varepsilon n \quad \therefore\quad \dfrac{(1-\varepsilon)^2}{2\varepsilon} < n$

よって、$N > \dfrac{(1-\varepsilon)^2}{2\varepsilon}$ となる自然数 N をとると、$n>N$ となるすべての自然数 n について、②が成り立つ。

よって、$\displaystyle\lim_{n\to\infty} a_n = 1$

ステップ　演習 ▶ $\varepsilon - N$ 論法の応用　（講義編 p.297、299 参照）

$\lim_{n\to\infty} a_n = \alpha$ のとき、次が成り立つことを $\varepsilon - N$ 論法で示せ。
$$\lim_{n\to\infty} \frac{a_1 + 2a_2 + \cdots + na_n}{1 + 2 + \cdots + n} = \alpha$$

$\lim_{n\to\infty} a_n = \alpha$ なので、任意の $\varepsilon(>0)$ に対して、自然数 M が存在して、

$$n > M \implies |a_n - \alpha| < \frac{\varepsilon}{2} \quad \text{①}$$

$|A+B| \leq |A| + |B|$
$|AB| \leq |A||B|$
は不等式変形の基本

となるようにできる。

$$\left| \frac{a_1 + 2a_2 + \cdots + na_n}{1 + 2 + \cdots + n} - \alpha \right| = \left| \frac{a_1 + 2a_2 + \cdots + na_n - (1 + 2 + \cdots + n)\alpha}{1 + 2 + \cdots + n} \right|$$

$$= \left| \frac{a_1 + 2a_2 + \cdots + Ma_M - (1 + 2 + \cdots + M)\alpha}{1 + 2 + \cdots + n} + \frac{(M+1)(a_{M+1} - \alpha) + \cdots + n(a_n - \alpha)}{1 + 2 + \cdots + n} \right|$$

[ここで、$S = a_1 + 2a_2 + \cdots + Ma_M - (1 + 2 + \cdots + M)\alpha$ とおき、三角不等式を用いて]

$$\leq \left| \frac{S}{1 + 2 + \cdots + n} \right| + \frac{(M+1)|a_{M+1} - \alpha| + \cdots + n|a_n - \alpha|}{1 + 2 + \cdots + n}$$

$$\underset{\text{①}}{\leq} \left| \frac{S}{1 + 2 + \cdots + n} \right| + \frac{(M+1) + \cdots + n}{1 + 2 + \cdots + n} \cdot \frac{\varepsilon}{2} < \frac{2|S|}{n^2} + \frac{\varepsilon}{2}$$

$$\left[1 + 2 + \cdots + n = \frac{n(n+1)}{2} > \frac{n^2}{2}, \ \frac{(M+1) + \cdots + n}{1 + 2 + \cdots + n} < 1 \text{ を用いて} \right]$$

ここで、$N > \max\left(2\sqrt{\frac{|S|}{\varepsilon}}, M\right)$ を満たす自然数 N をとると、

$$N > 2\sqrt{\frac{|S|}{\varepsilon}} \quad \therefore \quad N^2 > \frac{4|S|}{\varepsilon} \quad \therefore \quad \boxed{\frac{2|S|}{N^2} < \frac{\varepsilon}{2}}$$

ここから N について逆算して $2\sqrt{\frac{|S|}{\varepsilon}}$ を求めた

となるので $n > N$ を満たすすべての自然数 n について、

$$\left| \frac{a_1 + 2a_2 + \cdots + na_n}{1 + 2 + \cdots + n} - \alpha \right| < \frac{2|S|}{n^2} + \frac{\varepsilon}{2} < \frac{\varepsilon}{2} + \frac{\varepsilon}{2} = \varepsilon$$

よって、任意の $\varepsilon(>0)$ に対して、上のように自然数 M、N を定めれば、

$$n > N \implies \left| \frac{a_1 + 2a_2 + \cdots + na_n}{1 + 2 + \cdots + n} - \alpha \right| < \varepsilon$$

となるので、題意が証明された。